土木建筑大类创新型一体化教材

普通高等教育"十一五"国家级规划教材

建筑工程制图与识图

第 3 版

主　编　王　强　张小平

副主编　高贵生　张　青

参　编　宿　敏　郑亚丽　王淑连

　　　　肖先波　王文达

主　审　丁春静

机械工业出版社

本书是根据教育部对高职高专的最新要求，在第 2 版的基础上经过精心修订而成的，是普通高等教育国家级规划教材。

　　本书在编写过程中，结合高等职业教育的办学特点，以实际工程项目为载体，基于工作过程，开展项目化教学的教学理念，着重介绍了制图的基本知识与技能、正投影原理、轴测投影、建筑施工图、结构施工图、设备施工图的图示内容及识读方法。同时，为适应不同培养方向的需要，对部分内容进行了适当的加深和拓宽，并加大了各种施工图的识读训练。另外，还包括"混凝土结构施工图平面整体表示方法制图规则和构造详图"内容，包括"16G101—1、16G101—2、16G101—3"中的新知识、新成果和新技术。本书文字精炼，言简意赅，图文并重。同时出版《建筑工程制图与识图习题集》（提供部分习题参考答案），与本书配套使用。

　　本书理论知识丰富、内容充实、重点突出，着重培养学生空间想象能力、空间表达能力、识图能力，针对性强，可作为高职高专、应用型本科土木建筑工程大类专业的教材，也可作为职工培训和广大自学者及工程技术人员的参考书。

　　为方便教学，本书除了 83 个动画和微课外，还提供精美 PPT、仿真小程序（三维模型与工程图对比）、实训练习（包括建筑、结构、给排水、暖通、电气、路桥）、别墅和办公楼 Revit 数据文件及仿真漫游。凡使用本书作为教材的教师可以登录机械工业出版社教育服务网 www.cmpedu.com 注册下载。咨询电话：010-88379540。

图书在版编目（CIP）数据

建筑工程制图与识图/王强，张小平主编．—3 版．—北京：机械工业出版社，2016.9（2022.8 重印）

普通高等教育"十一五"国家级规划教材

ISBN 978-7-111-56121-7

Ⅰ．①建…　Ⅱ．①王…　②张…　Ⅲ．①建筑制图-识图-高等学校-教材

Ⅳ．①TU204.21

中国版本图书馆 CIP 数据核字（2017）第 032679 号

机械工业出版社（北京市百万庄大街 22 号　邮政编码 100037）
策划编辑：李　莉　覃密道　责任编辑：李　莉　责任校对：张晓蓉
封面设计：路恩中　　　　　　责任印制：张　博
三河市国英印务有限公司印刷
2022 年 8 月第 3 版第 13 次印刷
184mm×260mm · 22.75 印张 · 554 千字
标准书号：ISBN 978-7-111-56121-7
定价：49.80 元

电话服务　　　　　　　　　　网络服务
客服电话：010-88361066　　　机　工　官　网：www.cmpbook.com
　　　　　010-88379833　　　机　工　官　博：weibo.com/cmp1952
　　　　　010-68326294　　　金　书　网：www.golden-book.com
封底无防伪标均为盗版　　　机工教育服务网：www.cmpedu.com

出 版 说 明

随着"互联网+"战略的逐步推进，大数据、云平台等互联网信息技术的迅猛发展，各类移动设备及其应用也呈现出快速和多样化的发展趋势，特别是移动通信设备信息传输速度的提升及其可视化、互动性等功能的增强，使人们不受时间和地域的限制，可随时随地搜集、获取和处理各种信息。新一代信息技术与经济社会各领域、各行业逐渐深度跨界融合，成为全球新一轮科技革命和产业变革的核心内容。

在以上大背景下，我们进行了《建筑工程制图与识图》"互联网+"数纸融合创新型教材的开发。在对课程进行充分调研的基础上，我们对教材进行了整体设计，最终确定采用微课、动画、仿真形式来表达知识点。全书一共提供了83个微课、动画、仿真，具体列表如下。

序号	类别	资源列表
1	微课	学习指导
2	微课	绘制圆的正内接五边形与任意多边形
3	微课	椭圆画法
4	微课	圆弧连接的做法
5	微课	平面图形的分析与画法
6	动画	中心投影
7	动画	平行投影
8	动画	正投影
9	动画	三面投影图的展开
10	动画	三面投影图的形成
11	动画	投影比较
12	动画	点的投影规律
13	动画	两点的相对位置
14	动画	重影点
15	动画	水平线
16	动画	正平线
17	动画	侧平线
18	动画	铅锤线

（续）

序号	类别	资源列表
19	动画	正垂线
20	动画	侧垂线
21	动画	水平面
22	动画	正平面
23	动画	侧平面
24	动画	圆柱的形成
25	动画	圆锥的形成
26	动画	圆柱的投影
27	动画	组合体
28	动画	组合体的组成
29	微课	带缺口的平面立体投影
30	微课	带缺口的曲面立体投影
31	微课	两平面立体的相贯线
32	微课	平面立体与曲面立体相贯线
33	微课	曲面立体与曲面立体相贯线
34	微课	求屋面的交线
35	微课	组合体的识读 1
36	微课	组合体的识读 2
37	微课	组合体的识读 3
38	微课	认识地形图
39	微课	例题 5-3
40	微课	例题 5-4
41	微课	基本视图
42	微课	剖面图的画法
43	微课	断面图的画法及与剖面图的区别
44	微课	房屋的组成及作用
45	微课	建筑工程图的定义与分类
46	微课	阅读房屋建筑工程图的基本方法
47	微课	建筑平面图的识读
48	微课	建筑立面图的识读

序号	类别	资源列表
49	微课	建筑剖面图的识读
50	微课	墙身大样图的识读
51	微课	楼梯详图的识读
52	微课	结构施工图的分类及内容
53	三维仿真	单跨梁三维模型
54	微课	单跨梁配筋图
55	三维仿真	多跨梁三维模型
56	微课	多跨梁配筋图
57	三维仿真	柱三维模型
58	微课	钢筋混凝土柱1
59	三维仿真	牛腿柱模型
60	微课	钢筋混凝土柱2
61	三维仿真	板模型
62	微课	钢筋混凝土板
63	三维仿真	条形基础模型
64	三维仿真	独立基础模型
65	微课	基础施工图的识读
66	三维仿真	楼梯三维模型
67	微课	楼梯结构施工图表示方法
68	微课	梁平法施工图的制图规则
69	微课	柱平法施工图的制图规则
70	微课	剪力墙平法施工图的制图规则
71	微课	板平法施工图制图规则
72	微课	钢屋架结构图的识读
73	微课	建筑给水排水工程图介绍
74	微课	建筑给水排水工程图的识读步骤与内容
75	微课	暖通空调施工图概述
76	微课	供暖工程图的识读
77	微课	建筑电气施工图定义及主要内容
78	微课	路线工程图的识读

（续）

序号	类别	资源列表
79	微课	桥梁基础知识和桥梁工程图的识读
80	三维仿真	桥梁整体三维模型
81	三维仿真	盖板涵三维模型
82	三维仿真	箱涵三维模型
83	三维仿真	圆管涵三维模型

　　"互联网+"数纸融合创新型一体化教材的出版是在教育信息化发展的大趋势下，对教材形式创新的改革和尝试，希望这些教材的出版能够对课堂教学和课程改革、对提升人才培养质量以及创新教学模式起到积极的推动作用。同时，我们也期待用户在使用过程中对我们的创新型一体化教材提出使用建议和意见，便于我们更好地服务教学。

机械工业出版社

前　言

在科学技术迅速发展的今天，知识的更新越来越快，伴随着知识经济和信息时代的到来，社会对人才需求的多样性，促进了人才培养模式和人才培养结构的巨大变化。近年来，我国的高等职业教育取得了长足的进展，发展势头很好，前景光明，为适应教育教学改革，提高育人质量，满足高职高专建筑工程类专业的教学需要，我们结合我国高等职业教育的特点编写了本书。本书是建筑工程技术专业最主要、最基本的技术基础教材之一。

本书在编写过程中，从培养应用型高技能人才这一总目标出发，以培养学生职业素养、增强学生职业能力为主线，科学处理好知识、能力、素养三者之间的关系，较好地体现了基础理论、基本知识和基本技能的相关内容。

在知识体系和内容安排上，本书力求简明扼要。其中画法几何、投影制图部分"以够用为度"，内容有所精简，深度适当降低；在投影制图和专业制图部分，对制图和读图的基本原理力求分析透彻，并注重理论与工程实际相结合，深入浅出，覆盖面广，突出立体形象图以辅助文字解释，使之形象、直观，易于理解，便于记忆，以求达到举一反三、触类旁通的目的。

在结构上，本书以实际工程项目为载体，基于建筑工程施工过程，开展项目化教学，在课程中则主要体现在房屋建筑工程施工图的识读上，一套完整的比较复杂的住宅建筑施工图和公共建筑施工图，将有助于学生系统地学习识读施工图的方法和技能。因而，专业图部分以工程实例为主线来展示房屋建筑工程图的特点，内容包括：建筑施工图、结构施工图、装饰施工图、设备施工图。本书详细介绍了各类施工图的形成方法、图示内容、图示方法和识读技巧，并且详细介绍了最新的建筑设计规范，强化学生读图、识图能力的培养。

本书力求做到理论够用、内容充实、重点突出、专业全面、文字简明、图样清晰，着重培养学生空间想象能力、空间表达能力、识图能力，针对性较强，并结合土建施工类人才培养方案的要求来编写。本书可以作为建筑设计类专业、工程管理类专业等相近专业的教材。也可作为广大自学者及工程技术人员的参考用书。

与本书配套的《建筑工程制图与识图习题集》也将同时出版。

本书由北京工业职业技术学院王强、山西建筑职业技术学院张小平任主编，山西大同大学工程学院高贵生、石家庄工程技术学校张青任副主编。具体编写分工如下：王强（绪论，第二、三章），张小平（第八章），高贵生（第十、十一、十二章），张青（第九章），浙江工业职业技术学院宿敏（第四章）、北京工业职业技术学院王淑连(第五章)、新疆建设职业技术学院郑亚丽(第一、六章)、浙江湖州职业技术学院肖先波(第十三章)、北京市工业设计研究院王文达(第七章)。另外,本书插图中三维立体图形的设计主要由北京市工业设计研究院王文达同志完成。北京工业职业技术学院陈辉教授,李石磊、徐晓峰副教授参与了本书部分内容的修订咨询工作。北京工业职业技术学院的陈阳、张贵国、王天立、魏平等老师为本书的修订提供了大量帮助。在此表示感谢。

辽宁建筑职业技术学院丁春静任主审,并对本书提出了许多宝贵的意见。在编写过程中,承蒙有关设计单位提供资料,还得到山西建筑职业技术学院杨力彬、南京工程学院宗兰、北京工业职业技术学院许多老师的大力支持,在此一并致谢。

在本书的编写过程中,参考了部分同专业的教材、习题集等文献(见书后的"参考文献"),在此谨向文献的作者致谢。

由于编者水平有限,且时间仓促,书中错误之处在所难免,恳请使用本书的师生和广大同仁批评指正。

为方便教学,本书除了83个动画和微课外,还得供精美PPT、仿真小程序(三维模型与工程图对比)、实训练习(包括建筑、结构、给排水、暖通、电气、路桥)、别墅和办公楼Revit数据文件及仿真漫游。凡使用本书作为教材的教师可以登录机械工业出版社教育服务网www.cmpedu.com注册下载。咨询电话:010-88379540。

编　者

目　　录

绪　　论

一、本课程的性质和任务

劳动创造了人类文明。在人类的发展史中，图形与语言、文字一样，是人们认识自然、表达情感和交流思想的基本工具。从远古时代使用直观、写真的图形开始，人们在长期的生产实践活动中，经过不断地发展和完善，如今在工程技术界已逐渐形成了一门独立的学科——工程图学。

工程图样是工程技术界的共同语言，是用来表达设计意图、交流技术思想的重要工具，也是用来指导生产、施工、管理等技术工作的重要技术文件。在建筑工程中，无论是外形巍峨壮丽、内部装修精美的智能大厦，还是造型简单的普通房屋，都是先进行设计、绘制图样，然后按图样施工。设计师借助于图样表达自己的设计意图，施工人员依据图样将设计师的设计思想变为现实。所以，准备从事建筑工程的技术人员，必须掌握建筑工程图样的绘制和识读方法，否则将是既不会"写"又不会"看"的"文盲"。世界经济的一体化进程正在加快，国与国之间的经济融合、相互依存、共创繁荣的时代已经到来，国际间的交流日益频繁。对于学术交流、技术交流、国际合作、引进项目、劳务输出等交流活动，工程图作为"工程师的国际语言"更是必不可少。

建筑工程图属于工程图之一，用来表示建筑物的形状、大小、材料、结构、构造方式以及技术要求等。它是建筑施工的依据。

"建筑工程制图与识图"是研究建筑工程图样绘制与识图的理论和方法，是高等职业教育建筑类及其相关专业培养生产一线高技能应用型人才的一门主干技术基础课。通过该课程的学习，学生获得职业基本技能，并在绘图和识图学习领域得到系统训练。其主要任务是：

1）学习投影法（主要是正投影法）的基本理论及其应用。

2）学习、贯彻制图国家标准的有关规定。

3）培养绘制和识读本专业及其相关专业工程图样的基本能力。

4）培养空间想象能力和空间几何问题的分析、图解能力。

5）培养认真负责的工作态度和严谨细致的工作作风。

6）使学生对计算机绘图有初步的了解。

二、本课程的内容和要求

本课程的主要内容包括：制图的基本知识与技能、正投影法基本原理和投影图、建筑工程图以及计算机绘图简介等四部分。学完本课程后，应达到如下要求：

1）通过学习制图的基本知识与技能，熟悉并遵守国家标准规定的制图基本规范，学会正确使用绘图工具和仪器，掌握绘图的基本方法与技巧。

2）通过学习正投影法基本原理和投影图，掌握用正投影法表达空间形体的基本理论和方法，具有绘制与识读空间形体投影图的能力。在学习投影图的过程中，不仅要应用制图标准规定的基本规格、正投影原理、正确的绘图方法与技巧，而且应进一步熟悉和贯彻制图标准中有关符号、图样画法、尺寸标注等规定。掌握形体的投影图画法、尺寸标注和读法。这部分内容是绘制与识读有关专业图的基础，是学习本课程的重点。同时应初步掌握轴测图和透视图的基本概念和画法，了解第三角投影法的基本原理。

3）建筑工程图包括建筑施工图、结构施工图和设备施工图，这部分是本课程的主要内容。通过学习，应掌握建筑工程图样的图示特点和表达方法；初步掌握绘制与识读建筑工程图的方法；能正确绘制和识读中等复杂程度的建筑施工图和结构施工图，能识读设备施工图。

4）随着计算机技术的发展与普及，计算机绘图将逐步代替手工绘图。在学习本课程的过程中，除了掌握尺规绘图和徒手绘图的技能外，还必须对计算机在工程图中的应用有所了解。但必须指出，计算机绘图的出现与普及，并不意味着可以降低对手工绘图的技能要求，正如计算器的发明不能否认珠算的作用一样，只有在掌握绘图和识图基本技能的基础上，用计算机绘图方能得心应手。

三、本课程的学习方法

本课程主要包括画法几何与工程制图两部分内容，它们既互相联系又各有特点，画法几何是工程制图的理论基础，工程制图是投影理论的具体应用。前者比较抽象，系统性和理论性较强，后者比较实际具体，实践性较强。计算机绘图是一项新技术，应加强实践性教学环节。不论学习哪一部分内容，都必须耐心完成一系列的绘图作业，方能领会其内容实质。

这门课程将学生领进了图学领域，这一领域对许多同学来说可能很陌生，初学时往往不得要领，学起来感到很吃力，很被动。为了使同学们能够主动、有效地学习，下面就本课程的特点及学习方法提出几点意见，供同学们学习时参考。

1）"热爱是最好的老师"，对专业的热爱和对知识的渴求，是推动学习的动力。21世纪是一个知识经济的时代，人才竞争日趋激烈，就业竞争日趋严峻，不进则退。只有端正学习态度，刻苦钻研，才能不断前进。

2）要下功夫培养空间想象能力，即从二维的平面图形想象出三维形体的形状，这是本课程的重点和难点之一。初学时可借助于模型或立体图，加强图物对照的感性认识，但要逐步减少对模型和立体图的依赖，直至可以完全依靠自己的空间想象力，看懂图形。

3）做作业或课堂训练时，要画图与读图相结合。画图的过程即是图解思考的过程。每一次根据模型（或立体图）画出投影图之后，随即移开模型（或立体图），从所画的图形想象原来物体的形状，观察是否相符。坚持这种做法，会加快空间想象能力的培养和提高。

4）在专业制图与识图部分，应首先认真学习国家制图标准中的有关规定，熟记各种代号和图例的含义。其次，应利用业余时间多观察建筑物的造型、构造作法、装饰效果以及设备安装方法，以便绘图和读图。本课程实践性很强，只有理论联系实际，才能较好地掌握各种建筑工程图样的图示内容和图示方法。

5）要注重自学能力的培养。上课前应预习教材有关内容，然后带着疑难问题去听讲，课后应认真、独立地完成制图作业。当代大学生只有具备较强的自学能力，才能适应科技迅猛发展、知识不断更新的时代，也才能适应终身学习的需要。

6）培养认真负责、一丝不苟的工作作风。建筑工程图样是施工的依据，往往由于一条线的疏忽或一个数字的差错，造成施工的返工浪费。因此，从初学制图开始，就要严格遵守国家制图标准，培养认真负责、一丝不苟的工作作风。同时，良好的职业道德和敬业精神是现代企业对工程技术人员的基本要求，所以初学者一定不要忽视这种职业素质的培养和训练。

微课：学习指导

第一章 制图的基本知识与技能

【学习目标与能力要求】

本章作为《建筑工程制图与识图》的基础，主要介绍了制图基本工具及其使用方法；《房屋建筑制图统一标准》（GB/T 50001—2017）的基本内容；各种几何图形的作图原理和方法；平面图形的分析识读。

通过学习，应该达到以下要求：

1. 掌握三角板、丁字尺、图板、铅笔、比例尺、圆规、分规、绘图笔、建筑模板等常用绘图工具和仪器的使用方法和注意事项。

2. 掌握平面图形的分析方法与画法，并且能够对给定平面图形进行分析和抄绘。

3. 掌握图纸规格、图线、字体、比例及图例等制图基本规格和要求。

4. 掌握绘图的方法和步骤，基本掌握徒手作图的方法和技巧。

第一节 绘图工具和仪器

工程图样绘制的质量如何与绘图工具及仪器的质量好坏有直接的关系，同时也与其使用方法的正确与否有密切的关系，下面介绍几种常用的绘图工具和仪器以及它们的使用方法。

一、图板、丁字尺、三角板

1. 图板

图板是用来固定图纸的。板面要求平整光滑，图板四周镶有硬木边框，图板的工作边要保持平直，它是丁字尺的导边。在图板上固定图纸时，要用胶带纸贴在图纸四角上，并使图纸下方留有放丁字尺的位置，如图 1-1 所示。

图板的大小选择一般应与绘图纸张的尺寸相适应，表 1-1 是常用的图板规格。

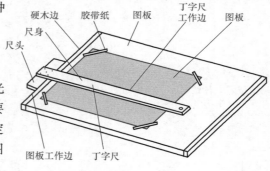

图 1-1 图板及丁字尺

表 1-1 图板规格

图板规格代号	0	1	2	3
图板尺寸（宽/mm×长/mm）	920×1220	610×920	460×610	305×460

2. 丁字尺

丁字尺主要用于画水平线。它由尺头和尺身两部分组成，尺头与尺身垂直并连接牢固，尺身沿长度方向带有刻度的侧边为工作边。使用时，左手握尺头，使尺头紧靠图板左边缘。

尺头沿图板的左边缘上下滑动到需要画线的位置，即可从左向右画水平线如图 1-1 所示。应注意，尺头不能靠图板的其他边缘滑动画线。丁字尺不用时应挂起来，以免尺身翘起变形。

3. 三角板

三角板由两块组成一副（45°和60°），主要与丁字尺配合使用画垂直线与倾斜线。画垂直线时，应使丁字尺尺头紧靠图板工作边，三角板一边紧靠住丁字尺的尺身，然后用左手按住丁字尺和三角板，右手握笔画线，且应靠在三角板的左边自下而上画线。画 30°、45°、60°倾斜线时均需丁字尺和三角板配合使用；当画 75°和105°倾斜线时，需两只三角板和丁字尺配合使用画出，如图 1-2 所示。

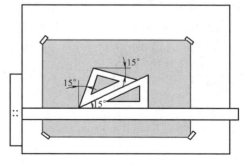

图 1-2　三角板和丁字尺的配合使用

二、比例尺

比例尺是用来按一定比例量取长度的专用量尺，如图 1-3 所示。常用的比例尺有两种：一种外形呈三棱柱体，上有六种不同的刻度，称为三棱尺；另一种外形像直尺，上有三种不同的刻度，称为比例直尺。画图时可按所需比例，用尺上标注的刻度直接量取而不需换算。例如按 1∶200 比例，画出长度为 3600 单位的图线，可在比例尺上找到 1∶200 的刻度一边，直接量取相应刻度即可。

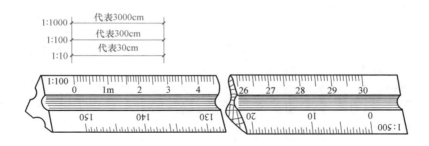

图 1-3　比例尺

三、圆规和分规

圆规是用来画圆及圆弧的工具。一般圆规附有铅芯插腿、钢针插腿、直线笔插腿和延伸杆等，如图 1-4a 所示。在画图时，应使针尖固定在圆心上，尽量不使圆心扩大，使圆心插腿与针尖大致等长。在一般情况下画圆或圆弧，应使圆规按顺时针转动，并稍向画线方向倾斜，如图 1-4b 所示。在画较大圆或圆弧时，应使圆规的两条腿都垂直于纸面，如图 1-4c

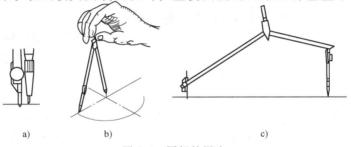

图 1-4　圆规的用法

所示。

分规是截量长度和等分线段的工具，如图1-5所示。其形状与圆规相似，但两腿都装有钢针。为了能准确地量取尺寸，分规的两针尖应保持尖锐，使用时，两针尖应调整到平齐。即当分规两腿合拢后，两针尖必聚于一点。

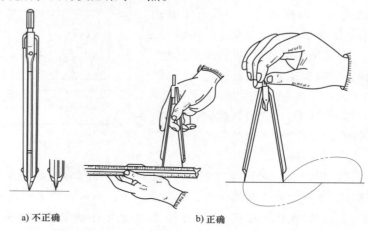

a) 不正确　　　　　　　　　b) 正确

图1-5　分规及其使用方法

等分线段时，经过试分，逐渐地使分规两针尖调到所需距离。然后在图纸上使两针尖沿要等分的线段依次摆动前进。

四、绘图笔

绘图笔如图1-6所示，头部装有带通针的针管，类似自来水笔，能吸存碳素墨水，使用较方便。针管笔分不同粗细型号，可画出不同粗细的图线，通常用的笔尖有粗（0.9mm）、中（0.6mm）、细（0.3mm）三种规格，用来画粗、中、细三种线型。

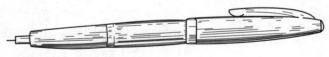

图1-6　绘图墨水笔

五、曲线板和建筑模板

曲线板是用以画非圆曲线的工具。曲线板的使用方法如图1-7所示。首先求得曲线上若干点，再徒手用铅笔过各点轻轻勾画出曲线，然后将曲线板靠上，在曲线板边缘上选择一段至少能经过曲线上3~4个点，沿曲线板边缘自点1起画曲线至点3与点4的中间，再移动曲线板，选择一段边缘能过3、4、5、6诸点，自前段接画曲线至点5与点6，如此延续下去，即可画完整段曲线。

建筑模板主要用来画各种建筑标准图例和常用符号，如柱、墙、门的开启线，大便器污水盆，详图索引符号，标高符号等。模板上刻有用以画出各种不同图例或符号的孔，如图1-8所示。其大小符合一定的比例，只要用铅笔在孔内画一周，图例就画出来了。使用建筑模板，可提高制图的速度和质量。

六、铅笔和擦图片

铅笔是用来画图或写字的。铅笔的铅芯有软硬之分，铅笔上标注的"H"表示硬铅笔，"B"表示软铅笔，"F"、"HB"表示软硬适中，"B"、"H"前的数字越大表示铅笔越软和越硬。画工程图时，应使用较硬的铅笔打底稿，如3H、2H等，用HB铅笔写字，用B或

图 1-7　曲线板及其使用方法

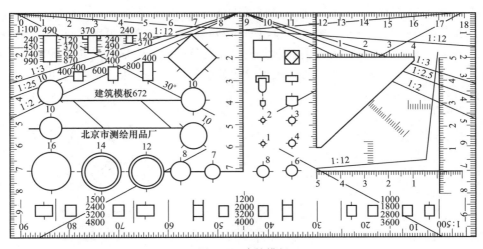

图 1-8　建筑模板

2B 铅笔加深图线。铅笔通常削成锥形或扁平形，笔芯露出约 6~8mm。画图时应使铅笔垂直纸面，向运动方向倾斜 75°，如图 1-9 所示，且用力要得当。用锥形铅笔画直线时，要适当转动笔杆，可使整条线粗细均匀；用扁平铅笔加深图线时，可磨得与线宽一致，使所画线条粗细一致。

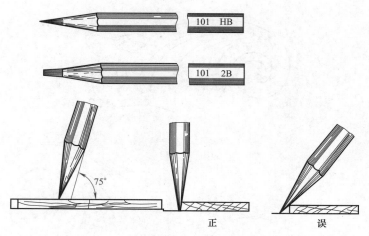

图 1-9　铅笔的使用

　　擦图片是用来修改图线的。当擦掉一条错误的图线时，很容易将邻近的图线也擦掉一部分，用擦图片可保护邻近的图线。擦图片用薄塑料片或薄金属片制成，上面刻有各种形状的孔槽，如图 1-10 所示。使用时，可选择擦图片上合适的槽孔，盖在图线上，使要擦去的部分从槽孔中露出，再用橡皮擦拭，以免擦坏其他部分的图线。

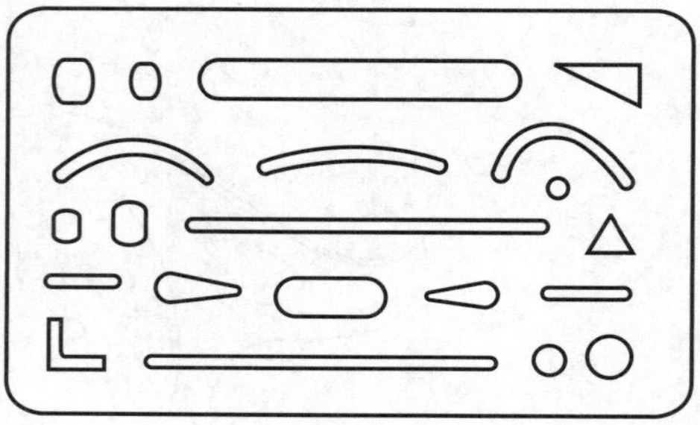

图 1-10　擦图片

　　七、绘图机

　　绘图机的构造形式有多种，导轨式绘图机是比较常用的，如图 1-11 所示。绘图板由脚蹬和扳手控制，可改变其高度、方向及倾斜度。绘图板上装有互相垂直的两直尺，直尺上有不同比例的刻度。两直尺可由附有读数盘的机头调整成任意角度。机头沿竖向导轨上下移动，竖向导轨沿横向导轨移动，互相垂直的两直尺可以在图板上任何部位作图。因此，绘图机可以代替丁字尺、三角板、比例尺和量角器。这种绘图机配有气动升降转椅，可以坐着绘图。

　　八、自动绘图仪与打印机

　　自动绘图仪与打印机都是直接由电子计算机或数字信号控制的，用以自动输出各种图形、图像和字符的绘图设备，可采用联机或脱机的工作方式，是计算机辅助制图和计算机辅助设计中广泛使用的一种外围设备。

　　绘图仪是用真正的笔绘制图像的输出设备，它是打印 CAD 图像的一个原始方式之一。其绘图部分主要是笔和笔爪，在绘图仪内部有很多不同颜色和宽

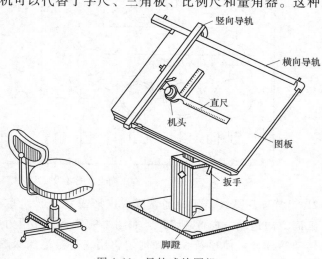

图 1-11　导轨式绘图机

度的笔放在一起供使用，一个笔爪选择一支笔，然后作落笔、抬笔、左、右的运动，纸张也同时会作前、后的运动，从而绘制出一幅线条图。

打印机包括的范围很广，它可能是桌面打印机，用来输出办公用的小幅面文件；也可能像 ENCAD 产品那样大幅面的打印机，用来输出工程图样或大幅面的图像。其打印效果有黑白和彩色之分。

打印机作为各种计算机的最主要输出设备之一，随着计算机技术的发展和日趋完美的用户需求而得到较大的发展。尤其是近年来，打印机技术取得了较大的进展，各种新型实用的打印机应运而生，满足各界用户不同的需求。

第二节　制图的基本标准

为了统一房屋建筑制图规则，保证制图质量，提高制图效率，做到图面清晰、简明，符合设计、施工、审查、存档的要求，适应工程建设的需要，根据住房和城乡建设部的要求，由中国建筑标准设计研究院会同有关单位制订了《房屋建筑制图统一标准》（GB/T 50001—2017）、《总图制图标准》（GB/T 50103—2010）、《建筑制图标准》（GB/T 50104—2010）、《建筑结构制图标准》（GB/T 50105—2010）、《建筑给水排水制图标准》（GB/T 50106—2010）和《暖通空调制图标准》（GB/T 50114—2010）。

所有工程人员在设计、施工、管理中必须严格执行制图国家标准（简称国标）。我们从学习制图的第一天起，就应该严格遵守国标中的每一项规定，养成良好习惯。

一、图纸幅面和格式

图纸幅面是指图纸宽度与长度组成的图面。图框是图纸上供绘图的范围的边线。图纸的幅面和图框尺寸应符合表 1-2 的规定和图 1-12a、b、c、d 的格式，从表 1-2 中可以看出，A1幅面是 A0 幅面的对裁，A2 幅面是 A1 幅面的对裁，其余类推。

需要微缩复制的图纸，其一个边上应附有一段准确米制尺度，四个边上均附有对中标志，米制尺度的总长应为 100mm，分格应为 10mm。对中标志应画在图框线的中点处，线宽0.35 mm，并应伸入图框内，框外长度为 5mm。

同一个工程设计中，每个专业所使用的图纸，不宜多于两种幅面，不含目录及表格所采用的 A4 幅面。以短边作垂直边的图纸称为横式幅面（图 1-12a、b、c），以短边作为水平边的称为立式幅面（图 1-12d、e、f）。一般 A0～A3 图纸宜用横式。图纸短边不得加长，长边可以加长，但加长的尺寸必须按照国标 GB/T 50001—2017 的规定执行。

表 1-2　幅面及图框尺寸　　　　　　　　　　　　（单位：mm）

尺　寸 　　　　幅面代号	A0	A1	A2	A3	A4
$b×l$	841×1189	594×841	420×594	297×420	210×297
c		10			5
a			25		

注：表中 b 为幅面短边尺寸，l 为幅面长边尺寸，c 为图框线与幅面线间宽度，a 为图框线与装订边间宽度。

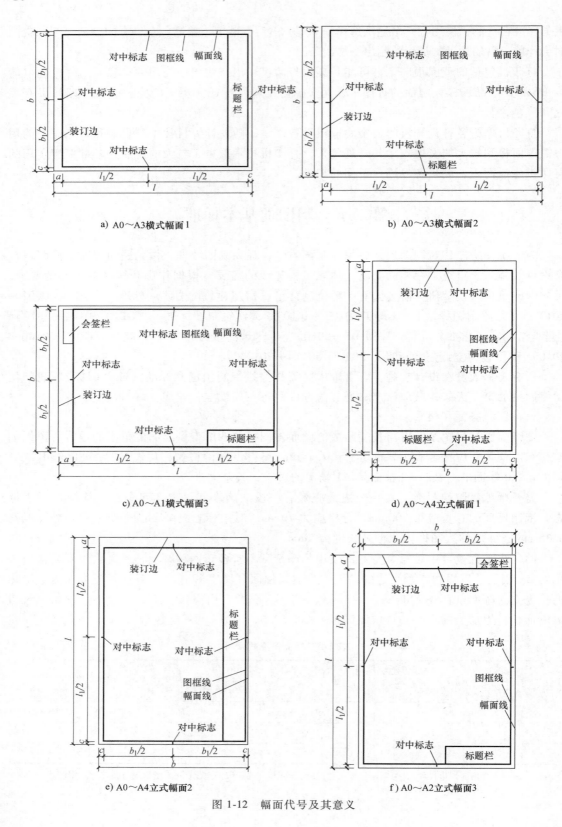

图 1-12　幅面代号及其意义

　　图纸中应有标题栏（简称图标）、图框线、幅面线、装订边线和对中标志。图纸的标题栏及装订边的位置，应符合图 1-12 的规定。标题栏应符合图 1-13 的规定，根据工程的需要选择确定其尺寸、格式及分区。签字栏应包括实名列和签名列，涉外工程的标题栏内，各项主要内容的中文下方应附有译文，设计单位的上方或左方，应加"中华人民共和国"字样；在计算机制图文件中当使用电子签名与认证时，应符合国家有关电子签名法的规定。

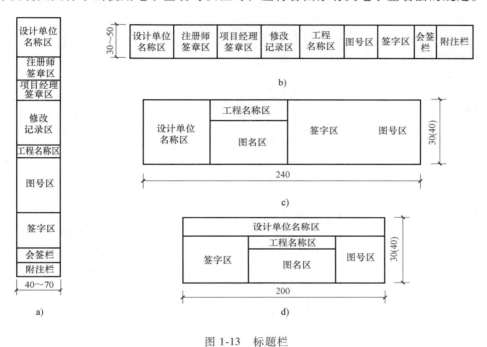

图 1-13　标题栏

　　学校里制图作业中的标题栏可以按照图 1-14 的格式绘制。

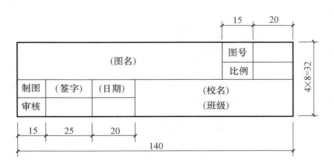

图 1-14　制图作业的标题栏

二、图线

　　图线是指起点和终点间以任何方式连接的一种几何图形，形状可以是直线或曲线，连续和不连续线。图线有粗、中粗、中、细之分。图线的宽度 b，宜从 1.4mm、1.0mm、0.7mm、0.5mm 线宽系列中选取。图线宽度不应小于 0.1mm。每个图样，应根据复杂程度与比例大小，先选定基本线宽 b，再选用表 1-3 中相应的线宽组。

表 1-3　线宽组　　　　　　　　　　　　　　　（单位：mm）

线宽比	线　宽　组			
b	1.4	1.0	0.7	0.5
$0.7b$	1.0	0.7	0.5	0.35
$0.5b$	0.7	0.5	0.35	0.25
$0.25b$	0.35	0.25	0.18	0.13

注：1. 需要缩微的图纸，不宜采用 0.18mm 及更细的线宽。

　　2. 同一张图纸内，各不同线宽中的细线，可统一采用较细的线宽组的细线。

　　工程建设制图应选用表 1-4 所示的图线。

表 1-4　图线

名称		线型	线宽	用　途
实线	粗		b	主要可见轮廓线
	中粗		$0.7b$	可见轮廓线、变更云线
	中		$0.5b$	可见轮廓线、尺寸线
	细		$0.25b$	图例填充线、家具线
虚线	粗		b	见各有关专业制图标准
	中粗		$0.7b$	不可见轮廓线
	中		$0.5b$	不可见轮廓线，图例线
	细		$0.25b$	图例填充线、家具线
单点长画线	粗		b	见各有关专业制图标准
	中		$0.5b$	见各有关专业制图标准
	细		$0.25b$	中心线、对称线、轴线等
双点长画线	粗		b	见各有关专业制图标准
	中		$0.5b$	见各有关专业制图标准
	细		$0.25b$	假想轮廓线、成型前原始轮廓线
折断线	细		$0.25b$	断开界线
波浪线	细		$0.25b$	断开界线

画线时还应注意下列几点：

1）在同一张图纸内，相同比例的各图样应采用相同的线宽组。

2）相互平行的图例线，其净间隙或线中间隙不宜小于 0.2mm。

3）虚线、单点长画线或双点长画线的线段长度和间隔宜各自相等。

4）单点长画线或双点长画线，当在较小图形中绘制有困难时，可用实线代替。

5）单点长画线或双点长画线的两端，不应是点。点画线与点画线交接点或点画线与其他图线交接时，应是线段交接。

6）虚线与虚线交接或虚线与其他图线交接时，应是线段交接。虚线为实线的延长线时，不得与实线相接。它们的正确画法和错误画法如图 1-15 所示。

7）图线不得与文字、数字或符号重叠、混淆，不可避免时，应首先保证文字等的清晰。

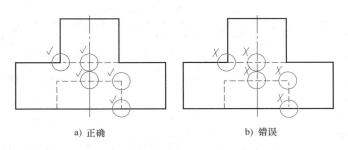

a) 正确   b) 错误

图 1-15   虚线交接的画法

8）图纸的图框线和标题栏线可采用表 1-5 所示的线宽。

表 1-5   图框线和标题栏线的线宽   （单位：mm）

幅面代号	图框线	标题栏外框线 对中标志	标题栏分格线 幅面线
A0、A1	b	0.5b	0.25b
A2、A3、A4	b	0.7b	0.35b

三、字体

字体是指文字的风格式样，又称书体。工程图纸上所需书写的文字、数字或符号等，均应笔画清晰、字体端正、排列整齐，标点符号应清楚正确。汉字、数字、字母等字体的大小以字号来表示，字号就是字体的高度。文字的字高应从表 1-6 中选用。字高大于 10mm 的文字宜采用 True type 字体，当需书写更大的字时，其高度应按 $\sqrt{2}$ 的倍数递增，并取毫米的整数。

表 1-6   文字的字高   （单位：mm）

字体种类	中文矢量字体	True type 字体及非中文矢量字体
字高	3.5、5、7、10、14、20	3、4、6、8、10、14、20

1. 汉字

图样及说明中的汉字，宜优先采用 True type 字体中的宋体字型，采用矢量字体时应为长仿宋体字型。同一图纸字体种类不应超过两种。矢量字体的宽高比宜为 0.7，且应符合表 1-7 的规定，打印线宽宜为 0.25～0.35mm；True type 字体宽高比宜为 1。大标题、图册封面、地形图等的汉字，也可书写成其他字体，但应易于辨认，其宽高比宜为 1。

长仿宋字的书写要领：横平竖直，起落分明，填满方格，结构匀称。

表 1-7   长仿宋体字高宽关系   （单位：mm）

字高	20	14	10	7	5	3.5
字宽	14	10	7	5	3.5	2.5

1）横平竖直。横笔基本要平，可稍微向上倾斜一点。竖笔要直，笔画要刚劲有力。

2）起落分明。长仿宋字体的基本笔画为横、竖、撇、捺、挑、点、钩、折。横、竖的起笔和收笔，撇的起笔，钩的转角等都要顿一下笔，形成小三角。几种基本笔画的书写见表 1-8。

3）填满方格。上下左右笔锋要尽可能靠近字格，但也有例外的，如日、口、月、二等字都要比字格略小。

4）结构匀称。要注意字体的结构，即妥善安排字体的各个部分应占的比例，笔画布局要均匀紧凑。长仿宋字体示例如图 1-16 所示。

表 1-8　长仿宋体字基本笔画示例

名　称	横	竖	撇	捺	挑	点	钩
形状	一	丨	丿	㇏	一	八	丁乚
笔法	一	丨	丿	㇏	一	八	丁乚

工 业 民 用 建 筑 厂 房 屋 平 立 剖 面 详 图
结 构 施 说 明 比 例 尺 寸 长 宽 高 厚 砖 瓦
木 石 土 砂 浆 水 泥 钢 筋 混 凝 截 校 核 梯
门 窗 基 础 地 层 楼 板 梁 柱 墙 厕 浴 标 号
轴 材 料 设 备 标 号 节 点 东 南 西 北 校 核
制 审 定 日 期 一 二 三 四 五 六 七 八 九 十

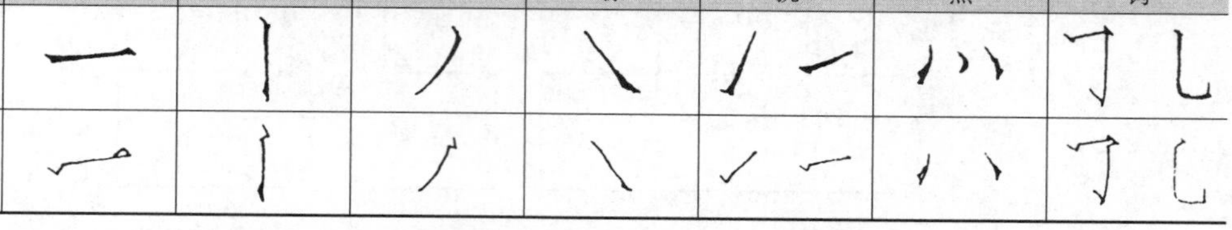

图 1-16　长仿宋体字示例

2. 拉丁字母和数字

图样及说明中的字母、数字，宜采用 ROMAN 字体。其书写规则，应符合表 1-9 的规定。

表 1-9　拉丁字母、阿拉伯数字与罗马数字书写规则

书写格式	一般字体	窄字体	书写格式	一般字体	窄字体
大写字母高度	h	h	字母间距	$2/10h$	$2/14h$
小写字母高度（上下均无延伸）	$7/10h$	$10/14h$	上下行基准线最小间距	$15/10h$	$2/14h$
小写字母伸出的头部或尾部	$3/10h$	$4/14h$	词间距	$6/10h$	$6/14h$
笔画宽度	$1/10h$	$1/14h$			

拉丁字母、阿拉伯数字和罗马数字、少数希腊字母，有一般字体和窄字体两种，其中又有直体字和斜体字之分。其写法如图 1-17、图 1-18 所示。

拉丁字母、阿拉伯数字与罗马数字的字高，应不少于 2.5mm。如需写成斜体字，其斜度应是从字的底线逆时针向上倾斜 75°，如图 1-18 所示。斜体字的高度与宽度应与相应的直体字相等。

数量的数值注写，应采用正体阿拉伯数字。各种计量单位凡前面有量值的，均应采用国家颁布的单位符号注写。单位符号应采用正体字母。分数、百分数和比例数的注写，应采用阿拉伯数字和数学符号。当注写的数字小于 1 时，应写出各位的"0"，小数点应采用圆点，齐基准线书写。

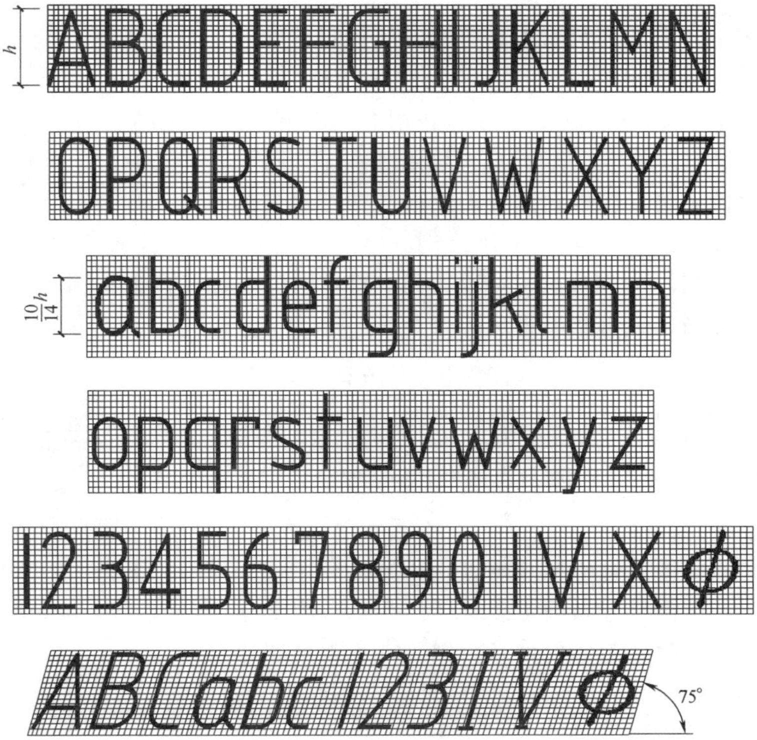

图 1-17　窄体字字体示例

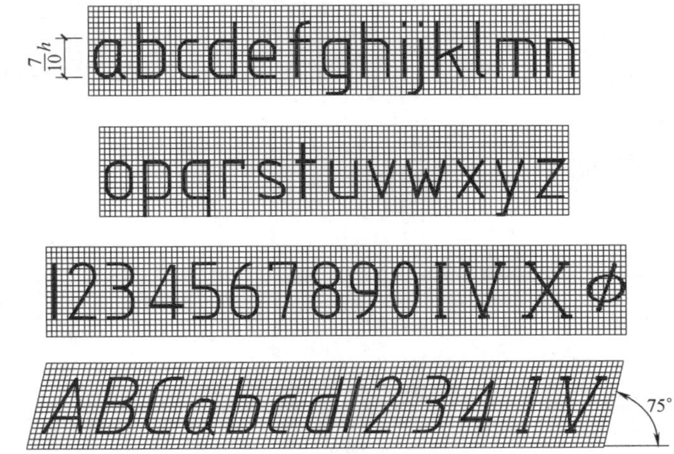

图 1-18　一般体字字体示例

四、比例

比例是指图中图形与其实物相应要素的线性尺寸之比。比例的大小是指其比值的大小，如 1∶50 大于 1∶100。比例的符号为"∶"，比例应以阿拉伯数字表示，如 1∶1、1∶100 等。比例宜注写在图名的右侧，字的基准应取平；比例的字高宜比图名的字高小一号或二号，如图 1-19 所示。

平面图 1:100　　⑥ 1:20

图 1-19　比例的注写

绘图时所用的比例，应根据图样的用途与被绘对象的复杂程度，从表 1-10 中选用，并优先用表中常用比例。一般情况下，一个图样应选用一种比例。根据专业制图的需要，同一图样可选用两种比例。特殊情况下也可自选比例，这时除应注出绘图比例外，还应在适当位置绘制出相应的比例尺。

表 1-10　绘图所用的比例

常用比例	1∶1、1∶2、1∶5、1∶10、1∶20、1∶30、1∶50、1∶100、1∶150、1∶200、1∶500、1∶1000、1∶2000
可用比例	1∶3、1∶4、1∶6、1∶15、1∶25、1∶40、1∶60、1∶80、1∶250、1∶300、1∶400、1∶600、1∶5000、1∶10000、1∶20000、1∶50000、1∶100000、1∶200000

五、尺寸标注

在建筑工程图样中，其图形只能表达建筑物的形状及材料等内容，而不能反映建筑物的大小。建筑物的大小由尺寸来确定。尺寸标注是一项十分重要的工作，必须认真仔细，准确无误。如果尺寸有遗漏或错误，都会给施工带来困难和损失。

1. 尺寸的组成

图样上的尺寸包括四个要素：尺寸界线、尺寸线、尺寸起止符号和尺寸数字，如图 1-21 所示。

（1）尺寸界线　尺寸界线应用细实线绘制，一般应与被注长度垂直，其一端应离开图样的轮廓线不小于 2mm，另一端应超出尺寸线 2~3mm。必要时可利用图样轮廓线、中心线及轴线作为尺寸界线（图 1-20 中尺寸 3060）。

（2）尺寸线　尺寸线应用细实线绘制，并与被注长度平行，两端宜以尺寸线为边界，也可超出尺寸界线 2~3mm。互相平行的尺寸线，应从被注的图样轮廓线由近向远整齐排列，小尺寸应离轮廓线较近，大尺寸离轮廓线较远。图样轮廓线以外的尺寸线，距图样最外轮廓线之间距离不宜小于 10mm，平行排列的尺寸线的间距为 7~10mm，并应保持一致。图样上任何图线都不得用作尺寸线。

（3）尺寸起止符号　尺寸起止符号一般用中粗斜短线绘制，并画在尺寸线与尺寸界线的相交处，其倾斜方向应与尺寸界线成顺时针 45°角。长度宜为 2~3mm。在轴测图中标注尺寸时，其起止符号宜用小圆点。半径、直径、角度与弧长的尺寸起止符号，宜用箭头表示。箭头尺寸起止符号如图 1-21 所示。

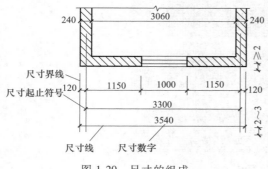

图 1-20　尺寸的组成

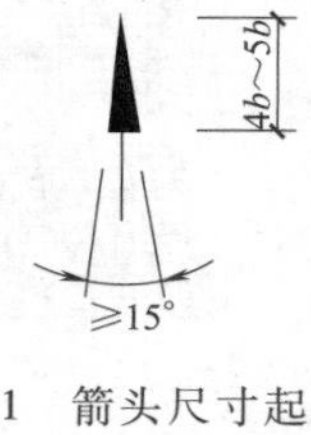

图 1-21　箭头尺寸起止符号

（4）尺寸数字　国标规定，图样上标注的尺寸一律用阿拉伯数字标注图样的实际尺寸，它与绘图所用比例无关，应以尺寸数字为准，不得从图上直接量取。图样上所标注的尺寸，除标高及总平面图以米（m）为单位外，其余一律以毫米（mm）为单位，图上尺寸数字都不再注写单位。

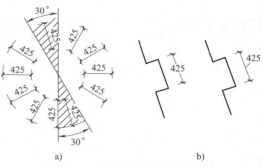

图 1-22　尺寸数字的注写方向

尺寸数字一般注写在尺寸线的上方中部。水平方向的尺寸，尺寸数字要写在尺寸线的上面，字头朝上；竖直方向的尺寸，尺寸数字要写在尺寸线的左侧，字头朝左；倾斜方向的尺寸，尺寸数字的方向应按图 1-22a 的规定注写，尺寸数字在图中所示 30°斜线范围内时可按图 1-22b 的形式注写。

尺寸数字如果没有足够的注写位置时，两边的尺寸可以注写在尺寸界线的外侧，中间相邻的尺寸数字可上下错开注写，引出线端部用圆点表示标注尺寸的位置如图 1-23 所示。尺寸宜标注在图样轮廓之外，不宜与图线、文字及符号等相交，如图 1-24 所示。

图 1-23　尺寸数字的注写位置　　　　　　图 1-24　尺寸数字的注写

2. 尺寸注法示例

表 1-11 列出了国标所规定的一些尺寸注法。

表 1-11　尺寸标注示例

标注内容	示　　例	说　　明
圆及圆弧	φ600　φ600　R300	标注圆的直径或圆弧的半径时，可按此图例绘制
大圆弧	R150　R150	较大圆弧的半径，可按此图例标注

（续）

标注内容	示　例	说　明
小尺寸圆及圆弧		小尺寸的圆及圆弧，可按此图例标注
球面		在标注球的直径或半径时，应在"ϕ"或"R"前加符号"S"
角度		角度的尺寸线是以所注角的顶点为圆心所画的弧；尺寸界线是该角的两个边；角的起止符号应以箭头表示，如没有足够位置画箭头，可用圆点代替；角度数字应按水平方向注写
弧度和弦长		尺寸界线应垂直于该圆弧的弦；如标注的是弧长，尺寸线是与该圆弧同心的圆弧线，起止符号应以箭头表示，弧长数字的上方应加注圆弧符号"⌒"；如标注的是弦长，尺寸线应是平行于该弦的直线，起止符号用中粗斜短线表示
正方形		如需在正方形的侧面标注其尺寸，除可用"边长×边长"外，也可在边长数字前加正方形符号"□"
薄板厚度		在薄板板面标注板厚尺寸时，应在厚度数字前加厚度符号"t"

（续）

标注内容	示　　例	说　　明
坡 度	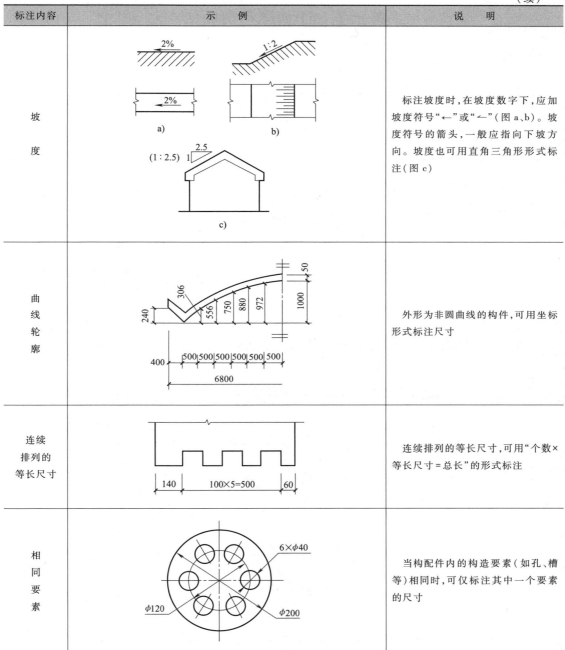	标注坡度时，在坡度数字下，应加坡度符号"←"或"←"（图 a、b）。坡度符号的箭头，一般应指向下坡方向。坡度也可用直角三角形形式标注（图 c）
曲线 轮廓		外形为非圆曲线的构件，可用坐标形式标注尺寸
连续 排列的 等长尺寸		连续排列的等长尺寸，可用"个数×等长尺寸＝总长"的形式标注
相 同 要 素		当构配件内的构造要素（如孔、槽等）相同时，可仅标注其中一个要素的尺寸

　　当对称构配件采用对称省略画法时，该对称构配件的尺寸线应略超过对称符号，仅在尺寸线的一端画尺寸起止符号，尺寸数字应按整体全尺寸注写，其注写位置宜与对称符号对齐，如图1-25所示。

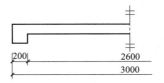

图1-25　对称构件尺寸标注方法

第三节　平面图形的画法

一、几何作图

1. 线段和角的等分

（1）线段的任意等分，如图 1-26 所示为将线段 AB 分为五等份。

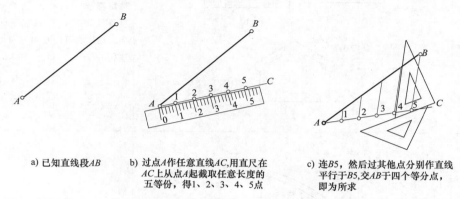

a) 已知直线段 AB

b) 过点 A 作任意直线 AC，用直尺在 AC 上从点 A 起截取任意长度的 五等份，得 1、2、3、4、5 点

c) 连 B5，然后过其他点分别作直线 平行于 B5，交 AB 于四个等分点， 即为所求

图 1-26　五等分线段 AB

（2）两平行线间的任意等分，如图 1-27 所示为将两平行线 AB 和 CD 之间距离分为五等份。

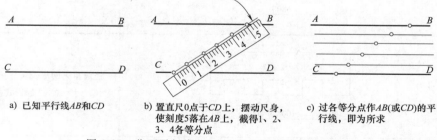

a) 已知平行线 AB 和 CD

b) 置直尺 0 点于 CD 上，摆动尺身， 使刻度 5 落在 AB 上，截得 1、2、 3、4 各等分点

c) 过各等分点作 AB（或 CD）的平 行线，即为所求

图 1-27　分两平行线 AB 和 CD 之间的距离为五等份

（3）角的二等分，如图 1-28 所示为将 ∠AOB 分为二等份。

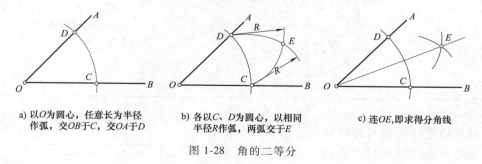

a) 以 O 为圆心，任意长为半径 作弧，交 OB 于 C，交 OA 于 D

b) 各以 C、D 为圆心，以相同 半径 R 作弧，两弧交于 E

c) 连 OE，即求得分角线

图 1-28　角的二等分

2. 等分圆周作正多边形

（1）正三角形

1）用圆规和三角板作圆的内接正三角形，如图 1-29 所示。

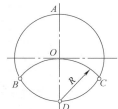

a) 以D为圆心，R为半径作弧得BC　　　b) 连接AB、BC、CA即得圆内接正三角形

图 1-29　用圆规和三角板作圆的内接正三角形

2）用丁字尺和三角板作圆的内接正三角形，如图 1-30 所示。

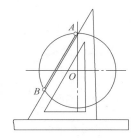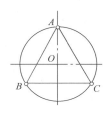

a) 将30°三角板的短直角边紧靠丁　　b) 翻转三角板，沿斜边过A作AC　　c) 连接B、C，即得圆内接
　字尺工作边，沿斜边过A作AB　　　　　　　　　　　　　　　　　　　　正三角形

图 1-30　用丁字尺和三角板作圆的内接正三角形

（2）正四边形　用丁字尺和三角板作圆的内接正方形，如图 1-31 所示。

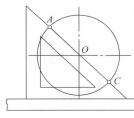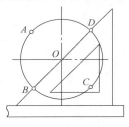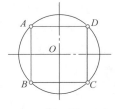

a) 将45°三角板的直角边紧靠　　b) 翻转三角板，过圆心O　　c) 依次连接AB、BC、CD、
　丁字尺工作边，过圆心O　　　　沿斜边作直径BD　　　　　　DA，即得圆内接正方形
　沿斜边作直径AC

图 1-31　用丁字尺和三角板作圆的内接正方形

（3）正五边形　作圆的内接正五边形，如图 1-32 所示。

微课：绘制圆的
正内接五边形
与任意多边形

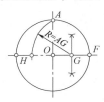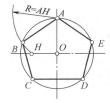

a) 已知圆O　　　　　　b) 作出半径OF的等分点G，以G　　c) 以AH为半径，分圆周为五等份。
　　　　　　　　　　　　为圆心，GA为半径作圆弧，交　　　顺序连接各等分点A、B、C、D、
　　　　　　　　　　　　直径于H　　　　　　　　　　　　　E，即为所求

图 1-32　作圆的内接正五边形

（4）正六边形　作圆的内接正六边形，如图 1-33 所示。

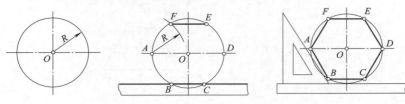

a) 已知半径为R的圆　　b) 用R划分圆周为六等份　　c) 顺序将各等分点连接起来，即为所求

图 1-33　作圆的内接正六边形

（5）任意正多边形的画法　如图 1-34 所示，以圆内接正七边形为例，说明任意正多边形的画法。

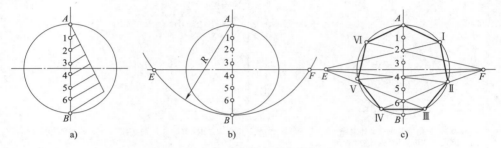

图 1-34　任意正多边形的画法

作图步骤：

1）把直径 AB 分为七等份，得等分点 1、2、3、4、5、6。

2）以点 A 为圆心，AB 长为半径作圆弧，交水平直径的延长线于 E、F 两点。

3）从 E、F 两点分别向各偶数点（2、4、6）连线并延长相交于圆周上的 Ⅰ、Ⅱ、Ⅲ、Ⅳ、Ⅴ、Ⅵ点，依次连接 A、Ⅰ、Ⅱ、Ⅲ、Ⅳ、Ⅴ、Ⅵ、A 各点即得所作的正七边形。

3. 椭圆画法

（1）同心圆法画椭圆　如图 1-35 所示，已知椭圆长轴 AB、短轴 CD、中心点 O，求作椭圆。

作图步骤：

1）以 O 为圆心，以 OA 和 OC 为半径，作出两个同心圆。

2）过中心 O 作等分圆周的辐射线（图中作了 12 条线）。

3）过辐射线与大圆的交点向内画竖直线，过辐射线与小圆的交点向外画水平线，则竖直线与水平线的相应交点即为椭圆上的点。

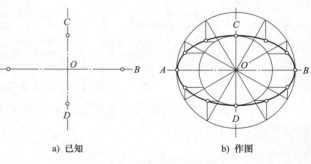

a) 已知　　　　b) 作图

图 1-35　同心圆法画椭圆

4）用曲线板将上述各点依次光滑地连接起来，即得所画的椭圆。

（2）四心圆法画椭圆　如图 1-36 所示，已知椭圆长轴 AB、短轴 CD、中心 O，求作椭圆。

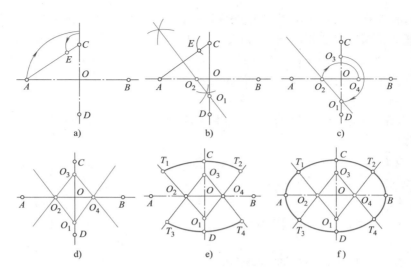

微课：椭圆画法

图 1-36　四心圆法画椭圆

作图步骤：

1）连接 AC，在 AC 上截取点 E，使 $CE=OA-OC$（图 1-36a）。

2）作线段 AE 的中垂线并与短轴相交于点 O_1，与长轴交于点 O_2（图 1-36b）。

3）在 CD 上和 AB 上找到 O_1、O_2 的对称点 O_3、O_4，则 O_1、O_2、O_3、O_4 即为四段圆弧的四个圆心（图 1-36c）。

4）将四个圆心点两两相连，得出四条连心线（图 1-36d）。

5）以 O_1、O_3 为圆心，$O_1C=O_3D$ 为半径，分别画圆弧 T_1T_2 和 T_3T_4，两段圆弧的四个端点分别落在四条连心线上（图 1-36e）。

6）以 O_2O_4 为圆心，$O_2A=O_4B$ 为半径，分别画圆弧 T_1T_3 和 T_2T_4，完成所作的椭圆（图 1-36f）。

这是个近似的椭圆，它由四段圆弧组成，T_1、T_2、T_3、T_4 为四段圆弧的连接点，也是四段圆弧相切（内切）的切点。

（3）八点法画椭圆　如图 1-37 所示，已知椭圆的长轴 AB、短轴 CD、中心 O 求作椭圆。

作图步骤：

1）过长短轴的端点 A、B、C、D 作椭圆外切矩形 1234，连接对角线。

2）以 $1C$ 为斜边，作 45°等腰直角三角形 $1KC$。

3）以 C 为圆心，CK 为半径作弧，交 14 于 M、N；自 M、N 引短边的平行线，与对角线相交得 5、6、7、8 四点。

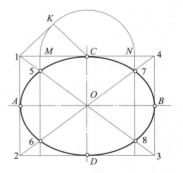

图 1-37　八点法画椭圆

4）用曲线板顺序连接点 A、5、C、7、B、8、D、6、A，即得所求的椭圆。

八点法画得椭圆不太精确。

二、圆弧连接

绘制平面图形时，经常需要用圆弧将两条直线、一圆弧与一直线或两个圆弧之间光滑地连接起来，这种连接作图称为圆弧连接，用来连接已知直线或已知圆弧的圆弧称为连接圆弧。圆弧连接的要求就是光滑，而要做到光滑连接就必须使连接圆弧与已知直线、圆弧相切，切点称为连接点。为了能准确连接，作图时必须先求出连接圆弧的圆心，再找连接点（切点），最后作出连接圆弧。

微课：圆弧画法

1. 用圆弧连接两直线

如图 1-38 所示，已知直线 L_1 和 L_2，连接圆弧的半径为 R，求作连接圆弧。

作图步骤：

1）过直线 L_1 上一点 a 作该直线的垂线，在垂线上截取 $ab=R$，再过点 b 作直线 L_1 的平行线。

2）用同样方法作出距离等于 R 的 L_2 直线的平行线。

3）找到两平行线的交点 O 即为连接圆弧的圆心。

4）自点 O 分别向直线 L_1 和 L_2 作垂线，得垂足 T_1、T_2，即为连接圆弧的连接点（切点）。

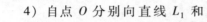

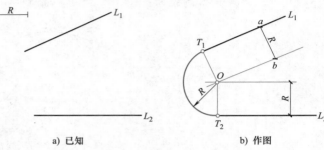

a) 已知　　　　b) 作图

图 1-38　用圆弧连接两直线

5）以 O 为圆心、R 为半径作圆弧 T_1T_2，完成连接作图。

2. 用圆弧连接一直线和一圆弧

如图 1-39 所示，已知连接圆弧的半径为 R，被连接的圆弧圆心为 O_1、半径 R_1 以及直线 L，求作连接圆弧（要求与已知圆弧外切）。

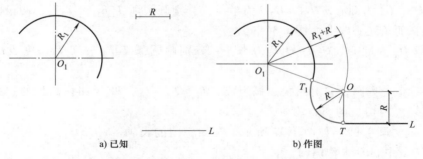

a) 已知　　　　　　　　　b) 作图

图 1-39　用圆弧连接一直线和一圆弧

作图步骤：

1）作已知直线 L 的平行线，使其间距为 R，再以 O_1 为圆心、$R+R_1$ 为半径作圆弧，该圆弧与所作平行线的交点 O 即为连接圆弧的圆心。

2）由点 O 作直线 L 的垂线得垂足 T，连接 OO_1，与圆弧 O_1 交于点 T_1，T、T_1 即为连接圆弧的连接点（两个切点）。

3）以 O 为圆心，R 为半径作圆弧 TT_1，完成连接作图。

3. 用圆弧连接两圆弧

（1）与两个圆弧外切连接　如图 1-40 所示，已知连接圆弧半径为 R，被连接的两个圆弧的圆心分别为 O_1、O_2，半径为 R_1、R_2，求作连接圆弧。

作图步骤：

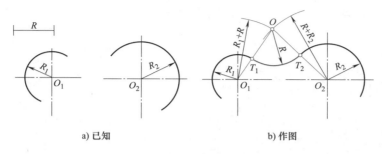

图 1-40　用圆弧连接两圆弧（外切）

1）以 O_1 为圆心，$R+R_1$ 为半径作一圆弧；再以 O_2 为圆心，$R+R_2$ 为半径作另一圆弧，两圆弧的交点 O 即为连接圆弧的圆心。

2）作连心线 OO_1，它与圆弧 O_1 的交点为 T_1，再作连心线 OO_2，它与圆弧 O_2 的交点为 T_2，则 T_1、T_2 即为连接圆弧的连接点（外切的切点）。

3）以 O 为圆心，R 为半径作圆弧 T_1T_2，完成连接作图。

（2）与两个圆弧内切连接　如图 1-41 所示，已知连接圆弧的半径为 R，被连接的两个圆弧圆心分别为 O_1、O_2，半径为 R_1、R_2，求作连接圆弧。

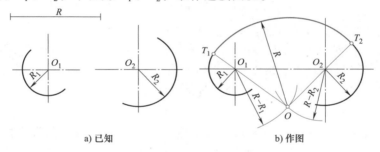

图 1-41　用圆弧连接两圆弧（内切）

作图步骤：

1）以 O_1 为圆心，$R-R_1$ 为半径作一圆弧；再以 O_2 为圆心，$R-R_2$ 为半径作另一圆弧，两圆弧的交点 O 即为连接圆弧的圆心。

2）作连心线 OO_1 并延长，它与圆弧 O_1 的交点为 T_1；再作连心线 OO_2 并延长，它与圆弧 O_2 的交点为 T_2，则 T_1、T_2 即为连接圆弧的连接点（内切的切点）。

3）以 O 为圆心，R 为半径作圆弧 T_1T_2，完成连接作图。

（3）与一个圆弧外切，与另一个圆弧内切　如图 1-42 所示，已知连接圆弧半径为 R，被连接的两个圆弧圆心为 O_1、O_2，半径为 R_1、R_2，求作一连接圆弧，使其与圆弧 O_1 外切，与圆弧 O_2 内切。

作图步骤：

1）分别以 O_1、O_2 为圆心，$R+R_1$、$R-R_2$ 为半径作两个圆弧，两圆弧交点 O 即为连接圆弧的圆心。

2）作连心线 OO_1，与圆弧 O_1 相交于 T_1；再作连心线 OO_2，与圆弧 O_2 相交于 T_2，则

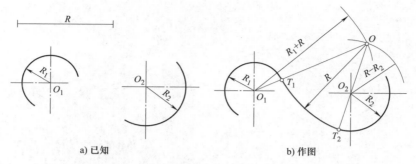

a) 已知　　　　　　　　b) 作图

图 1-42　用圆弧连接两圆弧（一个外切、一个内切）

T_1、T_2 即为连接圆弧的连接点（前为外切切点、后为内切切点）。

3）以 O 为圆心，R 为半径作圆弧 T_1T_2，完成连接作图。

三、平面图形的分析与画法

平面图形是由若干段线段所围成的，而线段的形状与大小是根据给定的尺寸确定的。现以图 1-44 所示的平面图形为例，说明尺寸与线段的关系。

1. 平面图形的尺寸分析

（1）尺寸基准　尺寸基准是标注尺寸的起点。平面图形的长度方向和高度方向都要确定一个尺寸基准。尺寸基准常常选用图形的对称线、底边、侧边、图中圆周或圆弧的中心线等。在图 1-43 所示的平面图形中，竖直中心线是长度方向的尺寸基准，底边是高度方向的尺寸基准。

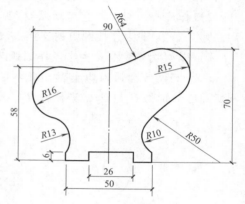

图 1-43　平面图形线段分析

（2）定形尺寸和定位尺寸　定形尺寸是确定平面图形各组成部分大小的尺寸，如图中的 $R16$、$R15$ 等；定位尺寸是确定平面图形各组成部分相对位置的尺寸，该图中的定位尺寸需经计算后才能确定，如半径为 16 的圆弧，其圆心水平方向距图形竖直中心线的距离为 $[90-(16+15)]/2=29.5$，距图形底边的距离为 $58-16=42$。从尺寸基准出发，通过各定位尺寸，可确定图形中各组成部分的相对位置，通过各定形尺寸，可确定图形中各组成部分的大小。

（3）尺寸标注的基本要求　平面图形的尺寸标注要做到正确、完整、清晰。

尺寸标注应符合国家标准的规定；标注的尺寸应完整，没有遗漏的尺寸；标注的尺寸要清晰、明显，并标注在便于看图的地方。

2. 平面图形的线段分析

在绘制有连接作图的平面图形时，需要根据尺寸的条件进行线段分析。平面图形的圆弧连接处的线段，根据尺寸是否完整可分为三类：

（1）已知线段　根据给出的尺寸可以直接画出的线段称为已知线段，即这个线段的定形尺寸和定位尺寸都完整。如图 1-43 所示，圆心位置由尺寸 70、58 和 90 确定的半径为 $R15$、$R16$ 的两个圆弧是已知线段（也称为已知弧）。

（2）中间线段　有定形尺寸，缺少一个定位尺寸，需要依靠两端相切或相接的条件才能画出的线段称为中间线段。图 1-44 中 $R50$ 的圆弧是中间线段（也称为中间弧）。

（3）连接线段　图 1-43 中圆弧 $R64$、$R13$、$R10$ 的圆心，其两个方向定位尺寸均未给出，而需要用与两侧相邻线段的连接条件来确定其位置，这种只有定形尺寸而没有定位尺寸的线段称为连接线段（也称为连接弧）。

3. 平面图形的画法

1）首先对平面图形进行尺寸分析和线段分析，找出尺寸基准和圆弧连接的线段，拟定作图顺序。

2）选定比例，画底稿。先画平面图形的对称线、中心线或基线，再顺次画出已知线段、中间线段、连接线段。

3）画尺寸线和尺寸界线，并校核修正底稿，清理图面。

4）按规定图线加深或上墨，写尺寸数字，再次校核修正。

抄绘图 1-43 所示平面图形的绘图步骤，如图 1-44 所示。

微课：平面图形
的分析与画法

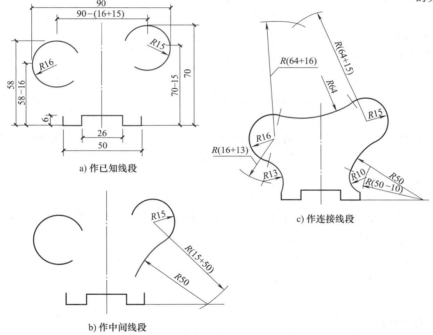

图 1-44　平面图形画图步骤

第四节　制图的一般方法和步骤

一、用绘图工具和仪器绘制图样

为了保证绘图的质量，提高绘图的速度，除正确使用绘图仪器、工具，熟练掌握几何作图方法和严格遵守国家制图标准外，还应注意下述的绘图步骤和方法。

1. 准备工作

1）收集阅读有关的文件资料，对所绘图样的内容及要求进行了解，在学习过程中，对作业的内容、目的、要求，要了解清楚，在绘图之前做到心中有数。

2）准备好必要的绘图仪器、工具和用品。

3）将图纸用胶带纸固定在图板上，位置要适当。一般将图纸粘贴在图板的左下方，图纸左边至图板边缘 3~5cm，图纸下边至图板边缘的距离略大于丁字尺的宽度。

2. 画底稿

1）按制图标准的要求，先把图框线及标题栏的位置画好。

2）根据图样的数量、大小及复杂程度选择比例，安排图位，定好图形的中心线。

3）画图形的主要轮廓线，再由大到小，由整体到局部，直至画出所有轮廓线。

4）画尺寸界限、尺寸线以及其他符号等。

5）最后进行仔细的检查，擦去多余的底稿线。

3. 用铅笔加深

1）当直线与曲线相连时，先画曲线后画直线。加深后的同类图线，其粗细和深浅要保持一致。加深同类线型时，要按照水平线从上到下，垂直线从左到右的顺序一次完成。

2）各类线型的加深顺序是：中心线、粗实线、虚线、细实线。

3）加深图框线、标题栏及表格，并填写其内容及说明。

4. 描图

为了满足生产上的需要，常常要用墨线把图样描绘在硫酸纸上，作为底图，再用来复制成蓝图。

描图的步骤与铅笔加深基本相同。但描墨线图，线条画完后要等一定的时间，墨才会干透。因此，要注意画图步骤，否则容易弄脏图面。

5. 注意事项

1）画底稿的铅笔用 H 至 3H，线条要轻而细。

2）加深粗实线的铅笔用 HB 或 B，加深细实线的铅笔用 HB。写字的铅笔用 H 或 HB。加深圆弧时所用的铅芯，应比加深同类型直线所用的铅芯软一号。

3）加深或描绘粗实线时，要以底稿线为中心线，以保证图形的准确性。

4）修图时，如果是用绘图墨水绘制的，应等墨线干透后，用刀片刮去需要修整的部分。

二、用铅笔绘制徒手草图

用绘图仪器画出的图称为仪器图；不用仪器，徒手作出的图称为草图。草图是技术人员交谈、记录、构思、创作的有力工具。技术人员必须熟练掌握徒手作图的技巧。

草图的"草"字只是指徒手作图而言，并非潦草之义。草图上的线条也要粗细分明，基本平直，方向正确，长短大致符合比例，线型符合国家制图标准。画草图的铅笔要软些，如 B 或 2B，画水平线、竖直线和斜线的方法，如图 1-45 所示。

画草图要手眼并用，作垂直线、等分一线段或一圆弧、截取相等的线段等，都是靠眼睛估计决定的。徒手画角度的方法与步骤如图 1-46 所示；徒手画圆的方法与步骤如图 1-47 所示；徒手画椭圆的方法与步骤如图 1-48 所示。

徒手画平面图时，不要急于画细部，先要考虑大局，即要注意图形的长与高的比例，以及图形的整体与细部的比例是否正确。草图最好画在方格纸上。图形各部分之间的比例可借助方格数的比例来解决。

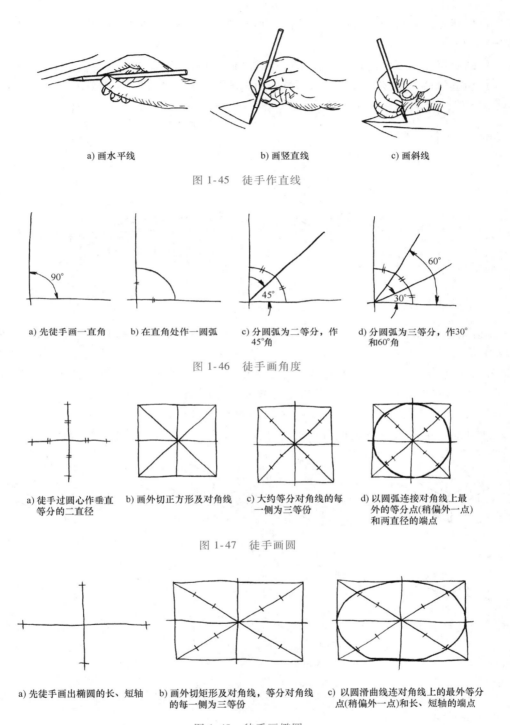

a) 画水平线 b) 画竖直线 c) 画斜线

图 1-45 徒手作直线

a) 先徒手画一直角 b) 在直角处作一圆弧 c) 分圆弧为二等分，作 45°角 d) 分圆弧为三等分，作30° 和60°角

图 1-46 徒手画角度

a) 徒手过圆心作垂直 等分的二直径 b) 画外切正方形及对角线 c) 大约等分对角线的每 一侧为三等份 d) 以圆弧连接对角线上最 外的等分点(稍偏外一点) 和两直径的端点

图 1-47 徒手画圆

a) 先徒手画出椭圆的长、短轴 b) 画外切矩形及对角线，等分对角线 的每一侧为三等份 c) 以圆滑曲线连对角线上的最外等分 点(稍偏外一点)和长、短轴的端点

图 1-48 徒手画椭圆

例如，徒手画一座摺板屋面房屋的立面图，可分下列几个步骤（图 1-49）：

1）先作一矩形，使其长度与高度之比，等于房屋全长与檐高之比。画上中线，在矩形之上加画一矩形，表示摺板屋面长度和高度（图 1-49a）。

2）按摺板的数目划分屋面为若干格。画窗顶线后，划分外墙为五格，最左最右两格较窄（图1-49b）。

3）画出屋面摺板、窗框、门框和窗台线（图1-49c）。

4）加上门窗，步级及其他细部，最后加深图线（图1-49d）。

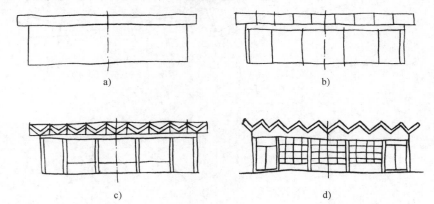

图 1-49　画房屋立面草图

画物体的立体草图时，可将物体摆在一个可以同时看到它的长、宽、高的位置，如图1-50所示，然后观察及分析物体的形状。有的物体可以看成由若干个几何体叠加而成，例如图1-50a 的模型，可以看作由两个长方体叠加而成。画草图时，可先徒手画出底下一个长方体，使其高度方向竖直，长度和宽度方向与水平线成 30°角，并估计其大小，定出其长、宽、高。然后在顶面上另加一长方体，如图1-50a 所示。

有的物体，如图 1-50b 的棱台，则可以看成从一个大长方体削去一部分而做成。这时可

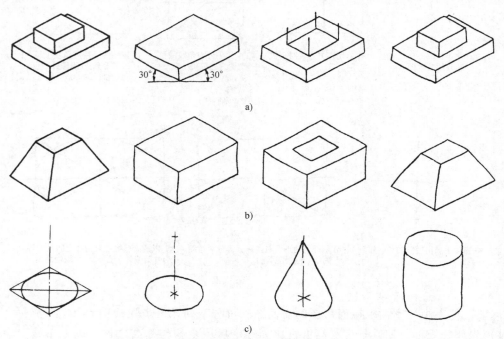

图 1-50　画物体的立体草图

先徒手画出一个以棱台的下底为底，棱台的高为高的长方体。然后在其顶画出棱台的顶面，并将下面的四个角连接起来。

画圆锥和圆柱的草图（图1-50c），可先画一椭圆表示锥和柱的下底面，然后通过椭圆中心画一竖直轴线，定出锥或柱的高度。对于圆锥则从锥顶作两直线与椭圆相切，对于圆柱则画一个与下底面同样大小的上底面，并作两直线与上下椭圆相切。

画立体草图应注意以下三点：

1）先定物体的长、宽、高方向，使高度方向竖直、长度方向和宽度方向各与水平线倾斜30°。

2）物体上相互平行的直线，在立体图上也应相互平行。

3）画不平行于长、宽、高的斜线，只能先定出它的两个端点，然后连线，如图1-50b所示。

<h1 align="center">本 章 小 结</h1>

国家制图标准是所有工程在设计、施工、管理中必须严格执行的。我国住房和城乡建设部发布了《房屋建筑制图统一标准》（GB/T 50001—2017）。学习建筑制图，首先要学习并严格执行国家制图标准的相关规定。

在一套建筑工程图中，图纸的幅面应该基本一致。标题栏应该绘制在图纸的右侧或下方。建筑工程图中的基本图线有实线、虚线、点画线、折断线和波浪线，每一种图线又分别用粗线、中粗线、中线和细线来表达不同的内容，应该掌握各种图线的用途。图样中图线没有表达清楚的内容应该用文字加以必要的说明。建筑物的大小由尺寸来确定，尺寸是由尺寸界限、尺寸线、尺寸起止符号和尺寸数字四部分组成，尺寸是施工图上重要的组成部分，是施工的依据。平面图形中的尺寸包括定形尺寸、定位尺寸和总尺寸。建筑施工图是用缩小的比例绘制而成，比例注写在图名的右边，字体比图名小一个字号。

本章同时介绍了几何作图的几种方法。为了能够正确、迅速地绘制工程图中的平面图形，必须掌握各种几何图形的作图原理和方法。

<h1 align="center">思 考 题</h1>

1. 常用的绘图仪器有哪些？试述它们的作用和使用要求。

2. 图纸的幅面代号有哪几种？试述其尺寸规定。

3. 线型规格有哪几种？各自用途是什么？

4. 图样的尺寸由哪几部分组成？有哪些基本规定？如何标注？

5. 什么是平面图形的尺寸基准、定形尺寸和定位尺寸？

第二章 投影的基本知识

【学习目标与能力要求】

本章主要介绍了投影法的基本概念、分类及其特性。通过学习应该达到以下要求：

1. 了解投影法的基本概念、投影的分类及其特性。
2. 掌握正投影的特性、三面投影体系的建立以及形体在三面投影体系中的投影规律等。
3. 理论联系实际，能够识读工程中常用的投影图。

第一节 投影法概述

一、投影的概念

在日常生活中，人们经常可以看到，物体在阳光或灯光的照射下，会在地面或墙面上留下影子。这种影子的内部灰黑一片，只能反映物体外形的轮廓，不能表达物体的本来面目，如图 2-1a 所示。

人们对自然界的这一物理现象加以科学的抽象和概括，把光线抽象为投射线，把物体抽象为形体（只研究其形状、大小、位置，而不考虑它的物理性质和化学性质），把地面抽象为投影面，即假设光线能穿透物体，而将物体表面上的各个点和线都在承接影子的平面上落下它们的影子，从而使这些点、线的影子组成能够反映物体形状的"线框图"，如图 2-1b 所示。我们把这样形成的"线框图"称为投影。把能够产生光线的光源称为投射中心，光线称为投射线，承接影子的平面称为投影面。这种把空间形体转化为平面图形的方法称为投影法。要产生投影必须具备：投射线、形体、投影面。这就是投影的三要素。

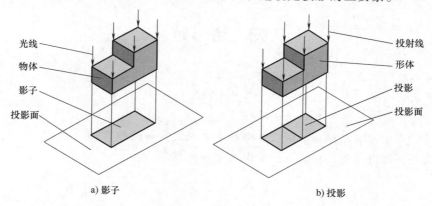

图 2-1 影子与投影

二、投影的分类

根据投射线之间的相互关系，可将投影分为中心投影和平行投影。

1. 中心投影

当投射中心 S 在有限的距离内，所有的投射线都交汇于一点，这种方法所产生的投影，称为中心投影，如图 2-2 所示。

2. 平行投影

把投射中心 S 移到离投影面无限远处，则投射线可视为互相平行，由此产生的投影称为平行投影。平行投影的投射线互相平行，所得投影的大小与物体离投射中心的距离无关。

根据投射线与投影面之间的位置关系，平行投影又分为斜投影和正投影两种：投射线与投影面倾斜时的投影称为斜投影，如图 2-3a 所示（得到这种投影图的方法称为斜投影法）；投射线与投影面垂直时的投影称为正投影，如图 2-3b 所示（得到这种投影图的方法称为正投影法）。

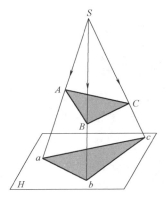

图 2-2　中心投影

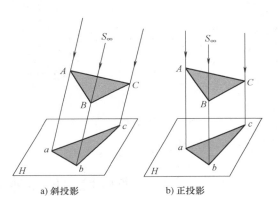

a) 斜投影　　　　b) 正投影

图 2-3　平行投影

三、工程上常用的投影图

工程上常用的投影图有：正投影图、轴测投影图、透视投影图、标高投影图。

1. 正投影图

用正投影法把形体向两个或两个以上互相垂直的投影面进行投影，再按一定的规律将其展开到一个平面上，所得到的投影图称为正投影图，如图 2-4 所示。它是工程上最主要的图样。

这种图的优点是能准确地反映物体的形状和大小，作图方便，度量性好；缺点是立体感差，不易看懂。

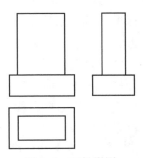

图 2-4　正投影图

2. 轴测投影图

轴测投影图是物体在一个投影面上的平行投影，简称轴测图。将物体安置于投影面体系中合适的位置，选择适当的投射方向，即可得到这种富有立体感的轴测投影图，如图 2-5 所示。这种图立体感强，容易看懂，但度量性差，作图较麻烦，并且对复杂形体也难以表达清楚，因而工程中常用作辅助图样。

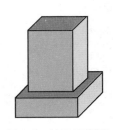

图 2-5　轴测投影图

3. 透视投影图

透视投影图是物体在一个投影面上的中心投影，简称透视图。这种图形象逼真，如照片一样，但它度量性差，作图繁杂，如图 2-6 所示。在建筑设计中常用透视投影来表现建筑物建成后的外貌。

4. 标高投影图

标高投影图是一种带有数字标记的单面正投影图。它用正投影反映物体的长度和宽度，其高度用数字标注，如图 2-7 所示。这种图常用来表达地面的形状。作图时将间隔相等而高程不同的等高线（地形表面与水平面的交线）投影到水平的投影面上，并标注出各等高线的高程，即为标高投影图。这种图在土木工程中被广泛应用。

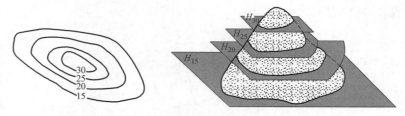

图 2-6　透视投影图

图 2-7　标高投影图

由于正投影法被广泛地用来绘制工程图样，所以正投影法是本书介绍的主要内容，以后所说的投影，如无特殊说明均指正投影。

第二节　平行投影的基本性质

一、显实性（或实形性）

当直线或平面平行于投影面时，它们的投影反映实长或实形。如图 2-8a 所示，直线 AB 平行于 H 面，其投影 ab 反映 AB 的真实长度，即 $ab = AB$。如图 2-8b 所示，平面 $ABCD$ 平行于 H 面，其投影反映实形，即 $\square abcd \cong \square ABCD$。这一性质称为显实性。

二、积聚性

当直线或平面平行于投射线（在正投影中则垂直于投影面）时，其投影积聚于一点或一直线。这样的投影称为积聚投影。如图 2-9 所示。在正投影中，直线 AB 平行于投射线，其投影积聚为一点 a（b），如图 2-9a 所示；平面 $\square ABCD$ 平行于投射线，其投影积聚为一直线 ad，见图 2-9b。投影的这种性质称为积聚性。

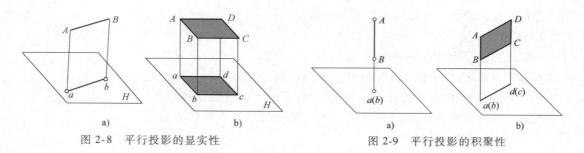

| a) | b) | a) | b) |

图 2-8　平行投影的显实性　　　　图 2-9　平行投影的积聚性

三、类似性

一般情况下，直线或平面不平行于投影面，因而点的投影仍是点，如图 2-10a 所示，直线的投影仍是直线，平面的投影仍是平面。当直线倾斜于投影面时，在该投影面上的投影短于实长，如图 2-10b 所示；当平面倾斜于投影面时，在该投影面上的投影比实形小，如图 2-10c所示。在这种情况下，直线和平面的投影不反映实长或实形，其投影形状是空间形状的类似形，因而把投影的这种性质称为类似性。

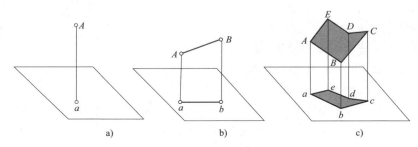

图 2-10　平行投影的类似性

四、平行性

当空间两直线互相平行时，它们在同一投影面上的投影仍互相平行。如图 2-11 所示，空间两直线 $AB /\!/ CD$，则平面 $ABba /\!/$ 平面 $CDdC$，两平面与投影面 H 的交线 ab、cd 必互相平行。平行投影的这种性质称为平行性。

五、从属性与定比性

点在直线上，则点的投影必定在直线的投影上。如图 2-12 所示，$C \in AB$，则 $c \in ab$，这一性质称为从属性。

点分线段的比例等于点的投影分线段的投影所成的比例。如图 2-12 所示，$C \in AB$，则 $AC : CB = ac : cb$，这一性质称为定比性。

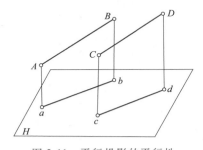

图 2-11　平行投影的平行性

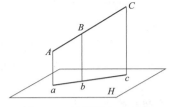

图 2-12　从属性与定比性

第三节　正投影法基本原理

工程上绘制图样的方法主要是正投影法。这种方法画图简单，画出的图形真实，度量方便，能够满足设计与施工的需要。

用一个投影图来表达物体的形状是不够的。如图 2-13 所示，四个形状不同的物体在投影面 H 上具有相同的正投影，单凭这个投影图来确定物体的唯一形状是不可能的。

如果对一个较为复杂的物体，只向两个投影面作其投影时，其投影只能反映它两个面的形状和大小，也不能确定物体的唯一形状。如图 2-14 所示三个物体，它们的 H 面、V 面投影相同，要凭这两面的投影来区分它们的形状是不可能的。可见，若使正投影图唯一确定物体的形状，就必须采用多面正投影的方法，为此，我们设立了三面投影体系。

一、三面投影体系的建立

为了使正投影图能唯一确定较复杂物体的形状，我们设立了三个互相垂直的平面作为投影面，组成一个三面投影体系，如图 2-15 所示。水平投影面用 H 标记，简称水平面或 H 面；正立投影面用 V 标记，简称正立面或 V 面；侧立投影面用 W 标记，简称侧面或 W 面。两投影面的交线称为投影轴。H 面与 V 面的交线为 OX 轴，H 面与 W 面的交线为 OY 轴，V 面与 W 面的交线为 OZ 轴，它们也互相垂直，并交汇于原点 O。

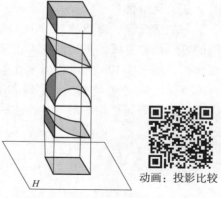

动画：投影比较

图 2-13　不同形体的单面投影

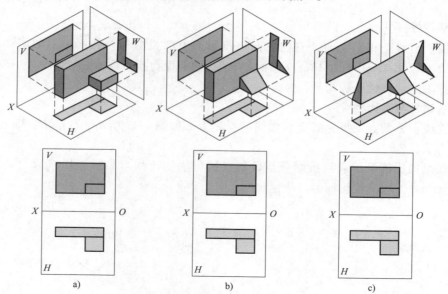

图 2-14　不同形体的两面投影

二、三面投影图的形成

将物体放置于三面投影体系中，并注意安放位置适宜，即把物体的主要表面与三个投影面对应平行，然后用三组分别垂直于三个投影面的平行投射线进行投影，即可得到三个方向的正投影图，如图 2-16 所示。从上向下投影，在 H 面上得到水平投影图，简称水平投影或 H 投影；从前向后投影，在 V 面上得到正面投影图，简称正面投影或 V 投影；从左向右投影，在 W 面上得到侧面投影图，简称侧面投影或 W 投影。

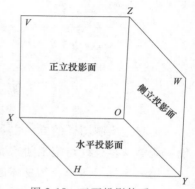

图 2-15　三面投影体系

为了把互相垂直的三个投影面上的投影画在一张二维的图纸上，我们必须将其展开。为此，假设 V 面不动，H 面沿 OX 轴向下旋转 90°，W 面沿 OZ 轴向后旋转 90°，使三个投影面处于同一个平面内，如图 2-17 所示。需要注意的是，这时 Y 轴分为两条，一条随 H 面旋转到 OZ 轴的正下方，用 Y_H 表示；一条随 W 面旋转到 OX 轴的正右方，用 Y_W 表示，如图 2-18a所示。

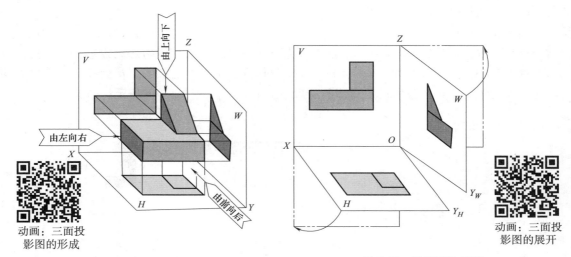

图 2-16　三面投影图的形成　　　　　　图 2-17　投影面的展开

实际绘图时，在投影图外不必画出投影面的边框，不需注写 H、V、W 字样，也不必画出投影轴，如图2-18b，这就是形体的三面正投影图，简称三面投影。习惯上将这种不画投影面边框和投影轴的投影图称为"无轴投影"，工程中的图样均是按照"无轴投影"绘制的。

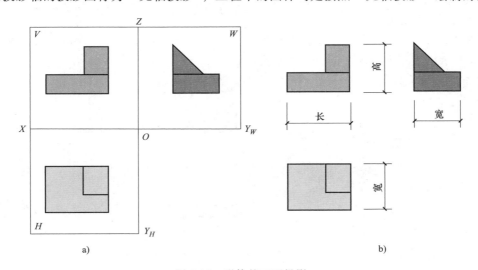

图 2-18　形体的三面投影

三、三面投影图的投影关系

在三面投影体系中，物体的 X 轴方向尺寸称为长度，Y 轴方向尺寸称为宽度，Z 轴方向尺寸称为高度，如图 2-18 所示。在物体的三面投影中，水平投影图和正面投影图在 X 轴方向都反映物体的长度，它们的位置左右应对正，即"长对正"。正面投影图和侧面投影图在 Z 轴方向都反映物体的高度，它们的位置上下应对齐，即"高平齐"；水平投影图和侧面投影图在 Y 轴方向都反映物体的宽度，这两个宽度一定相等，即"宽相等"。

"长对正、高平齐、宽相等"称为"三等关系"，它是形体的三面投影图之间最基本的投影关系，是画图和读图的基础。

四、三面投影图的方位关系

物体在三面投影体系中的位置确定后，相对于观察者，它在空间就有上、下、左、右、前、后六个方位，如图 2-19a 所示。这六个方位关系也反映在形体的三面投影图中，每个投影图都可反映出其中四个方位。V 面投影反映物体的上下、左右关系，H 面投影反映物体的前后、左右关系，W 面投影反映物体的前后、上下关系，如图 2-19b 所示。

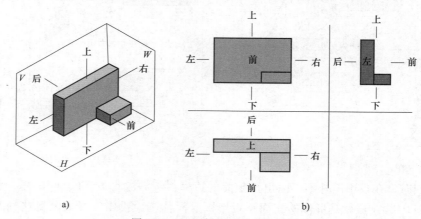

图 2-19　三面投影图的方位关系

五、三面投影图的基本画法

把图 2-20a 中的物体向三个投影面作投影，再将三个投影面展开，形成三面投影图。如图 2-20b 所示，其三个投影图的位置不能乱放。

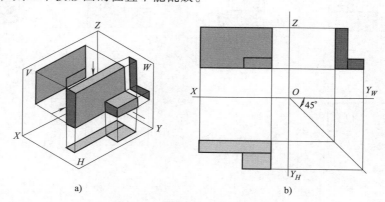

图 2-20　三面投影图的基本画法

绘制物体的投影图时，应将物体上的棱线和轮廓线都画出来，并且按投射方向，可见的线用实线表示，不可见的线用虚线表示，当虚线和实线重合时只画出实线。

本例中先画出正面投影图，然后根据"三等关系"，画出其他两面投影。"长对正"可用靠在丁字尺工作边上的三角板，将 *V*、*H* 面两投影对正。"高平齐"可以直接用丁字尺将 *V*、*W* 面两投影拉平。"宽相等"可利用过原点 *O* 的 45°斜线，利用丁字尺和三角板，将 *H*、*W* 面投影的宽度相互转移，如图 2-20b 所示；或以原点 *O* 为圆心作圆弧的方法，得到引线在侧立投影面上与"等高"水平线的交点，连接关联点而得到侧面投影图。

三面投影图之间存在着必然的联系。只要给出物体的任何两面投影，就可求出第三个投影。

本 章 小 结

本章主要介绍了投影的基本知识。利用光—物体—影子的原理绘出物体图像的方法，就是投影法。投影法分为中心投影法和平行投影法两种。平行投影法又分为斜投影和正投影两种。其中正投影在工程图中用途最广泛。

正投影的特性是真实性、积聚性和类似性。在正投影中，一个投影不能完全确定物体的空间形状，为了准确确定物体的形状和位置，建立了三面三轴一交点的三面投影体系。三面即正投影面、水平投影面和侧立投影面；三轴即 *X* 轴、*Y* 轴和 *Z* 轴；一交点即三轴的交点原点。

思 考 题

1. 投影法分为哪几类？各有何特点？工程中常用的投影图有哪些？
2. 什么是三投影面体系？
3. 说明三个正投影图之间的投影关系。

第三章 点、线、面的投影

【学习目标与能力要求】

本章主要介绍立体表面点、直线、平面投影的基本概念及其投影特性。通过学习，应该达到以下要求：

1. 掌握点的类型、投影特性和两点的相对位置，了解重影点概念。
2. 掌握直线的类型、投影特性。
3. 掌握平面的表示方法及其投影特性。

第一节 点 的 投 影

点、线、面是构成各种形体的基本几何元素，它们是不能脱离形体而孤立存在的，研究点、线、面的投影规律，有助于认识形体的投影本质，掌握形体的投影规律。

一、点的三面投影及其规律

如图 3-1a 所示，空间点 A 放置在三面投影体系中，过点 A 分别作垂直于 H 面、V 面、W 面的投射线，投射线与 H 面的交点（即垂足点）a 称为 A 点的水平投影（H 投影）；投射线与 V 面的交点 a' 称为 A 点的正面投影（V 投影）；投射线与 W 面的交点 a'' 称为 A 点的侧面投影（W 投影）。

动画：点的
投影规律

在投影法中，空间点用大写字母表示，其在 H 面的投影用相应的小写字母表示；在 V 面的投影用相应的小写字母右上角加一撇表示；在 W 面的投影用相应的小写字母右上角加两撇表示。如图 3-1a 中，空间点 A 的三面投影分别用 a、a'、a'' 表示。

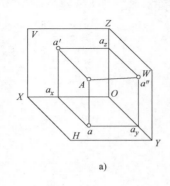
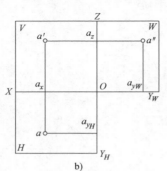
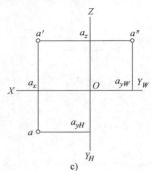

图 3-1 点的三面投影

按前述规定将三投影面展开，就得到点 A 的三面投影图，如图 3-1b 所示。在点的投影图中一般只画出投影轴，不画投影面的边框，如图 3-1c 所示。

在图 3-1a 中，过空间点 A 的两条投射线 Aa 和 Aa' 所构成的矩形平面 Aaₓa' 与 V 面和 H

面互相垂直并相交，因而它们的交线 aa_x、$a'a_x$、OX 轴必然互相垂直且相交于一点 a_x。当 V 面不动，将 H 面绕 OX 轴向下旋转 $90°$ 而与 V 面在同一平面时，a'、a_x、a 三点共线，即 $a'a_x a$ 成为一条垂直于 OX 轴的直线，如图 3-1b 所示。同理可证，连线 $a'a_z a''$ 垂直于 OZ 轴。

在图 3-1a 中，$Aa a_x a'$ 是一个矩形平面，线段 Aa 表示 A 点到 H 面的距离，$Aa=a'a_x$。线段 Aa' 表示 A 点到 V 面的距离，$Aa'=aa_x$；同理可得，线段 Aa'' 表示 A 点到 W 面的距离，$Aa''=aa_y$。a_y 在投影面展开后，被分为 a_{yH} 和 a_{yW} 两个部分，所以 $aa_{yH} \perp OY_H$，$a''a_{yW} \perp OY_W$。

通过以上的分析，可得出点的投影特性如下：

1）点的投影的连线垂直于相应的投影轴。

$a'a \perp OX$，即 A 点的 V 和 H 投影连线垂直于 X 轴；

$a'a'' \perp OZ$，即 A 点的 V 和 W 投影连线垂直于 Z 轴；

$aa_{yH} \perp OY_H$，$a''a_{yW} \perp OY_W$，$oa_{yH}=oa_{yW}$。

2）点的投影到投影轴的距离，反映该点到相应的投影面的距离。

$aa_x=a''a_z=Aa'$，反映 A 点到 V 面的距离；

$a'a_x=a''a_{yW}=Aa$，反映 A 点到 H 面的距离；

$a'a_z=aa_{yH}=Aa''$，反映 A 点到 W 面的距离。

根据上述投影特性可知：由点的两面投影就可确定点的空间位置，故只要已知点的任意两个投影，就可以运用投影规律求出该点的第三个投影。

【**例 3-1**】　已知点 A 的水平投影 a 和正面投影 a'，求其侧面投影 a''，如图 3-2a 所示。

解：作图步骤如下：

1）过 a' 引 OZ 轴的垂线 $a'a_z$，所求 a'' 必在这条延长线上，如图 3-2b 所示。

2）在 $a'a_z$ 的延长线上截取 $a_z a''=aa_x$，a'' 即为所求，如图 3-2c 所示。或以原点 O 为圆心，以 aa_x 为半径作弧，再向上引线，如图 3-2d 箭头所示；也可以过原点 O 作 $45°$ 辅助线，过 a 作 $aa_{yH} \perp OY_H$ 并延长交所作辅助线于一点，过此点作 OY_W 轴垂线交 $a'a_z$ 于一点，此点

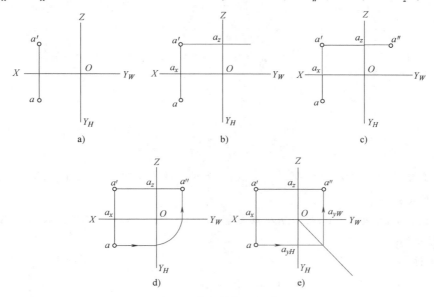

图 3-2　求点的第三投影

即为 a''，如图 3-2e 箭头所示。

二、点的投影与坐标

1. 投影与坐标

如图 3-3a 所示，我们引入直角坐标系的概念，将三面投影体系中的三个投影面看作是直角坐标系中的三个坐标面，则三条投影轴相当于坐标轴，原点相当于坐标原点。因而点 A 的空间位置可用其直角坐标表示为 $A(x, y, z)$，X 坐标反映空间点 A 到 W 面的距离；Y 坐标反映空间点 A 到 V 面的距离；Z 坐标反映空间点 A 到 H 面的距离。

点的一个投影能反映两个坐标，反之点的两个坐标可确定一个投影。H 面投影由 X、Y 坐标决定，即 $a(x、y)$；V 面投影由 X、Z 坐标决定，即 $a'(x、z)$；W 面投影由 Y、Z 坐标决定，即 $a''(y、z)$，如图 3-3b 所示。

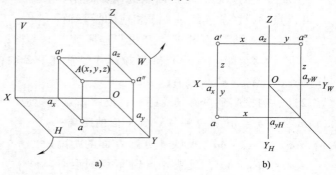

图 3-3　点的投影与坐标

显然，空间点的位置不仅可以用其投影确定，也可以由它的坐标来确定。若已知点的三面投影，可以量出该点的三个坐标，反之若已知点的坐标，也可以作出该点的三面投影。

【例 3-2】　已知点 $A(14, 10, 20)$，作其三面投影图。

解：作图步骤如下：

（1）方法一（图 3-4a）

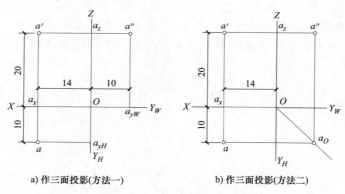

a) 作三面投影(方法一)　　　　b) 作三面投影(方法二)

图 3-4　已知点的坐标作其三面投影

1）在投影轴 OX、OY_H 和 OY_W、OZ 上，分别从原点 O 截取 14mm、10mm、20mm，得点 a_x、a_{yH} 和 a_{yW}、a_z。

2）过 a_x、a_{yH}、a_{yW}、a_z 点，分别做投影轴 OX、OY_H、OY_W、OZ 的垂线，就交得 A 点的三面投影 a、a'、a''。

（2）方法二（图 3-4b）

1）在 OX 轴上，从 O 点截取 14mm，得 a_x 点。

2）过 a_x 点作 OX 轴的垂线，在此垂线上，从 a_x 点向下截取 10mm，得 a 点，从 a_x 点向上截取 20mm，得 a' 点。

3）在 OY_H 和 OY_W 轴之间作 45° 辅助线，从 a 点作 OY_H 的垂线与 45° 线交得 a_0 点，过 a_0 作 OY_W 轴垂线，过 a' 作 OZ 轴垂线，与过 a_0 点作出的 OY_W 的垂线交得 a'' 点。

2. 特殊位置点的投影

（1）投影面上的点　当点的三个坐标中有一个坐标为零时，则该点在某一投影面上。如图 3-5a 所示，A 点在 H 面上，B 点在 V 面上，C 点在 W 面上。对于 A 点而言，其 H 投影 a 与 A 重合，V 投影 a' 在 OX 轴上，W 投影 a'' 在 OY_W 轴上。同样可得出 B、C 两点的投影，如图 3-5b 所示。

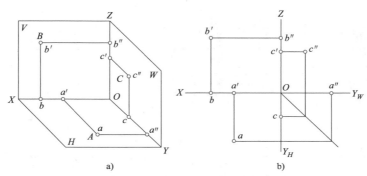

图 3-5　投影面上的点

（2）投影轴上的点　当点的三个坐标中有两个坐标为零时，则该点在某一投影轴上。如图 3-6a 所示，D 点在 X 轴上，E 点在 Y 轴上，F 点在 Z 轴上。对于 D 点而言，其 H 投影 d、V 投影 d' 都与 D 点重合，并在 OX 轴上；其 W 投影 d'' 与原点 O 重合。同样可得出 E、F 两点的投影，如图 3-6b 所示。

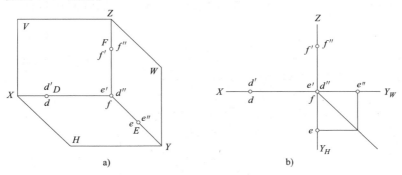

图 3-6　坐标轴上的点

三、两点的相对位置

空间两点的相对位置，是以其中一个点为基准，来判断另一个点在该点的前或后、左或右、上或下。

空间两点的相对位置可以根据其坐标关系来确定：X 坐标大者在左，小者在右；Y 坐标大者在前，小者在后；Z 坐标大者在上，小者在下。也可以根据它们的同面投影来确定：V 投影反映它们的上下、左右关系，H 投影反映它们的左右、前后关系，W 投影反映它们的上下、前后关系。

若要知道空间两点的确切位置，则可利用两点的坐标差来确定。

如图 3-7a 所示，已知 A、B 两点的三面投影，$x_A > x_B$ 表示 A 点在 B 点之左，$y_A > y_B$ 表示 A 点在 B 点之前，$z_A > z_B$ 表示 A 点在 B 点之上，即 A 点在 B 点的左、前、上方，如图3-7b所示。若已知 A、B 两点的坐标，就可知道 A 点在 B 点左方 $x_A - x_B$ 处（负数为反方向），A 点在 B 点前方 $y_A - y_B$ 处（负数为反方向），A 点在 B 点上方 $z_A - z_B$ 处（负数为反方向）。反之如果已知两点的相对位置，以及其中一点的投影，也可以作出另一点的投影。

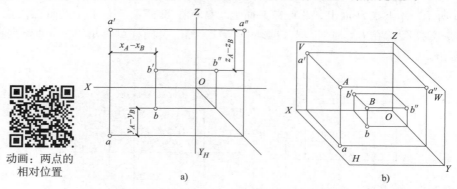

动画：两点的
相对位置

a)　　　　　　　　　　　　b)

图 3-7　根据两点的投影判断其相对位置

当两个点处于某一投影面的同一投射线上时，则两个点在这个投影面上的投影便互相重合，这个重合的投影称为重影，空间的两点称为重影点。

在表 3-1 中，当 A 点位于 B 点的正上方时，即它们在同一条垂直于 H 面的投射线上，其 H 投影 a 和 b 重合，A、B 两点是 H 面的重影点。由于 A 点在上，B 点在下，向 H 面投影时，投射线先遇点 A，后遇点 B，所以点 A 的投影 a 可见，点 B 的投影 b 不可见。为了区别重影点的可见性，将不可见点的投影用字母加括号表示，如重影点 $a(b)$。点 A 和点 B 为 H 面的重影点时，它们的 X、Y 坐标相同，Z 坐标不同。

动画：重影点

表 3-1　在投影面的重影点

名称	H 面的重影点	V 面的重影点	W 面的重影点
直观图			
投影图			

同理，当 C 点位于 D 点的正前方时，它们是相对于 V 面的重影点，其 V 投影为 c'（d'）。当 E 点位于 F 点的正左方时，它们是相对于 W 面的重影点，其 W 投影为 e''（f''）。

第二节　直线的投影

两点可以确定一直线。在几何学里，直线没有起点和终点，即直线的长度是无限的。直线上两点之间的部分（一段直线）称为线段，线段有一定的长度。本书所讲的直线实质上是指线段。

直线的投影一般情况下仍是直线。直线在某一投影面上的投影是通过该直线上各点的投射线所形成的平面与该投影面的交线。作某一直线的投影，只要作出这条直线两个端点的三面投影，然后将两端点的同面投影相连，即得直线的三面投影。

按直线与三个投影面之间的相对位置，将直线分为三类：投影面平行线、投影面垂直线、一般位置直线。前两类统称为特殊位置直线。

一、投影面平行线

只平行于一个投影面，而倾斜于另外两个投影面的直线，称为投影面平行线。投影面平行线可分为以下三种：

1）平行于 H 面，同时倾斜于 V、W 面的直线称为水平线，见表 3-2 中 AB 线。

2）平行于 V 面，同时倾斜于 H、W 面的直线称为正平线，见表 3-2 中 CD 线。

3）平行于 W 面，同时倾斜于 H、V 面的直线称为侧平线，见表 3-2 中 EF 线。

表 3-2　投影面平行线

名称	立 体 图	投 影 图	投 影 特 性
水平线			1. $a'b' \parallel OX, a''b'' \parallel OY_W$ 2. $ab = AB$ 3. ab 与投影轴的夹角反映 β, γ 动画:水平线
正平线			1. $cd \parallel OX, c''d'' \parallel OZ$ 2. $c'd' = CD$ 3. $c'd'$ 与投影轴的夹角反映 α, γ 动画:正平线

（续）

名称	立 体 图	投 影 图	投 影 特 性
侧平线	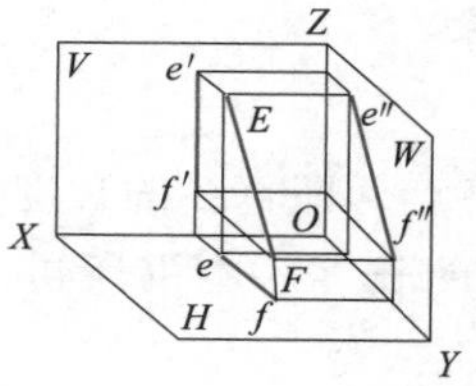	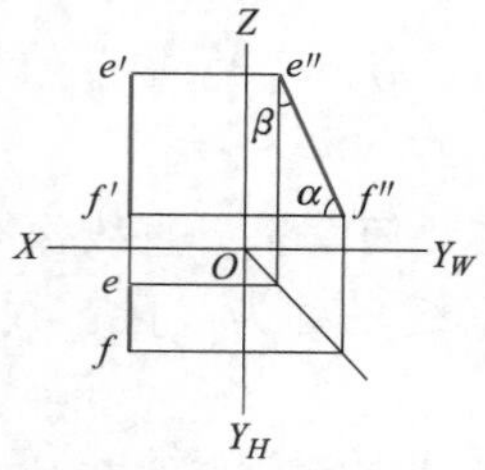	1. $ef \parallel OY_H$，$e'f' \parallel OZ$ 2. $e''f'' = EF$ 3. $e''f''$ 与投影轴的夹角反映 α，β 动画：侧平线

直线与投影面之间的夹角，称为直线的倾角。直线对 H 面、V 面、W 面的倾角分别用希腊字母 α、β、γ 标记。

下面以水平线为例说明投影面平行线的投影特性。

在表 3-2 中，由于水平线 AB 平行于 H 面，同时又倾斜于 V、W 面，因而其 H 投影 ab 与直线 AB 平行且相等，即 ab 反映直线的实长。投影 ab 倾斜于 OX、OY_H 轴，其与 OX 轴的夹角反映直线对 V 面的倾角 β 的实形，与 OY_H 轴的夹角反映直线对 W 面的倾角 γ 的实形，AB 的 V 面投影和 W 面投影分别平行于 OX、OY_W 轴，同时垂直于 OZ 轴。同理可分析出正平线 CD 和侧平线 EF 的投影特性。

综合表 3-2 中的水平线、正平线、侧平线的投影规律，可归纳出投影面平行线的投影特性如下：

1）投影面平行线在它所平行的投影面上的投影反映实长，且倾斜于投影轴，该投影与相应投影轴之间的夹角，反映直线与另两个投影面的倾角。

2）其余两个投影分别平行于相应的投影轴，长度小于实长。

二、投影面垂直线

垂直于一个投影面的直线称为投影面垂直线，它分为三种：

1）垂直于 H 面的直线称为铅垂线，见表 3-3 中 AB 直线。

2）垂直于 V 面的直线称为正垂线，见表 3-3 中 CD 直线。

3）垂直于 W 面的直线称为侧垂线，见表 3-3 中 EF 直线。

表 3-3　投影面垂直线

名称	立 体 图	投 影 图	投 影 特 性
铅垂线	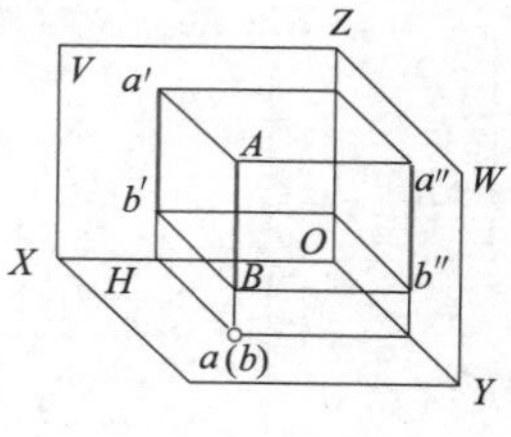	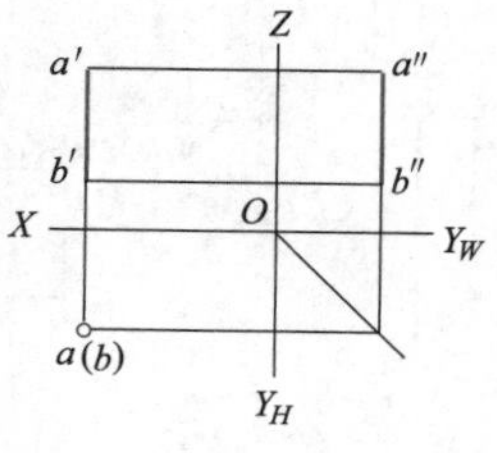	1. ab 积聚为一点 2. $a'b' \parallel a''b'' \parallel OZ$ 3. $a'b' = a''b'' = AB$ 动画：铅垂线

（续）

名称	立 体 图	投 影 图	投 影 特 性
正垂线			1. $c'd'$ 积聚为一点 2. $cd // OY_H$, $c''d'' // OY_W$ 3. $cd = c''d'' = CD$ 动画：正垂线
侧垂线			1. $e''f''$ 积聚为一点 2. $ef // e'f' // OX$ 3. $ef = e'f' = EF$ 动画：侧垂线

下面以铅垂线为例说明投影面垂直线的投影特性。

在表 3-3 中，因直线 AB 垂直于 H 面，所以 AB 的 H 投影积聚为一点 a（b）；AB 垂直于 H 面的同时必定平行于 V 面和 W 面，所以由平行投影的显实性可知 $a'b' = a''b'' = AB$，并且 $a'b'$ 垂直于 OX 轴，$a''b''$ 垂直于 OY_W 轴，它们同时平行于 OZ 轴。

综合表 3-3 中的铅垂线、正垂线、侧垂线的投影规律，可归纳出投影面垂直线的投影特性如下：

1) 直线在它所垂直的投影面上的投影积聚为一点。

2) 直线的另外两个投影垂直于相应的投影轴，且反映实长。

【例 3-3】 已知直线 AB 的水平投影 ab，AB 对 H 面的倾角为 30°，端点 A 距水平面的距离为 10，A 点在 B 点的左下方，求 AB 的正面投影 $a'b'$，如图 3-8a 所示。

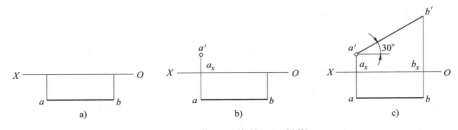

图 3-8 作正平线的 V 面投影

解：（1）作图分析 由已知条件可知，AB 的水平投影 ab 平行于 OX 轴，因而 AB 是正平线，正平线的正面投影与 OX 轴的夹角反映直线与 H 面的倾角。A 点到水平面的距离等于其正面投影 a' 到 OX 轴的距离，从而先求出 a'。

（2）作图步骤

1）过 a 作 OX 轴的垂线 aa_x，在 aa_x 的延长线上截取 $a'a_x = 10$，如图 3-8b 所示。

2）过 a' 作与 OX 轴成 30°的直线，与过 b 作 OX 轴垂线 bb_x 的延长线相交，因 A 点在 B 点的左下方，故所得交点即为 b'，连接 $a'b'$ 即为所求，如图 3-8c 所示。

三、一般位置直线

1. 一般位置直线的投影特性

对三个投影面都倾斜（即不平行又不垂直）的直线称为一般位置直线，简称一般线。

从图 3-9 可以看出，一般位置直线具有以下的投影特性：

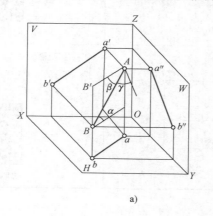 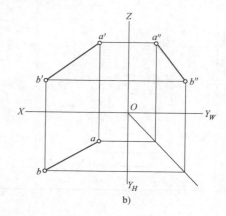

图 3-9　一般位置直线

1）一般线在三个投影面上的投影都倾斜于投影轴，其投影与相应投影轴的夹角不能反映真实的倾角。

2）三个投影的长度都小于实长。

2. 一般位置直线的实长和倾角

一般位置直线对三个投影面的投影都是倾斜的，三个投影均不能直接反映直线的实长和倾角，但可以根据直线的投影，用图解的方法求出该直线的实长及对投影面的倾角。图解的方法有几种，这里只介绍常用的直角三角形法。

如图 3-10a 所示，AB 为一般位置直线，在 AB 与其水平投影 ab 所决定的平面 $ABba$ 内，过点 A 作 $AB_1 /\!/ ab$，与 Bb 相交于 B_1，由于 $Bb \perp ab$，所以 $AB_1 \perp BB_1$，$\triangle ABB_1$ 为直角三角形。该直角三角形的斜边是一般线 AB 本身，$\angle BAB_1 = \alpha$ 是 AB 对 H 面的倾角，直角边 AB_1

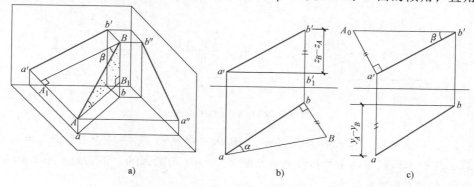

图 3-10　求一般位置直线的实长和倾角

等于 ab，另一直角边 BB_1 是 A、B 两点到 H 面的距离差 Z_B-Z_A，如果能作出 $\triangle ABB_1$，便可以求出一般线 AB 的实长和倾角。

在图 3-10b 中，AB 的水平投影 ab 已知，以 ab 为一直角边，以 A、B 高度的差值（即 Z_B-Z_A：在投影图中，过 a' 作一水平线，与连线 bb' 相交于 b_1'，$b'b_1'$ 即为 Z_B-Z_A）为另一直角边，作直角三角形（符号为 $\triangle$）abB_0，$\triangle abB_0 \cong \triangle AB_1B$，$aB_0$ 即为一般线 AB 的实长，$\angle baB_0$ 为直线 AB 与 H 面的倾角 α。

同理，求 AB 对 V 面的倾角 β，可以 $a'b'$ 作一直角边，A、B 两点的 y 坐标差 Y_A-Y_B（即 a、b 前后方向的距离差，可在水平投影中找出）为另一直角边，在 V 投影上作 $\triangle A_0a'b'$，$\triangle A_0a'b' \cong \triangle AA_1B$，$A_0b'$ 即为一般线 AB 的实长，$\angle A_0b'a'$ 为直线 AB 与 V 面的倾角 β，如图 3-10c 所示。

<h2 align="center">第三节　平面的投影</h2>

一、平面的表示方法

1. 用几何元素表示平面

平面的空间位置，可用下列任何一组几何元素来表示：

1）不在同一直线上的三点 $[A$、B、$C]$，如图 3-11a 所示。

2）一直线和该直线外一点 $[BC$、$A]$，如图 3-11b 所示。

3）相交两直线 $[AB×AC]$，如图 3-11c 所示。

4）平行两直线 $[AB /\!/ CD]$，如图 3-11d 所示。

5）平面图形 $[\triangle ABC]$，如图 3-11e 所示。

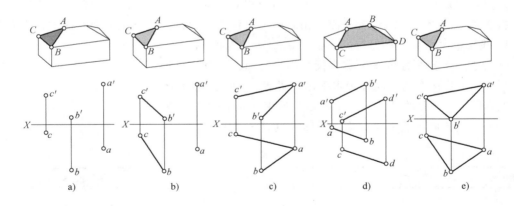

图 3-11　平面的表示方法

以上五种表示平面的方式可以互相转化，第一种是最基本的表示方式，后四种都是由第一种演变而来，因为几何学告诉人们：在空间不属于同一直线上的三点确定一个平面。对同一平面来说，无论采用哪一种方式表示，它所确定的空间平面位置是不变的。需要强调的是：前四种只确定平面的位置，第五种不但能确定平面的位置，而且能表示平面的形状和大小，所以一般常用平面图形来表示平面。

2. 用迹线表示平面

平面的空间位置还可以由它与投影面的交线来确定，平面与投影面的交线称为该平面的迹线。如图 3-12 所示，P 平面与 H 面的交线称为水平迹线，用 P_H 表示；P 平面与 V 面的交线称为正面迹线，用 P_V 表示；P 平面与 W 面的交线称为侧面迹线，用 P_W 表示。

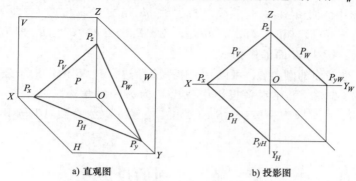

a) 直观图　　　　　　　　　　b) 投影图

图 3-12　用迹线表示平面

一般情况下，相邻两条迹线相交于投影轴上，它们的交点也就是平面与投影轴的交点。在投影图中，这些交点分别用 P_x、P_y、P_z 来表示。如图 3-12a 所示的平面 P，实质上就是相交两直线 P_H 与 P_V 所表示的平面，如图 3-12b 所示，也就是说三条迹线中任意两条可以确定平面的空间位置。

由于迹线位于投影面上，它的一个投影与自身重合，另外两个投影与投影轴重合，通常用只画出与自身重合的投影并加标记的办法来表示迹线，凡是与投影轴重合的投影均不标记。

二、各种位置平面的投影

在三面投影体系中，根据平面与投影面的相对位置不同，将平面分为三类：投影面平行面、投影面垂直面、一般位置平面。相对于一般位置平面，前两类统称为特殊位置平面。

1. 投影面平行面

平行于一个投影面的平面称为投影面平行面，它分为三种：

1）平行于 H 面的平面称为水平面，见表 3-4 中的平面 P。

2）平行于 V 面的平面称为正平面，见表 3-4 中的平面 Q。

3）平行于 W 面的平面称为侧平面，见表 3-4 中的平面 R。

表 3-4　投影面平行面

名称		直　观　图	投　影　图	投　影　特　性
水平面	图形平面			1. 水平投影 p 反映实形　2. 正面投影 p' 和侧面投影 p'' 均积聚为直线，且分别平行于 OX 轴和 OY_W 轴　　　　　　　　动画：水平面

（续）

名称		直 观 图	投 影 图	投 影 特 性
水平面	迹线平面	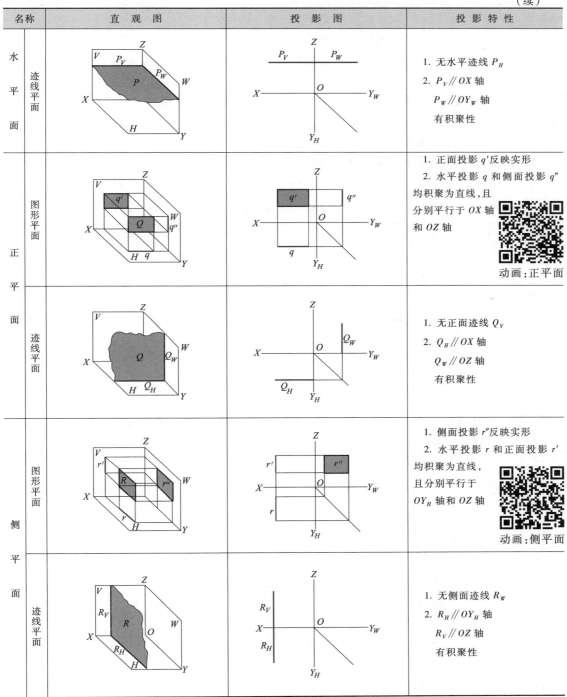		1. 无水平迹线 P_H 2. $P_V \,/\!/\, OX$ 轴 　$P_W \,/\!/\, OY_W$ 轴 　有积聚性
正平面	图形平面			1. 正面投影 q' 反映实形 2. 水平投影 q 和侧面投影 q'' 均积聚为直线，且分别平行于 OX 轴和 OZ 轴 动画:正平面
	迹线平面			1. 无正面迹线 Q_V 2. $Q_H \,/\!/\, OX$ 轴 　$Q_W \,/\!/\, OZ$ 轴 　有积聚性
侧平面	图形平面			1. 侧面投影 r'' 反映实形 2. 水平投影 r 和正面投影 r' 均积聚为直线，且分别平行于 OY_H 轴和 OZ 轴 动画:侧平面
	迹线平面			1. 无侧面迹线 R_W 2. $R_H \,/\!/\, OY_H$ 轴 　$R_V \,/\!/\, OZ$ 轴 　有积聚性

　　在表 3-4 中，水平面 P 平行于 H 面，同时与 V 面、W 面垂直。其水平投影反映图形的实形，V 投影和 W 投影均积聚成一条直线，且 V 投影平行于 OX 轴，W 投影平行于 OY_W 轴，它们同时垂直于 OZ 轴。同理可分析出正平面、侧平面的投影情况。

综合表 3-4 中水平面、正平面、侧平面的投影规律，可归纳出投影面平行面的投影特性如下：

1）平面在它所平行的投影面上的投影反映实形。

2）平面在另外两个投影面上的投影积聚为一直线，且分别平行于相应的投影轴。

2. 投影面垂直面

垂直于一个投影面，而倾斜于另外两个投影面的平面称为投影面垂直面。它也分为三种情况：

1）垂直于 H 面，倾斜于 V 面和 W 面的平面称为铅垂面，见表 3-5 中的平面 P。

2）垂直于 V 面，倾斜于 H 面和 W 面的平面称为正垂面，见表 3-5 中的平面 Q。

3）垂直于 W 面，倾斜于 H 面和 V 面的平面称为侧垂面，见表 3-5 中的平面 R。

表 3-5　投影面垂直面

名称		直观图	投影图	投影特性
铅垂面	图形平面			1. 水平投影 p 积聚为一直线，并反映对 V、W 面的倾角 β、γ　2. 正面投影 p' 和侧面投影 p'' 是 P 相类似的图形，且面积缩小
	迹线平面			1. P_H 有积聚性，它与 OX 轴的夹角反映 β；它与 OY_H 的夹角反映 γ　2. $P_V \perp OX$ 轴　$P_W \perp OY_W$ 轴
正垂面	图形平面			1. 正面投影 q' 积聚为一直线，并反映对 H、W 面的倾角 α、γ　2. 水平投影 q 和侧面投影 q'' 是 Q 相类似的图形，且面积缩小
	迹线平面			1. Q_V 有积聚性，它与 OX 轴的夹角反映 α；它与 OZ 轴的夹角反映 γ　2. $Q_H \perp OX$ 轴　$Q_W \perp OZ$ 轴

（续）

名称		直 观 图	投 影 图	投 影 特 性
侧 垂 面	图形平面			1. 侧面投影 r'' 积聚为一直线，并反映对 H、V 面的倾角 α、β 2. 水平投影 r 和正面投影 r' 是 R 相类似的图形，且面积缩小
	迹线平面			1. R_W 有积聚性，它与 OY_W 轴的夹角反映 α；它与 OZ 轴的夹角反映 β 2. $R_V \perp OZ$ 轴 $\quad R_H \perp OY_H$ 轴

平面与投影面的夹角称为平面的倾角，平面与 H 面、V 面、W 面的倾角分别用 α、β、γ 标记。在表 3-5 中，平面 P 垂直于水平面，其水平面投影积聚成一倾斜直线 p，倾斜直线 p 与 OX 轴、OY_H 轴的夹角分别反映铅垂面 P 与 V 面、W 面的倾角 β 和 γ，由于平面 P 倾斜于 V 面、W 面，所以其正面投影和侧面投影均为类似形。

综合分析表 3-5 中的平面 Q 和平面 R 的投影情况，可归纳出投影面垂直面的投影特性如下：

1）平面在它所垂直的投影面上的投影积聚成一直线，此直线与相应投影轴的夹角反映该平面对另外两个投影面的倾角。

2）平面在另外两个投影面上的投影为原平面图形的类似形，面积比实形小。

投影面平行面和投影面垂直面统称为特殊位置平面。特殊位置平面如果不需表示其形状和大小，只需确定其位置，可用迹线来表示，且只用有积聚性的迹线。如图 3-13 所示为铅垂面 P，只需画出 P_H 就能确定空间平面 P 的位置，如图 3-13c 所示。

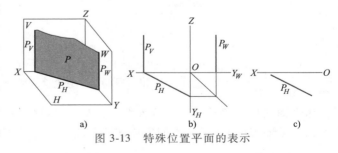

图 3-13　特殊位置平面的表示

【例 3-4】　如图 3-14a 所示，已知正方形平面 $ABCD$ 垂直于 V 面以及 AB 的两面投影，求作此正方形的三面投影图。

解：（1）作图分析　由已知条件得知，正方形 $ABCD$ 为一正垂面，因而 AB、CD 边是正平线，AD、BC 边是正垂线，$a'b'$ 长即为正方形各边的实长。

（2）作图步骤（图 3-14b）

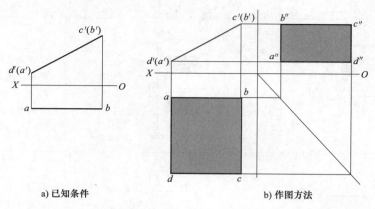

a) 已知条件　　　　　　b) 作图方法

图 3-14　求作正方形的三面投影

1）过 a、b 分别作 $ad \perp ab$、$bc \perp ab$，且截取 $ad = bc = a'b'$。

2）连接 dc，$abcd$ 即为正方形 $ABCD$ 的水平投影。

3）正方形 $ABCD$ 的正面投影积聚为直线 $a'b'$，再根据投影关系分别求出 a''、b''、c''、d''，并连线，即为正方形 $ABCD$ 的侧面投影。

3. 一般位置平面

对三个投影面都倾斜（即不平行又不垂直）的平面称为一般位置平面，简称一般面。

如图 3-15 所示，$\triangle ABC$ 是一般位置的平面，由平行投影的特性可知，$\triangle ABC$ 的三个投影仍是三角形，但面积均小于实形。

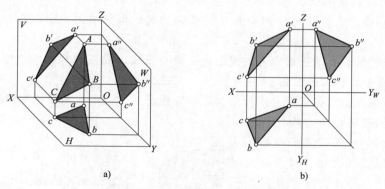

a)　　　　　　　　　b)

图 3-15　一般位置平面

用平面图形所表示的一般位置平面，其投影特性为：

1）三面投影都不反映空间平面图形的实形，是原平面图形的类似形，面积比实形小。

2）三面投影都不反映该平面与投影面的倾角。

本 章 小 结

本章主要介绍了点、线、面的三面投影，使学生掌握点、线、面投影的作法，重点掌握各种点、特殊位置直线和特殊位置平面的投影特性。

思 考 题

1. 简述点的投影特性。
2. 依据与投影面的位置关系，直线分为哪几种？各自投影特性是什么？
3. 平面的表示方法有哪些？什么是特殊位置的平面？它们的投影特性是什么？

第四章　立体的投影

【学习目标与能力要求】

　　立体的投影内容包括平面立体的投影、曲面立体的投影、立体的截断与相贯、组合体的投影、工程常用曲面五部分。本章主要讲述了棱柱体、棱锥体、圆柱体、圆锥体、圆球体的投影特征和形体上点、线、面的投影特征，进而阐述了线与立体、面与立体、立体与立体的相交规律，并与工程案例结合介绍了工程常用曲面的投影规律。

　　通过本章的学习，学生应了解立体三面投影图的形成特点，掌握各种常见立体的投影规律，掌握线与立体相交、面与立体相交、立体与立体相交的投影规律和作图步骤，掌握组合体的投影规律和尺寸标注，掌握常用工程曲面的投影规律，能够读懂立体的投影图，能够读懂组合体的三视图，会进行必要的立体投影作图，会绘制组合体的三视图，会绘制螺旋楼梯等工程曲面。

　　前面我们讨论了点、直线和平面的投影规律以及基本定位问题和度量问题的解法，这是画法几何的基础。本章将用所学的知识去研究有关立体的投影问题。在建筑工程中，我们会接触到各种形状的建筑物，这些建筑物及其构配件的形状虽然复杂多样，但一般都是由一些简单的几何体经过叠加、切割或相交等形式组合而成，如图 4-1 所示。我们把这些简单

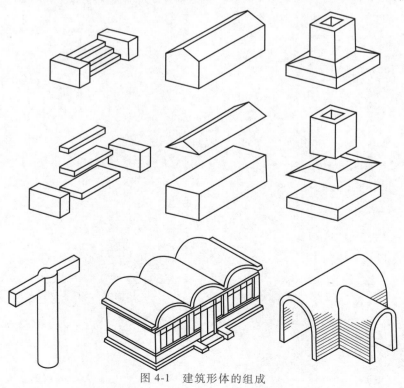

图 4-1　建筑形体的组成

的几何体称为基本几何体，有时也称为基本形体，把建筑物及其构配件的形体称为建筑形体。

基本几何体的大小、形状是由其表面限定的，按其表面性质的不同可分为平面立体和曲面立体。我们把表面全部为平面围成的几何体称为平面立体（简称平面体），例如棱柱、棱锥和棱台等。表面为全部曲面或曲面与平面围成的几何体称为曲面立体（简称曲面体），例如圆柱、圆锥、球体和环体等。

第一节 平面立体的投影

一、平面立体的投影

平面立体的表面都是平面多边形，其基本形体如图 4-2 所示。凡是带有斜面的平面体统称为斜面体，如棱锥、棱台等。建筑工程中把有坡屋顶的房子、有斜面的构件均看作是斜面体的组合体。

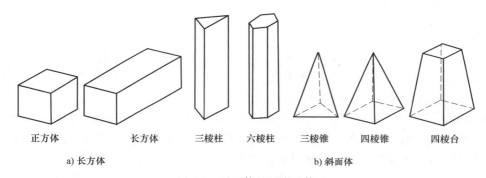

| 正方体 | 长方体 | 三棱柱 | 六棱柱 | 三棱锥 | 四棱锥 | 四棱台 |

a) 长方体   b) 斜面体

图 4-2 平面体的基本形体

平面立体的投影就是作出组成立体表面的各平面、各棱线和各顶点的投影，由于点、直线和平面是构成平面立体表面的几何元素，因此绘制平面立体的投影，归根结底是绘制点、直线和平面的投影。在平面立体中，可见棱线用实线表示，不可见棱线用虚线表示，以区分可见表面和不可见表面。

1. 棱柱体

（1）形体特征 棱柱的各棱线互相平行，底面、顶面为多边形。棱线垂直顶面时称为直棱柱，棱线倾斜顶面时称为斜棱柱。图 4-3a 给出一个直三棱柱。它是由上、下两个底面（三角形）和三个棱面（长方形）组成的。

（2）安放位置 安放形体时要考虑两个因素：一要使形体处于稳定状态，二要考虑形体的工作状况。为了作图方便，应尽量使形体的表面平行或垂直于投影面。

对于图 4-3a 中的直三棱柱，选上、下底面平行于 H 面，棱面 AA_1C_1C 平行于 V 面。

（3）投影分析 图 4-3b 是它的两面投影图。因为上、下两底面是水平面，棱面 AA_1C_1C 为正平面，其余两个棱面是铅垂面，所以它的水平投影是一个三角形，这个三角形是上、下底面的投影，反映了实形，三角形的三个边即为三个棱面的积聚投影，三角形的三个顶点分别是三条棱线的水平积聚投影。三棱柱的后棱面是正平面，它的正面投影反映实形，成为棱柱的外形轮廓线，此外形轮廓线的上、下两边即为上、下两底面的积聚投影，左、右两边是左、右两条棱线的投影。$b'b_1'$是棱线 BB_1 的 V 面投影，它把三棱柱的正面投影分为左、右两个线框，这两个线框就是左、右两个棱面的投影（不反映实形）。

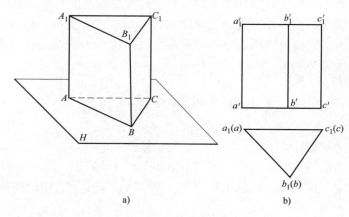

图 4-3　三棱柱的投影

2. 棱锥体

（1）形体特征　底面是多边形，棱线交于一点，侧棱面均为三角形。如图 4-4a 所示，三棱锥 $S-ABC$ 由一个底面和三个棱面组成。

（2）安放位置　底面△ABC 平行于 H 面。

（3）投影分析　图 4-4b 是三棱锥 $S-ABC$ 的两面投影图。因为底面是水平面，所以它的水平投影是一个三角形（反映实形），正面投影是一条直线（有积聚性）。连锥顶 S 和底面△ABC 各顶点的同面投影，即为三棱锥的两面投影。其中，水平投影为三个三角形的线框，它们分别表示三个棱面的投影。正面投影的外轮廓线 $s'a'b'$ 是三棱锥前面棱面 SAB 的投影，是看得见的。其他两棱面的正面投影是看不见的，所以它们的交线（即 SC 棱线）的正面投影 $s'c'$ 也是看不见的，将它们画成虚线。

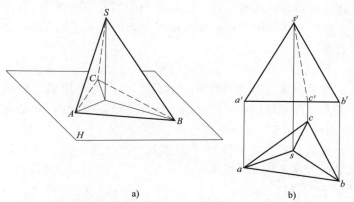

图 4-4　三棱锥的投影

【例 4-1】　作四棱台的正投影图，如图 4-5 所示。

解：（1）分析

1）四棱台的上、下底面都与 H 面平行，前、后两棱面为侧垂面，左、右两棱面为正垂面。

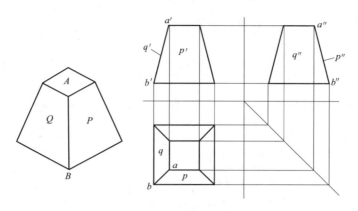

图 4-5　四棱台的投影

2）上、下两底面与 H 面平行，其水平投影反映实形；其正面、侧面投影积聚为直线。

3）前、后两棱面与 W 面垂直，其侧面投影积聚为直线；与 H、V 面倾斜，投影为缩小的类似形。

4）左、右两棱面与 V 面垂直，其正面投影积聚为直线；与 H、W 面倾斜，投影为缩小的类似形。

5）四根斜棱线都是一般位置直线，其投影都不反映实长。

（2）作图

1）先作出正立面投影，向下"长对正"引铅垂线，向右"高平齐"引水平线。

2）按物体宽度作出水平投影，并向右"宽相等"引水平线至 45°线。

3）加深图形线。

注意作图时一定要遵守"长对正、高平齐、宽相等"的投影规律。

二、平面立体表面上点和直线的投影

平面立体的表面都是平面多边形，在其表面上取点、取线的作图问题，实质上就是平面上取点、取线作图的应用。由于平面立体的各表面存在着相对位置的差异，必然会出现表面投影的相互重叠，从而产生各表面投影的可见与不可见问题，因此对于表面上的点和线，还应考虑它们的可见性，判断立体表面上点和线可见与否的原则是：如果点、线所在的表面投影可见，那么点、线的同面投影一定可见，否则不可见。

立体表面取点、取线的求解问题一般是指已知立体的三面投影和它表面上某一点（线）的一面投影，求该点（线）的另两面投影，这类问题的求解方法有：

1. 从属性法

当点位于立体表面的某条棱线上时，那么点的投影必定在棱线的投影上，即可利用线上点的"从属性"求解。

2. 积聚性法

当点所在的立体表面对某投影面的投影具有积聚性时，那么点的投影必定在该表面对这个投影面的积聚投影上。

如图 4-6a 所示，在三棱柱后棱面上给出了 M 点的正面投影 m'。可以利用棱面和底面投影的积聚性直接作出 M 点的水平投影 m 点、N 点的正面投影 n'，如图 4-6b 所示。

【例4-2】 如图4-7所示，已知四棱柱的三面投影及其表面上的点 M、N 的正面投影，求出另外两面投影。

解：（1）分析 从已知投影可知，M 点的正面投影 m′为可见，所以 M 在前棱面 AA_1B_1B 上。N 点的正面投影 n′不可见，所以必在 AA_1D_1D 平面上，其侧投影 n″为可见。

（2）作图

1）求点 m、m″：点 M 在棱面 AA_1B_1B 上，该平面为铅垂面。其水平投影积聚成一条直线，点 m 也积聚在该直线上，由 m′点按投影关系直接求得。再由 m′、m 可求得 m″。

2）求点 n、n″：点 N 在棱面 AA_1D_1D 上，该棱面水平投影积聚成一条直线，点 n 也积聚在该直线上，可求得 n、n″。

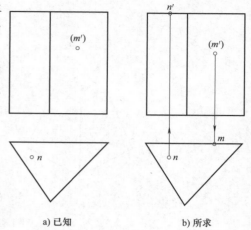

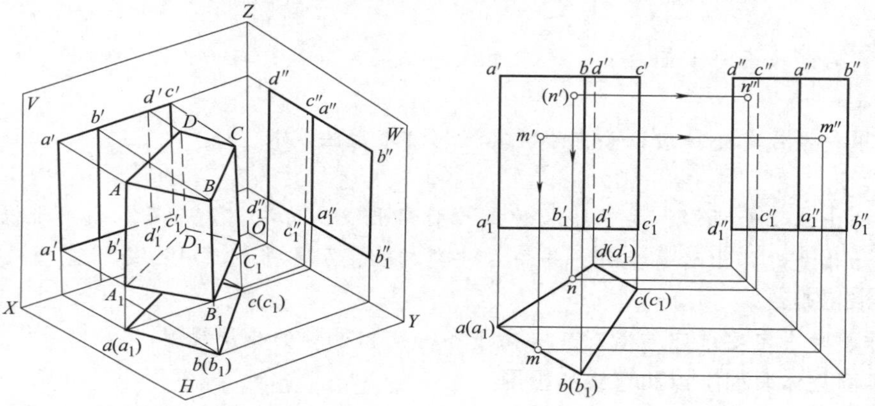

a) 已知　　　　b) 所求

图 4-6　三棱柱表面上定点

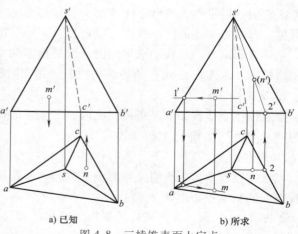

a)　　　　　　b)

图 4-7　四棱柱表面上定点

3. 辅助线法

当点所在的立体表面无积聚性投影时，必须利用作辅助线的方法来帮助求解。这种方法是先过已知点在立体表面作一辅助直线，求出辅助直线的另两面投影，再依据点的"从属性"，求出点的各面投影。

如图4-8a 所示，在三棱锥的 SAB 棱面上给出了点 M 的正面投影 m′，又在 SBC 棱面上给出了点 N 的水平投影 n。为了作出 M 点的水平投影 m 和 N 点的正面投影 n′，可以运用前面讲过

a) 已知　　　　b) 所求

图 4-8　三棱锥表面上定点

的在平面上定点的方法，即首先在平面上画一条辅助线，然后在此辅助线上定点。

图 4-8b 说明了这两个投影的画法，图中过 M 点作一条平行于底边的辅助线，而过 N 点作一条通过锥顶的辅助线。所求的投影 m 是可见的，投影 n' 是不可见的。

【例 4-3】 如图 4-9 所示，已知三棱锥的三面投影及其表面上的线段 EF 的投影 ef，求出线段的其他投影。

解：（1）分析 从已知投影可知，线段 EF 的水平投影 ef 为可见，所以 EF 必在左棱面 △SAB 上，△SAB 为一般位置平面，故可以过 EF 作一辅助直线，根据从属关系求出 E、F 点的投影。

（2）作图

1）过 ef 作一辅助直线 12。

2）求 1'2'、1"2"：从 1 点向上作铅直线，与 s'a' 交于 1'；从 2 点向右作水平线至 45°线，转向上得出 2"，再向左得出 2'，连接 1'2'、1"2"，两投影均为可见。

3）求 e'f'、e"f"：从水平投影 ef 向上作铅直线，得出 e'f'，再向右、向上作水平线得出 e"f"，两投影均为可见。

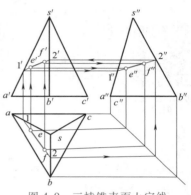

图 4-9 三棱锥表面上定线

第二节 曲面立体的投影

由曲面包围或者由曲面和平面包围而成的立体称为曲面立体。圆柱、圆锥、球和环是工程上常见的曲面立体。建筑工程中的壳体、屋盖、隧道的拱顶以及常见的设备管道等，它们的几何形状都是曲面立体，在制图、施工和加工中应熟悉它们的特性。

一、基本概念

1. 曲线

曲线可以看成是一个点按一定规律运动而形成的轨迹。

曲线上各点都是在同一个平面内的称为平面曲线（如圆、椭圆、双曲线、抛物线等）；曲线上各点不在同一个平面内的称为空间曲线（如圆柱螺旋线等）。

2. 曲面

曲面可以看成是由直线或曲线在空间按一定规律运动而形成。

由直线运动而形成的曲面称为直线曲面。如圆柱曲面是一条直线围绕一条轴线始终保持平行和等距旋转而成（图 4-10a）。圆锥面是一条直线与轴线交于一点始终保持一定夹角旋转而成的（图 4-10b）。

由曲线运动而形成的曲面称为曲线曲面。如球面是由一个圆或圆弧线以直径为轴旋转而成（图 4-10c）。

工程中常见的曲面立体多为回转体。回转体是由一母线（直线或曲线）绕一固定轴线做回转运动形成的，因此圆柱体、圆锥体、球体和环体都是回转体。

3. 素线与轮廓线

形成曲面的母线，它们在曲面上的任意位置称为素线。如圆柱体的素线是互相平行的直

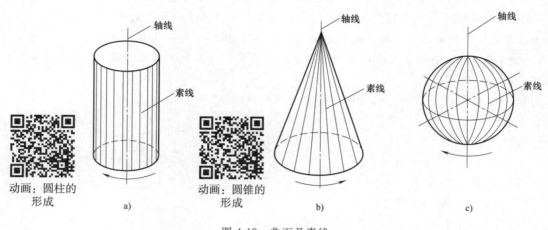

动画：圆柱的
形成   动画：圆锥的
a)   形成   b)   c)

图 4-10 曲面及素线

线；圆锥体的素线是汇集于锥顶 *S* 点的倾斜线；圆球体的素线是通过球体上下顶点的半圆弧
线（图 4-10）。

我们把确定曲面范围的外形线称为轮廓线（或转向轮廓线），轮廓线也是可见与不
可见的分界线。轮廓线的确定与投影体系及物体的摆放位置有关，当回转体的旋转轴
在投影体系中摆放位置合理时，轮廓线与素线重合，这种素线称为轮廓素线。在三面
投影体系中，常用的四条轮廓素线分别为：形体最前边素线、最后边素线、最左边素
线和最右边素线。

4. 纬圆

由回转体的形成可知，母线上任意一点的运动轨迹为圆，该圆垂直轴线，此圆即为
纬圆。

二、曲面立体的投影

绘制曲面立体投影时，应首先画出它们的轴线（用单点画线表示）。

1. 圆柱体的投影

（1）形体分析 圆柱体是由圆柱面和两个圆形的底面围成的。

（2）安放位置 圆柱体在投影体系中的位置一经确定，它对各投影面的投影轮廓也
随之确定。我们只研究圆柱轴线垂直于某一投影面，底面、顶面为投影面平行面的
情况。

图 4-11a 所示为一直圆柱体，其轴线垂直于水平投影面，因而两底面互相平行且平行于
水平面，圆柱面垂直于水平面。

（3）投影分析 *H* 面投影为一圆形。它所围成的圆形线框是两底面的重合投影（实
形），圆周是圆柱面的积聚投影。

V 面投影为一矩形。该矩形的上下两条边为圆柱体上下两底面的积聚投影，而左右两条
边线则是圆柱面的左右两条轮廓素线 *AB*、*CD* 的投影。该矩形线框表示圆柱体前半圆柱面与
后半圆柱面的重合投影。

W 面投影也为一矩形。该矩形上下两条边为圆柱体上下两底面的积聚投影，而左右两
条边线则是圆柱面的前后两条轮廓素线 *EF*、*GH* 的投影。该矩形线框表示圆柱体左半圆柱面

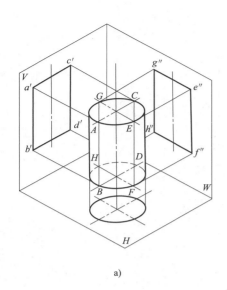

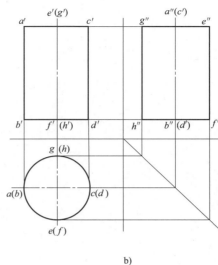

动画：圆柱的
投影

a)　　　　　　　　　　　　　b)

图 4-11　圆柱体的投影

与右半圆柱面的重合投影。

（4）作图步骤

1）用单点画线画出圆柱体各投影的轴线、中心线。

2）由直径画水平投影圆。

3）由"长对正"和高度作正面投影矩形。

4）由"高平齐、宽相等"作侧面投影矩形。

注意：圆柱面上的 AB、CD 两条素线的侧面投影与轴线的侧面投影重合，它们在侧面投影中不能画出；EF 和 GH 两条素线的正面投影与轴线的正面投影重合，它们在正面投影中不能画出，也就是说非轮廓线的素线投影不必画出。

2. 圆锥体的投影

（1）形体分析　圆锥体是由圆锥面和底平面围成的。

（2）安放位置　圆锥体在投影体系中的位置一经确定，它对各投影面的投影轮廓也随之确定。如图 4-12 所示，圆锥轴线垂直于 H 面，底平面为水平面。

（3）投影分析　H 面投影为一圆形，圆形线框是圆锥底面和圆锥面的重合投影。

V 面投影为一等腰三角形，三角形的底边是圆锥底圆的积聚投影，三角形的腰 s'a' 和 s'b' 分别是圆锥面上最左边素线 SA 和最右边素线 SB 的 V 面投影；三角形框是圆锥面前半部分和后半部分（SA 和 SB 将圆锥面分为前后两部分）的重合投影，前半部分可见，后半部分不可见。

W 面投影也为一等腰三角形，三角形的底边是圆锥底圆的积聚投影，三角形的腰 s″c″ 和 s″d″ 分别是圆锥面上最前边素线 SC 和最后边素线 SD 的 W 面投影；三角形框是圆锥左半部分和右半部分（SC 和 SD 可将圆锥面分为左右两部分）的重合投影，左半部分可见，右半部分不可见。

（4）作图步骤

1）用单点画线画出圆锥体三面投影的轴线、中心线。

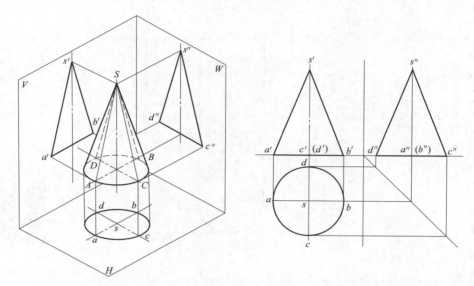

图 4-12　圆锥体的投影

2）画出底面圆的三面投影。底面为水平面，水平投影为反映实形的圆，其他两投影积聚为直线段，长度等于底圆直径。

3）依据圆锥的高度画出锥顶点 S 的三面正投影。

4）画轮廓线的三面正投影，即连接等腰三角形的腰。

圆锥面是光滑的，和圆柱面类似，当素线的投影不是轮廓线时，均不画出。

3. 圆球体的投影

（1）圆球面的形成及特性　圆球面是半圆的弧线绕旋转轴旋转而成的，是一种曲线曲面，圆球面上的素线是半圆弧线。

圆球体是由圆球面围成的。

由于通过球心的直线都可作旋转轴，故球面的旋转轴可以根据需要确定。

（2）圆球体的投影分析　如图 4-13a 所示，圆球体的三面投影都是大小相等的圆，是球体在三个不同方向的轮廓线的投影，其直径与球径相等。H 面投影的圆 a 是球体上半部分的球面与下半部分球面的重合投影，上半部分可见，下半部分不可见；圆周 a 是球面上平行于 H 面的最大圆 A 的投影。V 面投影的圆 b′ 是球体前半部分球面与后半部分球面的重合投影，前半部分可见，后半部分不可见；圆周 b′ 是球面上平行于 V 面的最大圆 B 的投影。W 面投影的圆 c″ 是球体左半部分球面与右半部分球面的重合投影，左半部分可见，右半部分不可见；圆周 c″ 是球面上平行于 W 面的最大圆 C 的投影。

球面上 A、B、C 三个大圆的其他投影均与相应的中心线重合；这三个大圆分别将球面分成上下、前后、左右两部分。

（3）作图步骤

1）用单点画线画出圆球体各投影的中心线。

2）以球的直径为直径画三个等大的圆，如图 4-13b 所示。

三、曲面立体表面上点和线的投影

曲面立体表面上的点和线的投影作图，与在平面上取点、取线的原理一样。

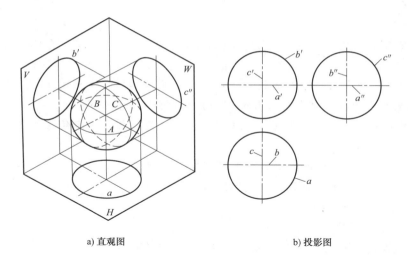

a) 直观图   b) 投影图

图 4-13   圆球体的投影

（一）圆柱面上的点和线

1. 圆柱面上点的投影

圆柱面上的点必定在圆柱面的一条素线或一个纬圆上。当圆柱面具有积聚投影时，圆柱面上点的投影必在同面积聚投影上。

【例 4-4】   如图 4-14 所示，已知圆柱面上的点 M、N 的正面投影，求另两面投影。

解：（1）分析 M 点的正面投影可见，又在单点画线的左面，由此判断 M 点在左、前半圆柱面上，侧面投影可见。

N 点的正面投影不可见，又在单点画线的右面，由此判断 N 点在右、后半圆柱面上，侧面投影不可见。

（2）作图

1）求点 m、m''：过 m' 作素线的正立面投影（可以只作出一部分），即过 m' 向下引铅垂线交于圆周前半部 m，此点就是所求的 m 点；再根据投影规则作出 m''，m'' 点为可见点。

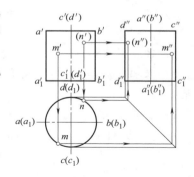

图 4-14   圆柱面上取点

2）求点 n、n''：作法与 M 点相同，其侧面投影不可见。

2. 圆柱面上线的投影

【例 4-5】   如图 4-15 所示，已知圆柱面上的 AB 线段的正面投影 $a'b'$，求其另两面投影。

解：（1）分析

1）圆柱的轴线垂直于侧面，其侧面投影积聚为圆，正面投影、水平投影为矩形。

2）线段 AB 是圆柱面上的一段曲线。求曲线投影的方法是画出曲线上诸如端点、分界点等特殊位置点及适当数量的一般位置点，并把它们光滑连接即可。

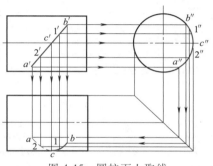

图 4-15   圆柱面上取线

（2）作图

1）求出端点 A 和 B 的投影。利用积聚性，求得侧面投影 a''、b''，再根据投影关系求出 a、b。

2）求曲线在轮廓线上的点 C 的投影。点 C 在水平投影转向轮廓线（轮廓素线）上，根据转向轮廓线的投影位置，可求出点 C 的侧面投影 c'' 和水平投影 c。

3）求适当数量的中间点。在 $a'b'$ 上取点 $1'$、$2'$，然后求其侧面的投影 $1''$、$2''$，再根据投影关系求出水平投影 1、2。

4）判别可见性并连线。c 点为水平投影可见与不可见的分界点，曲线的水平投影 $a2c$ 为不可见，画成虚线，$c1b$ 为可见，画成实线。

（二）圆锥面上的点和线

1. 圆锥面上点的投影

圆锥体的投影没有积聚性，在其表面上取点的方法有两种：

方法一：素线法。圆锥面是由许多素线组成的。圆锥面上任一点必定在经过该点的素线上，因此只要求出过该点素线的投影，即可求出该点的投影。

【例 4-6】 如图 4-16 所示，已知圆锥面上一点 A 的正面投影 a'，求 a、a''。

解：（1）分析

1）A 点在圆锥面上，一定在圆锥的一条素线上，故过 A 点与锥顶 S 相连，并延长交底面圆周于 I 点，SI 即为圆锥面上的一条素线，求出此素线的各投影。

2）根据点线的从属关系，求出点的各面投影。

（2）作图

1）过 a' 作素线 SI 的正面投影 $s'1'$。

2）求 $s1$。连接 $s'a'$ 延长交底于 $1'$，在水平投影上求出 1 点，连接 $s1$ 即为素线 SI 的水平投影。

3）由 a' 求出 a，由 a' 及 a 求出 a''。

或先求出 SI 的侧面投影，根据从属关系求出 A 点的侧面投影 a''。

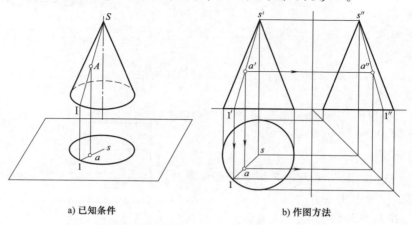

a) 已知条件   b) 作图方法

图 4-16　素线法求圆锥表面上的点

方法二：纬圆法。由回转面的形成可知，母线上任意一点的运动轨迹为圆，该圆垂直于旋转轴线，我们把这样的圆称为纬圆。圆锥面上任一点必然在与其高度相同的纬圆上，因此只要求出过该点的纬圆的投影，即可求出该点的投影。

【例 4-7】 如图 4-17 所示，已知圆锥表面上一点 A 的投影 a′，求 a、a″。

解：（1）分析　过 A 点作一纬圆，该圆的水平投影为圆，正面投影、侧面投影均为直线，A 点的投影一定在该圆的投影上。

（2）作图

1）过 a′作纬圆的正面投影，此投影为一直线。

2）画出纬圆的水平投影。

3）由 a′求出 a，由 a 及 a′求出 a″。

4）判别可见性，两投影均可见。

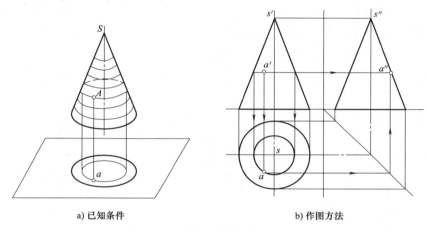

a) 已知条件　　　　　　　　　　b) 作图方法

图 4-17　纬圆法求圆锥表面上的点

由上述两种作图法可以看出，当 A 点的任意投影为已知时，均可用素线法或纬圆法求出它的其余两面投影。

2. 圆锥表面上线的投影

【例 4-8】 如图 4-18 所示，已知圆锥表面上的线段 AB 的正面投影，求其另两面投影。

解：（1）分析　作圆锥面上线段的投影的方法：求出线段上的端点、轮廓线上的点、

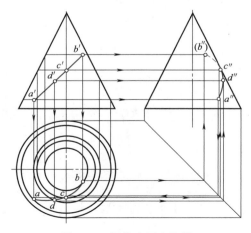

图 4-18　圆锥表面上取线

分界点等特殊位置的点及适当数量的一般点，并依次连接各点的同面投影。

（2）作图

1）求线段端点 A、B 的投影。利用平行于 H 面的辅助纬圆，求得 a、a''、b、b''。

2）求侧面转向轮廓线上点 C 的投影 c、c''，也可利用从属关系直接求出 c。

3）在线段的正面投影上选取适当的点求其投影，如图中 D 点的各投影。

4）判别可见性。由正面投影可知，曲线 BC 位于圆锥右半部分的锥面上，其侧面投影不可见，画成虚线；AC 位于左半锥面上，侧面投影可见，画成实线，水平投影均可见。

（三）圆球体表面上的点和线

1. 圆球体表面上的点

由于圆球体的特殊性，过球面上一点可以作属于球体的无数个纬圆，为作图方便，常沿投影面的平行面作相应投影面的纬圆，这样过球面上任一点可以得到 H、V、W 三个方向的纬圆。因此只要求出过该点的纬圆投影，即可求出该点的投影。

【例 4-9】 如图 4-19 所示，已知球面上的一点 A 的投影 a'，求 a 及 a''。

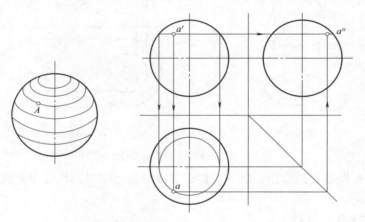

图 4-19　圆球体表面上取点

解：（1）分析　由 a' 得知 A 点在左上半球上，可以利用水平纬圆解题。

（2）作图

1）过 a' 作纬圆的正面投影（为一直线）。

2）求出纬圆的水平投影。

3）由 a' 求出 a，由 a' 及 a 求出 a''。

4）判别可见性。两投影均可见。

2. 圆球体表面上的线

【例 4-10】 如图 4-20a 所示，已知球体表面上的点 A、B、C 及线段 EF 的一个投影，求其另两个投影。

解：（1）分析

1）由已知条件可判断点 A 在球体的左前上方球面上；点 B 位于球体前下方的球面上，是最大侧平圆上的特殊点；点 C 位于球体左下方的球面上，是最大正平圆上的特殊点。

2）$e'f'$ 为一虚线段，说明 EF 是位于球体左后方的球面上，且平行于侧面的一段圆弧，E、F 为一般位置点。

（2）作图（图4-20b）：

1）求 a、a''：过 a' 作水平纬圆，利用从属关系求出 a，再求出 a''。

2）求 b、b''：B 点位于侧面转向轮廓线上，可直接求出 b''，再求出 b。

3）求 c'、c''：C 点位于正面转向轮廓线上，可直接求出 c'，再求出 c''。

4）求 ef、$e''f''$：过 $e'f'$ 作一侧平圆，求出 $e''f''$。水平投影 ef 为一直线段，e、f 两点重合，f 点为不可见。

5）判别可见性，如图4-20所示。

可见，求曲面上点的投影的方法主要有素线法和纬圆法两种，在采用这两种方法时应着重弄清以下概念：

1）某一点在曲面上，则它一定在该曲面的素线或纬圆上。

2）求一点投影时，要先求出它所在的素线或纬圆的投影。

3）为了熟练地掌握在各种曲面上作素线或纬圆的投影，必须了解各种曲面的形成规律和特性。

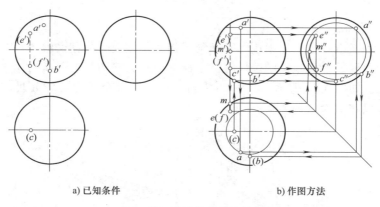

a) 已知条件　　　　　　　　　　b) 作图方法

图 4-20　圆球体表面上取线

第三节　立体表面交线的投影

一、立体表面的截交线

在组合体和建筑形体表面上，经常出现一些交线。这些交线有些是由平面与形体相交而产生的，有些则是由两形体相交而形成的。图4-21所示的圆顶房屋，其四周锥壳屋面的檐口曲线甲是平面与锥面的交线，圆柱形墙面与屋面相交出的空间曲线乙，是圆柱面与锥面的交线。

我们把假想用来截割形体的平面称为截平面。截平面与形体表面的交线称为截交线。截交线围成的平面图形称为截面（或断面）。

由于立体分为平面立体和曲面立体，而截平面与立体又有各种不同的相对位置，所以截交线的形状也有所不同。但是任何截交线都具有以下特性：

1）截交线的形状一般都是封闭的平面多边形或曲线。

2）截交线是平面与立体表面的共有线，既在截平面上，又在立体表面上，是截平面与立体表面共有点的集合。

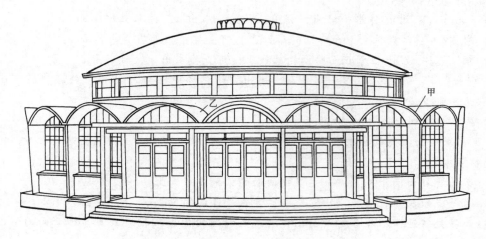

图 4-21　圆顶房屋

（一）平面立体截交线

平面立体的表面由若干平面围成，平面与平面立体相交时的截交线是一个封闭的平面多边形，多边形的顶点是平面立体的棱线与截平面的交点，多边形的每条边是平面立体的棱面与截平面的交线。如图 4-22 所示，平面 P 截割三棱锥，截交线为△ⅠⅡⅢ。因此求作平面体上截交线，可以归纳为两种方法：

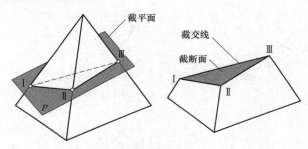

图 4-22　平面立体的截交线

（1）交点法　即先求出平面立体的棱线、底边与截平面的交点，然后将各点依次连接起来，即得截交线。

连接各交点有一定的原则：只有两点在同一个棱面上时才能连接，可见棱面上的两点用实线连接，不可见棱面上的两点用虚线连接。

（2）交线法　即求出平面立体的棱面、底面与截平面的交线。

一般常用交点法求截交线的投影。交点法和交线法可配合运用。

求平面立体截交线的投影时，要先分析平面立体在未截割前的形状是怎样的，它是怎样被截割的，以及截交线有何特点等，然后再进行作图。

具体操作时通常利用投影的积聚性辅助作图。

1. 棱柱上的截交线

【例 4-11】　如图 4-23所示，求作四棱柱被正垂面截断后的投影。

解：（1）分析　截平面与四棱柱的四个侧棱面均相交，且与顶面也相交，故截交线为

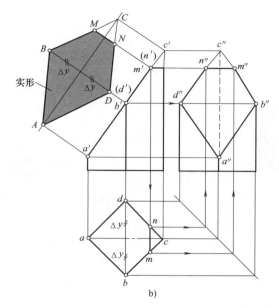

a)

b)

图 4-23　作四棱柱的截交线

五边形 *ABMND*。

（2）作图

1）由于截平面为正垂面，故截交线的 *V* 面投影 *a'b'm'n'd'* 已知；截平面与顶面的交线为正垂线 *MN*，可直接作出 *mn*，于是截交线的 *H* 面投影 *abmnd* 也确定。

2）运用交点法，依据"高平齐"投影关系，作出截交线的 *W* 面投影 *a"b"m"n"d"*。

3）四棱柱截去左上角，截交线的 *H* 和 *W* 投影均可见。截去的部分，棱线不再画出，但有侧棱线未被截去的一段，在 *W* 投影中应画为虚线。

（3）求作截断面的实形　用换面法作截断面的实形。作图时可不必画出投影轴，而在适当位置画出与截平面的积聚投影相平行的单点画线 *AC*，作为图形的对称线（基准线），然后利用各点的坐标差 Δy 来确定各点的位置，从而作出截断面 *ABMND* 的实形。

2. 棱锥上的截交线

【例 4-12】　求作正垂面 *P* 截割三棱锥 *S−ABC* 所得的截交线，如图 4-24所示。

解：（1）分析

1）截平面 *P* 与三棱锥的三个棱面都相交，截交线是一个三角形。

2）截平面 *P* 是一个正垂面，其正面投影具有积聚性。

3）截交线的正面投影与截平面的正面投影重合，即截交线的正面投影已确定，只需求出水平投影。

（2）作图

1）因为 P_V 具有积聚性，所以 P_V 与 *s'a'*、*s'b'* 和 *s'c'* 的交点 1'、2' 和 3' 即为空间点Ⅰ、Ⅱ和Ⅲ的正面投影。

2）利用从属关系，向下引铅垂线求出相应的点 1、2 和 3。

3）△123 为截交线的水平投影。线段 1'2'3' 为截交线的正面投影。各投影均可见。

【例 4-13】　如图 4-25所示，求作铅垂面 *Q* 截割三棱锥 *S−ABC* 所得的截交线。

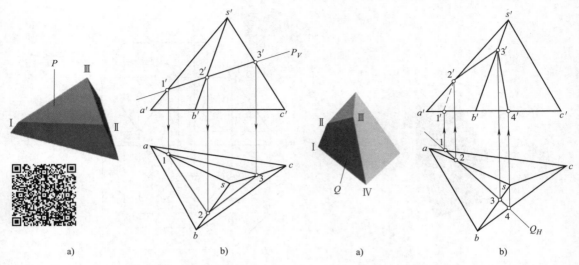

图 4-24　正垂面 P 与三棱锥
$S\text{-}ABC$ 的截交线

图 4-25　铅垂面 Q_H 与三棱锥
$S\text{-}ABC$ 的截交线

解：（1）分析

1）截平面 Q 与三棱锥的三个棱面、一个底面都相交，截交线是一个四边形。

2）截平面 Q 是一个铅垂面，其水平投影具有积聚性。

3）截交线的水平投影与截平面的水平投影重合，即截交线的水平投影已确定，只需求出正面投影。

（2）作图

1）因为 Q_H 具有积聚性，所以 Q_H 与 ac、sa、sb 和 bc 的交点 1、2、3 和 4 即为空间点 Ⅰ、Ⅱ、Ⅲ 和 Ⅳ 的水平投影。

2）利用从属关系，向上引铅垂线求出相应的点 $1'$、$2'$、$3'$ 和 $4'$。

3）连接 $1'2'3'4'$，四边形 $1'2'3'4'$ 为截交线的正面投影，线段 $1'2'$ 不可见，画成虚线，线段 1234 为截交线的水平投影。

以上两题都是利用截平面投影的积聚性作图。

3. 带缺口的平面立体的投影

绘制带缺口的立体的投影图，在工程制图中经常出现，这种制图的实质仍然是求平面截交立体的问题。

【例 4-14】　如图 4-26a 所示，已知三棱锥及其上缺口的 V 面投影，求 H 面和 W 面投影。

解：（1）分析

1）从给出的 V 面投影可知，三棱锥的缺口是由两正垂面 P 和 R 截割三棱锥而形成的。只要分别求出两平面与三棱锥的截交线以及两平面之间的交线即可。

2）这些交线的端点的正面投影为已知，只需补出其余投影。

3）Ⅰ、Ⅱ、Ⅵ、Ⅴ点为棱线上的点，可按从属关系求出。

4）Ⅲ、Ⅳ点是棱面上的点，可借助辅助平面求出。

微课：带缺口的平面立体投影

（2）作图

1）求棱线 SA 上 I、V 两点的水平投影和侧面投影。由 1′、5′ 向下、向右作出 1、5 和 1″、5″，如图 4-26b 所示。

2）求棱线 SB 上 II、VI 两点的水平投影和侧面投影。由 2′、6′ 向右作出 2″、6″，再向下、向左作出 2、6。

3）求 III、IV 两点的水平投影和侧面投影。过 3′、4′ 点作与 $b′c′$、$a′c′$ 平行的直线交 $s′c′$ 于点 $d′$，向下作出 d，过 d 作 bc、ac 的平行线，再由 3′（4′）向下引线，与过 d 点所作 ac、bc 的平行线有两个交点，即为 3、4 点，由 3′、（4′）点及 3、4 点定出 3″、4″点。

4）连接各点。将在同一棱面又在同一截平面上的相邻点的同面投影相连。

5）判别可见性。只有 34 交线不可见，画成虚线。

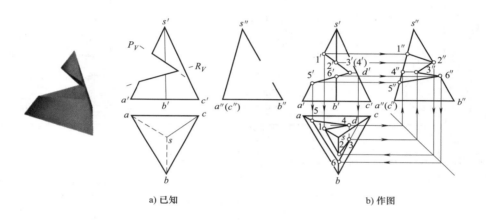

a) 已知　　　　　　　　b) 作图

图 4-26　带缺口的三棱锥的投影

（二）曲面立体截交线

平面与曲面立体相交，所得的截交线一般为封闭的平面曲线。截交线上的每一点，都是截平面与曲面立体表面的共有点。求出足够的共有点，然后依次连接起来，即得截交线。截交线可以看作截平面与曲面立体表面上交点的集合。

求曲面立体截交线的问题实质上是在曲面上定点的问题，基本方法有素线法、纬圆法和辅助平面法。当截平面为投影面垂直面时，可以利用投影的积聚性来求点，当截平面为一般位置平面时，需要过所选择的素线或纬圆作辅助平面来求点。

1. 圆柱上的截交线

平面与圆柱面相交，根据截平面与圆柱轴线相对位置的不同，所得的截交线有三种情况（表 4-1）：

1）当截平面垂直于圆柱的轴线时，截交线为一个圆。

2）当截平面倾斜于圆柱的轴线时，截交线为椭圆，此椭圆的短轴平行与圆柱的底圆平面，它的长度等于圆柱的直径；椭圆长轴与短轴的交点（椭圆中心），落在圆柱的轴线上，长轴的长度随截平面相对轴线的倾角不同而变化。

3）当截平面经过圆柱的轴线或平行于轴线时，截交线为两条素线。

表 4-1　圆柱面上的截交线

截平面 P 的位置	截平面垂直于圆柱轴线	截平面倾斜于圆柱轴线	截平面平行于圆柱轴线
截交线空间形状	圆	椭圆	两条平行直线
	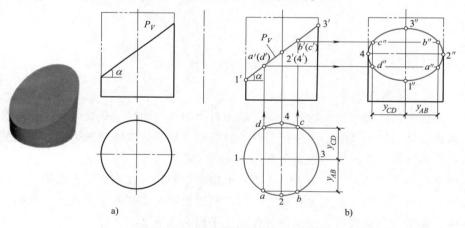		
投影图			

【例 4-15】　如图 4-27所示，求正垂面与圆柱的截交线。

图 4-27　正垂面与圆柱的截交线

解：（1）分析

1）圆柱轴线垂直于 H 面，其水平投影积聚为圆。

2）截平面 P 为正垂面，与圆柱轴线斜交，交线为椭圆。椭圆的长轴平行于 V 面，短轴垂直于 V 面。椭圆的 V 面投影成为一条直线，与 P_V 重合。椭圆的 H 面投影，落在圆柱面的同面投影上而成为一个圆，故只需作图求出截交线的 W 面投影。

（2）作图

1）求特殊点。这些点包括轮廓线上的点、特殊素线上的点、极限点以及椭圆长短轴的端点。

最左点Ⅰ（也是最低点）、最右点Ⅲ（也是最高点），最前点Ⅱ和最后点Ⅳ，它们分别是轮廓线上的点，又是椭圆长短轴的端点，可以利用投影关系，直接求出其水平投影和侧面投影。

2）求一般点。为了作图准确，在截交线上特殊点之间选取一些一般位置点。图中选取了 A、B、C、D 四个点，由水平投影 a、b、c、d 和正面投影 a′、b′、(c′)、(d′)，求出侧面投影 a″、b″、c″、d″。

3）连点。将所求各点的侧面投影顺次光滑连接，即为椭圆形截交线的 W 面投影。

4）判别可见性。由图中可知截交线的侧面投影均为可见。

从上面例题看出，截交线椭圆在平行于圆柱轴线但不垂直于截平面的投影面上的投影一般仍是椭圆。椭圆长、短轴在该投影面上的投影，仍为椭圆投影的长、短轴。当截平面与圆柱轴线的夹角 α 小于 45°时，椭圆长轴的投影，变为椭圆投影的短轴。当 α＝45°时，椭圆的投影成为一个与圆柱底圆相等的圆。

2. 圆锥上的截交线

当平面与圆锥截交时，根据截平面与圆锥轴线相对位置的不同，可产生五种不同形状的截交线，见表 4-2。

表 4-2　圆锥面上的截交线

截平面 P 位置	截平面垂直于圆锥轴线	截平面与锥面上所有素线相交	截平面平行于圆锥面上一条素线	截平面平行于圆锥面上两条素线	截平面通过锥顶
截交线空间形状	圆	椭圆	抛物线	双曲线	两条素线
	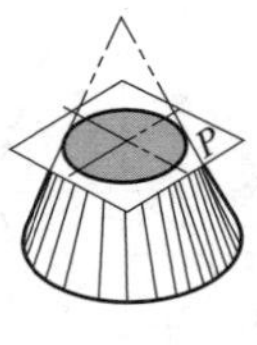	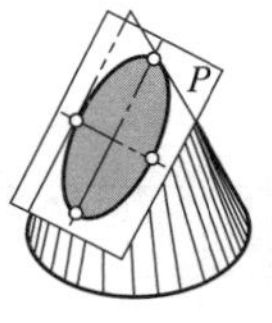	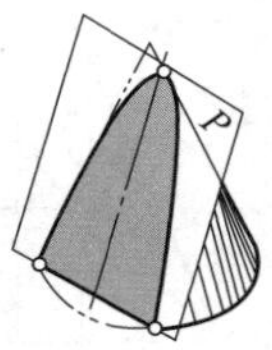	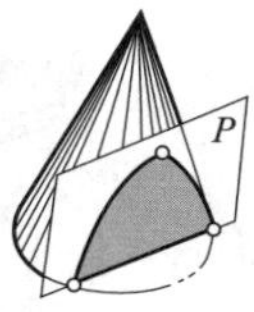	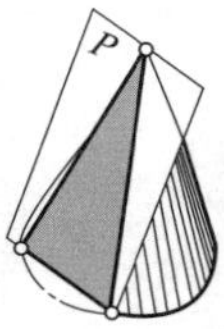
投影图	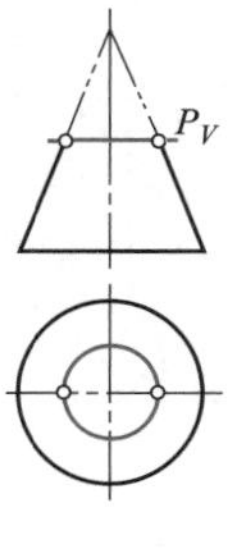	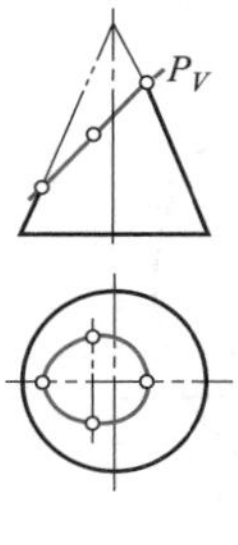	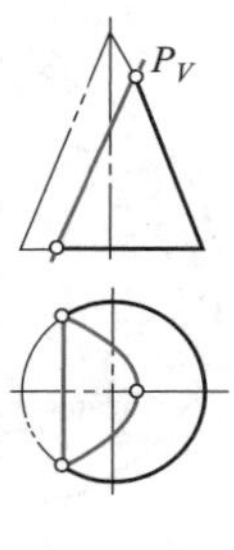	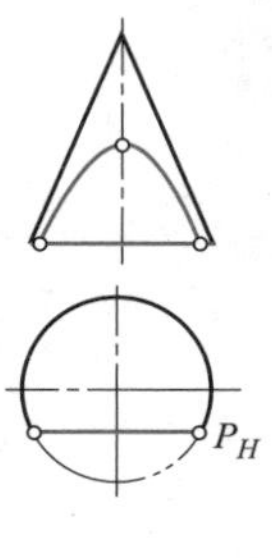	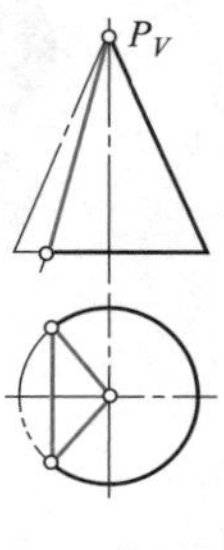

1）当截平面垂直于圆锥的轴线时，截交线必为一个圆。

2）当截平面倾斜于圆锥的轴线，并与所有素线相交时，截交线必为一个椭圆。

3）当截平面倾斜于圆锥的轴线，但与一条素线平行时，截交线为抛物线。

4）当截平面平形于圆锥的轴线，或者倾斜于圆锥的轴线但与两条素线平行时，截交线必为双曲线。

5）当截平面通过圆锥的轴线或锥顶时，截交线必为两条素线。

平面截割圆锥所得的截交线圆、椭圆、抛物线和双曲线，统称为圆锥曲线。当截平面倾斜于投影面时，椭圆、抛物线、双曲线的投影，一般仍为椭圆、抛物线和双曲线，但有变形。圆的投影为椭圆，椭圆的投影也可能成为圆。

【例 4-16】 如图 4-28 所示，已知圆锥的三面投影和正垂面 P 的投影，求截交线的投影及实形。

解：（1）分析

1）因截平面 P 是正垂面，P 面与圆锥的轴线倾斜并与所有素线相交，故截交线为椭圆。

2）P_V 面与圆锥最左最右素线的交点，即为椭圆长轴的端点 A、B，即椭圆长轴平行于 V 面，椭圆短轴 C、D 垂直于 V 面，且平分 AB。

3）截交线的 V 面投影重合在 P_V 上，H 面投影、W 面投影仍为椭圆，椭圆的长、短轴仍投影为椭圆投影的长、短轴。

（2）作图

1）求长轴端点。在 V 面上，P_V 与圆锥的投影轮廓线的交点，即为长轴端点 A、B 的 V 面投影 a'、b'；A、B 的 H 面投影 a、b 在水平中心线上，ab 就是投影椭圆的长轴。

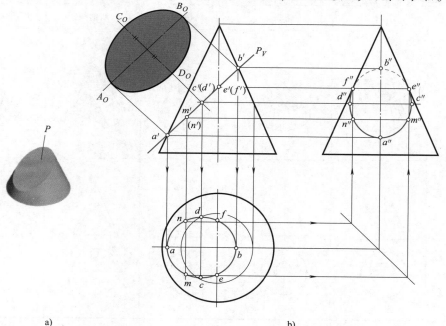

a)   b)

图 4-28　正垂面与圆锥的截交线

2）求短轴端点。椭圆短轴 *CD* 的投影 *c′*（*d′*） 必积聚在 *a′b′* 的中点；过 *c′*（*d′*） 作纬圆求出水平投影 *c*、*d*，之后求出 *c″*、*d″*。

3）求最前、最后素线与 *P* 面的交点 *E*、*F*。在 *P*$_V$ 与圆锥正面投影的轴线交点处得 *e′*、（*f′*），向右得到椭圆侧面投影可见与不可见的分界点 *e″*、*f″*，向下、向左得到 *e*、*f*。

4）求一般点 *M*、*N*。先在 *V* 面定出点 *m′*、（*n′*），再用纬圆法求 *m*、*n*，并进一步求出 *m″*、*n″*。

5）连接各点并判别可见性。在 *H* 面投影中依次连接 *a-n-d-f-b-e-c-m-a* 各点，即得椭圆的 *H* 面投影；同理得出椭圆的 *W* 面投影，其中 *f″*、*b″*、*e″* 三点用虚线连接。

6）求截面的实形（略）。

【例 4-17】 如图 4-29 所示，求作侧平面 *Q* 与圆锥的截交线。

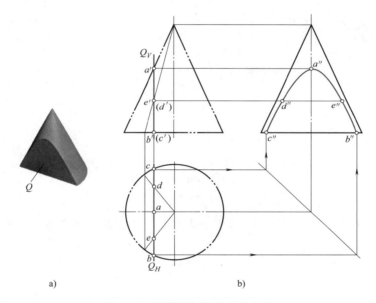

图 4-29　侧平面与圆锥的截交线

解：（1）分析

1）因截平面 *Q* 与圆锥轴线平行，故截交线是双曲线（一叶）。

2）截交线的正面投影和水平投影都因积聚性重合于 *Q* 的同面投影。

3）截交线的侧面投影反映实形。

（2）作图

1）在 *Q*$_V$ 与圆锥正面投影左边轮廓线的交点处，得到截交线最高点 *A* 的投影 *a′*，进一步得到 *a*、*a″*。

2）在 *Q*$_V$ 与圆锥底面正面投影的交点处，得到截交线最低点 *B* 和 *C* 的投影 *b′*、（*c′*），进一步得到 *b*、*c*、*b″*、*c″*。

3）用素线法求出一般点 *D*、*E* 的各投影。

4）顺次连接 *b″-e″-a″-d″-c″*。

5）各面投影均可见，侧面投影反映实形。

3. 球上的截交线

球体上的截面不论其角度如何，所得截交线的形状都是圆。截平面距球心的距离决定截交圆的大小，经过球心的截交圆是最大的截交圆。

当截平面与水平投影面平行时，其水平投影是圆，反映实形，其正面投影和侧面投影都积聚为一条水平直线，如图 4-30 所示；当截平面与 V 面（或 W 面）平行时，则截交线在相应投影面上的投影是圆，其他两投影是直线；如果截平面倾斜于投影面，则在该投影面上的投影为椭圆。

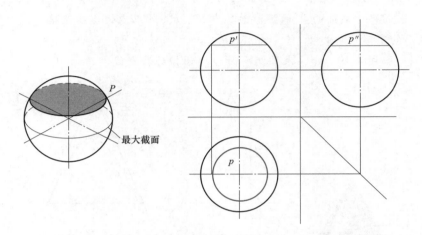

图 4-30　球体上的截交线

4. 带缺口的曲面立体的投影

【例 4-18】　如图 4-31 所示，给出圆柱切割体的正面投影和水平投影，补画出侧面投影。

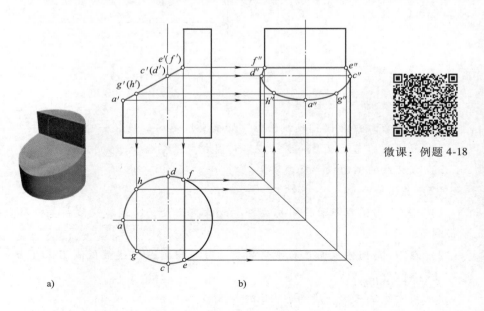

微课：例题 4-18

图 4-31　带切口的圆柱体的投影

解：（1）分析

1）根据截平面的数量、截平面与轴线的相对位置，确定截交线的形状。

切割后的圆柱可以看作被两个平面所截的结果。一是正垂面与轴线倾斜，其截交线为椭圆的一部分；二是侧平面，其截交线为两条素线。

2）根据截平面与投影面的相对位置，确定截交线的投影。

截平面是正垂面，截交线的正面投影积聚为直线，W 面投影为椭圆，H 面投影为圆；截平面是侧平面，截交线的侧面投影为两条素线，正面投影重合为一条直线，H 面投影积聚成两点。

（2）作图

1）求特殊点。根据截平面和圆柱体的积聚性，截交线的正面投影、水平投影为已知，只需求出截交线的侧面投影。其中 A 是椭圆短轴的一个端点，C、D 是椭圆长轴的两个端点，它们在各轮廓线上，E、F 是素线和椭圆的连接点，利用水平投影求出侧面投影。

2）求一般点。G、H 是一般点，用素线法求出其水平投影，进一步求出侧面投影。判别可见性并连点。所有投影均可见。

【例 4-19】 如图 4-32所示，求切割后圆锥的投影。

解：（1）分析

1）根据截平面的数量、截平面与轴线的相对位置，确定截交线的形状。

切割后的圆锥可以看作被 P、R、Q 三个平面所截的结果。P 平面与轴线倾斜，其截交线为椭圆一部分；Q 平面过锥顶，其截交线为两条素线；R 平面垂直轴线，其截交线为圆。

2）根据截平面与投影面的相对位置，确定截交线的投影。

P_V 面为正垂面，截交线的正面投影为直线，其他两个投影为椭圆；Q_V 面为正垂面，截交线正面投影重合为一条直线，其他两个投影为三角形；R_V 面为水平面，截交线水平投影为实形圆，其他两个投影积聚为直线。

（2）作图

1）求特殊点。根据 $1'$、$10'$ 求出其水平投影 1、10 及侧面投影 $1''$、$10''$。根据 $2'(5')$、$6'(9')$ 求出其侧面投影和水平投影。

2）求一般点。$3'(4')$、$7'(8')$ 为交线的正面投影，利用纬圆法求出其水平投影和侧面投影。

3）连点并判别可见性。水平投影 34 和 78 不可见，侧面投影 $(3'')$、$(4'')$ 不可见，另外侧面投影 37 和 48 上段被遮挡，以上几部分画成虚线。

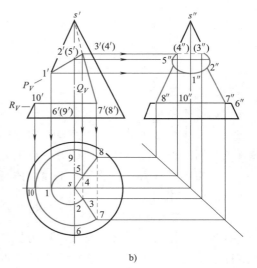

图 4-32　带缺口的圆锥体的投影

【例 4-20】 如图 4-33所示，已知半球体被切割后的正面投影，画出其水平投影及侧面投影。

解：（1）分析

1）根据截平面的数量、截平面与轴线的相对位置，确定截交线的形状。从立体图和正面投影可以看出半球体上切去一部分的缺口是由平面 P、Q 组成的，平面 P 为侧平面，平面 Q 为水平面，截交线都是圆的一部分。

2）根据截平面与投影面的相对位置，确定截交线的投影。断面的投影 p''、q 反映实形，p、q'' 积聚为直线。

（2）作图

1）先作 P 和 Q 的水平投影。已知 Q 的水平投影为圆的一部分，需要找出这个圆的半径。从正立面投影可以看出 $m'n'$ 即为 Q 面圆弧的半径。在水平投影中，用 $m'n'$ 为半径画圆弧。再将 p' 垂直延长在水平投影上，垂线与圆弧交于 a、b 两点，ab 即为 P 的水平投影 p，ab 直线与圆弧所围成的弓形即为 Q 的水平投影 q。

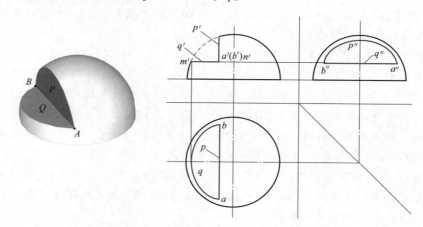

图 4-33　带切口的球体的投影

2）用同样的方法可画出 p''、q''。

二、立体表面的相贯线

建筑形体多是由两个或两个以上的基本形体相交组成的，两相交的立体称为相贯体，它们的表面交线称为相贯线。相贯线是两形体表面的共有线。相贯线上的点即为两形体表面的共有点，同时也是两形体表面的分界点。

立体相交可分为三种情况：平面立体与平面立体相交，平面立体与曲面立体相交，曲面立体与曲面立体相交。

（一）直线与立体相交

直线与立体表面相交，其交点称为贯穿点。贯穿点一般情况是成对出现的（一进一出）。求贯穿点实际上是求直线与立体表面的交点问题。

求贯穿点的常用方法有两种：

第一种方法：利用积聚性求贯穿点。

第二种方法：利用辅助平面求贯穿点。即当直线与立体表面的投影没有积聚性时，用辅助平面求贯穿点。

作辅助平面求贯穿点的步骤如下：

1）过直线作适当的辅助平面。

2）求出辅助平面与平面立体的截交线。

3）求出截交线与已知直线的交点，即为所求的贯穿点。

辅助平面的选择原则：应使所作的辅助平面与立体的交线简单易画（直线或圆），为了简化作图，通常选择投影面垂直面作为辅助面。

1. 直线与平面立体相交

（1）利用积聚性求贯穿点

【例4-21】 如图4-34所示，已知铅垂线 EF 的水平投影，求其与三棱锥 $S-ABC$ 的贯穿点。

解：（1）分析 图中直线 EF 为铅垂线，其水平投影积聚为一点 $e(f)$，贯穿点 M、N 的水平投影 m、n 在 $e(f)$ 上，又分别在棱面 $\triangle SAC$ 与底面上。

用表面取点的方法，求出 M、N 的正面投影。

（2）作图

1）求贯穿点的正面投影 m'、n'。连接 sm 交 ac 于点 1。在 $a'c'$ 求出 $1'$，再连接 $s'1'$ 与 $e'f'$ 交于点 m'。直线与底面交于点 n'。

2）判别可见性。因棱面 $\triangle SAC$ 的正面投影可见，故 m' 可见。所以 $e'm'$ 可见，画成实线。两贯穿点不连线。

【例4-22】 如图4-35所示，求一般位置直线 EF 与三棱柱 ABC 的贯穿点 M、N。

解：1）分析 三棱柱的三个面为铅垂面，其水平投影有积聚性，因此直线 EF 与三棱柱的贯穿点 M、N 的水平投影可直接求出，只需求出正面投影。

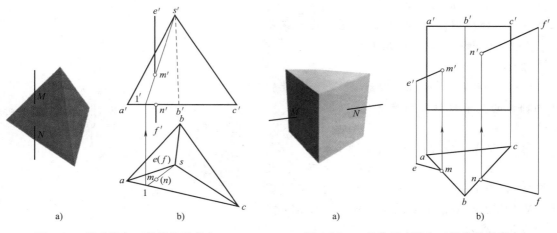

图4-34 铅垂线与三棱锥的贯穿点　　　图4-35 一般位置直线与三棱柱的贯穿点

2）作图

① 求正面投影 m'、n'。根据点线的从属关系，过 m、n 点向上作垂线与 $e'f'$ 的交点即为 m'、n'。

② 判别可见性。棱面 AB、BC 的正面投影可见，故 $e'm'$、$n'f'$ 都为可见。画成实线。

（2）利用辅助平面求贯穿点

【例 4-23】 如图 4-36 所示，求直线 KL 与三棱锥 S-ABC 的贯穿点 M、N。

解：（1）分析 图中直线 KL 为一般位置直线，三棱锥的三个棱面都是一般位置的平面，它们的投影都没有积聚性。故采用包含直线 KL 作适当的辅助平面求贯穿点。

（2）作图

1）作辅助平面。包含直线 $k'l'$ 作正垂面 P_V，求出 P_V 与 $s'a'$、$s'b'$、$s'c'$ 的交点 $1'$、$2'$、$3'$，此三点即为 P_V 与三棱锥的截交线三角形顶点的正面投影。

2）求出截交线的水平投影 $\triangle 123$，$\triangle 123$ 与 kl 的交点 m、n 即为贯穿点 M、N 的水平投影。根据投影关系向上作垂线与 $k'l'$ 的交点即为 m'、n'。

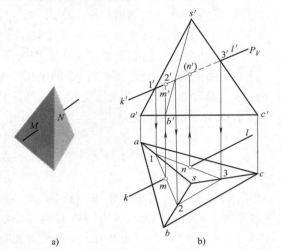

3）判别可见性。三棱锥的三个棱面水平投影可见，故 m、n 都可见，km、nl 可见，画成实线。棱面 SAB 的正面投影 $\triangle s'a'b'$ 可见，故 m' 可见，$m'k'$ 可见，棱面 SAC 的正面投影 $\triangle s'a'c'$ 不可见，故 (n') 不可见，$(n')l'$ 被遮挡的一段不可见，画成虚线。

图 4-36　一般位置直线与三棱锥的贯穿点

2. 直线与曲面立体相交

（1）利用积聚性求贯穿点

【例 4-24】 如图 4-37 所示，求一般位置直线 AB 与圆柱的贯穿点。

解：（1）分析 圆柱的轴线垂直于水平面，水平投影积聚为圆，直线 AB 与圆柱面的贯穿点的水平投影也积聚在这一圆周上。

（2）作图

1）求水平投影 m、n。直线 AB 的水平投影 ab 与圆柱的水平投影图的交点 m、n 即为 M、N 的水平投影。

2）根据点、线的从属关系，求出 (m')、n'。

3）判别可见性。M 点在后半圆柱面上，故 m' 不可见，$a'(m')$ 被遮挡的一段不可见，画成虚线；N 点在前半圆柱面上，其 n' 可见，故 $n'b'$ 可见，画成实线。

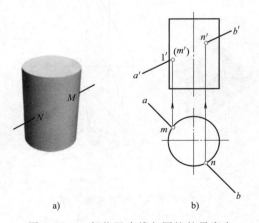

（3）利用辅助平面求贯穿点

【例 4-25】 如图 4-38 所示，求正垂线 CD 与圆锥面的贯穿点。

图 4-37　一般位置直线与圆柱的贯穿点

解：（1）分析 由于直线 CD 的正面投影有积聚性，所以 $c'(d')$ 也是直线与圆锥面的贯穿点 K 和 L 的正面投影 $k'(l')$。因此，可应用纬圆法即辅助平面法求贯穿点 K 和 L 的水平投影 k 和 l。

（2）作图

1）求正面投影(k')、(l')。直线 CD 的正面投影 $c'(d')$ 的积聚点也是直线与圆锥面的贯穿点 K、L 的正面投影。

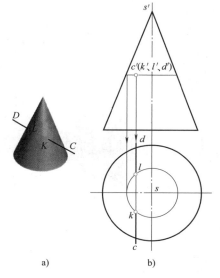

2）求水平投影 k、l。用纬圆法求贯穿点 K 和 L 的水平投影 k 和 l。

3）判别可见性。圆锥正放，两点的水平投影均可见。

（二）两平面立体的表面交线

有些建筑物形体是由两个相交的基本形体组成的。相交形体的表面交线称为相贯线。两形体相交，可以是平面体与平面体相交、平面体与曲面体相交以及曲面体与曲面体相交。

两平面立体的相贯线，一般情况为空间折线，特殊情况为平面折线，每段折线是两立体棱面的交线，每个折点是一立体棱线与另一立体的贯穿点。

图 4-38　正垂线与
圆锥面的贯穿点

立体的相贯形式有两种，一是全贯，即一个立体完全穿过另一个立体，相贯线有两组；二是互贯，两个立体各有一部分参与相贯，相贯线为一组。

求两平面体相贯线的方法有两种：

1）交点法。先作出各个平面体的有关棱线与另一立体的交点，再将所有交点顺次连成折线，即组成相贯线。连点的规则：只有当两个交点对每个立体来说，都位于同一个棱面上时才能相连，否则不能相连。

2）交线法。直接作出两平面立体上两个相应棱面的交线，然后组成相贯线。

可见，求两平面立体的相贯线，实质上归结为求直线与平面的交点和两平面的交线。具体作图时，以方便为原则，以上两种方法可灵活运用。

求出相贯线后，还要判别可见性。判别原则：只有位于两立体都可见的棱面上的交线才是可见的。只要有一个棱面不可见，面上的交线就不可见，应画成虚线。

【例 4-26】　如图 4-39 所示，求作直立的三棱柱和水平的三棱柱的相贯线。

解：（1）分析

1）根据相贯体的水平投影可知，直立棱柱部分贯入水平棱柱，是互贯。互贯的相贯线为一组空间折线。

2）因为直立棱柱垂直于 H 面，所以相贯线的水平投影必然积聚在该棱柱水平投影的轮廓线上。为此，求相贯线的正面投影最好是用交线法，即把直三棱柱左右两棱面作为截平面去截水平的三棱柱。

微课：例题 4-26

（2）作图

1）用字母标记两棱柱各棱线的投影（这一步在初学时是不可缺少的）。

2）用 P 平面表示扩大后的 AB 棱面，求出它与水平棱柱的截交线 $\triangle M \,I\,III$。由水平投影 $\triangle m13$ 求出正面投影 $\triangle m'1'3'$。

3）用 Q 平面表示扩大后的 BC 棱面，求出它与水平棱柱的截交线 $\triangle N\,II\,IV$，由水平投

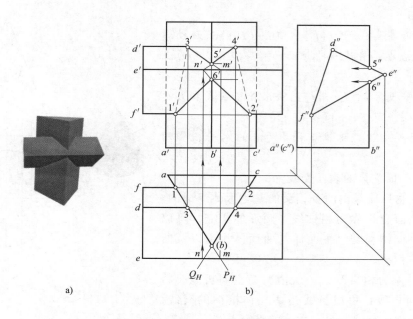

图 4-39 求两个三棱柱的相贯线

影△n24 求出正面投影△n'2'4'（或利用三棱柱 ABC 水平投影的积聚性，很容易找出折点Ⅰ、Ⅲ、Ⅱ、Ⅳ的水平投影 1、3、2、4，利用投影关系求出 1'、3'、2'、4'）。

4）截交线△M Ⅰ Ⅲ和△N Ⅱ Ⅳ必相交于 B 棱柱上的Ⅴ、Ⅵ两点（或利用三棱柱 DEF 侧面投影的积聚性，很容易找出折点Ⅴ、Ⅵ的侧面投影 5"、6"，利用投影关系求出Ⅴ、Ⅵ的正面投影 5'、6'）。

5）折线 1'-3'-5'-4'-2'-6'-1'即为所求。

6）判别可见性。相贯线的水平投影积聚在直立棱柱的水平投影上，正面投影 1'3'和 2'4'因位于水平三棱柱不可见的棱面上，所以画成虚线。

由于此题已给出两个相贯体的水平和侧面投影，所以这些折点可直接利用两个棱柱在水平面上和侧面上投影的积聚性而求出，这样则更为简单。

【例 4-27】 如图 4-40 所示，求作长方体和三棱锥的相贯线。

解：（1）分析

1）根据相贯体的正面投影可知，长方体整个贯入三棱锥，是全贯，应有两组相贯线。

2）因为长方体的正面投影有积聚性，所以相贯线的正面投影是已知的，积聚在这个长方体正面投影的轮廓线上。剩下的问题仅仅是根据相贯线的正面投影补画出相贯线的水平投影和侧面投影。

（2）作图

1）在正面上标出各贯穿点的投影。

2）作水平面 P、Q，求出全部折点的水平投影，进一步求出其侧面投影。

3）连点并判别可见性。水平投影中线段 45、56、910 不可见，画成虚线。

【例 4-28】 如图 4-41 所示，求作三棱锥和三棱柱的相贯线。

解：（1）分析

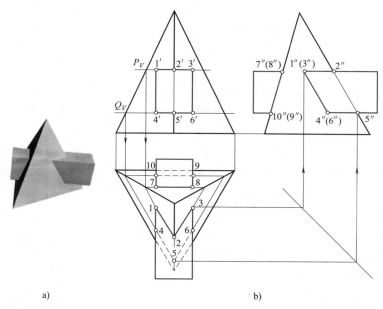

a)   b)

图 4-40　长方体和正三棱锥的相贯线

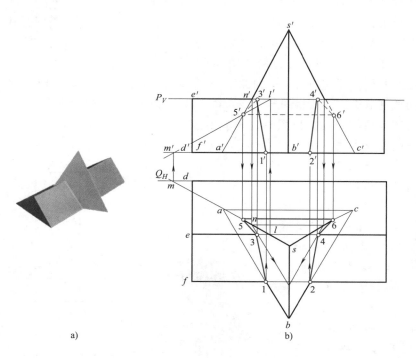

a)   b)

图 4-41　三棱柱与三棱锥的相贯线

1）此题宜用交点法。先分析棱线参与相交的情况。

2）对棱柱体，因两立体共底，棱柱的棱线 E 和 F 的两面投影与三棱锥的两面投影互相重叠，故此两棱线可能参与相交，而 D 棱线则不能。

3）对棱锥，由水平投影可知底边 AB 和 BC 与棱柱相交。因 a 和 c 位于三棱柱的水平投影的范围以内，故 SA 和 SC 必与棱柱相交。至于棱线 SB，因为它两个端点 S 和 B 都在三棱柱的棱面 EF 的前面，所以不能参与相交。

（2）作图

1）求折点。因棱线 F 在三棱锥底面 $\triangle ABC$ 上，可直接求出折点的投影 1、2 和 1′、2′；用过棱线 E 的水平辅助面 P_V 求出折点的投影 3、4 和 3′、4′；用过棱线 SA 的铅垂辅助面 Q_H 求出 5、5′；有了 5、5′，再用 SA 和 SC 的对称性，求出 6、6′。

2）连折点。这是较难的一步，需要运用前述的连点原则，在一个投影上两点两点地分析。从图面分析可以看出，水平投影更直接，试看水平投影 1 究竟应该和那一点相连？首先它和 2 点是不能连的，因为 1、2 虽同在一条棱线 f 上，但不在同一个横面上。那么它和 3 点是否可连？这要判断一下，1、3 是否都位于两个立体的同一棱面上：对棱柱，它们在棱面 fe 上；对棱锥，它们在棱面 sab 上，因此符合上述原则，可以连接。用同样的方法分析其他的点，最后得连接顺序 1-3-5-6-4-2（不封闭的）。确定了各折点水平投影的连接顺序后，正面投影的连接顺序也就可以确定了。

3）判别可见性。对正面投影，因为 3′5′、5′6′、6′4′位于三棱柱不可见的棱面上，所以要画成虚线。其他连线均位于可见棱面上，画成实线。

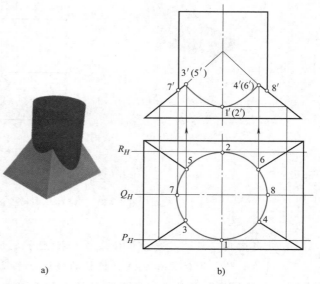

图 4-42　柱头

（三）平面立体与曲面立体的表面交线

平面立体与曲面立体相交时，例如图 4-42 所示的柱头，相贯线是由若干段平面曲线或平面曲线和直线所组成。各段平面曲线或直线，就是平面立体上各棱面截割曲面立体所得的截交线。每一段平面曲线或直线的折点，就是平面立体的棱线与曲面立体表面的交点。作图时，先求出这些转折点，再根据求曲面体上截交线的方法，求出每段曲线或直线。

【例 4-29】　如图 4-43 所示，求四棱锥与圆柱的相贯线。

解：（1）分析

微课：例题 4-29

1）根据四棱锥各棱面与曲面立体轴线的相对位置，确定相贯线的空间形状。

四棱锥的四个棱面与圆柱轴线倾斜，其截交线各为椭圆的一部分，即截交线为四段椭圆弧线的组合，四条棱线与圆柱面的四个交点是连接点。

2）根据四棱锥、圆柱与投影面的相对位置确定相贯线的投影。

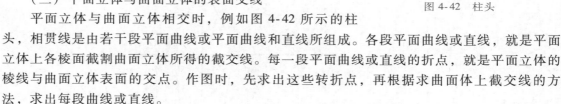

a)

b)

图 4-43　四棱锥与圆柱的相贯线

由于圆柱面的水平投影有积聚性，所以相贯线的水平投影是已知的，只需求正面投影。

（2）作图

1）求连接点。由3、4、5、6求出正面投影。

2）求特殊点。7、8两点是正面转向轮廓线上的点，其正面投影可在 V 面上直接找出，1、2两点是侧面转向轮廓线上的点，可以利用辅助平面作出。

3）判别可见性并连线。不可见线被可见线遮挡，因此所有线段均为实线。

【例4-30】 如图4-44所示，给出圆锥薄壳基础的主要轮廓线，求作相贯线。

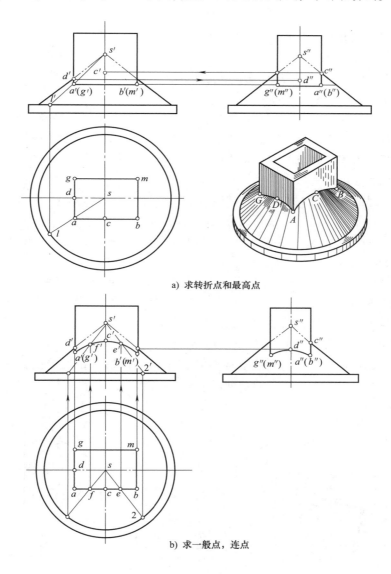

a）求转折点和最高点

b）求一般点，连点

图 4-44 圆锥薄壳基础的相贯线

解：（1）分析

1）根据四棱柱各棱面与曲面立体轴线的相对位置，确定相贯线的空间形状。

由于四棱柱的四个侧面平行于圆锥的轴线，所以相贯线是由四条双曲线组成的空间闭合折线。四条双曲线的连接点，就是四棱柱的四个棱线与圆锥的交点。

2）根据四棱柱、圆柱与投影面的相对位置确定相贯线的投影。

由于四棱柱的水平投影有积聚性，所以相贯线的水平投影已知，只需求正面、侧面投影。

（2）作图

1）求特殊点。先求相贯线的折点，即四条双曲线的连接点 A、B、M、G。可根据已知的四个点的 H 面投影，用素线法求出其他投影。再求前面的和左面双曲线最高点 C、D，如图 4-44a 所示。

2）求一般点。同样用素线法求出两对称的一般点 E、F 的正面投影 e'、f' 及侧面投影 e''、f''。

3）连点。正面投影连接顺序 a'-f'-c'-e'-b'，侧面投影连接顺序 a''-d''-g''，如图 4-44b 所示。

4）判断可见性。所有线段均可见，画为实线。

（四）两曲面体表面的交线

两曲面体表面的相贯线，一般是封闭的空间曲线，特殊情况下可能为平面曲线或直线。组成相贯线的所有相贯点，均为两曲面体表面的共有点。因此求相贯线时，要先求出一系列的共有点，然后依次连接各点，即得相贯线。

求相贯线的方法通常有以下两种：

（1）积聚投影法　相交两曲面体，如果有一个表面投影具有积聚性，就可利用该曲面体投影的积聚性作出两曲面的一系列共有点，然后依次连成相贯线。

（2）辅助平面法　根据三面共点原理，作辅助平面与两曲面相交，求出两辅助截交线的交点，即为相贯点。

选择辅助平面的原则：辅助截平面与两个曲面的截交线（辅助截交线）的投影都应是最简单易画的直线或圆。因此在实际应用中往往多采用投影面的平行面作为辅助截平面。

在解题过程中，为了使相贯线的作图清楚、准确，在求共有点时，应先求特殊点，再求一般点。相贯线上的特殊点包括：可见性分界点，曲面投影轮廓线上的点，极限位置点（最高、最低、最左、最右、最前、最后）等。根据这些点不仅可以掌握相贯线投影的大致范围，而且还可以比较恰当的设立求一般点的辅助截平面的位置。

【例 4-31】　如图 4-45 所示，求作两轴线正交的圆柱体的相贯线。

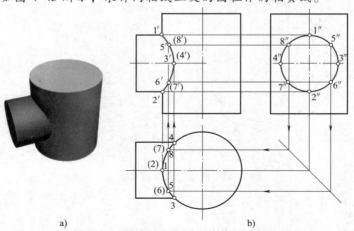

a)　　　　　　　　　　　b)

图 4-45　轴线正交的两圆柱体的相贯线

解：（1）分析

1）根据两立体轴线的相对位置，确定相贯线的空间形状。

由图可知，两个直径不同的圆柱垂直相交，大圆柱为铅垂位置，小圆柱为水平位置，由左至右完全贯入大圆柱，所得相贯线为一组封闭的空间曲线。

2）根据两立体与投影面的相对位置确定相贯线的投影。

相贯线的水平投影积聚在大圆柱的水平投影上（即小圆柱水平投影轮廓之间的一段大圆弧），相贯线的侧面投影积聚在小圆柱的侧面投影上（整个圆）。因此，余下的问题只是根据相贯线的已知两投影求出它的正面投影。

（2）作图

1）求特殊点。正面投影中两圆柱投影轮廓相交处的 1′、2′ 两点分别是相贯线上的最高、最低点（同时也是最左点），它们的水平投影落在大圆柱的最左边素线的水平投影上，1、2 重影。

Ⅲ、Ⅳ两点分别位于小圆柱的两条水平投影轮廓线上，它们是相贯线上的最前点和最后点，也是相贯线上最右位置的点。可先在小圆柱和大圆柱水平投影轮廓的交点处定出 3 和 4，然后再在正面投影中找到 3′和 4′（前、后重影）。

2）求一般点。在小圆柱侧面投影（圆）上的几个特殊点之间，选择适当的位置取几个一般点的投影，如 5″、6″、7″、8″等，再按投影关系找出各点的水平投影 5、6、7、8，最后作出它们的正面投影 5′、6′、7′、8′。

3）连点并判别可见性。连接各点成相贯线时，应沿着相贯线所在的某一曲面上相邻排列的素线（或纬圆）顺序光滑连接。

例题中相贯线的正面投影可根据侧面投影中小圆柱的各素线排列顺序依次连接 1′-5′-3′-6′-2′-(7)′-(4′)-(8′)-1′各点。由于两圆柱前、后完全对称，故相贯线前、后相同的两部分在正面投影中重影（可见者为前半段）。

【例 4-32】 如图 4-46 所示，求圆柱与圆锥的相贯线。

解：（1）分析

1）根据两立体轴线的相对位置，确定相贯线的空间形状。圆柱与圆锥偏交，它们的轴线皆为铅垂线，因此相贯线为一曲线。

2）根据两立体与投影面的相对位置确定相贯线的投影。圆柱体的水平投影积聚为圆，相贯线的水平投影与其重合，只需求出相贯曲线的正面投影。

3）辅助平面的选择。若以水平面为辅助平面，所得到的辅助交线为两个水平圆，圆柱的辅助交线圆始终不变，而圆锥的辅助交线圆随位置高低不同而大小不同；若以过锥顶的铅垂面为辅助平面，所得辅助交线为素线。

（2）作图

1）求特殊点。

① 求最低点。直接在水平投影中找出两底圆的交点 1、2，并作出它们的正面投影。

② 求最高点。在水平投影中，以锥底圆心为圆心作小圆并与圆柱的水平投影圆相切，切点 3 就是相贯线最高点的水平投影，进一步求出 3′。

③ 求最右点。圆柱面的最右素线与圆锥面的交点是相贯线的最右点 4，过锥顶包含圆

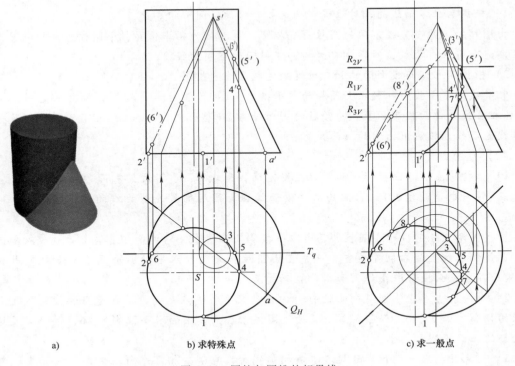

a)   b) 求特殊点   c) 求一般点

图 4-46 圆柱与圆锥的相贯线

柱最右素线作铅垂面 Q，交圆锥底圆于 a，并依据投影关系求出 $4'$。

④ 求圆锥正面轮廓线上的点 $5'$、$6'$。因水平投影已知，只需作出正面投影，可直接利用投影规律求出。

2）求一般点。作水平辅助面 R_1，与两立体的截交线的水平投影相交于点 7、8，进一步求出其正面投影，应用此法，求出其他的一般位置点。

3）连线并判别可见性。依水平投影顺序连接各点的正面投影。相贯线 $1'-7'-4'$ 可见，画成实线，其余不可见，画成虚线。

（五）曲面体表面交线的特殊情况

1. 相贯线为直线

1）两锥体共顶时，其相贯线为过锥顶的两条直素线，如图 4-47a 所示。

2）两圆柱体的轴线平行，其相贯线为平行于轴线的直线，如图 4-47b 所示。

2. 相贯线为平面曲线

1）两同轴回转体，其相贯线为垂直于轴线的圆。图 4-48a 为圆柱、圆台和圆球相贯，其相贯线为圆，正面投影积聚为直线；圆柱与球体的相贯线，其水平投影积聚在圆柱的水平投影上。圆台与球体的相贯线，其水平投影为虚线圆。

2）具有公共内切球的两回转体相交时，其相贯线为平面曲线。

两圆柱直径相等且轴线相交（即两圆柱面内切于同一球面）时，如果轴线是正交的，它们的相贯线是两个大小相等的椭圆，如图 4-48b 所示；如果轴线是斜交的，它们的相贯线为两个长轴不等但短轴相等的椭圆，如图 4-48c 所示。由于两圆柱的轴线均平行于 V 面，故两椭圆的 V 面投影积聚为相交的两直线。

圆柱与圆锥内切于同一球面且轴线相交时，如果轴线是正交的，它们的相贯线是两个大小相等的椭圆，如图 4-48d 所示；如果轴线是斜交的，它们的相贯线是两个大小不等的椭圆，如图 4-48e 所示。由于圆柱和圆锥的轴线均平行于 V 面，故两椭圆的 V 面投影积聚为相交的两直线，其 H 面投影一般仍为两椭圆。

这种有公共内切球的两圆柱、圆锥等的相贯，还常应用于管道的连接。

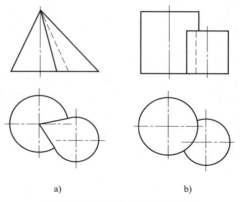

图 4-47　相贯线为直线的情况

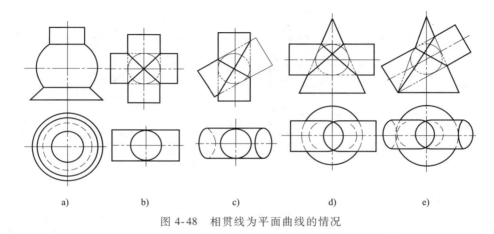

图 4-48　相贯线为平面曲线的情况

三、同坡屋面交线的画法

坡屋面是常见的一种屋面形式，一般有单坡屋面、双坡屋面和四坡屋面等，最常见的是屋檐等高的同坡屋面，即屋檐高度相等、各屋面与水平面倾角相等的屋面。同坡屋面交线的画法，其实质是求两平面交线的问题。

同坡屋面上各种交线的名称如图 4-49 所示。

同坡屋面交线及投影特性：

1）同坡屋面的屋檐平行时，其屋面必相交成水平的屋脊（或平脊）。屋脊的 H 面投影，必平行于檐口线的 H 面投影，且与两檐口线等距。

2）檐口线相交的相邻两个坡屋面，必相交于倾斜的斜脊或天沟。它们的 H 面投影为两檐口线 H 面投影夹角的平分线。斜脊位于凸墙角上，天沟位于凹墙角上，如图 4-49 所示。

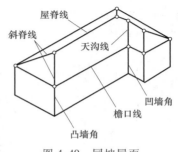

图 4-49　同坡屋面

3）在屋面上如果有两斜脊、两天沟或一斜脊一天沟相交于一点，则必有第三条屋脊通过该点。或一个斜脊与平脊相交，必有第三个斜脊（或天沟）通过该交点。这个点就是三个相邻屋面的共有点，如图4-50所示。

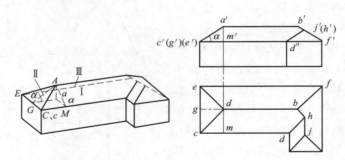

图 4-50　四坡屋面

4）当建筑物外形不是矩形时，屋面要按一个建筑整体来处理，避免出现水平天沟，如图4-51所示。

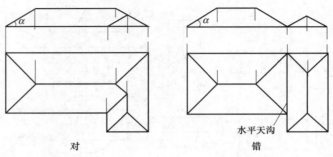

图 4-51　非矩形屋面

【例 4-33】　如图 4-52 所示，已知屋檐的水平投影及同坡屋面的坡度为30°，画出其三面投影。

解：作图步骤如下

1）先按投影规律画出屋顶的水平投影。由于屋檐的水平夹角都是90°，故经每一屋角作45°分角线，交于 a、b 两点，如图4-52a 所示，过 a、b 两点作屋檐平行线的两平脊，与两斜脊分别交于点 c 和点 d，如图4-52b 所示，cd 即为所求，如图4-52c 所示。

微课：例题 4-33

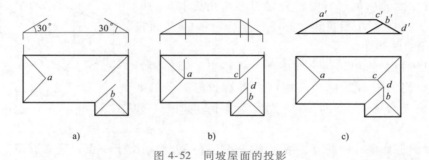

图 4-52　同坡屋面的投影

2）画 V 面投影。由檐口开始，画 30°线（图 4-52a），再由各点水平投影向上作铅垂线，得到交点 a'、c'、b'、d'（图 4-52b），连接各点得到 V 面投影（图 4-52c）。

3）由 H 面、V 面投影求 W 面投影（略）。

【例 4-34】　如图 4-53 所示，已知屋面倾角 α 和房屋的平面图形（图 4-53a），求屋面的交线。

解：作图步骤如下

1）在屋面平面图形上经每一屋角作 45°线。在凸墙角上作的是斜脊，在凹墙角上作的是天沟，其中两对斜脊分别相交于点 a 和点 f（图 4-53b）。

2）作每一对檐口线（前后和左右）的中线，即屋脊线。过点 a 作屋脊线与墙角 2 的天沟线相交于点 b，过点 f 作屋脊线与墙角 3 的斜脊线相交于点 e；过 b 点作天沟线 b2 的垂线 bc，交斜脊线 7c 于 c 点；过 e 点作斜脊线 3e 的垂线 ed，交天沟线 d6 于 d 点。连接 cd 即为左右檐口（23 和 67）的屋脊线。

3）折线 abcdef 即为所求屋脊线的 H 面投影。a1、a8、c7、e3、f4、f5 为斜脊线，b2、d6 为天沟线。

4）根据屋面倾角和投影规律，作出屋面的 V 面及 W 面投影。

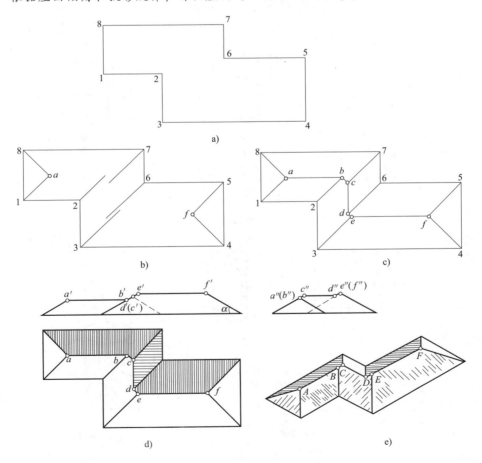

图 4-53　屋面交线

第四节 组合体的三面正投影

一、组合体的概念及其组成

建筑工程中的形体大多以组合体的形式出现，组合体是由基本几何体组成。根据组合体构成方式的不同，组合体可分为叠加型、切割型、相贯型、综合型四大类。叠加型组合体是由若干个基本几何体叠加而成，如图 4-54 所示。切割型组合体是由基本几何体切割去某些形体而成，如图 4-55 所示。相贯型组合体是由若干个基本几何体相交而成，如图 4-56 所示。综合型组合体是既有叠加又有切割或相交的组合体，如图 4-57 所示。

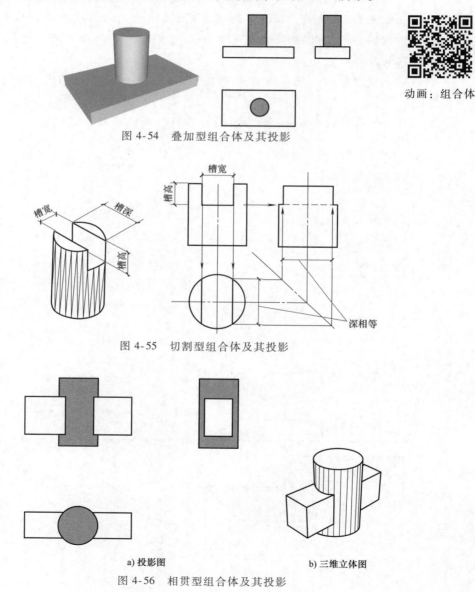

动画：组合体

图 4-54 叠加型组合体及其投影

图 4-55 切割型组合体及其投影

a) 投影图   b) 三维立体图

图 4-56 相贯型组合体及其投影

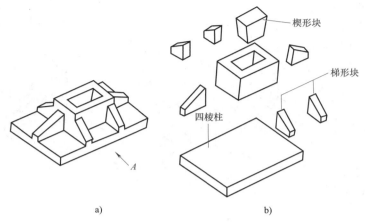

楔形块

梯形块

四棱柱

A

a)   b)

图 4-57　综合型组合体

动画：组合
体的组成

二、组合体三面投影图的画法

1. 三面投影和三视图

通过前面的学习可知：基本几何体在 *H*、*V* 及 *W* 投影面上的投影统称为三面投影，分别称为水平投影、正面投影及侧面投影。而在建筑工程制图中，通常把建筑形体或组合体在投影面上的投影称为视图；即把建筑形体或组合体的三面投影图称为三面视图，简称三视图。

为了区分三个视图，通常将形体的水平投影、正面投影、侧面投影分别称为平面图、正立面图、左侧立面图，如图 4-58 所示。平面图反映了形体的前后、左右方位关系及长和宽；正立面图反映了形体的上下、左右方位关系以及长和高；左侧立面图反映了形体的上下、前后方位关系以及高和宽。

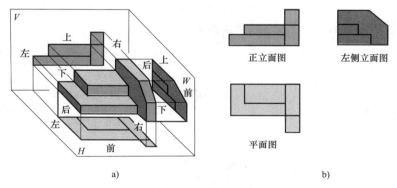

正立面图　　　　　左侧立面图

平面图

a)　　　　　　　　　　　　b)

图 4-58　三视图

用正投影法所绘制的组合体视图仍然符合投影图中的"三等关系"，正立面图与平面图"长对正"，正立面图与左侧立面图"高平齐"，平面图与左侧立面图"宽相等"。

2. 组合体三面投影图的画法

绘制和阅读组合体的投影图时，可将组合体分解成若干个基本形体或简单形体，并分析它们之间的关系，然后逐一解决它们的画图和读图问题。这种把一个复杂形体分解成若干基本形体或简单形体的方法，称为形体分析法。它是画图、读图和标注尺寸的基本方法。

画组合体的投影图，一般先进行形体分析，选择适当的投影图，然后进行画图。

（1）形体分析　如图 4-59a 所示为一室外台阶，把它可以看成是由边墙、台阶、边墙三大部分组成。其中两边的边墙是两个棱线水平的六棱柱；中间的三级台阶可看成是一个棱线水平的八棱柱，如图 4-59b 所示。

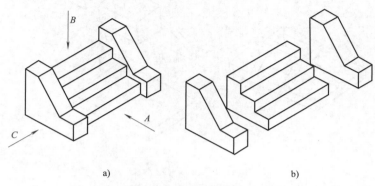

图 4-59　台阶的形体分析

再如图 4-57a 所示是一肋式杯形基础，可以把它看成由底板、中间挖去一楔形块的四棱柱和六块梯形肋板组成。其中各基本形体之间经过叠加、切割、相交组合成混合形状，四棱柱在底板中央，前后肋板的左、右侧面分别与中间四棱柱左、右侧面平齐，左、右两块肋板分别在四棱柱左右侧面的中央，如图 4-57b 所示。

不论是由哪一种形式组成的组合体，画它们的投影图时，都必须正确表示各基本形体之间的表面连接，如图 4-60 所示，可归纳为以下四种情况：

1）两形体表面相交时，两表面投影之间应画出交线的投影。

2）两形体的表面共面时，两表面投影之间不应画线。

3）两形体的表面相切时，由于光滑过渡，两表面投影之间不应画线。

4）两形体的表面不共面时，两表面投影之间应该有线分开。

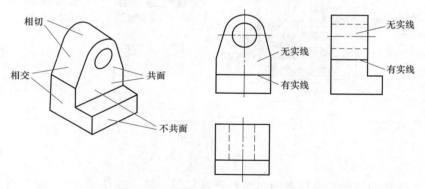

图 4-60　形体之间的表面连接关系

（2）投影图选择　投影图选择的原则是用较少的投影图把物体的形状完整、清楚、准确的表达出来。投影图选择包括确定物体的安放位置、选择正面投影及确定投影图数量等。

1）确定安放位置。形体的安放位置是指形体相对于投影面的位置，该位置的选取应以表达方便为前提，即应使形体上尽可能多的线(面)为投影面的特殊位置线(面)。但对建筑形体，通常按其正常工作位置放置。图 4-59 和图 4-57 所示就是台阶和杯形基础的正常工作位置。

2）选择正面投影。正立面图是表达形体的一组视图中最主要的视图，所以在视图分析的过程中应重点考虑。其选择的原则为：

① 应使正面投影尽量反映出形体各组成部分的形状特征及其相对位置。

② 应使视图上的虚线尽可能少一些。

③ 应合理利用图纸的幅面。

如图 4-59 所示的台阶，如果选 C 向投影为正视图，它能较清楚地反映台阶踏步与边墙的形状特征，而若从 A 向投影，则能很清楚地反映台阶踏步与两边墙的位置关系，即结构特征。但为了能同时满足虚线少的条件，选 A 向则更为合理。如图 4-57 所示，应选 A 向作为正视图的投影方向。

3）确定投影图数量。当正面投影选定以后，组合体的形状和相对位置还不能完全表达清楚，需要增加其他投影进行补充。为了便于看图，减少画图工作量，在保证完整、清楚地表达物体形状、结构的前提下，尽量减少投影图的数量。

确定投影图数量的方法为：通过对组合体进行形体分析，确定各组成部分所需的视图数量，再减去标注尺寸后可以省去的视图数量，从而得出最终所需的视图数量及其名称。如图 4-59 所示的台阶和如图 4-57 所示的肋式杯形基础，均需用三面投影图才能确定它的形状。

（3）画图步骤

1）选取画图比例、确定图幅。按选定的比例，根据组合体的长、宽、高计算出三个视图所占的面积并在视图之间留出标注尺寸的位置和适当的间距。依次选用合适的标准图幅。

2）布图、画基准线。先固定图纸，画出图框和标题栏。然后根据视图的数量和标注尺寸所需的位置，把各视图匀称地布置在图幅内。对于一般形体，应先根据形体总的长、宽、高尺寸，画出各视图所占范围（用矩形框表示），如图 4-61a 所示，目测并调整其间距，使布图均匀。如果形体是对称的，应先画出各投影图的基准线、对称线（图 4-62a），并依此均匀布图。

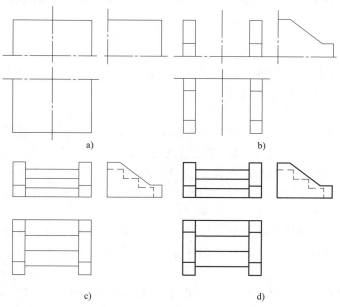

a)   b)

c)   d)

图 4-61 台阶的画图步骤

3）绘制视图的底稿。根据物体投影规律，逐个画出各基本形体的三视图。画图的顺序是：一般先画实形体，后画虚形体（挖去的形体）；先画大形体，后画小形体；先画整体形状，后画细节形状。画每个形体时，要三个视图联系起来画，并从反映形体特征的视图画起，再根据投影关系画出其他两个视图，如图 4-61、图 4-62b、图 4-62c 所示。

4）检查、描深。底稿画完后，用形体分析法逐个检查各组成部分（基本形体）的投影，以及它们之间的相互位置关系；对各基本形体间邻接表面处于相切、共面或相交时产生的线、面的投影，用线、面的投影性质予以重点校核，纠正错误，补充遗漏。无错误后，可按规定的线型进行加深，如图 4-61 和图 4-62d 所示。

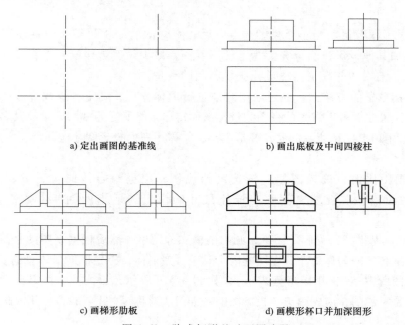

a) 定出画图的基准线　　　　　　　　b) 画出底板及中间四棱柱

c) 画梯形肋板　　　　　　　　d) 画楔形杯口并加深图形

图 4-62　肋式杯形基础画图步骤

三、尺寸标注

形体的视图，只能表达形体的形状及各部分的相互位置关系，但不能确定其真实大小。形体的真实大小，必须由尺寸来确定。

1. 基本几何体的尺寸标注

任何基本几何体都有长、宽、高三个方向上的大小，在视图上，通常要把反映这三个方向的大小尺寸都标注出来，如图 4-63 所示是几种常见的几何形体的尺寸注法示例。

对于回转体，可在其非圆视图上注出直径方向尺寸"ϕ"，因为"ϕ"具有双向尺寸功能，它不仅可以减少一个方向的尺寸，而且还可以省略一个投影。球的尺寸标注要在直径数字前加注"$S\phi$"。如图 4-63e、f、g、h 所示。

尺寸一般标注在反映实形的投影上，并尽可能集中注写在一两个投影的下方或右方，必要时才注写在上方或左方。一个尺寸只需标注一次，尽量避免重复。正多边形的大小，可标注其外接圆的直径尺寸。

对于被切割的基本几何体，除了要注出基本形体的尺寸外，还应注出截平面的位置尺寸，但不必注出截交线的尺寸，如图 4-64 所示。

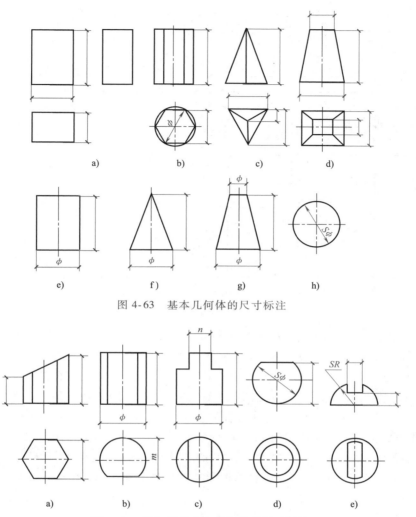

图 4-63　基本几何体的尺寸标注

图 4-64　被切割的基本几何体及尺寸标注

2. 组合体的尺寸标注

组合体的投影图，虽然已经清楚地表达了物体的形状和各部分的相互关系，但还必须标注出足够的尺寸，才能明确物体的实际大小和各部分的相对位置。

组合体尺寸标注的基本要求是完整、清晰、合理。

（1）尺寸标注的方法　标注组合体的尺寸时，应先对物体进行形体分析，然后顺序标注出其定形尺寸、定位尺寸和总尺寸。

定形尺寸——确定物体各组成部分的形状、大小的尺寸。

定位尺寸——确定物体各组成部分之间相对位置的尺寸。

总尺寸——确定物体总长、总宽和总高的尺寸。

下面以图 4-57 所示的肋式杯形基础为例，说明组合体尺寸标注的步骤（图 4-65）。

1）形体分析。肋式杯形基础，可以把它看成是由底板四棱柱、中间四棱柱挖去一楔形块和六块梯形肋板组成。

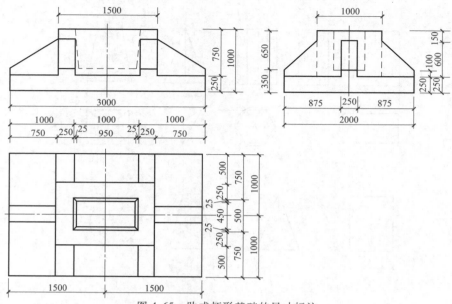

图 4-65　肋式杯形基础的尺寸标注

2）标注定形尺寸。底板四棱柱的长 3000、宽 2000、高 250；中间四棱柱长 1500、宽 1000、高 750；前后肋板长 250、宽 500、高 600 和 100；左右肋板长 750、宽 250、高 600 和 100；楔形块（即楔形杯口）上底 1000×500、下底 950×450、高 650 和杯口厚度 250 等。

3）标注定位尺寸。中间四棱柱在底板四棱柱上，沿底板四棱柱的长、宽、高的定位尺寸是 750、500、250；杯口距离中间四棱柱的左右侧面 250，距离前后侧面 250；楔形块的高 650；左右肋板的定位尺寸是沿底板四棱柱宽度方向的 875，高度方向的 250，长度方向因左右肋板的端面与底板的左右端面对齐，不用标注。同理，前后肋板的定位尺寸是 750、250。

4）标注总尺寸：肋式杯形基础的总长和总宽即底板的长 3000 与宽 2000，不用另加标注，总高尺寸为 1000。

（2）尺寸标注应注意的问题

1）尺寸一般宜注写在反映形体特征的投影图上。

2）尺寸应尽可能标注在图形轮廓线外面，不宜与图线、文字及符号相交；但某些细部尺寸允许标注在图形内。

3）表达同一几何形体的定形、定位尺寸，应尽量集中标注。

4）尺寸线的排列要整齐。对同方向上的尺寸线，组合起来排成几道尺寸，从被注图形的轮廓线由近至远整齐排列，小尺寸线离轮廓线近，大尺寸线应离轮廓线远些，且尺寸线间的距离应相等。

5）尽量避免在虚线上标注尺寸。

在建筑工程中，通常从施工生产的角度来标注尺寸，只是将尺寸标注齐全、清晰还不够，还要保证读图时能直接读出各个部分的尺寸，到施工现场不需再进行计算等。

四、组合体投影图的识读

投影图的识读就是根据物体投影图想象出物体的空间形状，也就是看图、读图、识图。画图是由物到图，读图则是由图到物。要能正确、迅速地读懂视图，必须掌握读图的基本知识和正确的识图方法，并要反复地实践、练习。

1. 读图的基本知识

（1）将几个投影图联系起来看　在一般
情况下，只看一个投影图不能确定物体的形
状；有时两个投影图也不能确定物体的形
状；只有将几个视图联系起来看，才能弄清
楚物体的形状特征。

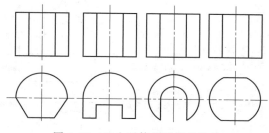

图 4-66　四个形体投影图的比较

如图 4-66 所示，图中四个形体的正面
投影都一样，如果仅看正立面图，就无法区
分它们，但只要将正立面图与其相对应的平
面图联系在一起看，它们的区别就显而易
见了。

如图 4-67 所示，仅凭正面投影和水平投影并不能确定物体的形状，只有结合其相应的
侧面投影，才能确定。

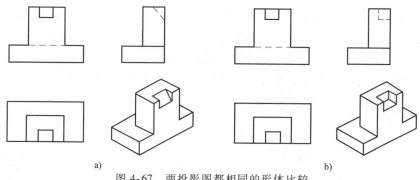

a)　　　　　　　　　　　　　　　　b)

图 4-67　两投影图都相同的形体比较

（2）有基本技能　熟练掌握基本几何体、较简单组合体的形状特征和投影特征。

（3）读图时应先从特征视图入手　特征视图就是反映形体的形状特征和位置特征最多
的视图。抓住特征视图，就能在较短的时间内，对整个形体有一个大概的了解，对提高读图
速度，很有帮助。

（4）明确投影图中封闭线框和图线的含义　投影图上一个封闭线框可能有下述几种含
义，如图 4-68 所示。

1）表示一个平面或曲面。

2）表示一个相切的组合面。

3）表示一个孔洞。

投影图上的一条线段可能表示：

1）物体上一个具有积聚性的平面或曲面。

2）表示两个面的交线。

3）表示曲面的轮廓素线。同样读者可以在图 4-68 中找到相应的答案。

2. 读图的基本方法

读图的基本方法主要是形体分析法和线面分析法。

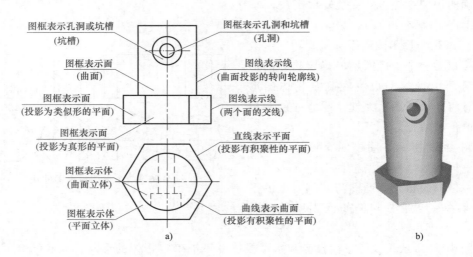

图 4-68 投影图中封闭线框和图线的含义

（1）形体分析法 所谓形体分析法，就是通过对物体几个投影图的对比，先找到特征视图，然后按照视图中的每一个封闭线框都代表一个简单基本形体的投影道理，将特征视图分解成若干个封闭线框，按"三等关系"找出每一线框所对应的其他投影，并想象出形状。然后再把它们拼装起来，去掉重复的部分，最后构思出该物体的整体形状。

【例 4-35】 试根据投影图 4-69a 想象出物体的形状。

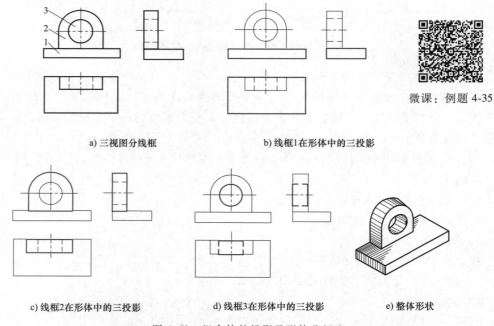

微课：例题 4-35

图 4-69 组合体的投影及形体分析法

解：如图 4-69a 所示，从具有反映形体特征的正面投影和另两个投影看出，该组合体形状：

下面是一个长方形四棱柱，上面是由半圆柱和四棱柱组成，中间有一圆孔。将正立面图投影划分成1、2、3三个封闭线框，如图4-69a所示。线框1的三面投影都是矩形，所以它是四棱柱，如图4-69b所示。线框2的 V 投影上为半圆下为矩形， H 和 W 投影为矩形，可见它是半圆柱和四棱柱所组成，如图4-69c所示。线框3的 V 投影是圆， H 和 W 投影是实、虚线组成的矩形，可判断它是个圆柱形通孔，如图4-69d所示。综合起来组合体的整体形状如图4-69e所示。

（2）线面分析法　线面分析法就是以线、面的投影规律为基础，根据形体投影的某些图线和线框，分析它们的形状和相互位置，从而想象出被它们围成的形体的整体形状。

形体分析法和线面分析法是有联系的，不能截然分开。对于比较复杂的图形，先从形体分析获得形体的大致整体形象之后，不清楚的地方针对每一条"线段"和每一个封闭"线框"加以分析，从而明确该部分的形状，弥补形体分析的不足。也就是以形体分析法为主，结合线面分析法，综合想象得出组合体的全貌。

【例 4-36】　试根据图 4-70a 所示投影图，想象出挡土墙的形状。

解：根据三面投影图可以看出，挡土墙大致形状是由梯形块组成，具体形状可用线面分析法进行分析。

微课：例题 4-36

如图 4-70b 所示，特征视图（水平投影）上可划分出1、2、3三个线框，分别找出它们在另外两个面上的对应投影，根据平面的投影特性，可知 Ⅰ 面为水平面，Ⅱ 面为侧垂面，Ⅲ 面为正垂面。

由以上分析可知，该挡土墙的原始形状为一长方体，用侧垂面Ⅱ和正垂面Ⅲ切去左前角而成。

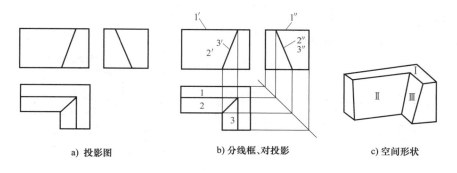

a) 投影图　　　　b) 分线框、对投影　　　　c) 空间形状

图 4-70　挡土墙的投影及线面分析

3. 读图的步骤

下面以图 4-71a 所示的组合体投影为例，介绍读图的过程。

【例 4-37】　识读组合体投影图，如图 4-71a 所示。

解：（1）分析投影图抓住特征　如图 4-71a 所示，正立面图较多地反映了形体特征，因此，将该图分成 Ⅰ、Ⅱ、Ⅲ、Ⅳ、Ⅴ 五个封闭线框。

（2）对投影想形状　利用形体分析法，从线框 Ⅰ 的正立面图出发，找到另外两个视图的对应投影，对照其三面投影，可看出这是一四棱柱底板，如图 4-71b 所示。同理，可判断出线框 Ⅱ 和线框 Ⅴ 各为一半圆柱体，如图 4-71c 所示。线框Ⅲ 是一个前后为斜面的四棱柱，如图 4-71d 所示。

线框Ⅳ的侧面投影前后各为虚线的四边形，说明是凹进去的，水平投影是前后两个矩形，利用线面分析法可知线框Ⅳ表示在线框Ⅲ这个四棱柱的前面和后面各挖掉一个四棱柱，如图 4-71e 所示。

（3）综合起来想整体　根据各基本形体在组合体中的位置，结合线面分析，即可想象出该组合体的整体形状，如图 4-71f 所示。

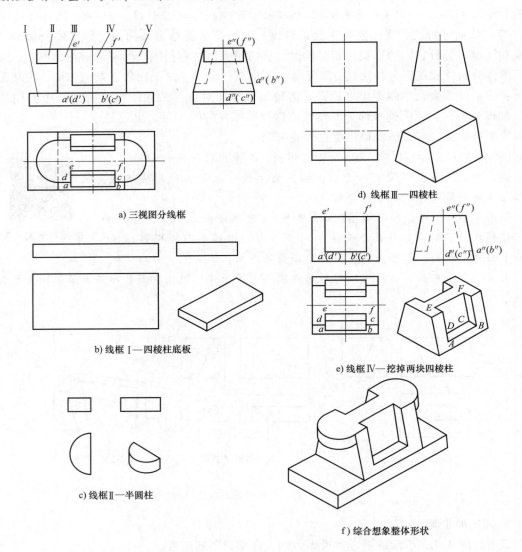

a) 三视图分线框

b) 线框 Ⅰ—四棱柱底板

c) 线框Ⅱ—半圆柱

d) 线框Ⅲ—四棱柱

e) 线框Ⅳ—挖掉两块四棱柱

f) 综合想象整体形状

图 4-71　组合体投影图的识读

【例 4-38】　补画图 4-72a所示组合体的侧面投影。

解：根据所给组合体的正面投影图和水平投影图的投影对应关系，可以看出该组合体是由上、中、下三部分组成。它的下部为一上方下圆的直板，在其上穿一通孔；中部为两个半圆柱，紧贴在上部底面中间，其端面分别与上部端面平齐，与下部端面相接；上部原始形状是一个长方体，中央左高右低切去一三角块，前后左低右高各切去一三角块，形状如图4-72b所示。

　　根据以上分析，逐个画出组成组合体的上、中、下三部分简单形体的投影图，先画上面部分，再画下面部分，最后画中间部分。将投影图与分析想象出来的组合体的空间形状进行对照，注意其表面连接关系，处理好虚线、实线和各线段的起止，经检查无误，将结果加深，如图4-72d 所示。

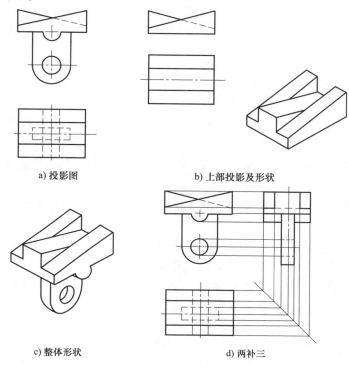

a) 投影图　　　　　　　　　　　　b) 上部投影及形状

c) 整体形状　　　　　　　　　　　d) 两补三

图 4-72　补画组合体的侧面投影

第五节　建筑工程常用的曲面

一、曲线

（一）曲线及其投影

1. 曲线的形成及分类

曲线是一个点按一定规律运动形成的轨迹，是一系列点的集合。

根据曲线上的点是否共面，将曲线分为两大类：

（1）平面曲线　曲线上所有的点均在同一个平面内，如圆、椭圆、双曲线和抛物线等。

（2）空间曲线　曲线上的点不全在同一平面内，如圆柱螺旋线等。

2. 曲线的投影

曲线的投影为曲线上一系列点的投影的集合。在绘制曲线的投影时，一般是先画出曲线上一系列点的投影，特别是首先要画出控制曲线形状和范围的特殊点的投影，然后再把这些点的投影光滑地连接起来，就形成了该曲线的投影。

曲线的投影有下列特性：

1）在一般情况下，曲线的投影仍为曲线，如图4-73a 所示。

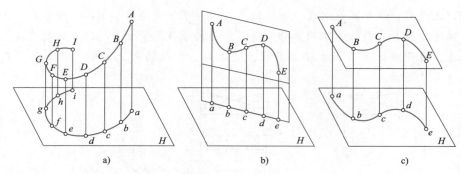

图 4-73　曲线及其投影

2）平面曲线所在的平面与投影面垂直时，曲线在该投影面上的投影为直线，如图 4-73b 所示。

3）平面曲线所在的平面与投影面平行时，曲线在该投影面上的投影反映实形，如图 4-73c 所示。

4）当直线和曲线相切时，则他们的同面投影仍相切，其切点是原切点的投影。

（二）圆

圆是最常见的平面曲线，其投影特性如下（图 4-74）：

1）当圆平行于投影面时，在该投影面上的投影为圆的实形。

2）当圆垂直于投影面时，在该投影面上的投影为直线段，长度等于圆的直径。

3）当圆倾斜于投影面时，在该投影面上的投影为椭圆。

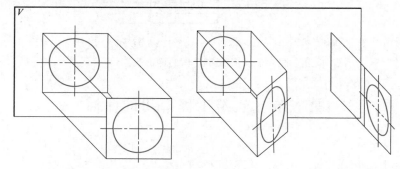

图 4-74　圆的投影

（三）圆柱螺旋线

1. 圆柱螺旋线的形成

如图 4-75 所示，当动点 A 沿着一直线作等速移动，而同时该直线绕与其平行的轴线作等速旋转时，则动点 A 的复合运动轨迹为圆柱螺旋线。直线旋转形成的圆柱面称为螺旋线的导圆柱，动点旋转一周后沿轴线方向移动的距离称为导程。

圆柱螺旋线分右旋和左旋两种：以拇指表示动点沿直线的移动方向，其他四指表示动点的旋转方向，如果符合右手情况时称为右螺旋线，符合左手情况时，称为左螺旋线，如图 4-76所示。

2. 圆柱螺旋线的投影

若已知圆柱螺旋线的直径 d（即导圆柱的直径）、导程 S 和旋向（通常为右旋）三个要素，

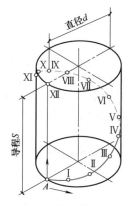

图 4-75　圆柱螺旋线的形成

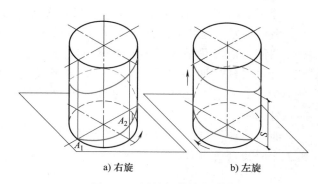

图 4-76　圆柱螺旋线的分类

就可以画出其投影图，具体作图步骤如图 4-77a 所示。

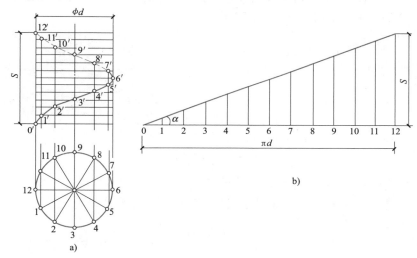

图 4-77　圆柱螺旋线的投影及展开

1）用直径 d 作出导圆柱的投影。

2）把导圆柱的底圆周（在水平投影上）和导程 S（在正面投影上）分成同样多的等份（如12 等份）。

3）在水平投影上用数字沿螺旋线方向顺次标出各分点 0、1、2、…、12；圆柱螺旋线的水平投影在圆周上。

4）从 0、1、2、…、12 各点向上作铅垂联系线，与正面投影上相应的水平直线相交，得各分点相应的正面投影 $0'$、$1'$、$2'$、…、$12'$。

5）用曲线板光滑地连接 $0'$、$1'$、$2'$、…、$12'$各点，得一曲线，该曲线就是所作圆柱螺旋线的正面投影。

3. 圆柱螺旋线的展开

当把导圆柱展开成矩形之后，螺旋线应该是这个矩形的对角线，如图 4-77b 所示。这条斜线与底边的倾角 α 称为螺旋线的升角，它反映了螺旋线的切线与 H 面的倾角，倾角 α 与导程 S、直径 d 的关系：$\tan\alpha = S/\pi d$。

二、建筑工程中常用的曲面

除了前面所讲的圆柱、圆锥等回转曲面外，在建筑工程中还会遇到其他较为复杂的曲面，我们通常将这些曲面称为工程曲面，如柱面、锥面、柱状面、锥状面等。

曲面可以看作是线运动的轨迹。运动的线是母线。母线在曲面上的任一位置，称为素线，如果母线按照一定的规则运动，则形成规则曲面。其中控制母线运动的点、线、面分别称为导点、导线和导面。母线的形状（直线或曲线）以及母线运动的形式是形成曲面的条件。

曲面的种类很多，其分类方法也很多，我们在此只介绍工程中最常见的一些曲面，它们属于非回转直线曲面。

（一）柱面与锥面

1. 柱面

一直线沿着一曲线移动，并始终平行于另一固定的直线所形成的曲面称为柱面，如图 4-78 所示。柱面上所有的素线都互相平行。

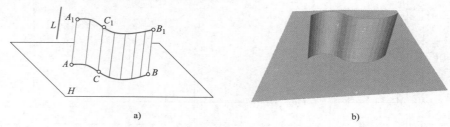

图 4-78　柱面的形成

图 4-79 是一种柱面的两面投影。它的导线是一个水平圆，母线的方向平行于图中给出的正平线 L 的方向，可见柱面的各素线是互相平行的。由于取母线为定长，所以此柱面的上下底各是一个水平圆。

柱面在建筑中有着广泛的应用。图 4-80 表示了一个用柱面构成的壳体建筑。

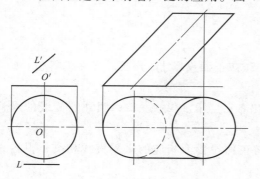

图 4-79　柱面的表示法　　　　　　　图 4-80　用柱面构成的壳体建筑

2. 锥面

一直母线 SA 沿着一曲导线移动，并始终通过一固定点 S（导点）所形成的曲面，称为锥面，如图 4-81 所示。

图 4-82 是一种锥面的两面投影。它的导线是一个水平圆，S 点是固定点，即锥面的各素线相交于该点，如果把锥顶移到无限远处，锥面则变为柱面。

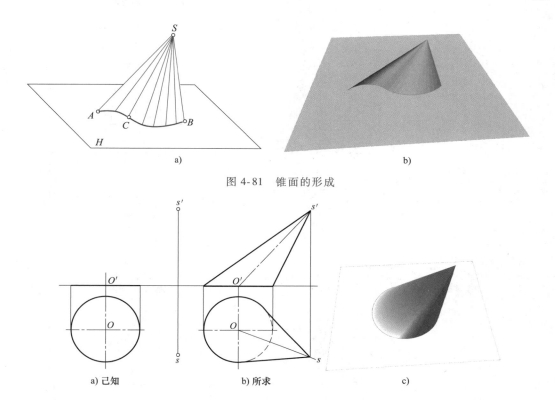

图 4-81　锥面的形成

图 4-82　锥面的表示法

　　同样，锥面在建筑工程中也有着广泛的应用，图 4-83 表示了一个用锥面构成的壳体建筑。

　　（二）柱状面

　　一直母线沿两条曲导线同时平行于一导平面移动所形成的曲面，称为柱状面。如图 4-84 所示，图中 *AD* 是母线，*ABC* 和 *DEF* 是两条曲导线，铅垂面 *P* 是导平面。从该柱状面的投影图，可以看出曲面上画出了一系列的素线，由于导平面 *P* 是铅垂面，故导线的 *H* 投影应平行于 P_H。作图时可先作素线的 *H* 投影，然后再作出其他面的投影。

　　柱状面常用来做壳体屋顶、隧道拱及钢管接头等。图 4-85 是柱状面应用于拱门上的实例，可以看出：曲导线分别为半圆和半椭圆，导平面为水平面。

　　（三）锥状面

　　一直母线沿一直导线和一曲导线同时平行于一导平面移动所形成的曲面，称为锥状面。

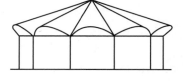

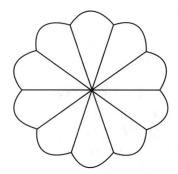

图 4-83　用锥面构成的壳体建筑

　　图 4-86a 所示的锥状面，是直母线 *A*3 沿着直导线 *AB*（正垂线）和曲导线（水平圆）移动，并始终平行于导平面（*V* 面或正平面）而形成的。图 4-86b 是该锥状面的投影图，为了使曲面的投影表达得更清楚，在曲面上还画出了若干条素线，这些素线均为正平线，且间距相等。

　　锥状面多用于壳体屋顶及带直螺旋面的物体，如图 4-87 所示。

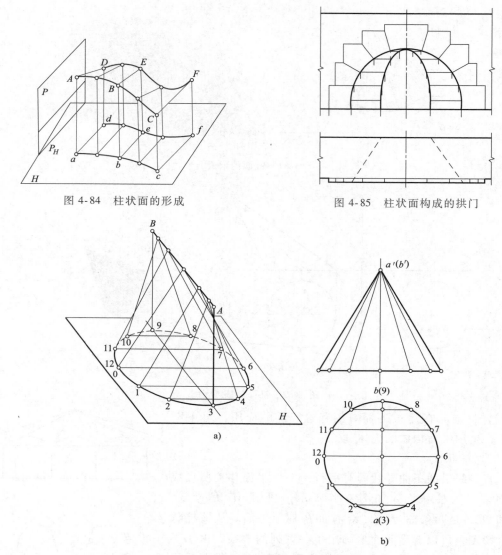

图 4-84　柱状面的形成

图 4-85　柱状面构成的拱门

图 4-86　锥状面的形成及投影

（四）双曲抛物面

1. 双曲抛物面

一直母线沿两交叉直导线同时平行于一导平面移动所形成的曲面，称为双曲抛物面。

如图 4-88a 所示，以交叉二直线 AB 和 CD 为导线，以直线 AC（或 BD）为母线，平面 P 为导平面（AC $/\!/P$），即可形成双曲抛物面。如果

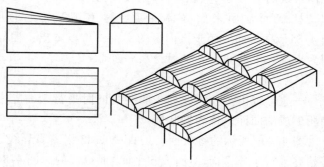

图 4-87　锥状面构成的屋顶及其投影

把上述母线和导线互相调换一下，也就是说把 AC 和 BD 当作导线，把 AB（或 CD）当作母线，

以平面 Q 为导平面，那么也可以形成同样一个双曲抛物面。可见双曲抛物面有两族素线，而且第一族的每条素线必同第二族的所有素线相交，且同一族的任何两条素线必定平行。

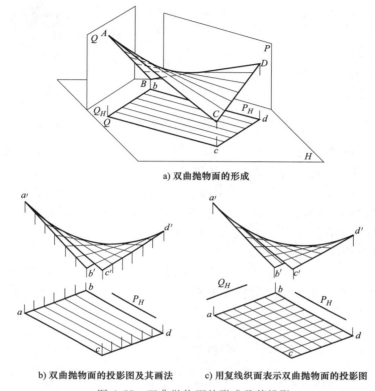

a) 双曲抛物面的形成

b) 双曲抛物面的投影图及其画法 c) 用复线织面表示双曲抛物面的投影图

图 4-88 双曲抛物面的形成及其投影

如图 4-88b 所示，是双曲抛物面的投影图，其画法如下：

1）作出导线 AB 和 CD 的两面投影 ab、$a'b'$ 和 cd、$c'd'$，以及导平面 P 在 H 面的积聚投影 P_H。

2）将直导线若干等分（本例为六等分）。

3）分别连接各等分点的对应投影。

4）在正面投影图上作出与每个素线都相切得包络线，这是一条抛物线。

母线和导线互换角色后，同样方法可以得到另一族素线的投影，如图 4-88c 所示。

2. 双曲抛物面应用实例

双曲抛物面通常用于屋面结构中。图 4-89 所示为一工业厂房的屋面，每一个单元都是由四块双曲抛物面组成的。对照前面的立体图，可以看出它在双曲抛物面上的部位近似于图中标出的 *BGMK* 的位置。

（五）平螺旋面

1. 平螺旋面

一直母线沿着圆柱螺旋线和圆柱轴线移动，并始终与圆柱轴线相交成定角，这样形成的曲面称为螺旋面。

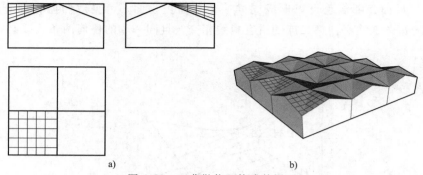

图 4-89　双曲抛物面构成的屋面

根据直母线与圆柱轴线之间夹角的关系，将螺旋面分为平螺旋面、斜螺旋面两种。平螺旋面的母线垂直于轴线，因此母线运动时始终平行于轴线所垂直的平面；当轴线为铅垂线时，水平面即为平螺旋面的导平面。平螺旋面是锥状面的一种。斜螺旋面的母线倾斜于轴线而成定角，因此母线在运动时始终平行于一个圆锥面，此圆锥面称为导锥面。

平螺旋面投影图的作法如下：

1）画出圆柱螺旋线及轴线的两面投影。

2）把圆柱螺旋线分成若干等份，图 4-90a 所示分成十二等份。先将圆柱螺旋线的水平投影（圆周）分为 12 等份，得各分点的水平投影；向圆心连线，得平螺旋面上相应素线的水平投影。

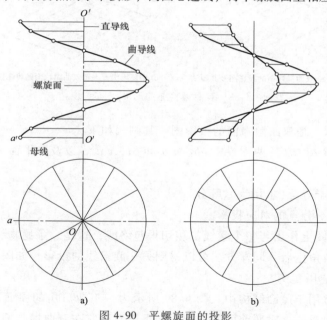

图 4-90　平螺旋面的投影

3）求出各分点的 V 面投影，过各分点的水平投影作水平线与轴线相交，得平螺旋面上相应素线的 V 面投影。

图 4-90b 为空心平螺旋面的投影图。

2. 平螺旋面的应用

螺旋楼梯是平螺旋面在建筑工程中的应用实例，下面用一例题说明螺旋楼梯投影图的画法。

【例 4-39】 已知螺旋楼梯所在内、外两个导圆柱面的直径分别为 d 和 D，沿螺旋上行一圈有 12 个踏步，导程为 h。作出该螺旋楼梯(左旋)的两面投影。

解：（1）分析

1）在螺旋楼梯的每一个踏步中，踏面为扇形，踢面为矩形，两端面是圆柱面，底面是螺旋面，如图 4-91a 所示。

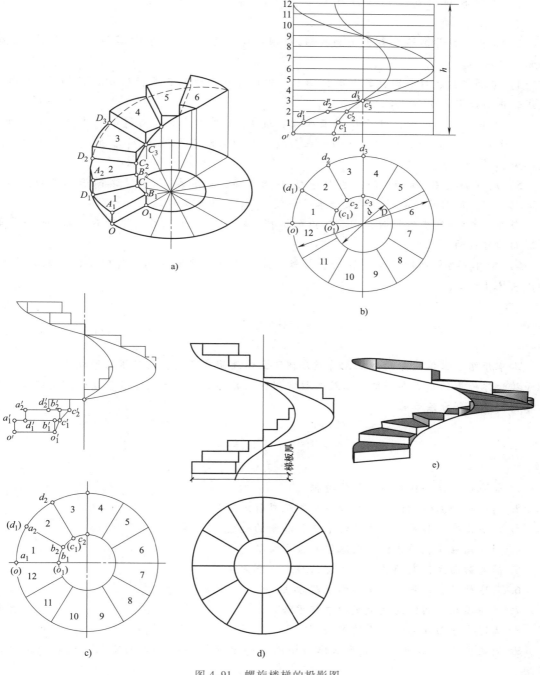

图 4-91 螺旋楼梯的投影图

2）将螺旋楼梯看成是一个踏步沿着两条圆柱螺旋线脉动上升而形成，底板的厚度可认为由底部螺旋面下降一定的高度形成。

3）设第一踏步的扇形踏面四个角点为 $A_1B_1C_1D_1$，踢面为 $OA_1B_1O_1$；第二踏步的扇形踏面四个角点为 $A_2B_2C_2D_2$，踢面为 $D_1A_2B_2C_1\cdots$

（2）作图

1）根据导圆柱直径 d 和 D 及高度 h，作出同轴两导圆柱的两面投影，如图 4-91b 所示。

2）将内、外导圆柱在 H 面上的投影（分别积聚为两个圆）分为 12 等份，得 12 个扇形踏面的水平投影。

3）分别在内、外导圆柱的 V 面投影上，作出外螺旋线的正面投影 $o'd_1'd_2'd_3'\cdots$ 及内螺旋线的正面投影 $o_1'c_1'c_2'c_3'\cdots$

4）如图 4-91c 所示，过 OO_1 作正平面，过 D_1C_1 作水平面，交得第一踏步，其踢面的正面投影 $o'a_1'b_1'o_1'$ 反映实形，踏面的正面投影积聚为水平线段 $a_1'c_1'$，弧形内侧面的正面投影为 $o_1'b_1'c_1'$。

5）过点 D_1、C_1 作铅垂面，过 D_2、C_2 作水平面，交得第二踏步，其踢面的正面投影为 $d_1'a_2'b_2'c_1'$，踏面的正面投影积聚为水平线段 $a_2'c_2'$，依次类推。

当画到第 4~9 级踏步时，由于本身的遮挡，踏步的 V 面投影大部分不可见，而可见的是底面的螺旋面。

6）将可见螺旋线段铅垂下移一个梯板厚度，描深踏步及楼梯的外轮廓，即完成作图，如图 4-91d 所示。

本 章 小 结

本章介绍了立体投影的特征，着重介绍了立体表面截交线、相贯线的形成及特征，并介绍了组合体投影的形成和分类，以及工程常用曲面的形成、分类及特点，还介绍了组合体及工程曲面的绘制方法步骤。

思 考 题

1. 简述棱柱体、棱锥体的形体特征。

2. 简述平面立体表面点线的投影特征及求解方法。

3. 简述曲线、曲面、素线、轮廓线、纬圆的概念。

4. 简述圆柱体、圆锥体、圆球体的投影特征。

5. 简述曲面立体表面点线的投影特征及求解方法。

6. 简述棱柱、棱锥的截交线的求解方法。

7. 简述圆柱、圆锥的截交线的求解方法。

8. 简述直线与立体贯穿点的求法。

9. 简述平面立体相交、平面立体与曲面立体相交、曲面立体相交的交线特点和作图步骤。

10. 简述同坡屋面的交线的特点和作图步骤。
11. 简述组合体投影图的识读和绘制。
12. 简述组合体投影图的尺寸标注。
13. 简述圆、圆柱螺旋线的形成及特性。
14. 简述柱面、锥面、柱状面、锥状面、双曲抛物面、平螺旋面的形成及绘制。

第五章 标高投影

【学习目标与能力要求】

通过本章的学习，掌握直线、平面和立体标高投影的表示方法，了解建筑物标高投影图的绘制方法，能识读有关土建工程施工图。

标高投影是一种单面正投影。牢记标高投影的三个要素，对理解与绘制标高投影有很大的帮助作用。点、直线、平面的标高投影是基础，利用模型、动画等理解地形表面的标高投影。求作建筑物与地形表面的交线时，要结合工程实际情况进行分析与作图。

第一节 点和直线的标高投影

一、标高投影

建筑物是建在地面上或地面下的。由于地面的形状复杂，建筑物的布置、房屋的施工、设备的安装等都与地面的形状有着密切的关系，都对其有很大的影响。因此，在工程设计和施工中，常常需要绘制表示地面起伏状况的地形图，并在图上表示工程建筑（构筑）物和解决有关的工程问题。由于地面高低不平，上述的多面正投影法，难以表达清楚。本章介绍一种适合表达复杂曲面和地面的投影方法——标高投影法。

标高投影是一种单面正投影，必须表明比例或画出比例尺，否则就无法根据单面正投影图来确定物体的空间位置和形状。除了地面以外，一些复杂的曲面也常用标高投影法来表示。

这种用水平投影加注高程数值来表示空间形体的单面正投影称为标高投影。图中高程数值以米为单位，图上不需注明；在图中应注明绘图的比例或画出比例尺，比例尺的形式是上细下粗的平行双线，如图 5-1b 所示。

由此可见标高投影应包括水平投影、高程数值、绘图比例三要素。

在实际工作中，通常以我国青岛附近的黄海平均海平面作为基准面，所得的高程称为绝对高程，否则称为相对高程。

二、点的标高投影

如图 5-1a 所示，选水平面 H 为基准面，其高度为零。点 A 位于 H 面的上方 3m，点 B 位于 H 面下方 2m，点 C 在 H 面上，在 A、B、C 三点的水平投影 a、b、c 的右下角标注其高度数值 3、-2、0，就得到 A、B、C 三点的标高投影图，如图 5-1b 所示。

三、直线的标高投影

（一）直线的标高投影表示法

1. 方法一

用直线的水平投影加注直线上两点的标高投影来表示。如图 5-2 所示，直线 AB 的标高投影为 a_1b_4，直线 CD 的标高投影为 c_3d_3。

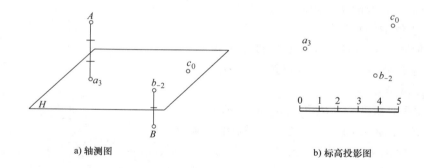

a) 轴测图   b) 标高投影图

图 5-1 点的标高投影

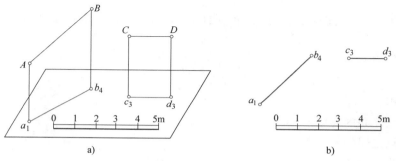

a)   b)

图 5-2 直线的表示方法（一）

2. 方法二

用直线的水平投影加注直线上一点的标高投影以及直线的下降方向和坡度 i 来表示。直线的方向规定用坡度和箭头表示，箭头指向下坡方向。如图 5-3 所示，直线 AB 的标高投影可由点 B 的标高投影 b_6 和表示直线方向的箭头以及坡度 $1:2$ 表示。

以上两种方法可相互转换。

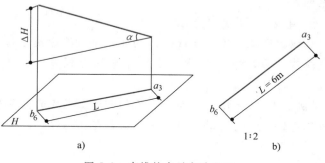

a)   b)

图 5-3 直线的表示方法（二）

（二）直线的坡度和平距

1. 坡度

直线上任意两点的高度差与其水平投影长度之比称为该直线的坡度，用符号 i 表示，即：

$$i = \frac{\Delta H}{L} = \tan\alpha$$

式中　i——坡度；

ΔH——两点之间的高度差(m)；

L——两点之间的水平距离（m）；

α——直线的倾角。

上式表明直线坡度的含义为：直线上两点间的水平投影距离为一个单位时的高度差，即等于坡度，如图 5-4 所示。

如直线 AB 的高度差 $\Delta H = (6-3)\mathrm{m} = 3\mathrm{m}$，$L = 6\mathrm{m}$（若图上未标注两点的水平距离，可根据图中的比例在图上量取），可求得直线的坡度 $i = \dfrac{\text{高度差}\ \Delta H}{\text{水平距离}\ L} = \dfrac{3}{6} = \dfrac{1}{2}$，写成 $1:2$。

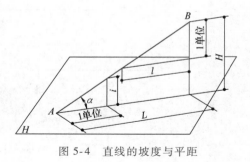

图 5-4　直线的坡度与平距

2. 平距

当直线上两点间的高度差为 1 个单位时，它们的水平距离称为平距，用符号 l 表示，即：

$$l = \frac{L}{\Delta H} = \cot\alpha$$

式中　l——平距；

ΔH——两点之间的高度差（m）；

L——两点之间的水平距离（m）；

α——直线的倾角。

由此可见：平距和坡度互为倒数，即 $i = \dfrac{1}{l}$，坡度越大，平距越小；反之，坡度越小，平距越大。

3. 直线上高程点的求法

直线上任意两点间的高度差与其水平投影距离之比是一个常数，故在已知直线上任取一点就能计算出它的高程，或已知直线上任意一点的高程，即可以确定其水平投影的位置。

【例 5-1】　如图 5-5a 所示，已知直线上点 A 的高程及该直线的坡度，求：（1）直线上高程为 2.4m 的点 B；（2）标注出直线上各整数高程点。

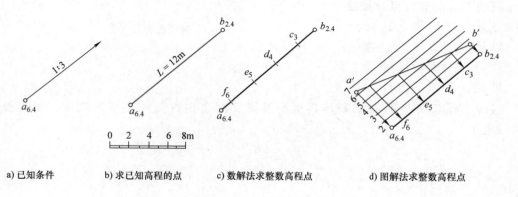

a) 已知条件　　b) 求已知高程的点　　c) 数解法求整数高程点　　　d) 图解法求整数高程点

图 5-5　求直线上已知高程的点和整数高程点

解：（1）求点 B 高程

如图 5-5 所示，$\Delta H_{AB} = (6.4 - 2.4)\text{m} = 4\text{m}$。

$$L_{AB} = \frac{\Delta H}{i} = \frac{4}{\dfrac{1}{3}} = 12\text{m}$$

按比例尺从 $a_{6.4}$ 沿箭头方向量取 12m，即得点 B 的标高投影 $b_{2.4}$。

（2）求直线上各整数高程点

数解法：如图 5-5c 所示，在 B、A 两点间有高程为 3m、4m、5m、6m 的四个点 C、D、E、F。$L_{AF} = \Delta H_{AF}/i = (6.4 - 6)\text{m} \times 3 = 1.2\text{m}$。从 $a_{6.4}$ 沿箭头方向，用比例尺量取 1.2m，即得高程为 6m 的点 f_6。由于 $i = 1/3$，则 $l = 3$，自点 f_6 起沿箭头方向用平距 3m，依次量得 e_5、d_4、c_3 各点。

在直线的标高投影上标出整数高程的点，称为直线的刻度，如图 5-5c 所示。

第二节　平面的标高投影

一、平面标高投影的表示方法

平面的标高投影经常采用的形式有以下三种：

1. 用平面一组等高线表示

平面上的等高线是平面上高程相同点的集合，即该平面上的水平线，也可以看成是水平面与该面的交线，如图 5-6 所示。

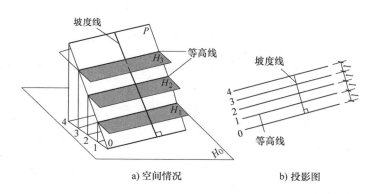

a) 空间情况　　　　b) 投影图

图 5-6　平面上的等高线与坡度线

从图中可以看出平面上等高线有以下特性：首先平面上的等高线是直线，而且相互平行，等高线之间高差相等时，其水平间距也相等。一组等高线的标高数字的字头应朝向高处。

2. 用平面上的一条等高线和一条坡度线表示

平面上垂直于等高线的直线称为平面上的坡度线，坡度线是平面内对水平面的最大斜度线。由图 5-6 可知，平面坡度线有以下特性：平面上的坡度线与等高线的标高投影相互垂直，而且平面上坡度线的坡度代表该平面的坡度，坡度线的平距就是平面上等高线的平距。

如图 5-7 所示，用平面上一条高程为 5 的等高线和坡度为 1：2 的坡度线表示该平面。

3. 用平面上任意一条一般位置直线和平面的最大坡度线表示

如图 5-8 所示，最大坡度线的下降方向一般为大致方向，所以用虚线表示。已知平面内的倾斜线 a_3b_0 并已知注有坡度和带有下降方向箭头的虚线，即可确定一个平面。如图 5-8a 所示，标高为 3m 的平台，有一坡度为 1：2 的斜坡道，可由地面通向台顶。斜坡道两侧的斜面坡度为 1：1，这种斜面可由斜面上的一条倾斜直线和斜面的坡度来表示。如图 5-8b 所示，倾斜直线 a_3b_0 以及注有坡度 1：1 的虚线共同表示了斜坡道右侧斜面。

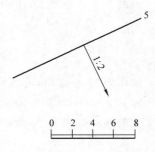

图 5-7 用一条等高线和
坡度线表示平面

坡面上沿平面最大斜度线方向的长短相间、等距的细实线称为示坡线。示坡线应垂直于坡面上的等高线，并画在坡面上高的一侧，如图 5-8 所示。

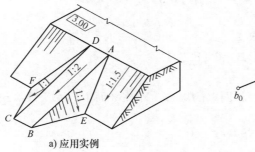
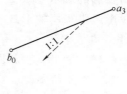

a) 应用实例　　　　　　　　　　b) 平面表示方法

图 5-8 用平面内的倾斜线和坡度表示平面

【例 5-2】 如图 5-9 所示，已知平面上一条倾斜直线 a_3b_6 及平面的坡度 1：0.6，图中虚线箭头表示大致坡度方向，试求作平面上高程为 3m、4m、5m 的等高线。

解：根据平面等高线的概念，作某一等高线，需找到平面内高程相等的两点。

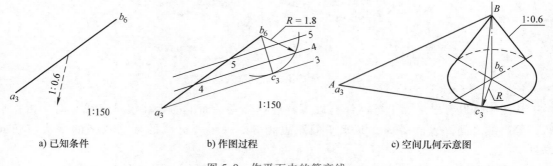

a) 已知条件　　　　　　b) 作图过程　　　　　　c) 空间几何示意图

图 5-9 作平面内的等高线

求高程为 3m 的等高线：如图 5-9b 所示，b_6 与高程为 3m 的等高线之间的水平距离 $L_{AB} = l \cdot \Delta H_{AB} = 0.6 \times 3\text{m} = 1.8\text{m}$。因此，以 b_6 为圆心，以 $R = 1.8\text{m}$ 为半径，向平面的倾斜方向画圆弧。过 a_3 作该圆弧的切线，即得高程为 3m 的等高线。

过 b_6 作该切线(等高线)的垂线,即为该平面的坡度线。

用前述方法或三等分 a_3b_6 并过各等分点作高程为 3m 的等高线的平行线,可得到平面上高程为 4m、5m 的两条等高线。

如图 5-9c 所示,上述作图可理解为过倾斜直线 AB 作一平面,使其与锥顶 B、素线坡度为 $1:0.6$ 的正圆锥相切,切线 BC(圆锥一素线)就是平面的坡度线。A、B 两点的高差为 3m,等高线间距为 1.8m,所作正圆锥高为 3m,底面半径为 1.8m。过高程为 3m 的点 A 作圆锥底面的切线 a_3c_3,即平面上高程为 3m 的等高线。

二、平面的交线

在标高投影中,两个平面相交时,两个平面上标高相同的两条等高线的交点,必为两平面交线上的点,且该点的标高等于等高线的标高。求平面与平面的交线,只要作出这样的两个交点,就可以连出两平面的交线,如图 5-10 所示。

由此得出结论:两平面上相同高程等高线的交点的连线,就是两平面的交线。

在实际工程中,把建筑物上相邻两坡面的交线称为坡面交线,填方形成的坡面与地面的交线称为坡脚线,挖方形成的坡面与地面的交线称为开挖线。

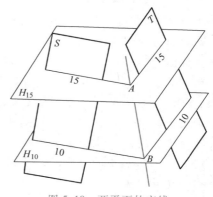

图 5-10 两平面的交线

【例 5-3】 在高程为 5m 的地面上挖一基坑,坑底高程为 1m,坑底的形状、大小及各坡面坡度如图 5-11a 所示,求作开挖线和坡面交线,并在坡面上画出示坡线。

解:(1)求开挖线 如图 5-11b 所示,由于地面高程为 5m,开挖线就是各坡面上高程为 5m 的等高线,平面上高程为 5m 与高程为 1m 的等高线肯定平行。据 $L=\Delta H/i$,可求得各坡面开挖线距坑底等高线的水平距离 L 分别为 4m、6m、8m。按比例尺量取相应的水平距离,分别画出各坡面的开挖线。

(2)作坡面交线 两平面上相同高程等高线交点的连线是两平面的交线。分别连接坡面上高程为 5m 的等高线的交点与高程为 1m 的等高线的交点,即得四条坡面交线。

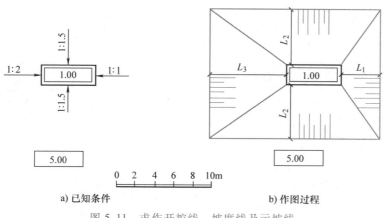

微课:例题 5-3

a) 已知条件   b) 作图过程

图 5-11 求作开挖线、坡度线及示坡线

（3）画示坡线　在坡面上高程高的一侧，按坡度线方向画出长短相间、用细实线表示的示坡线。

【例5-4】　在高程为2m的地面上修建一个高程为5m的平台，并修建一条由地面通到平台顶面的斜坡引道，平台各坡面坡度都为1:1.2，斜坡引道两侧的边坡坡度为1:1，如图5-12a所示。求坡脚线和各坡面交线，并画出各坡面的示坡线。

解：作图过程如图5-12b所示。

（1）求坡脚线　因地面的高程为2m，各坡面的坡脚线就是各坡面内高程为2m的等高线。平台坡面的坡度为1:1.2，坡脚线与相应的平台边线平行，其水平距离为 $L_1 = l \cdot \Delta H = 1.2 \times 3\text{m} = 3.6\text{m}$。由此作出平台两侧坡脚线。

斜坡引道两侧坡面的坡度为1:1，$L_2 = 1 \times 3\text{m} = 3\text{m}$。分别以 a_5、b_5 为圆心，以3m为半径，画圆弧，再自 e_2、f_2 向圆弧作切线，即为引道两侧的坡脚线。

（2）求坡面交线　相邻平台斜面上高程为5m的等高线交点与高程为2m的等高线交点连接，即得平台四周斜面的坡面交线；平台坡面坡脚线与引道两侧坡脚线的交点 d_2、c_2 是相邻两坡面的共有点，a_5、b_5 也是平台坡面和引道两侧坡面的共有点，分别连接 $a_5 d_2$ 和 $b_5 c_2$ 即为平台坡面与斜坡引道两侧坡面的坡面交线。

（3）画出各坡面的示坡线，并注明坡度　注意斜坡引道两侧坡面的画法，切记：示坡线方向与等高线垂直。

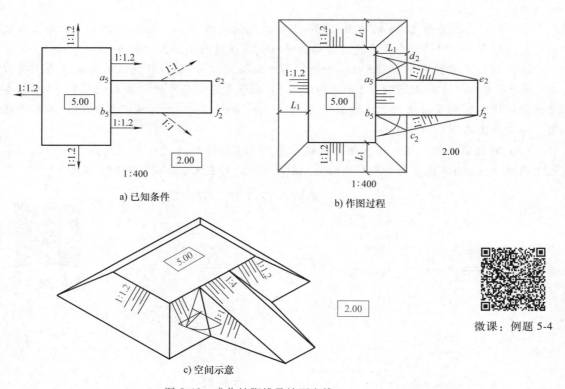

a) 已知条件

b) 作图过程

c) 空间示意

微课：例题5-4

图5-12　求作坡脚线及坡面交线

第三节　曲面的标高投影

一、曲面的表示法

在标高投影中，用一系列假想水平面截切曲面，画出这些截交线的标高投影，就是曲面的标高投影，即曲面常用一系列的等高线表示。下面介绍工程上常见的正圆锥面和地形面。

如图 5-13a 所示正圆锥面的 V 面投影，当正圆锥面的轴线垂直于水平面时，假想用一系列整数标高的水平面截切正圆锥面，其截交线都是同心圆，画出这些截交线圆的水平投影，并分别加注它们的高程，就是正圆锥面的标高投影（图 5-13b）。从图中还可以看出，无论是正圆锥还是倒圆锥，它们的等高线都是同心圆，而且平距相等。标注曲面等高线的高程时，字头规定朝向高处。圆锥面常用一条等高线（圆弧）加坡度线表示。

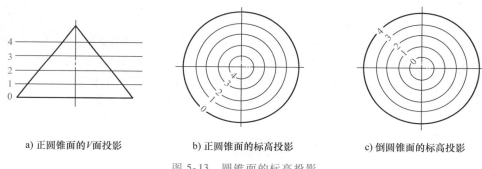

a) 正圆锥面的*V*面投影　　b) 正圆锥面的标高投影　　c) 倒圆锥面的标高投影

图 5-13　圆锥面的标高投影

【例 5-5】　在高程为 4m 的地面上，修筑一个高程为 8m 的平台，台顶形状及边坡坡度如图 5-14a 所示，求作坡脚线及坡面交线，并画出各坡面的示坡线。

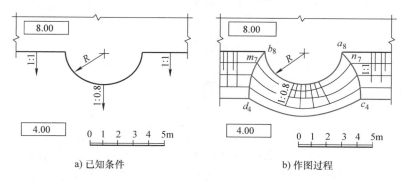

a) 已知条件　　b) 作图过程

图 5-14　求作坡脚线及坡面交线

分析：平台两侧的坡面为平面，坡脚线都是直线。平台中部的边界线为圆弧（半圆），坡面为圆锥面，坡脚线是圆弧线。坡面交线是平台两侧边坡（平面）与平台中间边坡（圆锥面）的交线，作图过程如图 5-14b 所示。

解：（1）求坡脚线　平台两侧的坡面为平面，坡脚线都是直线，平台的高程为 8m，地面高程为 4m，平台左右两侧的坡度是 $i=1:1$，其水平距离为 $L_1=(8-4)\text{m}\times1=4\text{m}$。由此画出平台两侧的坡脚线。

平台中部的边界线为圆弧(半圆),坡面为圆锥面,坡脚线是圆弧线,坡脚线圆与平台圆在同一圆锥面上,它们的投影是同心圆,$i = 1 : 0.8$,其水平距离 $L_2 = (8-4)\text{m} \times 0.8 = 3.2\text{m}$。圆锥面坡脚线的圆弧半径为圆锥台顶半径 R_1 与其水平面距离 L_2 之和,即 $R' = R + L_2$。

(2)求坡面交线 坡面交线是平台两侧边坡(平面)与平台中间圆锥面的交线。平面与曲面的交线为平面曲线,需求出一系列共有点。作图方法:在相邻坡面上分别作出相同高程为5m、6m、7m的等高线,相同高程等高线的交点,即为两坡面的共有点,如图5-14b所示。用光滑曲线分别连接相应的共有点,即得坡面交线。

(3)画出各坡面的示坡线 根据示坡线垂直于等高线的原则,画出平面边坡与圆锥面边坡的示坡线。

二、地形面的表示法

1. 地形图

如图5-15a所示,地形面的表示方法和曲面相同,仍然用等高线来表示。假想用一组高差相等的水平面截切地面,得到一组高程不同的等高线,地形面上的等高线是不规则的平面曲线。画出这些等高线的水平投影,并注明每条等高线的高程,标出绘图比例和指北针,即得到地形面的标高投影图。地形面的标高投影图,又称地形图。地形图可通过测量方法得到。

微课:认识
地形图

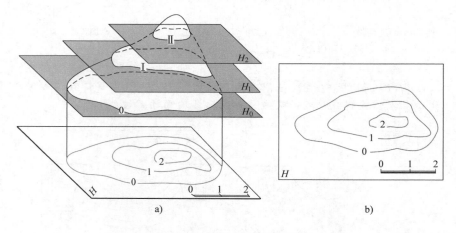

图 5-15 地形面的表示方法

如图5-15所示,等高线是封闭的不规则曲线,一般情况下(除悬崖、峭壁等特殊地形外),相邻等高线不相交、不重合,在同一张地形图中,等高线越密表示该处地面坡度越陡,等高线越稀表示该处地面坡度越缓。

如图5-16所示,左右两侧的两个环状等高线中间高,四周低,表示有两个小山头。东侧山头北面等高线密集,平距小,表示地势陡峭;山头南面等高线稀疏,表明地势平坦。相邻山头之间,地面形状像马鞍的区域称为鞍部。

2. 地形断面图

用铅垂面剖切地形面,画出剖切平面与地形面的截交线,形成地形断面,并在断面上画

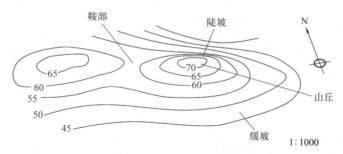

图 5-16　山地地形图

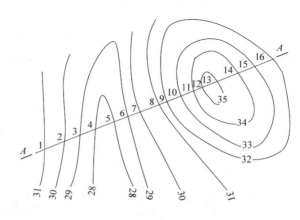

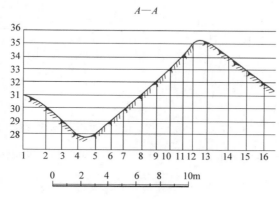

图 5-17　地形断面图

出地面的材料图例，称为地形断面图。其作图方法如图 5-17 所示，可先作出一系列等距的整数等高线，然后从断面位置线 A—A 与地面等高线的交点引竖直连线，在相应的等高线上定出各点，再连接起来。断面处山地的起伏情况，可从断面图上形象直观地反映出来。

第四节　建筑物与地面的交线

多数建筑物都修建在不规则的地球表面上，修建在地球表面的建筑物必然与地面产生交线，其交线一般是不规则曲线。求此交线时，仍是求建筑物表面上与地面上标高相同的等高线的交点，然后依次连接，即得交线。

【例5-6】 如图5-18所示，在河道上修筑一土坝，已知坝址处的地形图、土坝的轴线位置及土坝的横断面(垂直于土坝轴线的断面)，求作坝顶和上下游坝面与地面的交线。

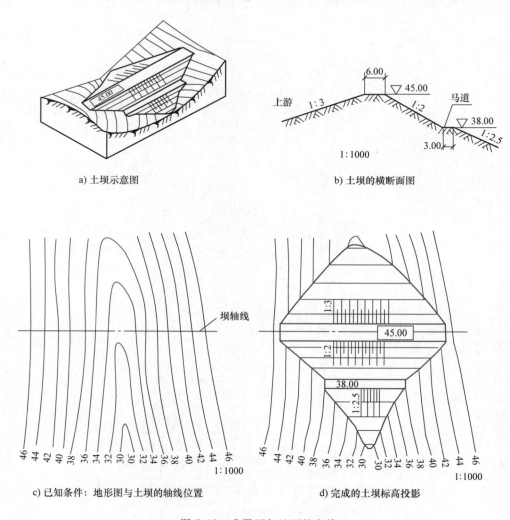

a) 土坝示意图　　　　　　　　　　　　b) 土坝的横断面图

c) 已知条件: 地形图与土坝的轴线位置　　　d) 完成的土坝标高投影

图5-18　求平面与地面的交线

分析：土坝的顶面、马道和上下游坝面是平面，它们与地形面都有交线。由于地形面是不规则曲面，所以交线都是不规则的平面曲线，其实质都是求坡面与地形面上相同高程等高线的交点，作图过程如图5-18d所示。

解：（1）求坝顶与地面的交线　坝顶宽为6.00m，由坝轴线按图中比例向两侧各量取3.00m，画出坝顶边线；坝顶面是高程为45.00m的水平面，它与地面的交线是地面上高程为45.00m的等高线。用内插法在地形图上画出45.00m等高线，将坝顶边线画到与45.00m等高线相交处，得交线。

（2）求上游土坝的坡脚线　因为地形面上的等高距是2m，为作图方便土坝坡面上的等高距也相应取2m。根据上游坡面的坡度1:3，上游坝面相邻等高线的水平距离 $L_1 = 2 \times 3m = 6m$。据此画出坝面上一系列等高线44、42……，求出它们与地面相同高程等高线的交点，依次光滑连接各个交点，即得上游坝面的坡脚线。

注意：坝面上高程44m的等高线与坝顶（高程45m）高差为1m，它与坝顶边线的水平距离应为平距3m。

（3）求下游土坝的坡脚线　下游坝面的坡脚线与上游坝面的坡脚线求法基本相同。应注意坝顶与马道间坝面坡度为1:2，马道以下坝面坡度为1:2.5，应按相应坝面的坡度确定等高线间的水平距离，不要漏画马道。

（4）完成土坝的标高投影　画出上、下游坝面上的示坡线，注明坝顶、马道高程和各坝面坡度。

【例5-7】　在地面上修筑一斜坡道，路面位置及路面上等高线的位置如图5-19a所示，其两侧的填方坡度为1:2，挖方坡度为1:1.5，求各边坡与地面的交线。

分析：从图5-19a中可以看出，路面西段比地面高，应为填方；东段比地面低，应为挖方。填、挖方的分界点在路北边缘高程69m处，在路南边缘高程69～70m之间，准确位置需通过作图才能确定。作图过程如图5-19b所示。

解：（1）作填方两侧坡面的等高线　因为地形图上的等高距是1m，填方坡度为1:2，因此应在填方两侧作平距为2m的等高线。其作法是：在路面两侧分别以高程为68m的点为圆心，平距2m为半径作圆弧，自路面边缘上高程为67m的点分别作该圆弧的切线，得出填方两侧坡面上高程为67m的等高线。再自路面边缘上高程为68m、69m的点作此切线的平行

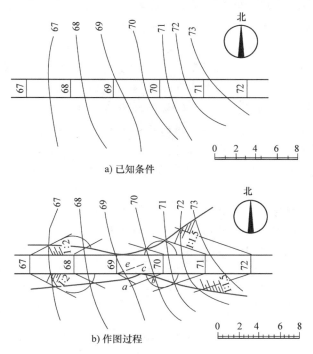

a) 已知条件

b) 作图过程

图 5-19　求斜坡道的坡面与地面的交线

线，即得填方坡面上高程为 68m、69m 的等高线。

（2）作挖方两侧坡面的等高线　挖方坡面的坡度为 1：1.5，等高线的平距是 1.5m。作法同填方坡面，但等高线的方向与填方相反，因为求挖方坡面等高线的辅助圆锥面为倒圆锥面。

（3）作坡面与地面的交线　确定地面与坡面上高程相同等高线的交点，并将这些交点依次连接，即得坡脚线和开挖线。但路南的 a、b 两点不能相连，应与填、挖方分界点 c 相连。求点 c 的方法：假想扩大路南挖方坡面，自高程为 69m 的路面边缘点再作坡面上高程为 69m 的等高线（图中用虚线表示），求出它与地面上高程为 69m 的等高线的交点 e，则 b、e 的连线与路地边缘的交点即为 c 点。也可假想扩大填方坡面，其结果相同。

（4）画出各坡面的示坡线，注明坡度。

地形图上包含大量的自然、环境、社会、人文、地理等要素和信息，是国民经济发展、规划与建设的重要基础资料。土木工程规划、设计和施工中，首先要在地形图上进行总平面设计，然后根据需要，在地形图上进行一定的面积量算工作，以便因地制宜地进行合理的规划和设计。铁路、公路规划和设计中，也是首先在地形图上进行选线和道路设计。这些都需要正确掌握地形图识读的基本知识。

本 章 小 结

在建筑工程的设计和施工过程中，常常会遇到表示地面起伏状况的地形图，需要在图上表示或确定工程建筑物的形状、位置，并解决有关工程问题。本章主要介绍了直线、平面和立体的标高投影及其表示方法，以及建筑物标高投影的绘制方法等内容。

思 考 题

1. 什么是标高投影？它的特点是什么？标高投影的三要素是什么？

2. 什么是直线的坡度与平距？它们之间的关系如何？

3. 在标高投影中表示直线的方法有几种？

4. 平面内的等高线有什么特点？平面内的坡度与等高线关系如何？在标高投影中表示平面的方法有几种？

5. 地形图上的等高线有什么特性？地形断面图如何求作？

6. 怎样求作平面与平面、平面与曲面、平面与地形面、曲面与地形面的交线？

第六章 轴 测 图

【学习目标与能力要求】

多面正投影图能够完整而准确地表达出形体各个向度的形状和大小，而且作图方便，因此在工程制图中被广泛采用，但缺乏立体感，要有一定的投影知识才能看懂。轴测投影直观性较强，一般人都能看懂。但它属于单面投影图，有时对形体的表达不够全面，且绘制复杂形体的轴测投影图也较麻烦，因而轴测投影图在应用上有一定的局限性，工程上常用来作为辅助图样。在给水排水和暖通等专业图中，常用轴测投影图表达各种管道的空间位置及其相互关系。

通过本章的学习，了解轴测投影图的形成和投影特点以及投影图的分类；掌握轴间角及轴伸缩系数等概念；掌握正等测、正二测、正面斜等测和正面斜二测、水平斜等测和水平斜二测的有关概念以及这些轴测图的绘制方法；掌握常用曲面立体轴测投影图的绘制方法。

多面正投影图能够完整而准确地表达出形体各个向度的形状和大小，而且作图方便，因此在工程制图中被广泛采用。但在图 6-1a 所示的三面正投影图中，每个投影图只能反映形体长、宽、高三个向度中的两个，缺乏立体感，要有一定的投影知识才能看懂。看图时需运用正投影原理，对照几个投影，想象出形体的形状。当形体复杂时，其正投影就较难看懂。为了帮助看图，工程上有时采用轴测投影图(简称轴测图)，如图 6-1b 所示，它能在一个投影面上同时反映形体长、宽、高三个向度的形状，因此具有较好的立体感。

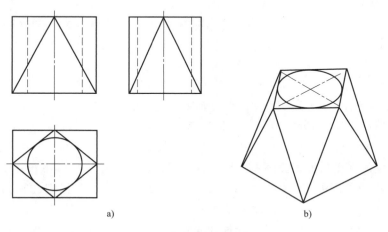

a)   b)

图 6-1　多面正投影图与轴测投影图

轴测投影图直观性较强，一般人都能看懂。但它属于单面投影图，有时对形体的表达不够全面，且绘制复杂形体的轴测投影图也较麻烦，因而轴测投影图在应用上有一定的局限性，工程上常用来作为辅助图样。在给水排水和暖通等专业图中，常用轴测投影图表达各种管道的空间位置及其相互关系。

第一节　轴测投影的基本知识

一、轴测投影图的形成

轴测投影属于平行投影的一种，它是用一组平行投射线按某一特定方向（一般沿不平行于任一坐标面的方向），将空间形体的主要三个面（正、侧、顶）和反映物体在长、宽、高三个方向的坐标轴（X、Y、Z）一起投射在选定的一个投影面上而形成的投影，如图 6-2 所示。这个投影面（P）称为轴测投影面。用轴测投影方法画成的图称为轴测投影图，简称轴测图。可见，轴测图是指用平行投影法将物体连同确定该物体的直角坐标系一起沿不平行于任一坐标平面的方向投射到一个投影面上，所得到的图形。

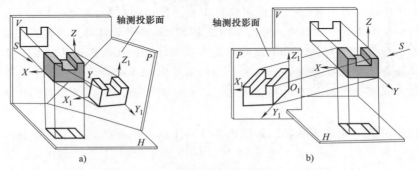

图 6-2　轴测投影图的形成

要得到轴测图，可有两种方法：

1）使物体的三个坐标面与轴测投影面处于倾斜位置，然后用正投影法向该投影面上投影，如图 6-2a 所示。

2）用斜投影的方法将物体的三个投影面上的形状在一个投影面上表示出来，如图 6-2b 所示。

二、轴间角及轴伸缩系数

1. 轴间角

如图 6-2 所示，表示空间物体长、宽、高三个方向的直角坐标轴 OX、OY、OZ，在轴测投影面上的投影 O_1X_1、O_1Y_1、O_1Z_1 称为轴测轴，相邻两轴测轴之间的夹角 $\angle X_1O_1Z_1$、$\angle Z_1O_1Y_1$、$\angle Y_1O_1X_1$ 称为轴间角，三个轴间角之和为 $360°$。

2. 轴伸缩系数

我们知道一条直线与投影面倾斜，该直线的投影必然缩短。在轴测投影中空间物体的三个（或一个）坐标轴与投影面倾斜，其投影都比原来的长度短。我们把在轴测图中平行于轴测轴 O_1X_1、O_1Y_1、O_1Z_1 的线段，与对应的空间物体上平行于坐标轴 OX、OY、OZ 的线段的长度之比，即物体上线段的投影长度与其实长之比，称为轴伸缩系数（或称轴变形系数）。轴伸缩系数分别用 p、q、r 来表示，即

$$p = \frac{O_1X_1}{OX} \quad q = \frac{O_1Y_1}{OY} \quad r = \frac{O_1Z_1}{OZ}$$

三、轴测投影的特点

轴测投影仍是平行投影，所以它具有平行投影的一切属性。

1）空间平行的两条直线在轴测投影中仍然平行，所以凡与坐标轴平行的直线，其轴测投影必然平行于相应的轴测轴。

2）空间与坐标轴平行的直线，其轴测投影具有与该相应轴测轴相同的轴伸缩系数。与坐标轴不平行的直线，其轴测投影具有不同的伸缩系数，求这种直线的轴测投影，应该根据直线端点的坐标，分别求得其轴测投影，再连接成直线。

四、轴测投影图的分类

轴测投影可按投影方向与轴测投影面之间的关系，分为正轴测投影和斜轴测投影两类。

（1）正轴测投影　当轴测投影的投射方向 S 与轴测投影面 P 垂直时所形成的轴测投影称为"正轴测投影"，如图 6-2a 所示。

（2）斜轴测投影　当轴测投影的投影方向 S 与轴测投影面 P 倾斜时所形成的轴测投影称为"斜轴测投影"，如图 6-2b 所示。

在每一种轴测图里，根据轴伸缩系数的不同，以上两类轴测图又可以分为三种：

（1）正（斜）等测　　$p=q=r$；

（2）正（斜）二测　　$p=q\neq r$ 或 $p=r\neq q$ 或 $q=r\neq p$；

（3）正（斜）三测　　$p\neq q\neq r$。

《房屋建筑制图统一标准》（GB/T 50001—2017）推荐房屋建筑的轴测图，宜采用正等测投影并用简化轴伸缩系数绘制。

第二节　正轴测投影图

一、正等测图

（一）轴间角和轴伸缩系数

由正等测图的概念可知，其三个轴的轴伸缩系数都相等，即 $p=q=r$，所以在图 6-3 中的三个轴与轴测投影面的倾角也应相等，即 $\alpha=\beta=\gamma$。根据这些条件不难证明 $\triangle AO_1B\cong\triangle BO_1C\cong\triangle CO_1A$，再用解析法可以证明他们的轴向伸缩系数 $p=q=r\approx0.82$。

正等测图三个轴间角 $\angle X_1O_1Z_1=\angle Z_1O_1Y_1=\angle Y_1O_1X_1=120°$。在画图时，通常将 O_1Z_1 轴画成竖直位置，O_1X_1 轴和 O_1Y_1 轴与水平线的夹角都是 $30°$，因此可直接用丁字尺和三角板作图，如图 6-4a 所示。

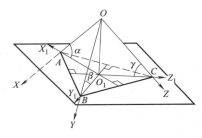

图 6-3　正等测图的轴间角及
轴伸缩系数

在画物体的轴测投影图时，常根据物体上各点的直角坐标，乘以相应的轴伸缩系数，得到轴测坐标值后，才能进行画图。因而画图前需要进行繁琐的计算工作。当用 $p=q=r=0.82$ 的轴伸缩系数绘制物体的轴测图时，需将每一个轴向尺寸都乘以 0.82，这样画出的轴测图为理论的正等测轴测图，如图 6-4b 所示。

为了简化作图，常将三个轴的轴伸缩系数取为 $p=q=r=1$，以此代替 0.82，把系数 1 称为简化轴伸缩系数。运用简化轴伸缩系数画出的轴测图与按准确轴伸缩系数画出的轴测投影图，形状无异，只是图形在各个轴向上放大了 $1/0.82\approx1.22$ 倍，如图 6-4c 所示。

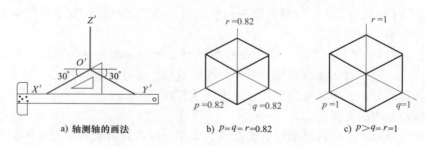

图 6-4　正等轴测投影

（二）轴测图的基本画法

画轴测图的基本方法是坐标法。但实际作图时，还应根据形体的形状特点不同而灵活采用其他作图方法，下面举例说明不同形状特点的平面立体轴测图的几种具体作法。

1. 坐标法

坐标法是根据形体表面上各顶点的空间坐标，画出它们的轴测投影，然后依次连接成形体表面的轮廓线，即得该形体的轴测图。

【例 6-1】　作出四坡顶房屋的正等测，如图 6-5a 所示。

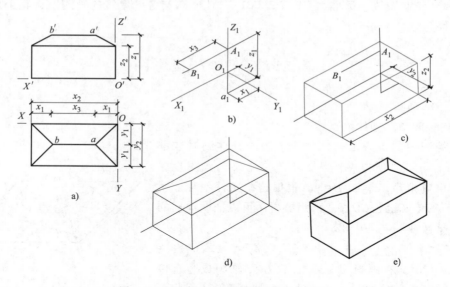

图 6-5　用坐标法画四坡顶房屋的正等测

解：（1）分析　首先要看懂三视图，想象出房屋的形状。由图 6-5a 可以看出，该房屋是由四棱柱和四坡屋面与屋檐平面所围成的平面立体构成。四棱柱的顶面与四坡屋面形成的平面立体的底面相重合。因此，可先画四棱柱，再画四坡屋顶。

（2）作图

1）在正投影图上确定坐标系，选取房屋背面右下角作为坐标系的原点 O，如图 6-5a 所示。

2）画正等轴测轴，如图 6-5b 所示。

3）根据 x_2、y_2、z_2 作出下部四棱柱的轴测图，如图 6-5c 所示。

4）作四坡屋面的屋脊线。根据 x_1、y_1 先求出 a_1，过 a_1 作 O_1Z_1 轴的平行线并向上量取

高度 z_1，则得屋脊线上右顶点 A 的轴测投影 A_1；过 A_1 作 O_1X_1 的平行线，从 A_1 开始在此线上向左量取 $A_1B_1 = x_3$，则得屋脊线的左顶点 B_1，如图 6-5b 所示。

5）由 A_1B_1 和四棱柱顶面 4 个顶点，作出 4 条斜脊线，如图 6-5d 所示。

6）擦去多余的作图线，加深可见图线即完成四坡顶房屋的正等测，如图 6-5e 所示。

2. 叠加法

叠加法是将叠加式或其他方式组合的组合体，通过形体分析，分解成几个基本形体，再依次按其相对位置逐个引出各个部分，最后完成组合体的轴测图。

【例 6-2】 作出独立基础的正等测，如图 6-6a 所示。

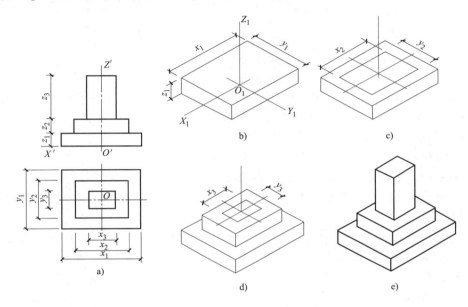

图 6-6 用叠加法画独立基础的正等测

解：（1）分析 该独立基础可以看作是由 3 个四棱柱上下叠加而成，画轴测图时，可以由下而上（或者由上而下），也可以取两基本形体的结合面作为坐标面，逐个画出每一个四棱柱体。

（2）作图

1）在正投影图上选择、确定坐标系，坐标原点选在基础底面的中心，如图 6-6a 所示。

2）画轴测轴。根据 x_1、y_1、z_1 作出底部四棱柱的轴测图，如图 6-6b 所示。

3）将坐标原点移至底部四棱柱上表面的中心位置，根据 x_2、y_2 作出中间四棱柱底面的四个顶点，并根据 z_2 向上作出中间四棱柱的轴测图，如图 6-6c 所示。

4）将坐标原点再移至中间四棱柱上表面的中心位置，根据 x_3、y_3 作出上部四棱柱底面的 4 个顶点，并根据 z_3 向上作出上部四棱柱的轴测图，如图 6-6d 所示。

5）擦去多余的作图线，加深可见图线即完成该基础的正等测，如图 6-6e 所示。

3. 切割法

切割法适合于画由基本形体经切割而得到的形体。它是以坐标法为基础，先画出基本形体的轴测投影，然后把应该去掉的部分切去，从而得到所需的轴测图。

【例 6-3】　如图 6-7 所示，用切割法绘制形体的正等测。

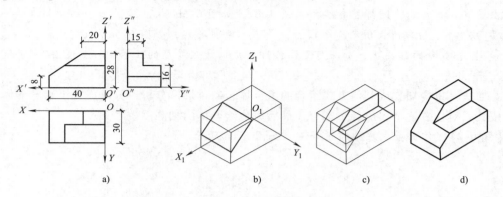

图 6-7　用切割法画轴测图

解：（1）分析　通过对图 6-7a 所示的物体进行形体分析，可以把该形体看作是由一长方体斜切左上角，再在前上方切去一个六面体而成。画图时可先画出完整的长方体，然后再切去一斜角和一个六面体。

（2）作图

1）确定坐标原点及坐标轴，如图 6-7a 所示。

2）画轴测轴，根据给出的尺寸作出长方体的轴测图，然后再根据 8 和 20 作出斜面的投影，如图 6-7b 所示。

3）沿 *Y* 轴量尺寸 15 作平行于 *XOZ* 面的平面，并由上往下切，沿 *Z* 轴量取尺寸 16 作 *XOY* 面的平行面，并由前往后切，两平面相交切去一角，如图 6-7c 所示。

4）擦去多余的图线，并加深图线，即得物体的正等轴测图，如图 6-7d 所示。

二、正二测图

当选定 $p = r = 2q$ 时所得的正轴测投影，称为正二等轴测投影，此时，*OZ* 轴为铅垂线，

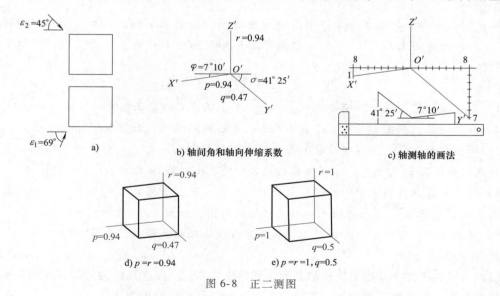

图 6-8　正二测图

OX 轴与水平线的夹角为 $7°10'$，OY 轴与水平线夹角为 $41°25'$，OX、OZ 轴轴伸缩系数均为 0.94，OY 轴轴伸缩系数为 0.47，为作图方便习惯上把 p 和 r 简化为 1，q 简化为 0.5，这样画出的图形略比实际大些，如图 6-8d、e 所示。

在实际作图时，无须用量角器来画轴间角，可用近似方法作图。即 OX 轴采用 1：8，OY 轴采用 7：8 的直角三角形，其斜边即为所求的轴测轴，如图 6-8b 所示。

正二测图的画法和正等测图画法相似，方法相同，轴测图形状不变，只是观察角度不同，如图 6-9 所示。

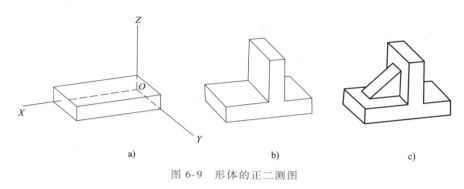

图 6-9　形体的正二测图

第三节　斜轴测投影图

当投射方向 S 倾斜于轴测投影面时所得的投影，称为斜轴测投影。以 V 面或 V 面平行面作为轴测投影面，所得的斜轴测投影，称为正面斜轴测投影。若以 H 面或 H 面平行面作为轴测投影面，则得水平斜轴测投影。画斜轴测图与画正轴测图一样，也要先确定轴间角、轴伸缩系数以及选择轴测类型和投射方向。

一、正面斜轴测

正面斜轴测是斜投影的一种，它具有斜投影的如下特性：

1）不管投射方向如何倾斜，平行于轴测投影面的平面图形，它的斜轴测投影反映实形。也就是说，正面斜轴测图中 O_1Z_1 和 O_1X_1 之间的轴间角是 90°，两者的轴伸缩系数都等于 1，即 $p=r=1$。这个特性，使得斜轴测图的作图较为方便，对具有较复杂的侧面形状或为圆形的形体，这个优点尤为显著。

2）相互平行的直线，其正面斜轴测图仍相互平行，平行于坐标轴的线段的正面斜轴测投影与线段实长之比，等于相应的轴伸缩系数。

3）垂直于投影面的直线，它的轴测投影方向和长度，将随着投影方向 S 的不同而变化。然而，正面斜轴测的轴测轴 O_1Y_1 的位置和轴伸缩系数 q 是各自独立的，没有固定的关系，可以任意选之。轴测轴 O_1Y_1 轴与 O_1Y_1 轴的夹角一般取 30°、45° 或 60°，常用 45°。

当轴伸缩系数 $p=q=r=1$ 时，称为正面斜等测；当轴伸缩系数 $p=r=1$、$q=0.5$ 时，称为正面斜二测。

如图 6-10a 所示，以 45° 画图时，轴间角 $\angle X_1O_1Y_1=135°$，图 6-10b 中，$\angle X_1O_1Y_1=45°$，这样画出的轴测图较为美观，是常用的一种斜轴测投影。

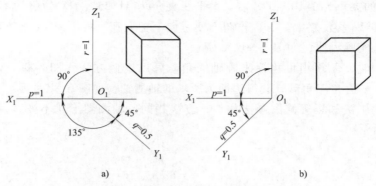

图 6-10 正面斜二测的轴间角和轴伸缩系数

【例 6-4】 作出图 6-11a 所示台阶的斜轴测。

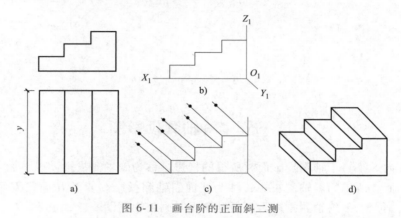

图 6-11 画台阶的正面斜二测

解：（1）分析　台阶的正面投影比较复杂且反映该形体的特性，因此，可利用正面投影作出它的斜二测图。如果选用轴间角 $\angle X_1O_1Y_1 = 45°$，这时踏面被踢面遮住而表示不清，所以选用 $\angle X_1O_1Y_1 = 135°$。

（2）作图

1）画轴测轴，并按台阶正投影图中的正面投影，作出台阶前端面的轴测投影，如图 6-11b 所示。

2）过台阶前端面的各顶点，作 O_1Y_1 轴的平行线，如图 6-11c 所示。

3）从前端各顶点开始在 O_1Y_1 轴的平行线上量取 $0.5y$，由此确定台阶的后端面而成图，如图 6-11d 所示。

【例 6-5】 作拱门的正面斜轴测图，如图 6-12 所示。

解：（1）分析　拱门由地台、门身及顶板三部分组成，作轴测图时必须注意各部分在 Y 方向的相对位置，如图 6-12a 所示。

（2）作图

1）画地台正面斜轴测图，并在地台面的左右对称线上向后量取 $\dfrac{\Delta y_1}{2}$，定出拱门前墙面位置线，如图 6-12b 所示。

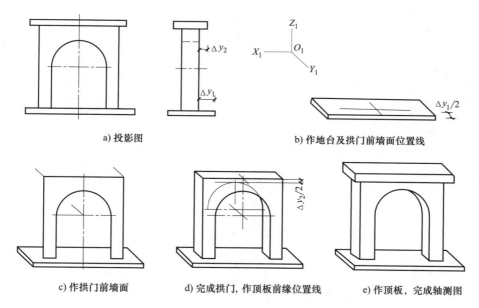

a) 投影图   b) 作地台及拱门前墙面位置线

c) 作拱门前墙面   d) 完成拱门, 作顶板前缘位置线   e) 作顶板, 完成轴测图

图 6-12　作拱门的正面斜二轴测图

2）按实形画出前墙面及 Y 方向线，如图 6-12c 所示。

3）完成拱门斜二轴测图。注意后墙面半圆拱的圆心位置及半圆拱的可见部分。再在前墙面顶线中点作 Y 轴方向线，向前量取 $\triangle y_2/2$，定出顶板底面前缘的位置线，如图 6-12d 所示。

4）画出顶板，完成轴测图，如图 6-12e 所示。

二、水平斜轴测

如果形体仍保持正投影的位置，而用倾斜于 H 面的轴测投影方向 S，向平行于 H 面的轴测投影面 P 进行投影，如图 6-13a 所示，则所得的斜轴测图称为水平斜轴测图。

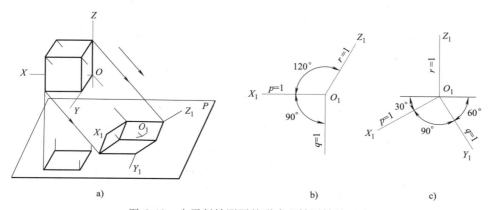

图 6-13　水平斜轴测图的形成和轴测轴的画法

显然，在水平斜轴测投影中，空间形体的坐标轴 OX 和 OY 平行于水平的轴测投影面，所以变形系数 $p=q=1$，轴间角 $X_1O_1Y_1=90°$。至于 O_1Z_1 轴与 O_1X_1 轴之间轴间角以及轴伸缩系数 r，同样可以单独任意选择，但习惯上取 $\angle X_1O_1Z_1=120°$，$r=1$，坐标轴 OZ 与轴测投

影面垂直，由于投影方向 S 是倾斜的，所以 O_1Z_1 则成了一条斜线，如图 6-13b 所示。画图时，习惯将 O_1Z_1 轴画成竖直位置，这样 O_1X_1 和 O_1Y_1 轴相应偏转一角度，通常 O_1X_1 轴和 O_1Y_1 轴分别对水平线成 30°和 60°，如图 6-13c 所示。

这种水平斜轴测图，常用于绘制一个区域建筑群的总平面图，如图6-14 所示。

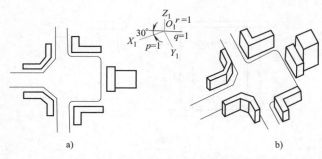

图 6-14　建筑群的水平斜等轴测图

第四节　曲面立体的轴测投影图

一、圆的正轴测图

在平行投影中，当圆所在平面平行于投影面时，它的投影还是圆。而当圆所在平面倾斜投影面时，它的投影就变成椭圆，如图 6-15 所示。

当画平行于坐标面的圆的正等测时，它的投影是一个椭圆，可用近似方法画出，如图 6-16 所示。

立方体三个面上圆的正等测图，作图方法也一样，现以平行于 H 面圆（图 6-16a）为例，说明作图方法如下：

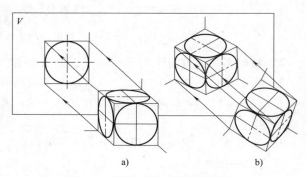

图 6-15　圆的正投影和正轴测投影

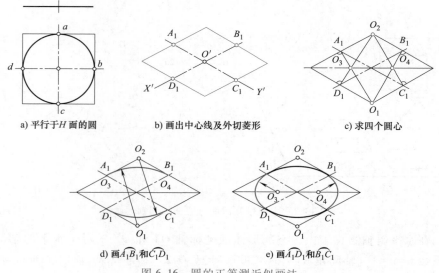

a) 平行于H面的圆　　　b) 画出中心线及外切菱形　　　c) 求四个圆心

d) 画$\widehat{A_1B_1}$和$\widehat{C_1D_1}$　　　e) 画$\widehat{A_1D_1}$和$\widehat{B_1C_1}$

图 6-16　圆的正等测近似画法

1）过圆心沿轴测轴方向 $O'X'$ 和 $O'Y'$ 作中心线，截取半径长度，得椭圆上四个点 B_1、D_1 和 A_1、C_1，然后画出外切正方形的轴测投影（菱形），如图 6-16b 所示。

2）菱形短对角线端点为 O_1、O_2。连 O_1A_1、O_1B_1，它们分别垂直于菱形的相应边，并交菱形的长对角线于 O_3O_4，得四个圆心 O_1、O_2、O_3、O_4，如图 6-16c 所示。

3）以 O_1 为圆心，O_1A_1 为半径作圆弧 $\overset{\frown}{A_1B_1}$，又以 O_2 为圆心，作另一圆弧 $\overset{\frown}{C_1D_1}$，如图 6-16d 所示。

4）以 O_3 为圆心，O_3A_1 为半径作圆弧 $\overset{\frown}{A_1D_1}$，又以 O_4 为圆心，作另一圆弧 $\overset{\frown}{B_1C_1}$。所得近似椭圆，即为所求，如图 6-16e 所示。

图 6-17 是平行于三个投影面的椭圆的正轴测投影情况。

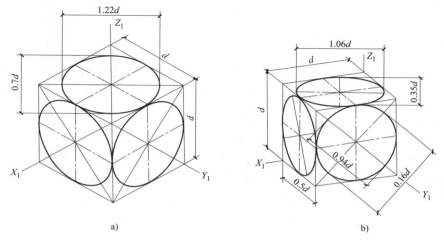

图 6-17 平行于投影面的椭圆的正轴测投影

二、曲面体的正轴测图

掌握了坐标平面上圆的正等测画法，就不难画出各种轴线垂直于坐标平面的圆柱、圆锥及其组合体的轴测图。

【例 6-6】 作出图 6-18a 所示圆木榫的正等测。

解：（1）分析 该形体由圆柱体切割而成。可先画出切割前圆柱的轴测投影，然后根据切口宽度 b 和深度 h，画出槽口轴测投影。为作图方便和尽可能减少作图线，作图时选顶圆的圆心为坐标原点，连同槽口底面在内该形体共有 3 个位置的水平面，在画轴测图时要注意定出它们的正确位置。

（2）作图

1）在正投影图上确定坐标系，如图 6-18a 所示。

2）画轴测轴，用近似画法画出顶面椭圆。根据圆柱的高度尺寸 H 定出底面椭面的圆心位置 O_2。将各连接圆弧的圆心下移 H，圆弧与圆弧的切点也随之下移，然后作出底面近似椭圆的可见部分，如图 6-18b 所示。

3）作为上述两椭圆相切的圆柱面轴测投影的外形线。再由 h 定出槽口底面的中心，并按上述的移心方法画出槽口椭圆的可见部分，如图 6-18c 所示。作图时注意这一段椭圆由两段圆弧组成。

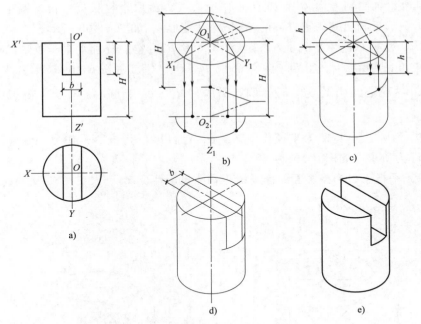

图 6-18　画圆木榫的正等测

4）根据宽度 b 画出槽口，如图 6-18d 所示。切割后的槽口如图 6-18e 所示。

5）整理加深，即完成圆木榫的正等测。

【例 6-7】　作出带圆角矩形板的正等测，如图 6-19a 所示。

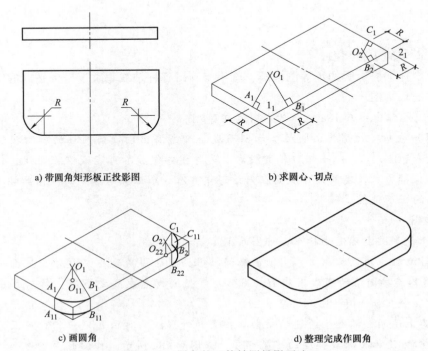

a) 带圆角矩形板正投影图　　　　　b) 求圆心、切点

c) 画圆角　　　　　　　　　d) 整理完成作圆角

图 6-19　圆角的正等轴测投影画法

解：

1）首先画出矩形板的正等测图。从正投影图中量得圆角的半径 R，并用 R 值、以 1_1 及 2_1 为基准点，在矩形板顶面棱线上定出 A_1、B_1、B_2、C_1 四点。过 A_1、B_1 作相应棱线的垂线，垂线交于点 O_1，然后以 O_1 为圆心，以 O_1A_1 为半径画出 $\overset{\frown}{A_1B_1}$ 段圆弧。过 B_2、C_1 作相应棱线的垂线，垂线交于点 O_2，再以 O_2 为圆心，以 O_2B_2 为半径画出 $\overset{\frown}{B_2C_1}$ 段圆弧，这样就画出了矩形顶板面圆角圆弧的轴测投影，如图 6-19b、c 所示。

2）用同样方法画出矩形板底面圆角的轴测投影圆弧。为了简化作图，可采用平移法，即分别将两圆弧的圆心 O_1、O_2 及圆弧切点 A_1、B_1、B_2、C_1 向下平移一段距离，该距离应等于矩形板的厚度。有了圆弧圆心、起始点和终止点，就可以方便地画出这两段圆弧，如图 6-19c 所示。

3）右边圆角的轴测投影有上下两段圆弧，这两段圆弧应该用一条公切线相连。最后将轮廓线加粗描黑，擦除多余不可见部分的图线，完成圆角轴测投影。图 6-19d 所示为带圆角矩形板的正等测图。

第五节　绘制房屋建筑轴测图有关规定

《房屋建筑制图统一标准》（GB/T 50001—2017）规定：房屋建筑的轴测图，宜采用正等测投影并用简化轴伸缩系数绘制。

绘制房屋建筑轴测图时，轴测图的可见轮廓线宜用 $0.5b$ 线宽中实线绘制，断面轮廓线宜用 $0.7b$ 粗实线绘制。不可见轮廓线不绘出，必要时，可用 $0.25b$ 细虚线绘出所需部分。

轴测图的断面上应画出其材料图例线，图例线应按其断面所在坐标面的轴测方向绘制。如以 45° 斜线为材料图例线时，应按图 6-20 的规定绘制。

轴测图线性尺寸应标注在各自所在的坐标面内，尺寸线应与被注长度平行，尺寸界线应平行于相应的轴测轴，尺寸数字的方向应平行于尺寸线，如出现字头向下倾斜时，应将尺寸线断开，在尺寸线断开处水平方向注写尺寸数字。轴测图的尺寸起止符号宜用小圆点表示，如图 6-21 所示。

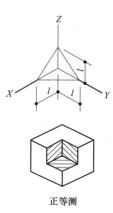

图 6-20　轴测图断面图
例线画法

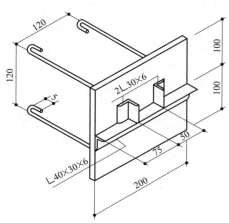

图 6-21　轴测图线性尺寸的标注方法

　　轴测图中的圆径尺寸，应标注在圆所在的坐标面内，尺寸线与尺寸界线应分别平行于各自的轴测轴。圆弧半径和小圆直径尺寸也可引出标注，但尺寸数字应注写在平行于轴测轴的引出线上，如图 6-22 所示。

　　轴测图的角度尺寸，应标注在该角所在的坐标面内，尺寸线应画成相应的椭圆弧或圆弧。尺寸数字应水平方向注写，如图 6-23 所示。

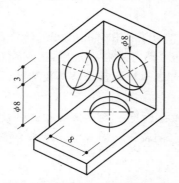

图 6-22　轴测图圆直径标注方法

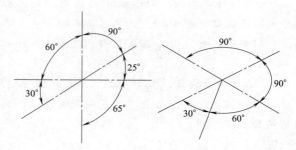

图 6-23　轴测图角度的标注方法

本 章 小 结

　　本章介绍了轴测投影的形成和分类，以及轴测投影的有关概念；着重介绍了正等测、正二测、正面斜轴测、水平斜轴测的图示方法和绘制技巧。同时介绍了圆及其他曲面立体正等测图的绘制方法。

思 考 题

1. 简述轴测投影的形成。
2. 什么是轴测投影面？什么是轴测轴、轴间角？
3. 什么是横向伸缩系数？横向伸缩系数如何表示？
4. 轴测图按投影方向分为哪几类？
5. 常用的轴测图有哪些？
6. 轴测图的基本性质有哪些？

第七章 建筑形体的表达方法

【学习目标与能力要求】

本章重点介绍了剖面图与断面图的种类、绘制方法和简化画法，进行剖面图与断面图的识读和绘制基本训练。通过学习，应该达到以下要求：

1. 了解形体的视图，了解剖面图和断面图的形成原理，掌握剖面图和断面图的种类和绘制方法。

2. 掌握剖面图与断面图的区别，能够识读剖面图与断面图。

3. 掌握简化画法的表达方式。

前面介绍的以正投影原理绘制三面投影图，是表达形体的基本方法。将物体按正投影法向投影面投射时所得到的投影称为视图（view）建筑工程制图中，通常把建筑形体或组合体的三面投影图称为三面视图（简称三视图）。在生产实践中，仅用三视图有时难以将复杂形体的外部形状和内部结构完整、清晰地表达出来。为了便于绘图和读图，需增加一些投影图，《房屋建筑制图统一标准》（GB/T 50001—2017）中规定了多种表达方法，如剖面图、断面图等，画图时可根据具体情况适当选用。

第一节　形体的视图

一、基本视图

在原有三个投影面 V、H、W 的对面，再增设三个分别与它们平行的投影面 V_1、H_1、W_1，形成一个像正六面体的六个投影面，如图 7-1 所示，这六个投影面称为基本投影面。

房屋建筑的视图应按正投影法并用第一角画法绘制。投影时将形体放置在基本投影面之中，按观察者→形体→投影面的关系，从形体的前、后、左、右、上、下六个方向，向六个投影面进行投射（图 7-2a），分别得到如下视图：

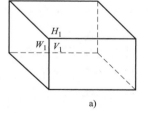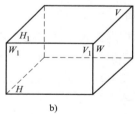

图 7-1　基本投影面的形成

正立面图——从前向后（即 A 向）作投影所得的视图；

平面图——从上向下（即 B 向）作投影所得的视图；

左侧立面图——从左向右（即 C 向）作投影所得的视图；

右侧立面图——从右向左（即 D 向）作投影所得的视图；

底面图——从下向上（即 E 向）作投影所得的视图；

背立面图——从后向前（即 F 向）作投影所得的视图。

以上六个视图称为基本视图。当在同一张图纸上绘制若干个视图时，各视图的位置宜按图 7-2b 的顺序进行布置。每个视图均应标注图名。各视图图名的命名，主要应包括平面图、立面图、剖面图或断面图、详图。同一种视图多个图的图名前加编号以示区分。平面图以楼层进行编号，如地下二层平面图、地下一层平面图、首层平面图、二层平面图等。立面图以该图两端头的轴线号编号来命名，剖面图或断面图以剖切号编号来命名，详图以索引号编号来命名。图名宜标注在视图的下方或一侧，并在图名下用粗实线绘一条横线，其长度应以图名所占长度为准，如图 7-2b 所示。使用详图符号作图名时，符号下不再画线。

工程上有时也称以上六个基本视图为主视图、俯视图、左视图、右视图、仰视图和后视图。画图时，根据实际情况，选用其中必要的几个基本视图。

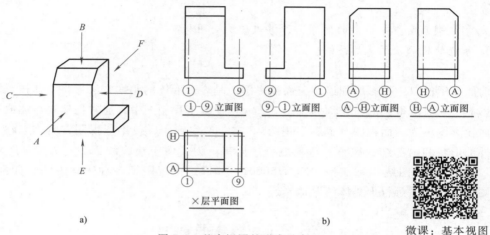

图 7-2　基本视图的形成及布置

二、辅助视图

1. 局部视图

图 7-3 所示的形体，有了正立面图和平面图，物体形状的大部分已表达清楚，这时可不画出整个物体的侧立面图，只需画出没有表示清楚的那一部分。这种只将形体某一部分向基本投影面投影所得的视图称为局部视图。

画局部视图时，一般要用带有英文大写字母的箭头指明投射部位和投射方向，并在相应的局部视图下方注上同样的大写字母，如 "A" "B" 作为图名。

局部视图的边界线以波浪线或折断线表示，如图 7-3 中的 A 向视图；当所表示的局部结构形状完整，且轮廓线成封闭时，波浪线可省略，如图 7-3 中的 B 向视图。

在建筑施工图中，分区绘制的建筑平面图属于局部视图，为便于读图，标准规定这种分区绘制的建筑平面图应绘制组合示意图，指出该区在建筑平面图中的位置，如图 7-4 所示，各分区视图的分区部位及编号均应一致，并应与组合示意图一致。

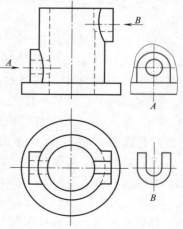

图 7-3　局部视图的画法

2. 镜像视图

当某些建筑构造（如板、梁、柱）在采用直接正投影法绘制不易表达清楚时，可用镜像投影法绘制。

如图 7-5a 所示，把一镜面放在形体的下面，代替水平投影面，在镜面中得到形体的垂直映像，这样的投影即为镜像投影，由镜像投影所得到的视图称为 "平面图（镜像）"。

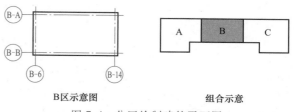

B区示意图　　　　　　　组合示意

图 7-4　分区绘制建筑平面图

镜像投影所得的视图应在图名后注写 "镜像" 二字，如图 7-5b 所示；或按图 7-5c方式画出镜像投影识别符号。

镜像视图与通常投影法绘制的平面图是不一样的，读者可自行比较。在建筑装饰施工图中，常用镜像视图来表示室内顶棚的装修、灯具或古建筑中殿堂室内房顶上藻井（图案花纹）等构造。

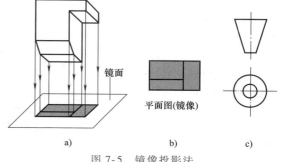

a)　　　　　　　b)　　　　　　　c)

图 7-5　镜像投影法

3. 旋转视图

假想把形体的倾斜部分旋转到与某一选定的基本投影面平行后，再向该投影面作投影而得到的视图称为旋转视图。

建（构）筑物的某些部分，有时与投影面不平行，如圆形、折线形、曲线形等，在画立面图时，可将该部分转至与投影面平行，再以正投影法绘制，并在图名后注写 "展开" 二字。

如图 7-6a 所示的房屋模型，中间为回转体圆柱和半圆球的组合体，两翼为长方体。在画立面图时，要想使左翼平行于正立投影面，右翼就倾斜于正立投影面，其投影就不能反映实形。若让右翼平行于正立投影面，左翼同样不能满足要求。为了能使画出的立面图同时反映两翼的实形，可假想左翼平行于正立投影面不动，将右翼绕中间回转体的回转轴旋转，旋转到平行于正立投影面的位置，如图 7-6b 所示。再用直接正投影法绘制，所得到的正立面图就反映两翼立面的实形。

三、第三角画法简介

如图 7-7 所示，互相垂直的 *V*、*H*、*W* 三个投影面向空间延伸后，将空间划分成八个部分，每一部分称为一个 "分角"，共计八个分角。在 *V* 面之前 *H* 面之上 *W* 面之左的空间为第一分角；在 *V* 面之后 *H* 面之上 *W* 面之左的空间为第二分角；在 *V* 面之后 *H* 面之下 *W* 面之左的空间为第三分角；其余以此类推。通常把形体放在第一分角进行正投影，所得的投影图称为第一角投影。国家制图标准规定，我国的工程图样均采用第一角画法。但欧美一些国家以及日本等则采用第三角画法，即将形体放置在第三分角进行正投影。随着我国加入 WTO，国际间技术合作与交流将不断增加，有必要对第三角画法作简单介绍。

如图 7-8a 所示，将形体放在第三分角内进行投影，这时投影面处于观察者和形体之间，假定投影面是透明的，投影过程为观察者→投影面→形体。就好像隔着玻璃看东西一样。展开第三角投影图时，*V* 面不动，*H* 面向上旋转 90°，*W* 面向前旋转 90°，视图的配置如图7-8b 所示。

第一角和第三角投影都采用正投影法，所以它们有共性，即投影的 "三等" 对应关系

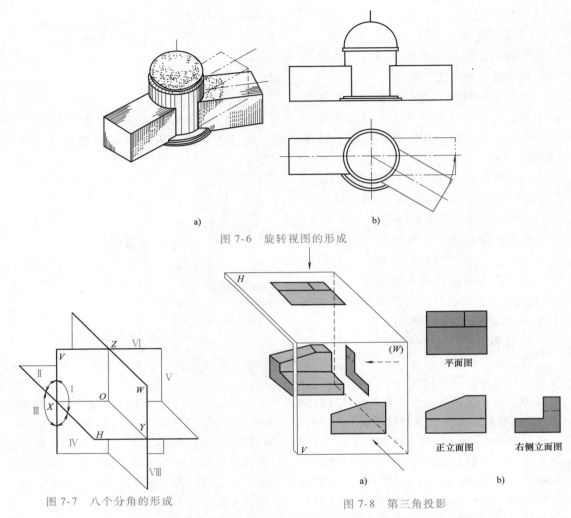

图 7-6　旋转视图的形成

图 7-7　八个分角的形成

图 7-8　第三角投影

平面图

正立面图

右侧立面图

a)

b)

对两者都完全适用。第三角画法在读图时，注意平面图与右侧立面图轮廓线的内边（靠近投影轴的边）代表形体的前面，轮廓线的外边（远离投影轴的边）代表形体的后面，与第一角投影正好相反，如图 7-8b 所示。

　　国际标准 ISO 规定，在表达形体结构时，第一分角和第三分角投影法同等有效。我国一般不采用第三角画法，只有在涉外工程中，才允许使用第三角画法。采用第三角画法时，必须在图纸上画出如图 7-9b 所示的识别符号，以避免引起误解，这是国际标准中规定的统一符号。

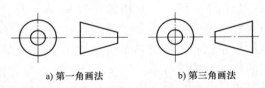

a) 第一角画法　　　　　b) 第三角画法

图 7-9　第一角和第三角画法的识别符号

第二节　剖　面　图

　　在绘制形体的投影图时，可见的轮廓线用实线表示，不可见的轮廓线则用虚线表示。当一个形体的内部结构比较复杂时，如一幢楼房，内部有各种房间、楼梯、门窗等许多构配件，如果都用虚线表示这些从外部看不见的部分，必然造成形体视图图面上实线和虚线纵横交错，混淆不清，因而给画图、读图和标注尺寸均带来不便，也容易产生差错，无法清楚表达房屋的内部构造。对这一问题，常选用剖面图来加以解决。

一、剖面图的形成与标注

1. 剖面图的形成

微课：剖
面图

假想用一个剖切平面在形体的适当部位剖切开，移走观察者与剖切平面之间的部分，将剩余部分投射到与剖切平面平行的投影面上，所得的投影图称为剖面图。

图 7-10 所示为一钢筋混凝土杯形基础的投影图，由于这个基础有安装柱子用的杯口，因而它的正立面图和侧立面图中都有虚线，使图不清晰。假想用一个通过基础前后对称面的正平面 P 将基础切开，移走剖切平面 P 和观察者之间的部分，如图 7-11a 所示，将留下的后半个基础向 V 面作投影，所得投影即为基础剖面图，如图 7-11b 所示。显然，原来不可见的虚线，在剖面图上已变成实线，为可见轮廓线。

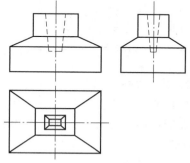

图 7-10　杯形基础投影图

剖切平面与形体表面的交线所围成的平面图形称为断面。从图 7-11b 可以看出，剖面图是由两部分组成的，一部分是断面图形（图 7-11b 中阴影部分），另一部分是沿投射方向未被切到但能看到部分的投影（图 7-11b 中杯口部分）。

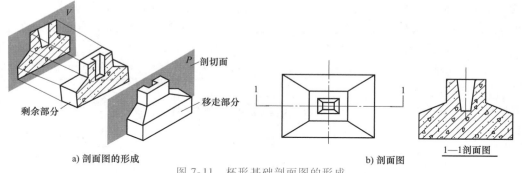

a) 剖面图的形成　　　　　　b) 剖面图

图 7-11　杯形基础剖面图的形成

形体被剖切后，剖切平面切到的实体部分，其材料被"暴露出来"。为了更好地区分实体与空心部分，制图标准规定，应在剖面图上的断面部分画出相应建筑材料的图例。常用建筑材料图例见表 7-1。

表 7-1　常用建筑材料图例

名　称	图　例	备　注	名　称	图　例	备　注
自然土壤			砂砾石、碎砖三合土		
夯实土壤			石材		
砂、灰土		靠近轮廓线绘较密的点	毛石		

（续）

名　称	图　例	备　注	名　称	图　例	备　注
普通砖		断面较小、可涂红	泡沫塑料材料		
饰面砖			金属		图形小时可涂黑
混凝土		断面较小，不易画出图例线时，可涂黑	玻璃		
钢筋混凝土			防水材料		比例大时采用上面图例
木材		上为横断面下为纵断面	粉刷		本图例采用较稀的点

2. 剖面图的标注⊖

用剖面图配合其他投影图表达形体时，为了便于读图，要将剖面图中的剖切位置和投射方向在图样中加以说明，这就是剖面图的标注。制图标准规定，剖面图的标注是由剖切符号和编号组成的。

（1）剖切符号　剖切符号应由剖切位置线和投射方向线组成，均应以粗实线绘制。

1）剖切位置线就是剖切平面的积聚投影，它表示了剖切面的剖切位置，剖切位置线用两段粗实线绘制，长度为 6~10mm。

2）投射方向线（又叫剖视方向线）是画在剖切位置线外端且与剖切位置线垂直的两段粗实线，它表示了形体剖切后剩余部分的投射方向，其长度应短于剖切位置线，宜为 4~6mm。也可采用国际统一和常用的剖视方法，如图 7-12b 所示。

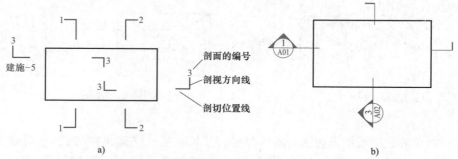

图 7-12　剖面的剖切符号

绘图时，剖切符号不应与图面上的其他图线相接触。

（2）剖切符号的编号　对于一些复杂的形体，可能要同时剖切几次才能了解其内部结构，为了区分清楚，对每一次剖切要进行编号。标准规定剖切符号的编号宜采用粗阿拉伯数字按顺序由左至右、由下至上连续编排，并应注写在剖视方向线的端部，如图 7-12a 所示。然后在相应剖面图的下方写上剖切符号的编号，作为剖面图的图名，如 1—1 剖面图、2—2

⊖ GB/T 50001—2017 将剖切符号相关内容修改为：宜优先选择国际通用方法表示，也可采用常用方法（即本书所述方法）表示。考虑目前实际情况，本书采用"常用方法"讲述。

剖面图等，并在图名下方画上与之等长的粗实线，如图 7-11b 所示。

（3）剖切转折　需要转折的剖切位置线，应在转角的外侧加注与该符号相同的编号，如图 7-12 中的 3—3 所示。

（4）剖面图与被剖切图样不在同一张图纸内　此时可在剖切位置线的另一侧注明其所在图纸的编号，如图 7-12 中的"建施-5"所示，也可以在图纸上集中说明。局部剖面图（不含首层）的剖切符号应注在包含剖切部位的最下面一层的平面图上。

（5）对下列剖面图可以不标注剖切符号　剖切平面通过形体对称面所绘制的剖面图；通过门、窗洞口位置水平剖切房屋所绘制的建筑平面图。

3. 剖面图的画法

以图 7-13 为例，说明剖面图的画法，其步骤如下：

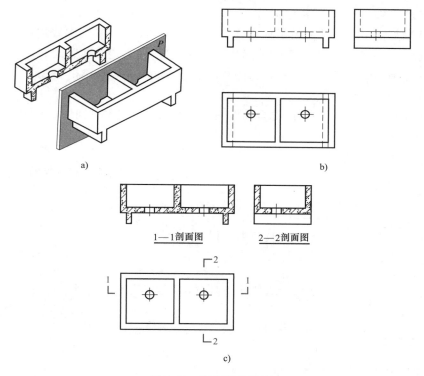

图 7-13　剖面图的画法

1）确定剖切平面的位置。为了更好地反映出形体的内部形状和结构，所取的剖切平面应是投影面平行面，以便使断面的投影反映实形；剖切平面应尽量通过形体的孔、槽等结构的轴线或对称面，使得它们由不可见变为可见，并表达得完整、清楚。如图 7-13a 所示，取过水池底板上圆孔轴线的正平面为剖切平面。

2）画剖面剖切符号并进行标注。剖切平面的位置确定以后，应在投影图上的相应位置画上剖切符号并进行编号，如图 7-13c 中的投影图所示。这样做既便于读者读图，同时又为下一步作图打下了基础。

3）画断面和剖开后剩余部分的轮廓线。按剖切平面的剖切位置，假想移去形体在剖切平面和观察者之间的部分（如图 7-13a 所示，移去剖切平面 P 前面的部分形体），根据剩余的部分形体作出投影。

对照图 7-13c 中的 1—1 剖面图和图 7-13b 中的 V 面投影图，可以看出水池在同一投影面上的投影图和剖面图既有共同点，又有不同点。共同点是：外形轮廓线相同；不同点是：虚线在剖面图中变成实线。这就是依据投影图作相应剖面图的方法。

必须注意，按此法作图时，先要想象出形体的完整形象和剖切后剩余部分的形象，并且在作图过程中不断将所绘制的剖面图与形体进行对照，才能画出正确的剖面图。

4）填绘建筑材料图例。在断面轮廓线内填绘建筑材料图例，当建筑物的材料不明时，可用同向、等距的 45°细实线来表示。

5）标注剖面图名称。

4. 应注意的问题

1）剖切是假想的，形体并没有真的被切开和移去了一部分。因此，除了剖面图外，其他视图仍应按原先未剖切时完整地画出。

2）在绘制剖面图时，被剖切平面切到的部分（即断面），其轮廓线用粗实线绘制，剖切面没有切到但沿投射方向可以看到的部分（即剩余部分），用中实线绘制。

3）剖面图中不画虚线，但没有表达清楚的部分，必要时也可画出虚线。

二、剖面图的种类

根据不同的剖切方式，剖面图有全剖面图、半剖面图、局部剖面图、阶梯剖面图、旋转剖面图和展开剖面图。

1. 全剖面图

假想用一个剖切平面将形体全部"切开"后所得到的剖面图称为全剖面图，如图 7-14b 所示。

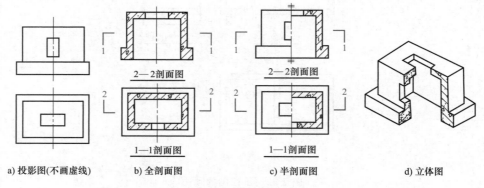

a) 投影图(不画虚线)　　b) 全剖面图　　c) 半剖面图　　d) 立体图

图 7-14　全剖面图和半剖面图

全剖面图一般用于不对称或者虽然对称但外形简单、内部比较复杂的形体。

2. 半剖面图

当形体具有对称平面时，在垂直于对称平面的投影面上的投影，以对称线为分界，一半画剖面，另一半画视图，这种组合的图形称为半剖面图。

图 7-14 所示的形体，若用投影图表示，其内部结构不清楚（图 7-14a）；若用全剖面图表示，则上部和前方的长方形孔都没有表达清楚（图 7-14b）；将投影图和全剖面图各取一半合成半剖面图，则形体的内部结构和外部形状都能完整、清晰地表达出来（图 7-14c）。

半剖面图适用于表达内外结构形状对称的形体。在绘制半剖面图时应注意以下几点：

1）半剖面图中视图与剖面应以对称线（细单点长画线）为分界线，也可以用对称符号作为分界线，而不能画成实线。

2）由于剖切前视图是对称的，剖切后在半个剖面图中已清楚地表达了内部结构形状，所以在另外半个视图中虚线一般不再出现。

3）习惯上，当对称线竖直时，将半个剖面图画在对称线的右边；当对称线水平时，将半个剖面图画在对称线的下边。

4）半剖面的标注与全剖面的标注相同。

3. 阶梯剖面图

当用一个剖切平面不能将形体上需要表达的内部结构都剖切到时，可用两个或两个以上相互平行的剖切平面剖开物体，所得到的剖面图称为阶梯剖面图。

如图 7-15 所示，该形体上有两个前后位置不同、形状各异的孔洞，两孔的轴线不在同一正平面内，因而难以用一个剖切平面（即全剖面图）同时通过两个孔洞轴线。为此应采用两个互相平行的平面 P_1 和 P_2 作为剖切平面，P_1、P_2 分别过圆柱形孔和方形孔的轴线，并将物体完全剖开，其剩余部分的正面投影就是阶梯剖面图。

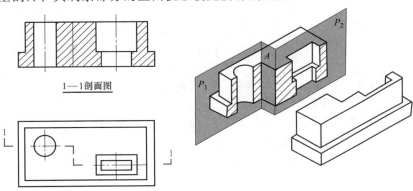

图 7-15　形体的阶梯剖面图

阶梯剖面图的标注与前两种剖面图略有不同。阶梯剖面图的标注要求在剖切平面的起止和转折处均应进行标注，画出剖切符号，并标注相同数字（或字母），如图 7-12 所示。当剖切位置明显，又不致引起误解时，转折处允许省略标注数字（或字母），如图 7-15 所示。

在绘制和阅读阶梯剖面图时还应注意：

1）为反映形体上各内部结构的实形，阶梯剖面图中的几个平行剖切平面必须平行于某一基本投影面。

2）由于剖切平面是假想的，所以在阶梯剖面图上，剖切平面的转折处不能画出分界线，如图 7-15 中的 1—1 剖面，其带"×"的图线的画法就是错误的。

4. 局部剖面图

用一个剖切平面将形体的局部剖开后所得到的剖面图称为局部剖面图。如图 7-16所示为一钢筋混凝土杯形基础，为了表示其内部钢筋的配置情况，平面图采用

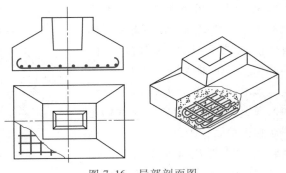

图 7-16　局部剖面图

了局部剖面，局部剖切的部分画出了杯形基础的内部结构和断面材料图例，其余部分仍画外形视图。

局部剖面图只是形体整个投影图中的一部分，其剖切范围用波浪线表示，是外形视图和剖面的分界线。波浪线不能与轮廓线重合，也不应超出视图的轮廓线，波浪线在视图孔洞处要断开。

局部剖面图一般不再进行标注，它适合于用来表达形体的局部内部结构。

分层剖切的剖面图，应按层次以波浪线将各层隔开。在建筑工程和装饰工程中，为了表示楼面、屋面、墙面及地面等的构造和所用材料，常用分层剖切的方法画出各构造层次的剖面图，称为分层局部剖面图。如图 7-17 所示，分层局部剖面图表示了地面的构造与各层所用材料及做法。

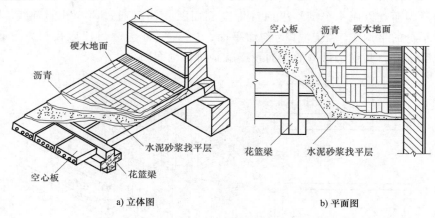

图 7-17　楼层地面分层局部剖面图

5. 旋转剖面图

用两个相交的剖切平面（交线垂直于基本投影面）剖开物体，把两个平面剖切得到的图形，旋转到与投影面平行的位置，然后再进行投射，这样得到的剖面图称为旋转剖面图。

在绘制旋转剖面图时，常选其中一个剖切平面平行于投影面，另一个剖切平面必定与这个投影面倾斜，将倾斜于投影面的剖切平面整体绕剖切平面的交线（投影面垂直线）旋转到平行于投影面的位置，然后再向该投影面作投影。如图 7-18 所示的检查井，其两个水管的轴线是斜交的，为了表示检查井和两个水管的内部结构，采用了相交于检查井轴线的正平面和铅垂面作为剖切面，沿两个水管的轴线把检查井切开，如图 7-18b 所示；再将左边铅垂剖切平

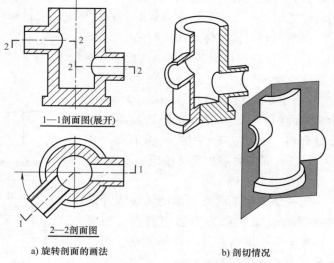

a) 旋转剖面的画法　　　　b) 剖切情况

图 7-18　检查井的旋转剖面图

面剖到的图形（断面及其相联系的部分），绕检查井铅垂轴线旋转到正平面位置，并与右侧用正平面剖切得到的图形一起向 V 面投射，便得到 1—1 旋转剖面图。

2—2 剖面图是通过检查井上、下水管轴线作两个水平剖切平面而得到的阶梯剖面图。

旋转剖面图的标注与阶梯剖面图相同。旋转剖面图应在图名后加注"展开"字样。

绘制旋转剖面图时也应注意：在断面上不应画出两相交剖切平面的交线。

三、剖面图的绘制与识读

【例 7-1】 如图 7-19 所示，根据台阶的三视图，绘制其剖面图。

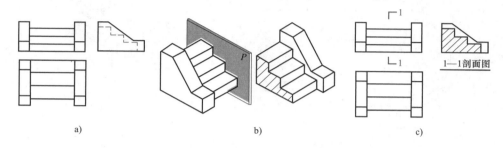

图 7-19 台阶的全剖面图

解：（1）作图分析 分析图 7-19a 可知，台阶外形简单，但其左视图不对称，故可将左视图改画成全剖面图。即假想取一侧平面 P 为剖切平面，将台阶切开，移走左半部分，剩余部分向 W 面作投影。由于台阶上无孔、洞、槽等，所以剖切平面 P 的位置容易确定，只需在两边墙体之间即可，如图 7-19b 所示。

（2）作图步骤

1）根据分析确定剖切平面 P 的位置，并在台阶正立面图上进行标注，如图 7-19c 所示。

2）根据投影规律，作出右半部台阶的剖面投影。

3）填绘断面材料图例。

4）注写图名，如图 7-19c 所示。

对照图 7-19a 中的侧立面图和图 7-19c 中的 1—1 剖面图，不难看出两者有许多相同之处，读者可根据前面所学知识，自己总结由形体视图改画成剖面图的一般方法。

【例 7-2】 如图 7-20a 所示，根据所给投影图，判断该形体的空间形状。

解： 在图 7-20a 中，从投影图摆放的位置可以得知，上部投影图为正立面图，下部投影图为平面图，在正立面投影上画出了该形体的半剖面图，该形体使用的材料为钢筋混凝土。投影图上也标注了完整的尺寸。

用形体分析法可看出：该形体由三大部分组成，即长圆形基础底板、侧面为锥面的倒长圆台形壳体、中间的四棱柱及楔形杯口三部分。由每一部分的形状、大小及它们的组合关系，可以想象出该形体的整个立体形状如图 7-20b 所示，为一倒长圆形薄壳基础，其大小可由图中所给尺寸来确定。

【例 7-3】 如图 7-21 所示，根据所给投影图，判断其空间形状。

解： 根据 1—1 剖面的标注情况以及摆放位置，可知 1—1 剖面为水平投影，并画成了半剖面图，因而该形体前后对称，对称面的积聚投影就是细单点长画线所在的位置。同理，可知 2—2 剖面为正立面投影，并画成了全剖面图。形体使用的材料为钢筋混凝土，在两面投

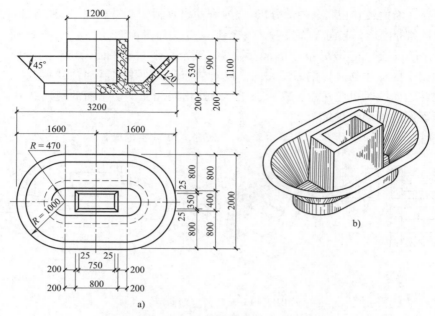

图 7-20　倒长圆形薄壳基础的识读

影上标注了完整的尺寸。

结合 1—1、2—2 剖面，利用形体分析法，可想象出该形体的整个形状是一长方形箱体。

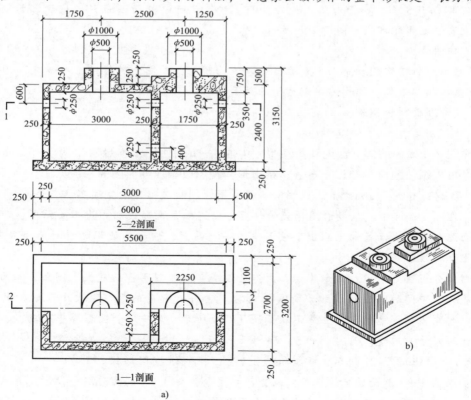

图 7-21　化粪池投影图的识读

箱体下部是底板，它比箱体大一圈；箱体内有一隔板，把箱体分成两个空间，隔板上有一些圆孔；箱体上部是顶盖，顶盖上有两个圆孔和肋板。这是一个化粪池的空间形状，其具体形状、大小和组合关系，可自行阅读。化粪池整个空间形状如图 7-21b 所示。

第三节　断　面　图

一、断面图的形成

假想用剖切平面将形体切开，仅画出剖切平面与形体接触部分即截断面的形状，所得到的图形称为断面图，简称断面，如图 7-22d 所示。

断面图是用来表达形体上某处断面形状的，它与剖面图的区别在于：

1）断面图只画出剖切平面切到部分的图形，如图 7-22d 所示；而剖面图除应画出断面图形外，还应画出剩余部分的投影，如图 7-22c 所示。即剖面图是"体"的投影，断面图只是"面"的投影。

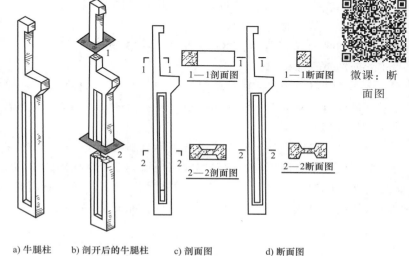

微课：断面图

a) 牛腿柱　　b) 剖开后的牛腿柱　　c) 剖面图　　d) 断面图

图 7-22　断面图与剖面图的区别

2）剖面图可采用多个平行剖切平面，绘制成阶梯剖面图；而断面图则不能，它只反映单一剖切平面的断面特征。

3）剖面图用来表达形体内部形状和结构；而断面图则常用来表达形体中某断面的形状和结构。

二、断面图的标注

（1）剖切符号　断面图的剖切符号，仅用剖切位置线表示。剖切位置线绘制成两段粗实线，长度宜为 6~10mm。

（2）剖切符号的编号　断面的剖切符号要进行编号，用阿拉伯数字或拉丁字母按顺序编排，注写在剖切位置线的同一侧，编号所在的一侧为该断面的剖视方向，如图 7-22d 视图中的 1—1 断面图、2—2 断面图。

三、断面图的种类

根据断面图在视图上的位置不同，将断面图分为移出断面、重合断面图和中断断面图。

1. 移出断面图

绘制在视图轮廓线外面的断面图称为移出断面。如图 7-22d 所示为钢筋混凝土牛腿柱的正立面图和移出断面图。

移出断面图的轮廓线用粗实线绘制，断面上要绘出材料图例，材料不明时可用 45°斜线绘出。

移出断面图一般应标注剖切位置、投射方向和断面名称，如图 7-22d 所示的 1—1 断面图、2—2 断面图。

移出断面可画在剖切平面的延长线上或其他任何适当位置。当断面图形对称，则只需用细单点长画线表示剖切位置，不需进行其他标注，如图 7-23a 所示。如断面图画在剖切平面的延长线上时，可不标注断面名称，如图 7-23b 所示。

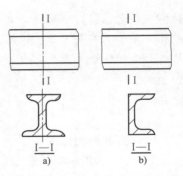

图 7-23　工字钢、槽钢的
移出断面

2. 重合断面图

绘制在视图轮廓线内的断面图称为重合断面图。如图 7-24 所示为一角钢的重合断面。它是假想用一个垂直于角钢轴线的剖切平面切开角钢，然后把断面向右旋转 90°，使它与正立面图重合后画出来的。

图 7-24b 所示为屋面结构的梁、板断面重合在结构平面图上的情况。它是用侧平的剖切面剖开屋面得到断面图，经旋转后重合在平面图上。因梁、板断面图形较窄，不易画出材料图例，故以涂黑表示。

由于剖切平面剖切到哪里，重合断面就画在哪里，因而重合断面不需标注剖切符号和编号。为了避免重合断面与视图轮廓线相混淆，如果断面图的轮廓线是封闭的线框，重合断面的轮廓线用细实线绘制，并画出相应的材料图例；当重合断面的轮廓线与视图的轮廓线重合时，视图的轮廓线仍完整画出，不应断开，如图 7-24 所示。

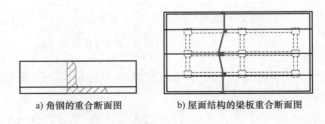

　　a) 角钢的重合断面图　　　　　b) 屋面结构的梁板重合断面图

图 7-24　重合断面图

如果断面图的轮廓线不是封闭的线框，重合断面的轮廓线比视图的轮廓线还要粗，并在断面图的范围内，沿轮廓线边缘加画 45° 细实线，如图 7-25 所示。

3. 中断断面图

绘制在视图轮廓线中断处的断面图称为中断断面图。这种断面图适合于表达等截面的长向构件，图 7-26 所示为槽钢的断面图。

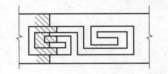

图 7-25　墙壁上装饰的重合断面图

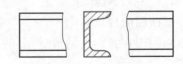

图 7-26　中断断面图

中断断面的轮廓线及图例等与移出断面的画法相同，因此中断断面图可视为移出断面图，只是位置不同。另外，中断断面图不需要标注剖切符号和编号。

四、断面图的识读

如图 7-27 所示为一钢筋混凝土空腹鱼腹式吊车梁。该梁通过完整的正立面图和六个移出断面图，清楚地表达了梁的构造形状。图中没有给出梁的配筋图。利用形体分析法，从正立面图出发，结合相对应的断面图，想象出每一部分的形状，最后将各部分联系起来，想象出吊车梁的空间形状，如图 7-27b 所示。

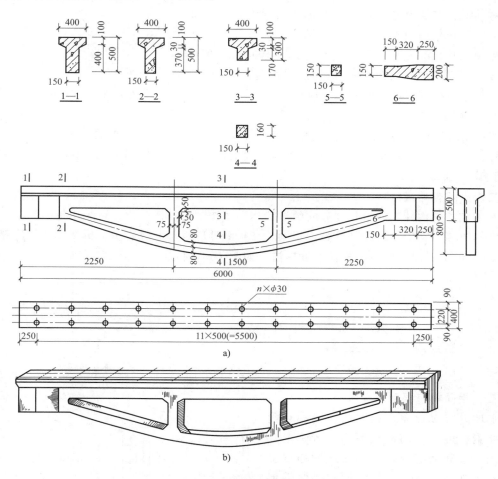

图 7-27　空腹鱼腹式吊车梁移出断面图的识读

在吊车梁的平面图上，表示出梁顶面上螺孔位置、直径。这种图示方法在钢结构等构件图中应用较多。

第四节　投影图的简化画法

在不影响生产和表达形体完整性的前提下，为了节省绘图时间，提高工作效率，《房屋建筑制图统一标准》（GB/T 50001—2017）规定了一些将投影图适当简化的处理方法，称为简化画法，现介绍如下。

一、对称图形的画法

1. 用对称符号

当视图对称时，可以只画一半视图（对称图形，只有一条对称线，如图 7-28a 所示）或 1/4 视图（双向对称的图形，有两条对称线，如图 7-28b 所示），但必须画出对称线，并加上对称符号。对称线用细单点长画线表示，对称符号用两条垂直于对称轴线、平行等长的细实线绘制，其长度为6~10mm，间距为 2~3mm，画在对称轴线两端，且平行线在对称线两侧长度相等，对称轴线两端的平行线到投影图的距离也应相等。

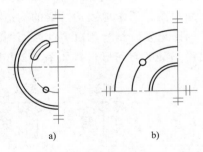

图 7-28　画出对称符号

2. 不用对称符号

当视图对称时，图形也可画成稍超出其对称线，即略大于对称图形的一半，此时可不画对称符号，如图 7-29 所示。这种表示方法必须画出对称线，并在折断处画出折断线或波浪线（适用于连续介质）。

二、折断省略画法

对于较长的构件，如沿长度方向的形状相同或按一定规律变化，可采用折断画法，即只画构件的两端，将中间折断部分省去不画。在折断处应以折断线表示，折断线两端应超出图形线 2~3mm，其尺寸应按原构件长度标注，如图 7-30 所示。

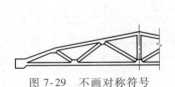

图 7-29　不画对称符号

图 7-30　折断省略画法

三、相同构造要素的画法

形体内有多个完全相同而连续排列的构造要素，可仅在两端或适当位置画出其完整图形，其余部分以中心线或中心线交点表示，如图 7-31a、b、c 所示。如果形体中相同构造要素只在某一些中心线交点上出现，则在相应的中心线交点处用小圆点表示，如图 7-31d 所示。

四、同一构件的分段画法

同一构配件，如绘制位置不够，可分段绘制，再以连接符号表示相连。连接符号应以折断线表示连接的部位，并以折断线两端靠图样一侧的大写拉丁字母表示连接编号。两个被连接的图样，必须用相同的字母编号，如图 7-32 所示。

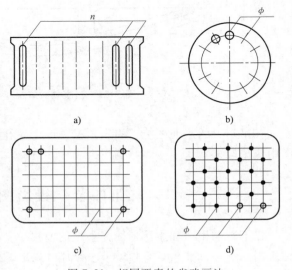

图 7-31　相同要素的省略画法

五、构件局部不同的画法

一个构配件如与另一构配件仅部分不
相同，该构配件可只画不同部分，但应在两个构配件的相同部位与不同部位的分界线处，分别绘制连接符号，两个连接符号应对准在同一位置上，如图 7-33 所示。

图 7-32　同一构件的分段画法　　　　　图 7-33　构件局部不相同时的简化画法

本 章 小 结

在工程实践中，仅用三视图有时难以将复杂形体的外部形状和内部结构完整、清晰地表达出来。为了便于绘图和读图，需增加一些投影图，为此，建筑制图标准规定了多种表达方法，如剖面图、断面图等，画图时可根据具体情况适当选用。

基本视图是建筑形体最基本的表达方式，包括六个投影图，即正立面图、背立面图、平面图、底面图、左侧立面图和右侧立面图。辅助视图主要有局部视图、斜视图、展开视图和镜像视图。

剖面图和断面图是建筑施工图中主要表达建筑形体内部形状的图样。剖面图主要表达建筑形体剩余部分的投影，断面图主要表达建筑形体剖切部分的投影。剖面图有全剖面图、半剖面图、阶梯剖面图和局部剖面图；断面图有移出断面图、重合断面图和中断断面图。剖面图和断面图应该在被剖切的断面上画出材料图例。

在工程图中，为了简化，有些特殊形体可以用一些更加简单的方法绘制。

思 考 题

1. 剖面图是怎样形成的？剖面图有哪些类型？剖面图如何标注？
2. 断面图是怎样形成的？断面图有哪些类型？断面图如何标注？
3. 剖面图与断面图有什么不同？
4. 有哪些简化画法？如何使用？

第八章　建筑施工图

【学习目标与能力要求】

本章是全书的重点，通过本章的学习，学生掌握建筑施工图的组成，以及它的形成、用途、图示方法、图示内容、有关规定，掌握建筑施工图的绘制方法和技巧，同时能识读建筑施工图。

第一节　房屋建筑工程图概述

工程图纸是根据投影原理或有关规定绘制在纸介质上的，通过线条、符号、文字说明及其他图形元素表示工程形状、大小、结构等特征的图形。将一幢拟建房屋的内外形状和大小，以及各部分的结构、构造、装修、设备等内容，按照"国标"的规定，用投影法详细准确地画出的图样，称为房屋建筑工程图，简称建筑工程图。它是用以指导施工的一套图纸，所以又称为房屋建筑施工图，简称房屋施工图。

房屋是供人们居住、生活以及从事各种生产活动的场所。

根据它们的使用性质不同，大致可分为：工业建筑（厂房、仓库），商业建筑和民用建筑三大类。

民用建筑又分为公共建筑（学校、医院、车站等）和居住建筑（住宅、宿舍）。

按建筑物的高度和层数不同，又可以分为单层、多层、高层和超高层建筑。

一、房屋的组成及其作用

虽然各类建筑的使用要求、空间造型、结构形式、外形处理以及规模的大小各不相同，但是构成房屋的主要部分大致是相同的，都是由基础，墙、柱、梁，楼地面，屋面，楼梯和门窗等六大基本部分组成，其次还有台阶、阳台、雨篷、女儿墙、天沟、散水等。各组成部分在房屋中起着不同的作用。

1. 基础

基础是房屋最下面的结构部分，它的作用是承受房屋的全部荷载，并将这些荷载传给地基。地基不是房屋的组成部分，它是承受建筑物上部荷载的土层。

2. 墙、柱、梁

墙和柱是建筑物的竖向承重构件，是建筑物的重要组成部分。墙体，同时又兼有围护、分隔保温、隔声、隔热等作用。梁承受的外力以横向力和剪力为主，是结构中的主要受弯构件。

3. 楼地面

楼面和地面是楼房中水平方向的承重构件，除承受荷载外，楼面在垂直方向上将房屋空间分隔成若干层。

4. 屋面

屋面是房屋顶部围护和承重的构件。它和外墙组成了房屋的外壳，起围护作用，抵御自然界中风、雨、雪、太阳辐射等条件的侵蚀。

根据屋面坡度不同，有平屋面和坡屋面之分。

5. 楼梯

楼梯是房屋上下楼层之间的垂直交通工具。供人们上下楼层和紧急疏散之用。

楼梯的形式有单跑式、双跑式、剪刀式、螺旋楼梯、弧形楼梯等多种形式。它由楼梯梯段、平台、栏杆和扶手三部分组成。

除楼梯外，电梯、自动扶梯、坡道等也是垂直交通工具。

6. 门窗

门主要用于室内外交通和疏散，也有分隔房间、通风等作用。窗主要用于采光、通风。门窗均安装在墙上，因此也和墙一样起着分隔和围护的作用。

门窗是非承重构件。

图 8-1 表明了房屋的各部分组成及位置。

二、房屋建筑工程图的产生与分类

1. 房屋建筑工程图的产生

微课：建筑工程图的定义和分类

建造一幢房屋需要经历设计和施工两个过程，设计时需要把想象的房屋用图形表达出来，这种图形统称为房屋建筑工程图，简称房屋建筑图。

设计工作是完成基本建设任务的重要环节。设计人员首先要认真学习有关基本建设的方针政策，了解工程任务的具体要求，进行调查研究，收集设计资料。一般房屋的设计过程包括两个阶段，即初步设计阶段和施工图设计阶段。对于大型的、比较复杂的工程，采用三个设计阶段，即在初步设计阶段之后增加一个技术设计阶段，来解决各工种之间的协调等技术问题。

初步设计阶段的任务是经过多方案的比较，确定设计的初步方案，画出简略的房屋设计图（也称初步设计图），用以表明房屋的平面布置、立面处理、结构形式等内容；施工图设计阶段是修改和完善初步设计，在已审定的初步设计方案的基础上，进一步解决实用和技术问题，统一各工种之间的矛盾，在满足施工要求及协调各专业之间关系后最终完成设计。

初步设计图和施工图在图示原理和方法上是一致的，它们仅在表达内容的深度上有所区别。初步设计图是设计过程中用来研究、审批的图样，因此比较简略；施工图是直接用来指导施工的图样，要求表达完整、尺寸齐全、统一无误。

2. 房屋建筑工程图的分类

房屋建筑工程图是指导施工的一套图样。它使用正投影的方法把所设计房屋的大小、外部形状、内部布置和室内外装修，各部结构、构造、设备等的做法，按照建筑制图国家标准规定，用建筑专业的习惯画法详尽、准确地表达出来，并注写尺寸和文字说明。

一套房屋工程图，根据其内容和作用不同，一般分为：

1）施工首页图（简称首页图）包括图样目录和设计总说明。

2）建筑施工图（简称建施）包括总平面图、平面图、立面图、剖面图和构造详图等。

3）结构施工图（简称结施）包括结构设计说明、结构布置平面图和各种结构构件的结构详图。

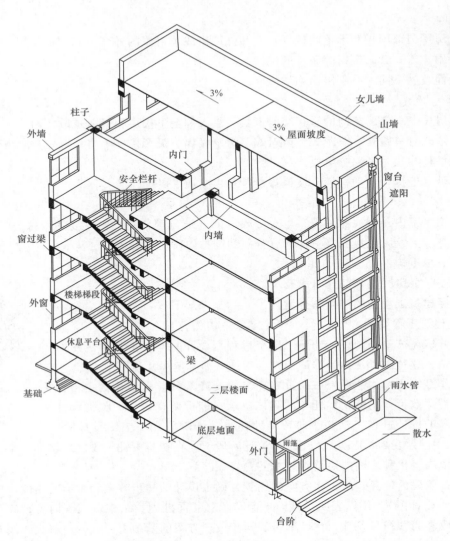

图 8-1　房屋的组成

4）设备施工图（简称设施）包括给水排水、采暖通风、电气设备的平面布置图、系统图和详图等。

5）装饰施工图：在大型工程中，装饰施工图一般另外设计，独立成套。

三、房屋建筑工程图的编排顺序

《房屋建筑制图统一标准》（GB/T 50001—2017）规定，工程图纸应按专业顺序编排。建筑工程在初步设计阶段有设计总说明，此时建筑工程图纸的编排顺序为图纸目录、设计总说明、总图、建筑图、结构图、给水排水图、暖通空调图、电气图等。而施工图设计阶段则没有"设计总说明"一项。

各专业的图纸，应按图纸内容的主次关系、逻辑关系进行分类排序。因而，专业图纸宜按专业设计说明、平面图、立面图、剖面图、大样图、详图、三维视图、清单、简图等的顺序编排。

四、房屋建筑工程图的有关规定

1. 定位轴线

定位轴线是用来确定建筑物主要结构及构件位置的尺寸基准线。凡承重构件如墙、柱、梁、屋架等位置都要画上定位轴线并进行编号，施工时以此作为定位的基准。定位轴线用单点长画线表示，端部画细实线圆，直径 8~10mm。定位轴线圆的圆心应在定位轴线的延长线上或延长线的折线上，圆内注明编号。

在建筑平面图上定位轴线的编号，宜标注在图样的下方或左侧，或在图样的四面标注。横向编号应用阿拉伯数字，从左至右顺序编写；竖向编号应用大写拉丁字母，从下至上顺序编写，如图 8-2 所示。大写拉丁字母中的 I、O、Z 三个字母不得用为轴线编号，以免与数字 1、0、2 混淆。

组合较复杂的平面图中定位轴线也可采用分区编号，如图 8-3 所示，编号的注写形式应为"分区号——该分区编号"。分区号采用阿拉伯数字或大写拉丁字母表示。

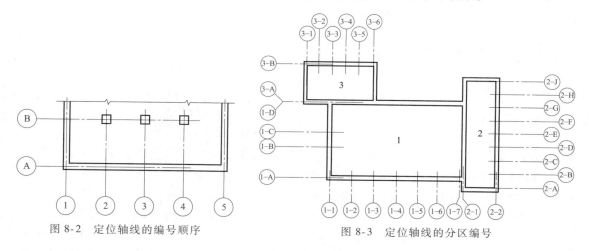

图 8-2　定位轴线的编号顺序　　　　　　图 8-3　定位轴线的分区编号

在两个定位轴线之间，如需附加定位轴线时，其编号可用分数表示，并应按下列规定编写：

1）两根轴线间的附加轴线，应以分母表示前一轴线的编号，分子表示附加轴线的编号，编号宜用阿拉伯数字顺序编写，如：

①/②表示 2 号轴线之后附加的第一根轴线；

③/C表示 C 号轴线之后附加的第 3 根轴线。

2）1 号轴线或 A 号轴线之前附加轴线的分母应以 01 或 0A 表示，如：

①/01表示 1 号轴线之前附加的第一根轴线；

③/0A表示 A 号轴线之前附加的第三根轴线。

一个详图使用几根轴线时，应同时注明各有关轴线的编号，如图 8-4 所示。通用详图中的定位轴线，应只画圆，不注写轴线编号。

2. 标高注法

标高是标注建筑物各部分高度的另一种尺寸形式，标高符号应以直角等腰三角形表示，其具体画法和标高数字的注写方法如图 8-5 所示。

1）个体建筑物图样上的标高符号，用细实线按图 8-5a 左图所示的形式绘制；如标注位置不够，可按图 8-5a 右图所示的形式绘制。图中 l 取标高数字的长度，h 视需要而定。

2）总平面图上的室外地坪标高符号，宜涂黑表示，具体画法如图 8-5b 所示。

3）标高数字应以米为单位，注写到小数点后第三位；在总平面图中，可注

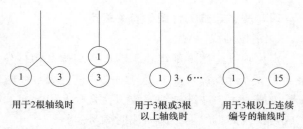

图 8-4　详图的轴线编号

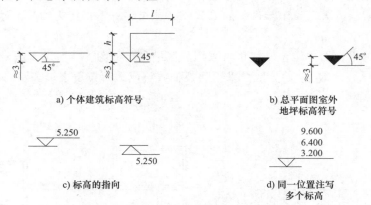

a) 个体建筑标高符号

b) 总平面图室外地坪标高符号

c) 标高的指向

d) 同一位置注写多个标高

图 8-5　标高符号及其注写方法

写到小数点后第二位。零点标高应注写成 ±0.000；正数标高不注写"＋"，负数标高应注写"－"，例如 3.000、－0.600。标高符号的尖端应指至被注高度的位置。尖端一般应向下，也可向上，如图 8-5c 所示。标高数字应注写在标高符号的左侧或右侧。

4）在图样的同一位置需表示几个不同标高时，标高数字可按图 8-5d 的形式注写。

标高有绝对标高和相对标高之分。在我国绝对标高是以青岛附近黄海平均海平面为零点，以此为基准的标高。相对标高一般是以新建建筑物底层室内主要地面为基准的标高。在施工总说明中，应说明相对标高和绝对标高之间的联系。

房屋的标高还有建筑标高和结构标高之区别。结构标高是指建筑物未经装修、粉刷前的标高；建筑标高是指建筑构件经装修、粉刷后最终完成面的标高，如图 8-6 所示。

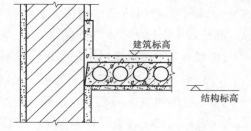

图 8-6　建筑标高和结构标高

3. 索引符号与详图符号

图样中的某一局部或构件，如需另见详图，应以索引符号索引，如图 8-7 所示。索引符号应用细实线绘制，它是由直径为 8~10mm 的圆和水平直径组成，如图 8-7a 所示。索引符号应按下列规定编写：

1）索引出的详图，如与被索引的图样同在一张图纸内，应在索引符号的上半圆中用阿拉伯数字注明该详图的编号，并在下半圆中间画一段水平细实线，如图 8-7b 所示。

2）索引出的详图，如与被索引的图样不在同一张图纸内，应在索引符号的上半圆中用阿拉伯数字注明该详图的编号，在索引符号的下半圆中用阿拉伯数字注明该详图所在图纸的编

号，如图 8-7c 所示。

3）索引出的详图，如采用标准图，应在索引符号水平直径的延长线上加注该标准图册的编号，如图 8-7d 表示第 5 号详图是在标准图册 J103 的第 4 页。

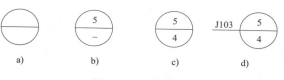

图 8-7　索引符号

4）索引符号如用于索引剖面详图，应在被剖切的部位绘制剖切位置线，并以引出线引出索引符号，引出线所在的一侧为投射方向，如图 8-8 所示。

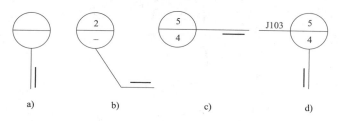

图 8-8　用于索引剖面详图的索引符号

详图的位置和编号，应以详图符号表示。详图符号为直径 14mm 的粗实线圆，详图应按下列规定编号：

1）详图与被索引的图样同在一张图纸内，应在详图符号内用阿拉伯数字注明详图的编号，如图 8-9a 所示。

2）详图与被索引的图样不在同一张图纸内，应用细实线在详图符号内画一水平直径，在上半圆中注明详图编号，在下半圆中注明被索引的图纸的编号，如图 8-9b 所示。

零件、钢筋、杆件、设备等的编号，以直径为 4~6mm（同一图样应保持一致）的细实线圆表示，其编号应用阿拉伯数字按顺序编写。

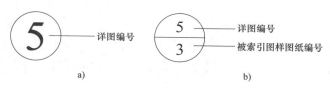

图 8-9　详图符号

4. 多层构造引出线

多层构造或多层管道共用引出线，应通过被引出的各层，并用圆点示意对应各层次，索引详图的引出线，应与水平直径线相连接，如图 8-10a 所示。文字说明注写在水平线的上方，或注写在水平线的端部，说明的顺序应由上至下，并应与被说明的层次相互一致，如图 8-10a 所示；如层次为横向顺序，则由上至下的说明顺序应与由左至右的层次顺序相互一致，如图 8-10b 所示。

5. 其他符号

（1）对称符号　由对称线和两端的两对平行线组成。对称线用细单点长画线绘制；平行线用细实线绘制，其长度为 6~10mm，每对的间距为 2~3mm；对称线垂直平分两对平行线，两端超出平行线宜为 2~3mm，如图 8-11a 所示。

（2）连接符号　用折断线表示需连接的部位。两部位相距较远时，折断线两端靠图样

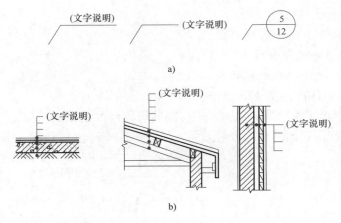

a)

b)

图 8-10 多层构造引出线

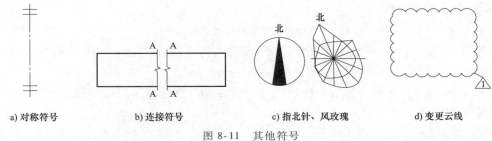

a) 对称符号   b) 连接符号   c) 指北针、风玫瑰   d) 变更云线

图 8-11 其他符号

一侧应标注大写拉丁字母表示连接编号。两个被连接的图样必须用同样的字母编号，如图 8-11b 所示。

（3）指北针和风玫瑰 指北针其形状如图 8-11c 所示，圆的直径为 24mm，用细实线绘制；指针尾部的宽度为 3mm，指针头部应注 "北" 或 "N" 字。需用较大直径绘制指北针时，指针尾部宽度宜为直径的 1/8。指北针与风玫瑰结合时宜采用互相垂直的线段，线段两端应超出风玫瑰轮廓线 2~3mm，垂点宜为风玫瑰中心，北向应注 "北" 或 "N" 字，组成风玫瑰所有线宽均宜为 0.5b。

（4）对图纸中局部变更部分宜采用云线，并宜注明修改版次，如图 8-11d 所示，图中的 "1" 为修改次数。

五、阅读房屋建筑工程图的方法

1. 阅读房屋建筑工程图应注意的问题

1）施工图是根据正投影原理绘制的，用图样表明房屋建筑的设计及构造作法。所以要看懂施工图，应掌握正投影原理和熟悉房屋建筑的基本构造。

微课：识读房屋工程图的基本方法

2）施工图采用了一些图例符号以及必要的文字说明，共同把设计内容表现在图样上。因此要看懂施工图，还必须记住常用的图例符号。

3）看图时要注意从粗到细，从大到小。先粗看一遍，了解工程的概貌，然后再仔细看。细看时应先看总说明和基本图样，然后再深入看构件图和详图。

4）一套施工图是由各工种的许多张图样组成的，各图样之间是互相配合紧密联系的。图样的绘制大体是按照施工过程中不同的工种、工序分成一定的层次和部位进行，因此要有联系地、综合地看图。

5）结合实际看图。根据实践、认识、再实践、再认识的规律，看图时联系生产实践，就能比较快地掌握图样的内容。

2. 标准图的阅读

在施工中有些构配件和构造作法，经常直接采用标准图集，因此阅读施工图前要查阅本工程所采用的标准图集。

（1）标准图集的分类　我国编制的标准图集，按其编制的单位和适用范围的情况大体可分为三类：

1）经国家批准的标准图集，供全国范围内使用。

2）经各省、市、自治区等地方批准的通用标准图集，供本地区使用。

3）各设计单位编制的标准图集，供本单位设计的工程使用。

全国通用的标准图集，通常采用"J×××"或"建×××"代号表示建筑标准配件类的图集，用"G×××"或"结×××"代号表示结构标准构件类的图集。

（2）标准图的查阅方法

1）根据施工图中注明的标准图集名称和编号及编制单位，查找相应的图集。

2）阅读标准图集时，应先阅读总说明，了解编制该标准图集的设计依据和使用范围、施工要求及注意事项等。

3）根据施工图中的详图索引编号查阅详图，核对有关尺寸及套用部位等要求，以防差错。

3. 阅读房屋建筑工程图的方法

阅读房屋建筑工程图的一般顺序为：

（1）先读首页图　包括图纸目录、设计总说明、门窗表以及经济技术指标等。

（2）读总平面图　包括地形地势特点、周围环境、坐标、道路等情况。

（3）读建筑施工图　从标题栏开始，依次读平面形状及尺寸和内部组成，建筑物的内部构造形式、分层情况及各部位连接情况等，了解立面造型、装修、标高等，了解细部构造、大小、材料、尺寸等。

（4）读结构施工图　从结构设计说明开始，包括结构设计的依据、材料标号及要求、施工要求、标准图选用等。读基础平面图，包括基础的平面布置及基础与墙、柱轴线的相对位置关系，以及基础的断面形状、大小、基底标高、基础材料及其他构造做法，还要读懂梁、板等的布置，以及构造配筋及屋面结构布置等，乃至梁、板、柱、基础、楼梯的构造做法。

（5）读设备施工图　包括管道平面布置图、管道系统图、设备安装图、工艺设备图等。读图时注意工种之间的联系，前后照应。

第二节　施工图首页

建筑施工图首页图是建筑施工图的第一张图样，主要内容包括图纸目录、设计说明、工程做法和门窗表。

一、图纸目录

图纸目录说明工程由哪几类专业图样组成，各专业图样的名称、张数和图纸顺序，以便查阅图样。表 8-1 为某住宅楼图纸目录。从表中可知，本套施工图共有 35 张图，其中，建筑施工图 12 张，结构施工图 6 张，给水排水施工图 5 张，采暖施工图 6 张，电器施工图 6 张。看图前应首先检查整套施工图与目录是否一致，防止缺页给识图和施工造成不必要的麻烦。

表 8-1　某住宅楼图纸目录

序号	图样的内容	图　别	备注	序号	图样的内容	图　别	备注
1	设计说明、门窗表、工程做法表	建施 1		19	给水排水设计说明	水施 1	
2	总平面图	建施 2		20	一层给水排水平面图	水施 2	
3	一层平面图	建施 3		21	楼层给水排水平面图	水施 3	
4	二～六层平面图	建施 4		22	给水系统图	水施 4	
5	地下室平面图	建施 5		23	排水系统图	水施 5	
6	屋顶平面图	建施 6		24	采暖设计说明	暖施 1	
7	南立面图	建施 7		25	一层采暖平面图	暖施 2	
8	北立面图	建施 8		26	楼层采暖平面图	暖施 3	
9	侧立面图、剖面图	建施 9		27	顶采暖平面图	暖施 4	
10	楼梯详图	建施 10		28	地下室采暖平面图	暖施 5	
11	外墙详图	建施 11		29	采暖系统图	暖施 6	
12	单元平面图	建施 12		30	一层照明平面图	电施 1	
13	结构设计说明	结施 1		31	楼层照明平面图	电施 2	
14	基础图	结施 2		32	供电系统图	电施 3	
15	楼层结构平面图	结施 3		33	一层弱电平面图	电施 4	
16	屋顶结构平面图	结施 4		34	楼层弱电平面图	电施 5	
17	楼梯结构图	结施 5		35	弱电系统图	电施 6	
18	雨篷配筋图	结施 6					

二、设计说明

设计说明是对图样中无法表达清楚的内容用文字加以详细的说明，其主要内容有：建设工程概况、建筑设计依据、所选用的标准图集的代号、建筑装修、构造的要求，以及设计人员对施工单位的要求。小型工程的总说明可以与相应的施工图说明放在一起。

下面是某单位住宅楼建筑设计说明。

1. 本工程为某单位职工宿舍楼，砖混结构，地上六层，地下一层，建筑面积为 3125.04m²。

2. 本工程耐火等级一级，耐久年限 50 年，体形系数 0.28。

3. 本工程抗震烈度为 7 度。

4. 本工程±0.000 相当于绝对标高 725.6m。

5. 门窗

1）除注明外，所有门窗均居墙中，预埋木砖防腐处理，预埋铁件做防锈处理。

2）塑钢门窗选自 98J4（一），木门选自 98J4（二），隔断及木质推拉门、防盗门、防火门由甲方订货。

3）窗台板采用水磨石窗台板，窗帘盒甲方订货。

6. 墙体

1）砖墙选自 98J3（一），轻质隔墙选自 98J3（七），加气混凝土砌块选自 98J3（四）。

2）钢筋混凝土过梁，洞口宽度小于 500mm 的墙体留洞采用加筋砖过梁。

7. 内装修

1）门窗洞口及室内墙体阳角抹 1：2 水泥砂浆护角，高度 1800mm，每侧宽度不小于 50mm。

2）厨房及卫生间设施未注明者均由甲方订货。

3）楼梯扶手采用 98J8-12-1，所有户外楼梯顶层水平段栏杆高 1050mm。

8. 外装修

1）瓷砖墙面采用 60mm×200mm 瓷砖，竖向粘贴。

2）变形缝做法：98J3（一）颜色同墙面。

3）雨篷做法：98J6-10。

4）地下室及一层外窗均设护窗栏杆，做法甲方自定。

9. 厨房、卫生间、阳台均低于楼面 20mm。

10. 遇同一墙面或楼面因基材不同或因预制、现浇混凝土板的装修做法不同，而使厚度不同时，其厚度应按较大值调整一致，以使面层平整。

11. 施工时各专业图样对照施工，注意各专业预埋件及开孔留洞，避免事后挖凿，以确保施工质量。

12. 若施工时发现各专业图样间有冲突时，请及时与设计单位联系，经协商确定后再行施工。

13. 本工程施工过程中，必需按照国家颁布的现行《建筑安装施工验收规范》及我省《建筑安装工程技术操作规程及有关补充》要求施工。

以上设计说明，第 1 条至第 4 条是介绍工程概况，第 5 条至第 9 条是装修、构造要求，第 10 条至 13 条是对施工单位的质量要求。

目前，随着生活水平的提高，建设部门提出了建筑节能设计要求，因此，设计说明中有时有节能设计说明。如本图中的节能设计说明：

1. 墙体采用多孔黏土砖，外墙均为 370mm 厚，内抹保温砂浆 30mm 厚。

2. 楼梯间内加抹保温砂浆 30mm 厚。

3. 地下室顶板做聚苯板保温层 65mm 厚，传热系数 0.63W/（m² · K）。

4. 屋面采用聚苯板保温层 80mm 厚，传热系数 0.58W/（m² · K）。

5. 外窗采用塑钢窗，根据具体情况北侧外窗除非采暖房间外，均采用单框双玻璃，空气层厚度 16mm，传热系数 0.37W/（m² · K）。

6. 施工过程中材料采用国家及相关部门认证产品，以达到工程的环保以及节能目的。

7. 阳台做保温处理，具体做法见详图设计。

8. 工程节能设计参照中华人民共和国行业标准《民用建筑节能设计标准（采暖居住部分）》（JGJ 26—1995）以及当地建委所颁布的《民用居住节能设计规程》。

三、工程做法表

工程做法表主要是对建筑各部位构造做法用表格的形式加以详细说明，见表 8-2。在表中对各施工部位的名称、做法等详细表达清楚，如采用标准图集中的做法，应注明所采用标准图集的代号、做法编号，如有改变，在备注中说明。

四、门窗表

门窗表是对建筑物上所有不同类型的门窗统计后列成的表格，以备施工、预算需要。表 8-3 为某住宅楼门窗表，在门窗表中应反映门窗的类型、大小、所选用的标准图集及其类型编号，如有特殊要求，应在备注中加以说明。

表 8-2　工程做法

编号	名　　称		施 工 部 位	做　　法	备　　注
1	外墙面	干粘石墙面	见立面图	98J1 外 10-A	内抹保温砂浆 30mm 厚
		瓷砖墙面	见立面图	98J1 外 22	
		涂料墙面	见立面图	98J1 外 14	
2	内墙面	乳胶漆墙面	用于砖墙	98J1 内 17	楼梯间墙面抹 30mm 厚保温砂浆
		乳胶漆墙面	用于加气混凝土墙	98J1 内 19	
		瓷砖墙面	仅用于厨房、卫生间阳台	98J1 内 43	规格及颜色由甲方定
3	踢脚	水泥砂浆踢脚	厨房及卫生间不做	98J1 踢 2	
4	地面	水泥砂浆地面	用于地下室	98J1 地 4-C	
5	楼面	水泥砂浆楼面	仅用于楼梯间	98J1 楼 1	
		铺地砖楼面	仅用于厨房及卫生间	98J1 楼 14	规格及颜色由甲方定
		铺地砖楼面	用于客厅、餐厅、卧室	98J1 楼 12	规格及颜色由甲方定
6	顶棚	乳胶漆顶棚	所有顶棚	98J1 棚 7	
7	油漆		用于木件	98J1 油 6	
			用于铁件	98J1 油 22	
8	散水			98J1 散 3-C	宽度 1000mm
9	台阶		用于楼梯入口处	98J1 台 2-C	
10	屋面			98J1 屋 13 （A.80）	

表 8-3　门窗表

类别	设计编号	洞口尺寸/mm		数量	采用标准图集及编号		备　　注
		宽	高		图集代号	编号	
门	M-1	900	2100		98J4（二）	1M37	
	M-2	1000	2100		甲方订货		甲级防火门
	M-3	900	2100		98J4（二）	1M37	
	M-4	1000	2100		·		防盗门

（续）

类别	设计编号	洞口尺寸/mm		数量	采用标准图集及编号		备注
		宽	高		图集代号	编号	
门	M-5	800	2100		98J4（二）	1M37 改	
	M-6	1500	2300			甲方订货	防盗门
	M-7	1200	2100		98J4（二）	1M47	
	M-8	1170	2130			甲方订货	乙级防火门
窗	C-1	1800	400		98J4（一）	60-1PC-62 改	
	C-2	2100	400		98J4（一）	60-1PC-72 改	
	C-3	900	400		98J4（一）	60-1PC-32 改	
	C-4	1800	1800		98J4（一）	80-1TC-66	
	C-5	2100	1800		98J4（一）	80-1TC-76	
	C-6					甲方订货	异形窗

第三节　建筑总平面图

一、总平面图的形成和用途

将新建工程四周一定范围内的新建、拟建、原有和拆除的建筑物、构筑物连同其周围的地形、地物状况用水平投影方法和相应的图例所画出的工程图样，即为总平面图，简称总图。总平面图主要是表示新建房屋的位置、朝向、与原有建筑物的关系，以及周围道路、绿化和给水、排水、供电条件等方面的情况。作为新建房屋施工定位、土方施工、设备管网平面布置，安排在施工时进入现场的材料和构件、配件堆放场地、构件预制的场地以及运输道路的依据。

二、总平面图的图示方法

总平面图是用正投影的原理绘制的，图形主要是以图例的形式表示，总平面图的图例采用《总图制图标准》（GB/T 50103—2010）规定的图例，表8-4给出了部分常用的总平面图图例符号，画图时应严格执行该图例符号，如图中采用的图例不是标准中的图例，应在总平面图下面说明。总平面图应反映建筑物在室外地坪上的墙基外包线，不应画屋顶平面投影图。

总平面图图线的宽度 b，应根据图样的复杂程度和比例，按《房屋建筑制图统一标准》（GB/T 50001—2017）中图线的有关规定选用。图线的线型应根据图纸功能，按现行国家标准《总图制图标准》（GB/T 50103—2010）的规定选用。

总图中的坐标、标高、距离以米为单位。坐标以小数点标注三位，不足以"0"补齐；标高、距离以小数点后两位数标注，不足以"0"补齐。详图可以毫米为单位。

总图应按上北下南方向绘制。根据场地形状或布局，可向左或右偏转，但不宜超过45°。坐标网格应以细实线表示。测量坐标网应画成交叉十字线，坐标代号宜用"X、Y"表示；建筑坐标网应画成网格通线，自设坐标代号宜用"A,B"表示。坐标值为负数时，应注"-"号，为正数时，"+"号可以省略。测量坐标与建筑坐标同时出现时，应在附注中注明两种坐标系统的换算公式。

  总图中标注的标高应为绝对标高，当标注相对标高，则应注明相对标高与绝对标高的换算关系。在一栋建筑物内宜标注一个±0.00绝对标高。

  总图上的建筑物、构筑物应注写名称，名称宜直接标注在图上。当图样比例小或图面无足够位置时，也可编号列表标注在图内。当图形过小时，可标注在图形外侧附近处。

表 8-4　总平面图图例（GB/T 50103—2010）

序号	名　称	图　例	说　明
1	新建建筑物	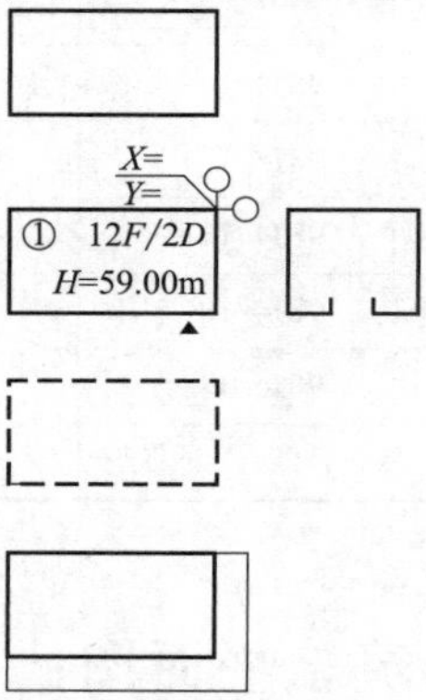 $X=$ $Y=$ ① 12F/2D H=59.00m	新建建筑物以粗实线表示与室外地坪相接处±0.00外墙定位轮廓线 建筑物一般以±0.00高度处的外墙定位轴线交叉点坐标定位。轴线用细实线表示，并标明轴线号 根据不同设计阶段标注建筑编号，地上、地下层数，建筑高度，建筑出入口位置（两种表示方法均可，但同一图纸采用一种表示方法） 地下建筑物以粗虚线表示其轮廓 建筑上部(±0.00以上)外挑建筑用细实线表示 建筑物上部连廊用细虚线表示并标注位置
2	原有建筑物	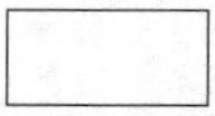	用细实线表示
3	计划扩建的预留地或建筑物		用中粗虚线表示
4	拆除的建筑物	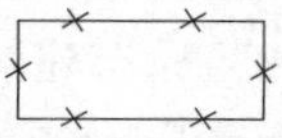	用细实线表示
5	建筑物下面的通道	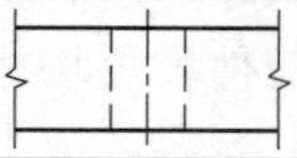	
6	围墙及大门	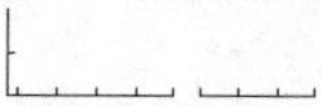	
7	挡土墙	 5.00 1.50	挡土墙根据不同设计阶段的需要标注 墙顶标高 墙底标高
8	挡土墙上设围墙		
9	台阶及无障碍坡道	1. 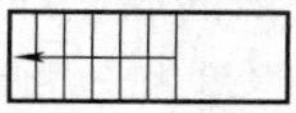 2. 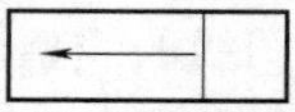	1. 表示台阶(级数仅为示意) 2. 表示无障碍坡道
10	坐标	1. 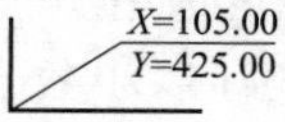 $X=105.00$ $Y=425.00$ 2. $A=105.00$ $B=425.00$ 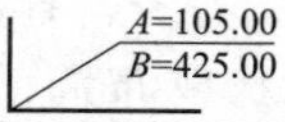	1. 表示地形测量坐标系 2. 表示自设坐标系 坐标数字平行于建筑标注
11	方格网交叉点标高	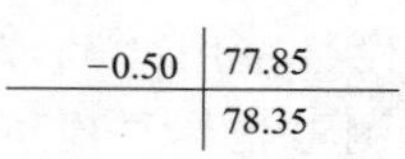 -0.50　77.85 78.35	"78.35"为原地面标高 "77.85"为设计标高 "-0.50"为施工高度 "-"表示挖方("+"表示填方)

（续）

序号	名　　称	图　　例	说　　明
12	填方区、挖方区、未整平区及零点线	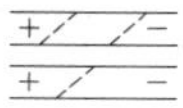	"+"表示填方区 "-"表示挖方区 中间为未整平区 点画线为零点线
13	填挖边坡	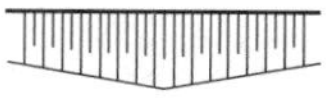	（注：填挖边坡取消备注，原护坡图例取消，边坡、护坡在图例上相同）
14	室内地坪标高	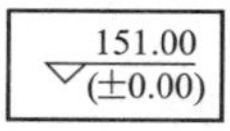 151.00 （±0.00）	数字平行于建筑物书写
15	室外地坪标高	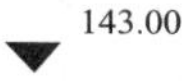 143.00	室外标高也可采用等高线
16	盲道		
17	地下车库入口	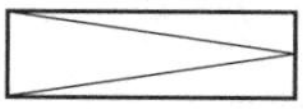	机动车停车场
18	地面露天停车场	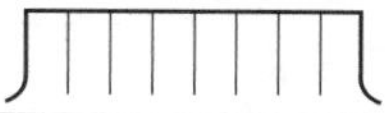	
19	露天机械停车场	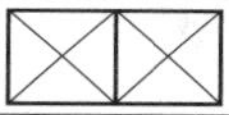	露天机械停车场
20	新建的道路	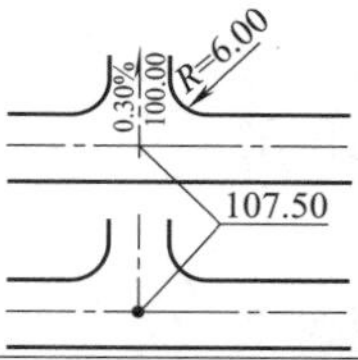 R=6.00 0.30% 100.00 107.50	"R=6.00"表示道路转弯半径；"107.50"为道路中心线交叉点设计标高，"·"及"+"两种表示方式均可，同一图纸采用一种方式表示；"100.00"为变坡点之间距离，"0.30%"表示道路坡度，→表示坡向
21	原有道路	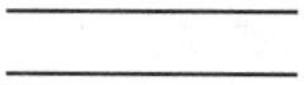	
22	计划扩建的道路		
23	拆除的道路	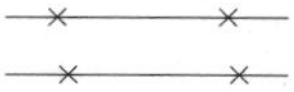	
24	人行道	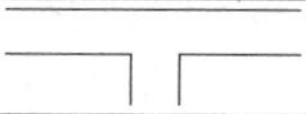	
25	桥梁	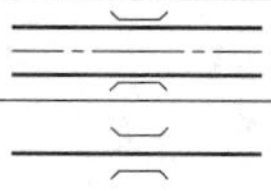	用于旱桥时应注明 上图为公路桥，下图为铁路桥
26	落叶针叶　乔木	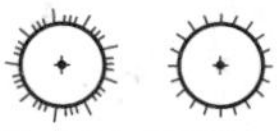	
27	常绿阔叶灌木		
28	草坪	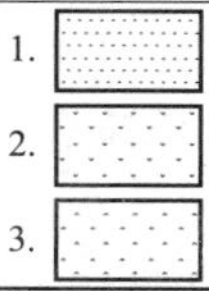 1. 2. 3.	1. 草坪 2. 表示自然草坪 3. 表示人工草坪

三、总平面图的图示内容

总平面图中一般应表示如下内容：

1）新建建筑物所处的地形。如地形变化较大，应画出相应的等高线。

2）新建建筑物的位置。表示建筑物、构筑物位置的坐标应根据设计不同阶段要求标注，当建筑物、构筑物与坐标轴线平行时，可注其对角坐标。与坐标轴线成角度或建筑平面复杂时，宜标注三个以上坐标，坐标宜标注在图纸上。根据工程具体情况，建筑物、构筑物也可用相对尺寸定位。

3）相邻原有建筑物、拆除建筑物的位置或范围。

4）附近的地形、地物等，如道路、河流、水沟、池塘、土坡等。应注明道路的起点、变坡、转折点、终点以及道路中心线的标高、坡向等。

5）指北针或风向玫瑰图。在总平面图中通常画有带指北针的风向玫瑰图（风玫瑰），用来表示该地区常年的风向频率和房屋的朝向，如图 8-12 所示。风玫瑰图是根据当地多年平均统计的各个方向吹风次数的百分数，按一定比例绘制的，风的吹向是指从外吹向中心。实线表示全年风向频率，虚线表示按 6、7、8 三个月统计的风向频率。明确风向有助于建筑构造的选用及材料的堆场，如有粉尘污染的材料应堆放在下风位。

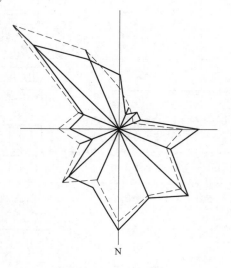

图 8-12　风向玫瑰图

6）绿化规划和管道布置。在图中应将建筑物建成后周围的规划图表示出来，并标明新建建筑周围的管道路线的位置，以便施工使用。因总平面图所反映的范围较大，常用的比例为 1∶500、1∶1000、1∶2000、1∶5000等。

四、建筑总平面图的识读

下面以某单位住宅楼总平面图为例说明总平面图的识读方法，如图 8-13 所示。

1）了解图名、比例。该施工图为总平面图，比例 1∶500。

2）了解工程性质、用地范围、地形地貌和周围环境情况。从图中可知，本次新建 3 栋住宅楼（粗实线表示），编号分别是 7、8、9，位于一住宅小区，建造层数都为 6 层。新建建筑东面是一小池塘，池塘上有一座小桥，过桥后有一六边形的小厅。新建建筑西面为俱乐部（已建建筑，细实线表示），一层，俱乐部中间有一天井。俱乐部后面是服务中心，服务中心和俱乐部之间有一花池，花池中心的坐标 $A = 1742$m，$B = 550$m。俱乐部西面是已建成的 6 栋 6 层住宅楼。新建建筑北面计划扩建一栋住宅楼（虚线表示）。

3）了解建筑的朝向和风向。本图右上方，是带指北针的风玫瑰图，表示该地区全年以东南风为主导风向。从图中可知，新建建筑的方向坐北朝南。

4）了解新建建筑的准确位置。图 8-13 中新建建筑采用建筑坐标定位方法，坐标网格 100m×100m，所有建筑对应的两个角全部用建筑坐标定位，从坐标可知原有建筑和新建建筑的长度和宽度。如服务中心的坐标分别是 $A = 1793$、$B = 520$ 和 $A = 1784$、$B = 580$，表示服务中心的长度为 （580-520）m=60m，宽度为 （1793-1784）m=9m。新建建筑中 7 号宿舍的坐标分别为 $A = 1661.20$、$B = 614.90$ 和 $A = 1646$、$B = 649.60$，表示本次新建建筑的长度为 （649.6-614.9）m=34.70m，宽度为 （1661.20-1646）m=15.2m。

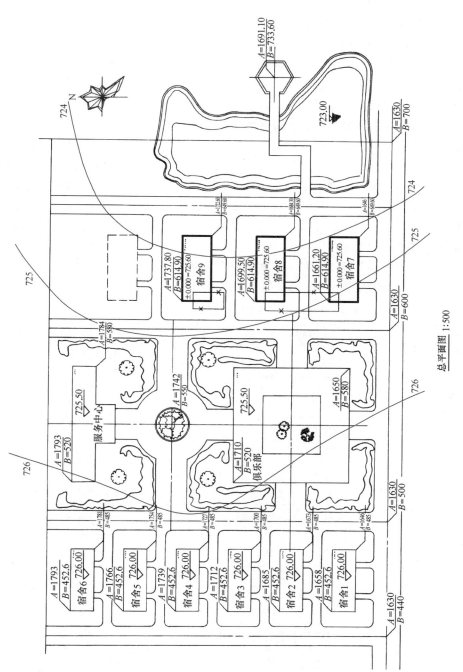

总平面图 1:500

图 8-13　总平面图

第四节　建筑平面图

一、建筑平面图的形成、用途和分类

建筑平面图是用一个假想的剖切平面沿门窗洞口处水平剖切房屋，移去上面部分，剩余部分向水平面做正投影，所得的水平剖面图，称为建筑平面图，简称平面图。建筑平面图反映新建建筑的平面形状，房间的位置、大小、相互关系，墙体的位置、厚度、材料，柱的截面形状与尺寸大小，门窗的位置及类型。建筑平面图是施工时放线、砌墙、安装门窗、室内外装修及编制工程预算的重要依据，是建筑施工中的重要图样。

一般情况下，房屋有几层，就应画几个平面图，并在图的下方注写相应的图名，如地下二层平面图、地下一层平面图、首层平面图、二层平面图等。如有些建筑的二层至顶层之间的楼层，其构造、布置情况基本相同时，画一个平面图即可，将这种平面图称之为中间层（或标准层）平面图。若中间有个别层平面布置不同，可单独补画平面图。屋顶平面图是在屋面以上向下所做的平面投影，主要是表明建筑物屋面上的布置情况和屋面排水方式。

二、建筑平面图的图例符号

建筑平面图是用图例符号表示的，这些图例符号应符合《建筑制图标准》（GB/T 50104—2010）的规定，因此应熟悉常用的图例符号，并严格按规定画图，见表8-5。

表8-5　建筑构造及配件图例（GB/T 50104—2010）

序号	名　称	图　例	说　明
1	墙体	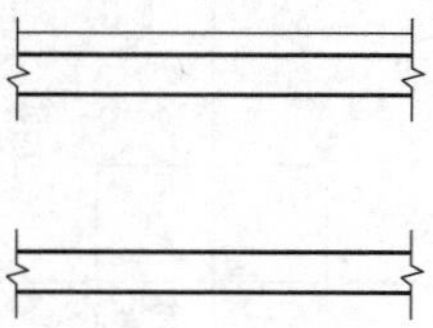	1. 上图为外墙，下图为内墙 2. 外墙细线表示有保温层或有幕墙 3. 应加注文字或涂色或图案填充表示各种材料的墙体 4. 在各层平面图中防火墙宜着重以特殊图案填充表示
2	隔断	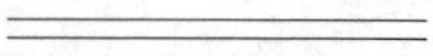	1. 加注文字或涂色或图案填充表示各种材料的轻质隔断 2. 适用于到顶与不到顶隔断
3	玻璃幕墙	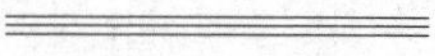	幕墙龙骨是否表示由项目设计决定
4	栏杆		
5	楼梯	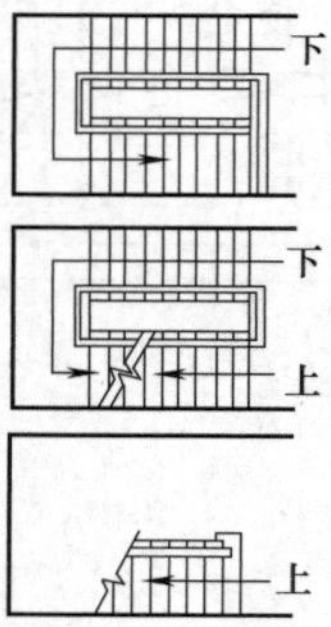	1. 上图为顶层楼梯平面，中图为中间层楼梯平面，下图为底层楼梯平面 2. 需设置靠墙扶手或中间扶手时，应在图中表示

（续）

序号	名 称	图 例	说 明
6	坡道	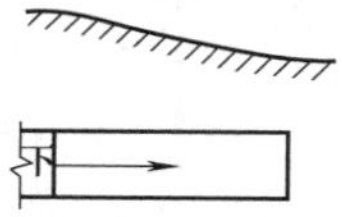	长坡道
		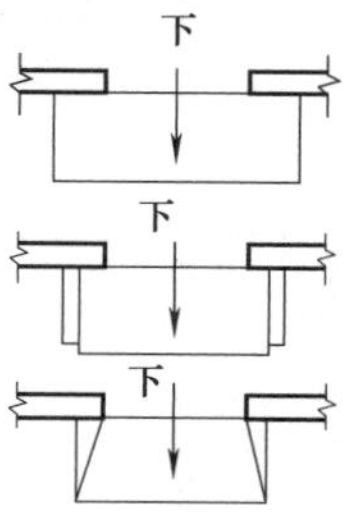	上图为两侧垂直的门口坡道,中图为有挡墙的门口坡道,下图为两侧找坡的门口坡道
7	台阶	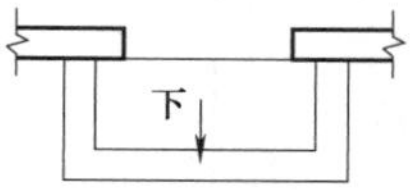	
8	平面高差	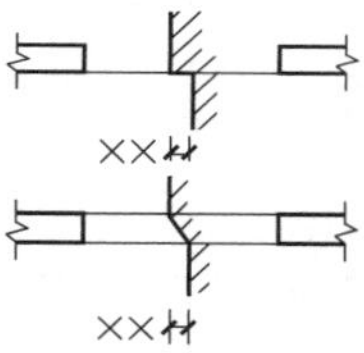 ×× / ××	用于高差小的地面或楼面交接处,并应与门的开启方向协调
9	检查口		左图为可见检查口,右图为不可见检查口
10	孔洞		阴影部分也可填充灰度或涂色代替
11	坑槽		
12	墙预留洞、槽	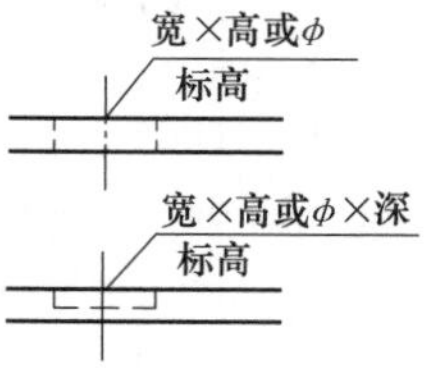 宽×高或φ 标高 / 宽×高或φ×深 标高	1. 上图为预留洞,下图为预留槽 2. 平面以洞(槽)中心定位 3. 标高以洞(槽)底或中心定位 4. 宜以涂色区别墙体和预留洞(槽)
13	地沟	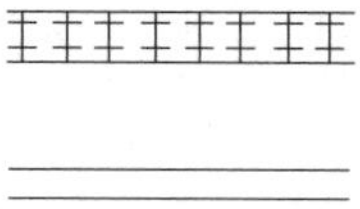	上图为有盖板地沟,下图为无盖板明沟
14	烟道	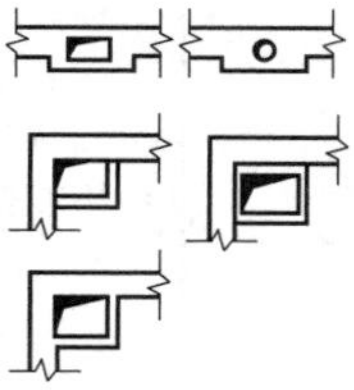	1. 阴影部分亦可填充灰度或涂色代替 2. 烟道、风道与墙体为相同材料,其相接处墙身线应连通 3. 烟道、风道根据需要增加不同材料的内衬

（续）

序号	名　称	图　例	说　明
15	风道	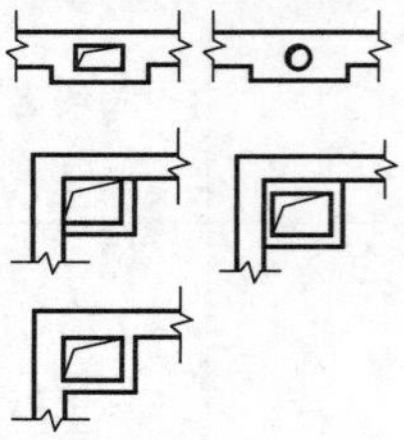	1. 阴影部分亦可填充灰度或涂色代替 2. 烟道、风道与墙体为相同材料，其相接处墙身线应连通 3. 烟道、风道根据需要增加不同材料的内衬
16	新建的墙和窗	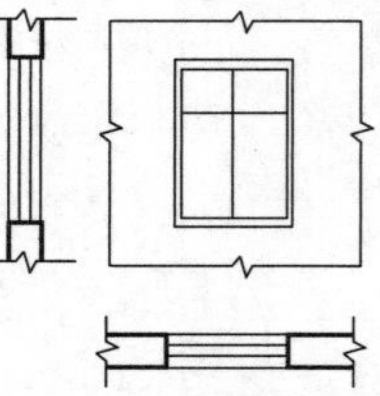	
17	改建时保留的墙和窗	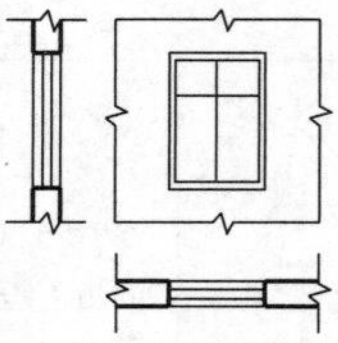	只更换窗，应加粗窗的轮廓线
18	拆除的墙	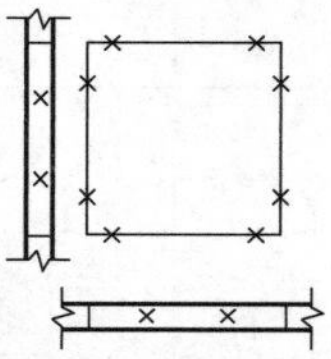	
19	空门洞	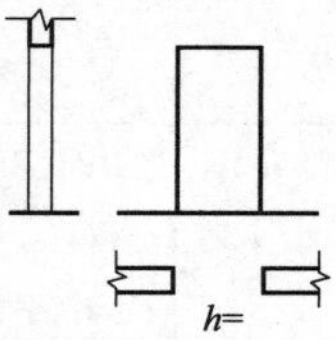 $h=$	h 为门洞高度
20	单面开启单扇门（包括平开或单面弹簧）	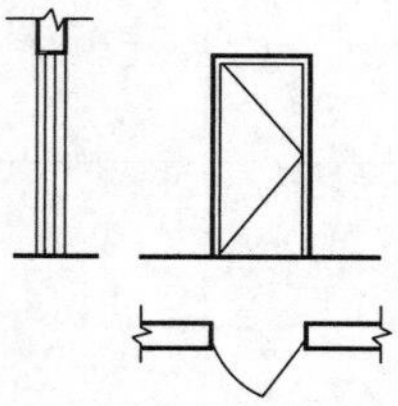	1. 门的名称代号用 M 表示 2. 平面图中，下为外，上为内 门开启线为90°、60°或45°，开启弧线宜绘出 3. 立面图中，开启线实线为外开，虚线为内开。开启线交角的一侧为安装合页一侧。开启线在建筑立面图中可不表示，在立面大样图中可根据需要绘出 4. 剖面图中，左为外，右为内 5. 附加纱扇应以文字说明，在平、立、剖面图中均不表示 6. 立面形式应按实际情况绘制
21	双面开启单扇门（包括双面平开或双面弹簧）	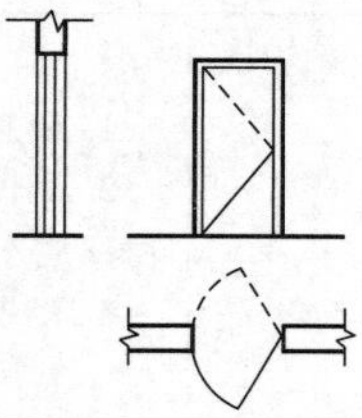	

（续）

序号	名　称	图　例	说　明
22	单面开启双扇门（包括平开或单面弹簧）	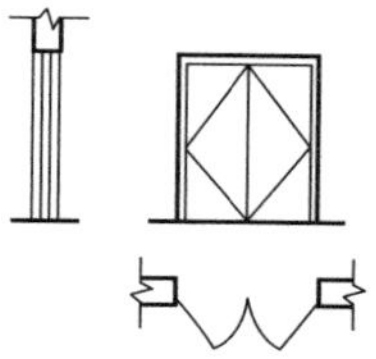	1. 门的名称代号用 M 表示 2. 平面图中，下为外，上为内 门开启线为 90°、60°、或 45°，开启弧线宜绘出 3. 立面图中，开启线实线为外开，虚线为内开。开启线交角的一侧为安装合页一侧。开启线在建筑立面图中可不表示，在立面大样图中可根据需要绘出 4. 剖面图中，左为外，右为内 5. 附加纱扇应以文字说明，在平、立、剖面图中均不表示 6. 立面形式应按实际情况绘制
23	双面开启双扇门（包括双面平开或双面弹簧）	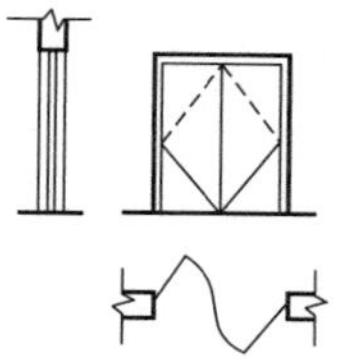	
24	折叠门	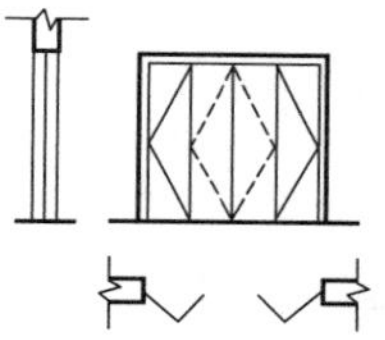	1. 门的名称代号用 M 表示 2. 平面图中，下为外，上为内 3. 立面图中，开启线实线为外开，虚线为内开。开启线交角的一侧为安装合页一侧 4. 剖面图中，左为外，右为内 5. 立面形式应按实际情况绘制
25	推拉折叠门	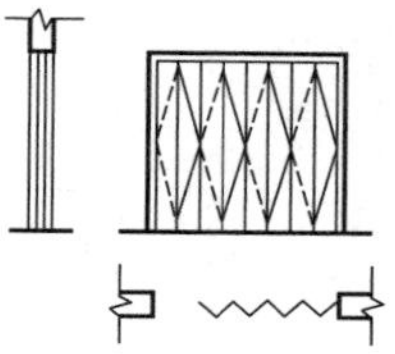	
26	墙洞外单扇推拉门	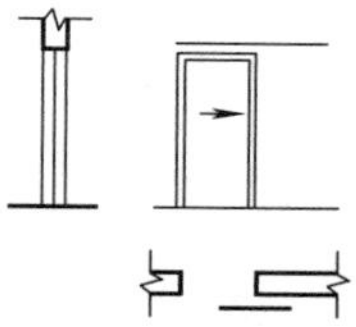	1. 门的名称代号用 M 表示 2. 平面图中，下为外，上为内 3. 剖面图中，左为外，右为内 4. 立面形式应按实际情况绘制
27	墙中双扇推拉门	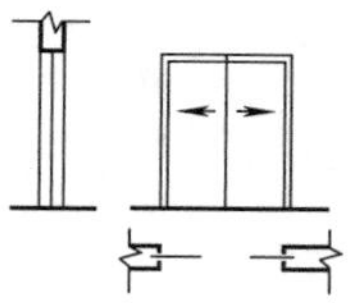	1. 门的名称代号用 M 表示 2. 立面形式应按实际情况绘制
28	门连窗	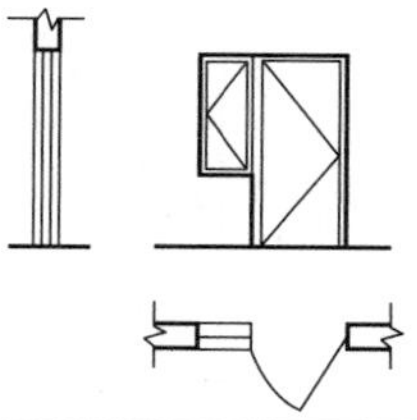	

（续）

序号	名　称	图　例	说　明
29	旋转门	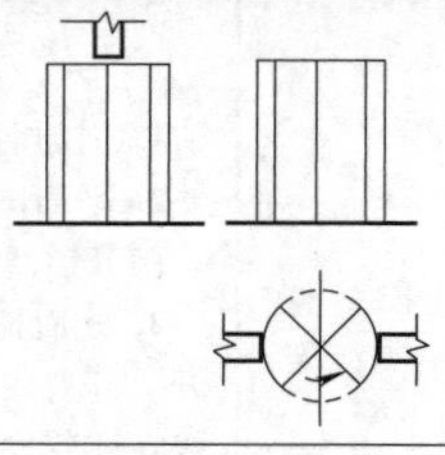	
30	自动门	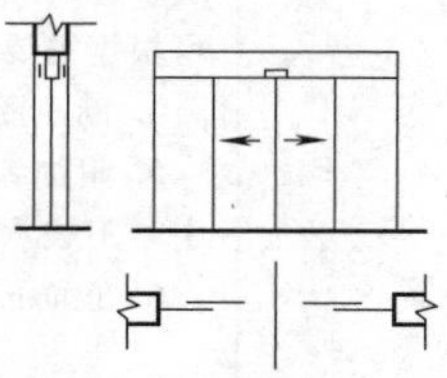	
31	人防单扇防护密闭门	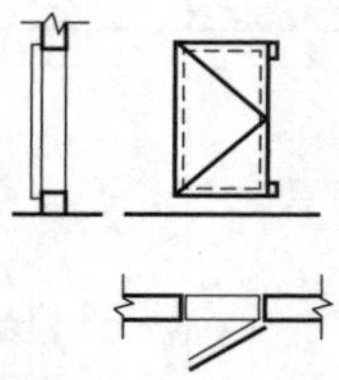	
32	竖向卷帘门	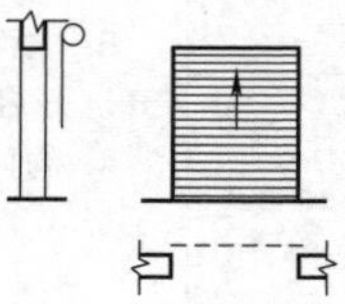	
33	固定窗	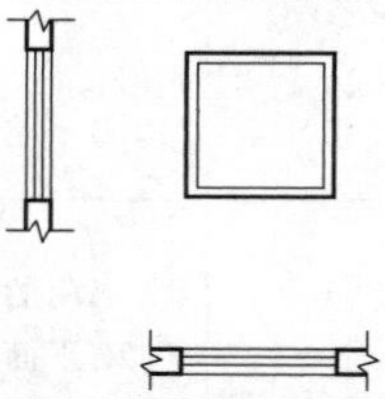	
34	上悬窗	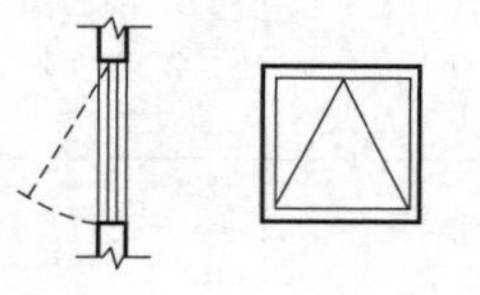	1. 窗的名称代号用 C 表示 2. 平面图中，下为外，上为内 3. 立面图中，开启线实线为外开，虚线为内开。开启线交角的一侧为安装合页一侧。开启线在建筑立面图中可不表示，在门窗立面大样图中需绘出 4. 剖面图中，左为外、右为内。虚线仅表示开启方向，项目设计不表示 5. 附加纱窗应以文字说明，在平、立、剖面图中均不表示 6. 立面形式应按实际情况绘制
35	中悬窗	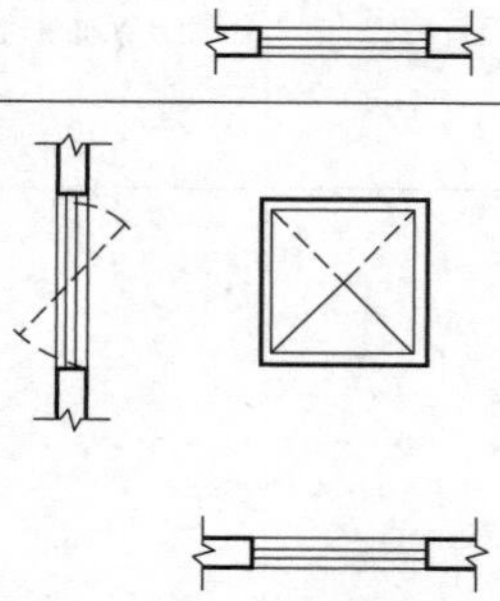	

序号	名　称	图　例	说　明
36	下悬窗	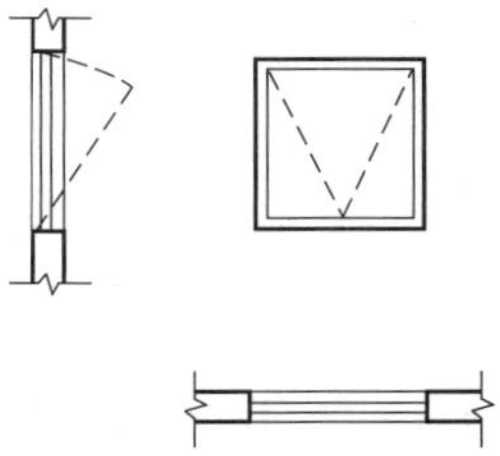	1. 窗的名称代号用 C 表示 2. 平面图中，下为外，上为内 3. 立面图中，开启线实线为外开，虚线为内开。开启线交角的一侧为安装合页一侧。开启线在建筑立面图中可不表示，在门窗立面大样图中需绘出 4. 剖面图中，左为外、右为内。虚线仅表示开启方向，项目设计不表示 5. 附加纱窗应以文字说明，在平、立、剖面图中均不表示 6. 立面形式应按实际情况绘制
37	立转窗	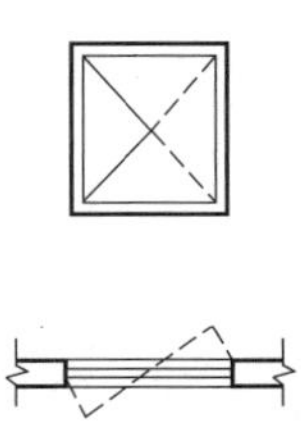	
38	单层外开平开窗	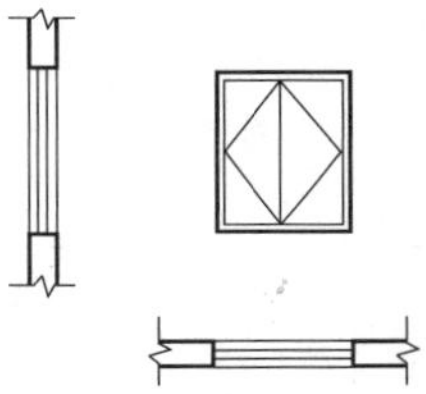	
39	单层内开平开窗	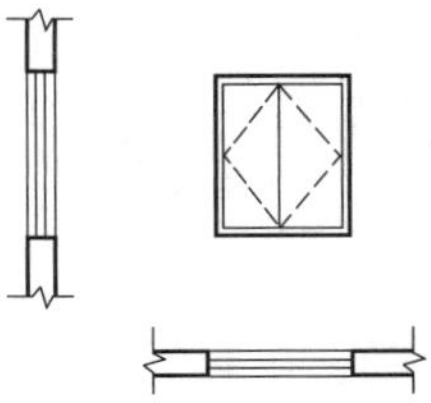	
40	单层推拉窗	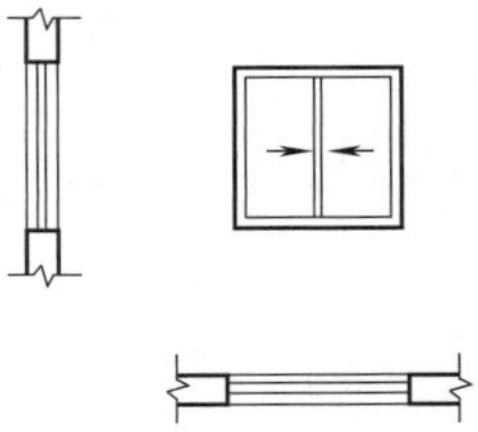	
41	百叶窗	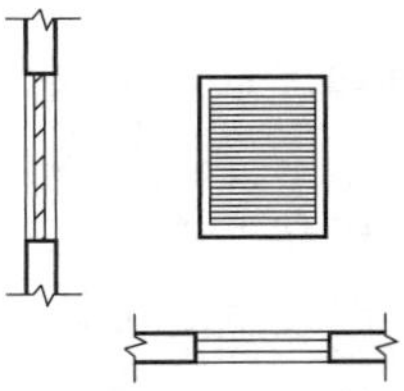	

（续）

序号	名称	图例	说明
42	平推窗	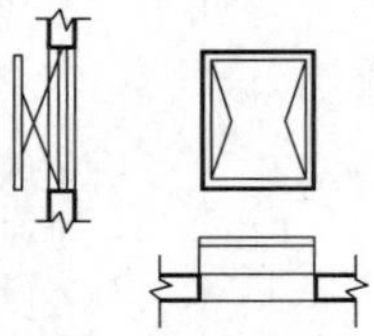	
43	电梯	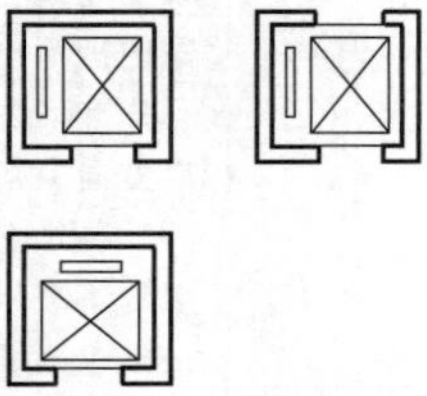	1. 电梯应注明类型,并按实际绘出门和平衡锤或导轨的位置
44	杂物梯、食梯	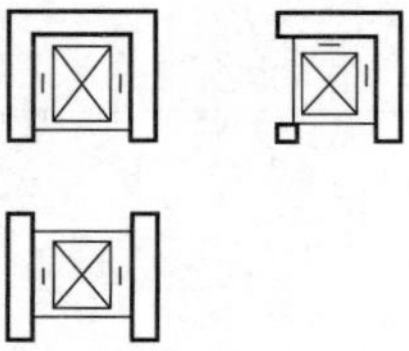	2. 其他类型电梯应参照本图例按实际情况绘制
45	自动扶梯	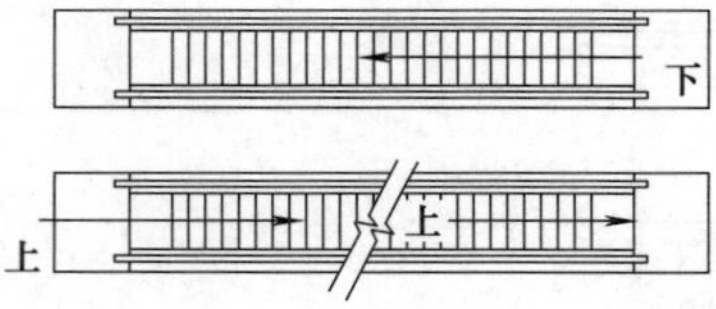 下 上 上	箭头方向为设计运行方向
46	自动人行道	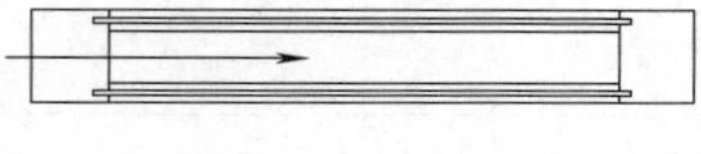	
47	自动人行坡道	 上	箭头方向为设计运行方向

三、建筑平面图的图示内容及规定画法

1. 图示内容

1）表示所有轴线及其编号以及墙、柱、墩的位置、尺寸。

2）表示出所有房间的名称及其门窗的位置、编号、与大小。

3）注出室内外的有关尺寸及室内楼地面的标高。

4）表示电梯、楼梯的位置及楼梯上下行方向及主要尺寸。

5）表示阳台、雨篷、台阶、斜坡、烟道、通风道、管井、消防梯、雨水管、散水、排

水沟、花池等位置及尺寸。

6）画出室内设备，如卫生器具、水池、工作台、隔断及重要设备的位置、形状。

7）表示地下室、地坑、地沟、墙上预留洞、高窗等位置尺寸。

8）在首层平面图上还应该画出剖面图的剖切符号及编号。

9）标注有关部位的详图索引符号。

10）在建筑物±0.000标高的平面图上应绘制指北针，指北针并应放在明显位置，所指的方向应与总图一致。

11）屋顶平面图上一般应表示出：女儿墙、檐沟、屋面坡度、分水线与雨水口、变形缝、楼梯间、水箱间、天窗、上人孔、消防梯及其他构筑物、索引符号等。

2. 规定画法

平面图实质上是剖面图，因此应按剖面图的图示方法绘制，即被剖切平面剖切到的墙、柱等轮廓线用粗实线表示，未被剖切到的部分如室外台阶、散水、楼梯以及尺寸线等用细实线表示。平面图内应包括剖切面及投影方向可见的建筑构造以及必要的尺寸、标高等，表示高窗、洞口、通气孔、槽、地沟及起重机等不可见部分时，应采用虚线绘制。《建筑制图标准》（GB/T 50104—2010）还规定：

1）平面图的方向宜与总图方向一致。平面图的长边宜与横式幅面图纸的长边一致。必要时可与其在总平面图上的布图方向不一致，但必须标明方位；不同专业的单体建（构）筑物平面图，在图纸上的布图方向均应一致。

2）在同一张图纸上绘制多于一层的平面图时，各层平面图宜按层数由低向高的顺序从左至右或从下至上布置。

3）建筑物平面图应注写房间的名称或编号。编号应注写在直径为6mm细实线绘制的圆圈内，并应在同张图纸上列出房间名称表。

4）平面较大的建筑物，可分区绘制平面图，但每张平面图均应绘制组合示意图。各区应分别用大写拉丁字母编号。在组合示意图中需提示的分区，应采用阴影线或填充的方式表示，如图8-4所示。

5）室内立面图的内视符号应注明在平面图上的视点位置、方向及立面编号。符号中的圆圈应用细实线绘制，可根据图面比例圆圈直径选择8~12mm。立面编号宜用拉丁字母或阿拉伯数字。

《建筑制图标准》（GB/T 50104—2010）规定了不同比例的平面图、剖面图，其抹灰层、楼地面、材料图例的省略画法。

① 比例大于1：50的平面图、剖面图，应画出抹灰层、保温隔热层等与楼地面、屋面的面层线，并宜画出材料图例；

② 比例等于1：50的平面图、剖面图，剖面图宜画出楼地面、屋面的面层线，宜绘出保温隔热层，抹灰层的面层线应根据需要确定；

③ 比例小于1：50的平面图、剖面图，可不画出抹灰层，但剖面图宜画出楼地面、屋面的面层线；

④ 比例为1：100~1：200的平面图、剖面图，可画简化的材料图例，但剖面图宜画出楼地面、屋面的面层线；

⑤ 比例小于 1∶200 的平面图、剖面图，可不画材料图例，剖面图的楼地面、屋面的面层线可不画出。

四、建筑平面图的识读

1. 底层平面图的识读

下面以某住宅楼底层平面图为例说明平面图的读图方法，如图 8-14 所示。

（1）了解平面图的图名、比例　从图中可知该图为底层平面图，比例 1∶100。

（2）了解建筑的朝向　从指北针得知该住宅楼是坐北朝南的方向。

（3）了解建筑的平面布置　该住宅楼横向定位轴线 13 根，纵向定位轴线 6 根，共有两个单元，每单元两户，其户型相同，每户住宅有南、北两个卧室，一个客厅（阳面）、一间厨房、一个卫生间，一个阳台（凹阳台）、楼梯间有两个管道井。Ⓐ轴线外面 750mm×600mm 的小方格表示室外空调机的搁板。

（4）了解建筑平面图上的尺寸　了解平面图所注的各种尺寸，并通过这些尺寸了解房屋的占地面积、建筑面积、房间的使用面积，平均面积利用系数 K。建筑占地面积为底层外墙外边线所包围的面积。如该建筑占地面积为 $34.70\text{m}×15.20\text{m} = 527.44\text{m}^2$。

使用面积是指建筑物各层平面布置中可直接为生产或生活使用的净面积总和。

建筑面积是指各层建筑外墙结构的外围水平面积之和，包括使用面积、辅助面积和结构面积。

平面面积利用系数 K＝使用面积/建筑面积×100%

建筑施工图上的尺寸可分为总尺寸、定位尺寸和细部尺寸。绘图时，应根据设计深度和图纸用途确定所需注写的尺寸。

细部尺寸——建筑物构配件的详细尺寸。说明房间的净空大小和室内的门窗洞、孔洞、墙厚和固定设备（如厕所、盥洗室等）的大小，建筑物外墙门窗洞口等各细部大小。如图中说明 D-1、D-2（洞 1、洞 2）大小的尺寸，Ⓐ轴线墙上 C-6 的洞宽是 2800mm，B 轴线上 C-5 的洞宽是 2100mm，即为细部尺寸。

定位尺寸——轴线尺寸；建筑物构配件如墙体、门、窗、洞口、洁具等，相应于轴线或其他构配件确定位置的尺寸。标注建筑平面图各部位的定位尺寸时，应注写与其最邻近的轴线间的尺寸。如图中 D-1、D-2 距离 E 轴线为 1000mm、D-3（洞 3）距离门边为 1000mm，卫生间隔墙距离①轴线 2400mm，这些都是定位尺寸。

设计图中连续重复的构配件等，当不易标明定位尺寸时，可在总尺寸的控制下，定位尺寸不用数值而用"均分"或"EQ"字样。

相邻横向定位轴线之间的尺寸称为开间，相邻纵向定位轴线之间的尺寸称为进深。本图中客厅的开间为 4950mm，进深为 5100mm，阳面卧室的开间为 3600mm，进深为 5100mm，阴面卧室、厨房的开间均为 3600mm，进深 4200mm，卫生间开间为 2400mm，进深为 3900mm，阳台深度为 1500mm。

总尺寸——建筑物外轮廓尺寸，若干定位尺寸之和。从建筑物一端外墙边到另一端外墙边的总长和总宽，如图中建筑总长是 34700mm，总宽 15200mm。反映建筑占地面积。

（5）了解建筑中各组成部分的标高情况　在建筑平面图中，宜标注室内外地坪、楼地

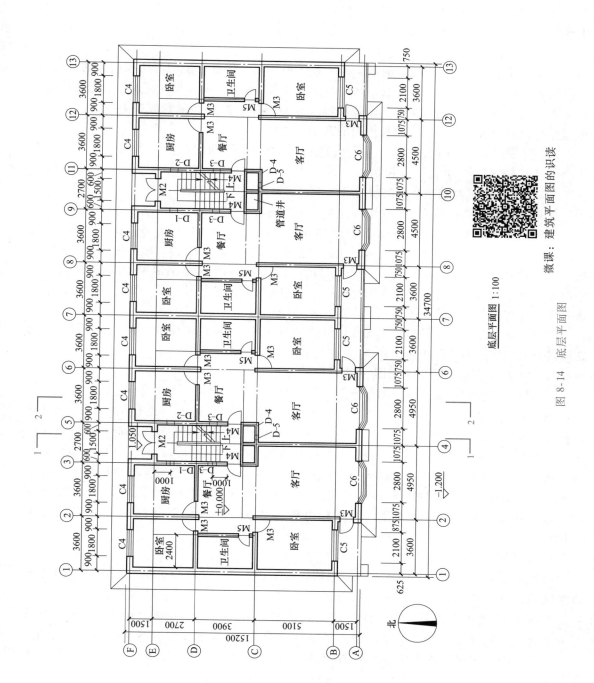

底层平面图 1:100

图 8-14　底层平面图

微课：建筑平面图的识读

面、地下层地面、阳台、平台、檐口、层脊、女儿墙、雨篷、门、窗、台阶等处的标高，这些标高均采用相对标高（小数点后保留 3 位小数）。

《建筑制图标准》（GB/T 50104—2010）规定，建筑平面图中：楼地面、地下层地面、阳台、平台、檐口、屋脊、女儿墙、台阶等处的标高，应注写完成面标高。其余部分应注写毛面尺寸及标高。

平屋面等不易标明建筑标高的部位可标注结构标高，应进行说明。结构找坡的平屋面，屋面标高可标注在结构板面最低点，并注明找坡方向和坡度。有屋架的屋面，应标注屋架下弦搁置点或柱顶标高。该建筑物室内地面标高为 ±0.000，厕所的地面标高为 -0.020，室外地面标高为 -1.200，表明了室内外地面的高度差值为 1.200m。

（6）了解门窗的位置及编号　为了便于读图，在建筑平面图中门采用代号 M 表示、窗采用代号 C 表示，并加编号以便区分。同一类型的门或窗，编号应相同。如图中的 C1、M1、M2 等。在读图时应注意每类型门窗的位置、形式、大小和编号，并与门窗表对应，了解门窗采用标准图集的代号、门窗型号和是否有备注。

（7）了解建筑剖面图的剖切位置、索引标志　在底层平面图中的适当位置画有建筑剖面图的剖切位置和编号，以便明确剖面图的剖切位置、剖切方法和剖视方向。如④、⑤轴线间的 1—1 剖切符号，表示建筑剖面图的剖切位置，剖面图类型为全剖面图，剖视方向向左。有时图中还标注出索引符号，注明该部位所采用的标准图集的代号、页码和图号，以便施工人员查阅标准图集，方便施工。

（8）了解各专业设备的布置情况　建筑物内的设备如卫生间的便池、盥洗池位置等，读图时注意其位置、形式及相应尺寸。

2. 标准层平面图和顶层平面图的识读

标准层平面图和顶层平面图的形成与底层平面图的形成相同。为了简化作图，已在底层平面图上表示过的内容，在标准层平面图和顶层平面图上不再表示，如不再画散水、明沟、室外台阶等；顶层平面图上不再画二层平面图上表示过的雨篷等。识读标准层平面图和顶层平面图重点应与底层平面图对照异同，如平面布置如何变化、墙体厚度有无变化；楼面标高的变化、楼梯图例的变化等。如图 8-15 所示标准层平面图，从图中可见该建筑物平面布置基本未变，而楼层标高分别为 3.000、6.000、9.000、12.000 与 15.000，表示该楼的层高为 3.000m。在底层平面图的单元楼门上方有雨篷，雨篷上排水坡度为 2%，楼梯图例发生变化。

3. 屋顶平面图的识读

屋顶平面图主要反映屋面上天窗、水箱、铁爬梯、通风道、女儿墙、变形缝等的位置以及采用标准图集的代号、屋面排水分区、排水方向、坡度、雨水口的位置、尺寸等内容。如图 8-16 所示，该屋顶为有组织的四坡挑檐排水形式，屋面排水坡度为 2%，中间有分水线，水从屋面向檐沟汇集，檐沟排水坡度为 1%，雨水管设在Ⓐ、Ⓕ轴线墙上①、⑦、⑬轴线处，构造作法采用标准图集 98J5 第 10、14 页 A、1、4、5 图的做法。上人孔距Ⓒ轴线 2050mm，上人孔尺寸为 700mm×600mm，采用 98J5 标准图集第 22 页 1 号图的构造做法。

五、建筑平面图的绘制方法

第一步：确定绘制建筑平面图的比例和图幅，如图 8-17 所示。

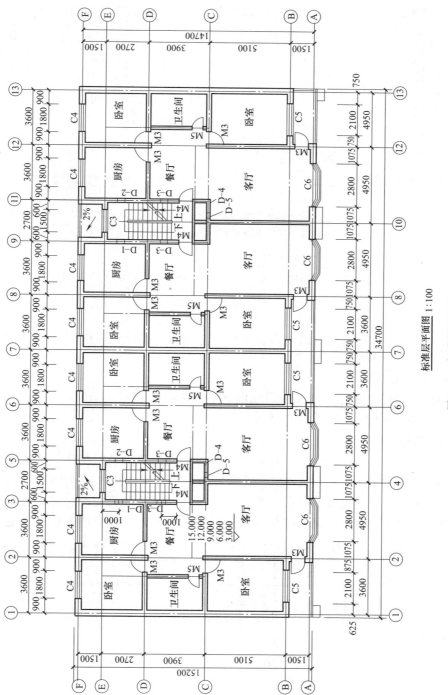

标准层平面图 1:100

图 8-15　标准层平面图

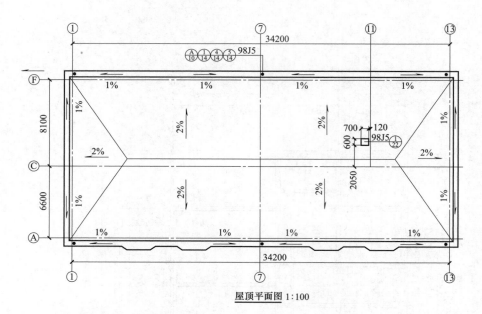

屋顶平面图 1:100

图 8-16　屋顶平面图

根据建筑的长度、宽度和复杂程度以及尺寸标注所占用的位置和必要的文字说明的位置确定图纸的幅面。

第二步：画底图。

主要是为了确定图在图纸上的具体形状和位置，因此应用较硬的铅笔如 2H 或 3H，画底图。

1）画图框线和标题栏。

2）布置图面，画定位轴线，墙身线，如图 8-17a 所示。

3）在墙体上确定门窗洞口的位置，如图 8-17b 所示。

4）画楼梯散水等细部。

第三步：仔细检查底图，无误后，按建筑平面图的线型要求进行加深。《建筑制图标准》（GB/T 50104—2010）规定，平面图中被剖切的主要建筑构造（包括构配件）的轮廓线、剖切符号用粗实线，如墙身线线宽一般为 b；被剖切的次要建筑构造（包括构配件）的轮廓线，以及未剖切到的建筑构配件的轮廓线用中实线 0.5b，如门扇的开启示意线用中实

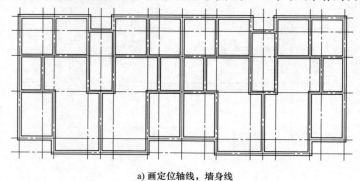

a) 画定位轴线，墙身线

图 8-17　平面图的绘制方法

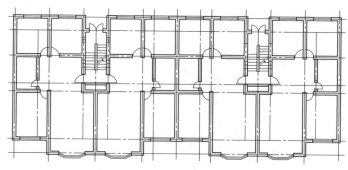

b) 定门窗位置，画细部

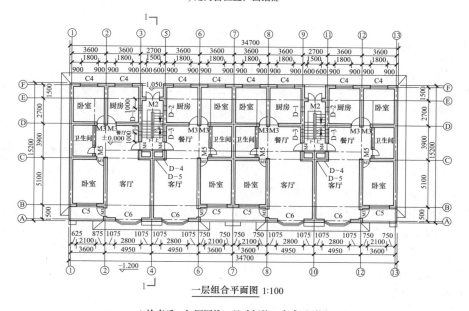

一层组合平面图 1:100

c) 检查后，加深图线，尺寸标注，完成平面图

图 8-17　平面图的绘制方法（续）

线 0.5b；门窗图例、尺寸线、尺寸界线、索引符号等细部用 0.25b。同时，标注轴线、尺寸、门窗编号、剖切符号等，如图 8-17c 所示。

　　第四步：写图名、比例等其他内容。汉字宜写成长仿宋字体，图名一般为 10~14 号字，图内说明文字一般为 5 号字。

第五节　建筑立面图

一、立面图的形成、用途及命名

　　在与建筑立面平行的铅直投影面上所做的正投影图称为建筑立面图，简称立面图。一幢建筑物是否美观，是否与周围环境协调，很大程度上取决于建筑物立面上的艺术处理，包括建筑造型与尺度、装饰材料的选用、色彩的选用等内容。在施工图中，立面图主要反映房屋各部位的高度、外貌和装修要求，是建筑外装修的主要依据。

　　由于每幢建筑的立面至少有三个，每个立面都应有自己的名称。

立面图的命名方式有三种，如图 8-18 所示。

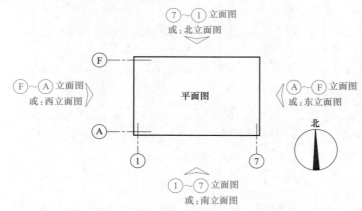

图 8-18　建筑立面图的投影方向和名称

（1）用建筑平面图中的首尾轴线命名　有定位轴线的建筑物，宜根据两端定位轴线号编注立面图名称。即按照观察者面向建筑物从左到右的轴线顺序命名，如①~⑦立面图，⑦~①立面图等。

（2）用朝向命名　对于没有定位轴线的建筑物可按平面图各面的朝向确定名称。建筑物的某个立面面向那个方向，就称为那个方向的立面图，如建筑物的立面面向南面，该立面称为南立面图，面向北面，就称为北立面图等。

（3）按外貌特征命名　将建筑物反映主要出入口或比较显著地反映外貌特征的那一面称为正立面图，其余立面图依次为背立面图、左立面图和右立面图。这种命名方式目前应用较少。

建筑物室内立面图的名称，应根据平面图中内视符号的编号或字母进行命名。

二、建筑立面图的图示内容与规定画法

1. 建筑立面图的图示内容

1）画出从建筑物外可以看见的室外地面线、房屋的勒脚、台阶、花池、门、窗、雨篷、阳台、室外楼梯、墙体外边线、檐口、屋顶、雨水管、墙面分格线等内容。

2）注出建筑物立面上的主要标高。建筑物立面图中，宜标注室内外地坪、楼地面、地下层地面、阳台、平台、檐口、层脊、女儿墙、雨篷、门、窗、台阶等处的标高。

立面图中，楼地面、地下层地面、阳台、平台、檐口、屋脊、女儿墙、台阶等处应注写完成面标高及高度方向的尺寸，其余部分应注写毛面尺寸及标高。

3）注出建筑物两端的定位轴线及其编号。

4）注出需要详图表示的索引符号。

5）用文字说明外墙面装修的材料及其做法。如立面图局部需画详图时应标注详图的索引符号。

6）室内立面图应包括投影方向可见的室内轮廓线和装修构造、门窗、构配件、墙面做法、固定家具、灯具、必要的尺寸和标高及需要表达的非固定家具、灯具、装饰物件等。室内立面图的顶棚轮廓线，可根据具体情况只表达吊平顶或同时表达吊平顶及结构顶棚。

2. 规定画法

1）各种立面图应按正投影法绘制。

2）平面形状曲折的建筑物，可绘制展开立面图、展开室内立面图。圆形或多边形平面的建筑物，可分段展开绘制立面图、室内立面图，但均应在图名后加注"展开"二字。

3）较简单的对称式建筑物或对称的构配件等，在不影响构造处理和施工的情况下，立面图可绘制一半，并应在对称轴线处画对称符号。

4）立面图上，相同的门窗、阳台、外檐装修、构造做法等可在局部重点表示，并应绘出其完整图形，其余部分可只画轮廓线。

5）立面图上，外墙表面分格线应表示清楚。应用文字说明各部位所用面材及色彩。

为了使建筑立面图主次分明，有一定的立体感，通常将建筑物外轮廓和较大转折处轮廓的投影用粗实线表示；外墙上突出、凹进部位如壁柱、窗台、楣线、挑檐、门窗洞口等的投影用中粗实线表示；门窗的细部分格以及外墙上的装饰线用细实线表示；室外地坪线用加粗实线（1.4b）表示。门窗的细部分格在立面图上每层的不同类型只需画一个详细图样，其他均可简化画出，即只需画出它们的轮廓和主要分格。阳台栏杆和墙面复杂的装修，往往难以详细表示清楚，一般只画一部分，剩余部分简化表示即可。

三、建筑立面图识读举例

下面以图 8-19 所示某住宅楼南立面图为例说明立面图的读图方法。

1）从正立面图上了解该建筑的外貌形状，并与平面图对照深入了解屋面、名称、雨篷、台阶等细部形状及位置。从图中可知，该住宅楼为六层，客厅窗为外飘窗，窗下墙呈八字形，相邻两户客厅的窗下墙之间装有空调室外机的搁板，每两个卧室窗上方也装有室外空调机搁板。屋面为平屋面。

2）从立面图上了解建筑的高度。从图中看到，在立面图的左侧和右侧都注有标高，从左侧标高可知室外地面标高为 -1.200，室内标高为 ±0.000，室内外高差 1.2m，一层客厅窗台标高为 0.300，窗顶标高为 2.700，表示窗洞高度为 2.4m，二层客厅窗台标高为 3.300，窗顶标高为 5.700，表示二层的窗洞高度为 2.4m，依次相同。从右侧标高可知地下室窗台标高为 -0.700，窗顶标高为 -0.300，得知地下室窗高 0.4m，一层卧室窗台标高为 0.900，窗顶标高为 2.700，知卧室窗高 1.8m，以上各层相同，屋顶标高 18.5m，表示该建筑的总高为（18.5+1.2）m=19.7m。

3）了解建筑物的装修做法。从图中可知建筑以真石墙漆为主，只在飘窗下以及空调机搁板处刷白色涂料。

4）了解立面图上索引符号的意义。

5）了解其他立面图。如图 8-20 为北立面图，从图中可知该立面上主要反映各户阴面次卧室的外窗和厨房的外窗以及楼梯间的外窗及其造型。

6）建立建筑物的整体形状。读了平面图和立面图，应建立该住宅楼的整体形状，包括形状、高度、装修的颜色、质地等。

四、建筑立面图绘图方法和步骤

建筑立面图的画法与建筑平面图基本相同，同样先选定比例和图幅，经过画底图和加深两个步骤，如图 8-21 所示。

第一步：画室外地坪线、横向定位轴线、室内地坪线、楼面线、屋面线和建筑物外轮廓线，如图 8-21a 所示。

第二步：画各层门窗洞口线。

192

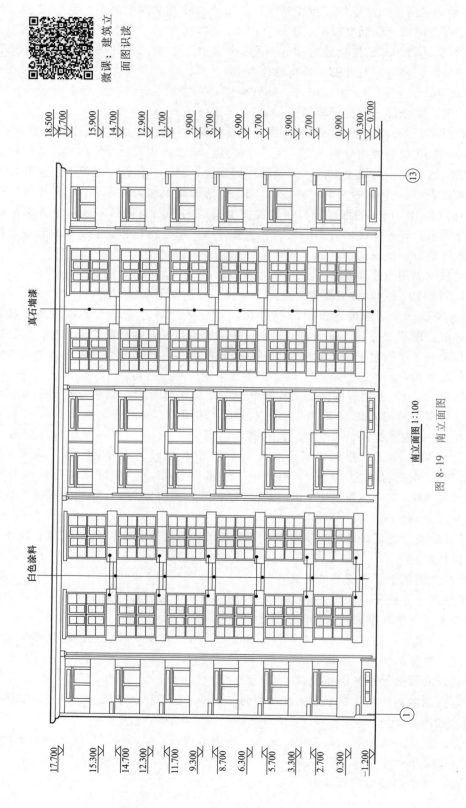

真石墙漆

白色涂料

南立面图 1:100

图 8-19 南立面图

18.500
17.700
15.900
14.700
12.900
11.700
9.900
8.700
6.900
5.700
3.900
2.700
0.900
-0.300
-0.700

13

1

17.700
15.300
14.700
12.300
11.700
9.300
8.700
6.300
5.700
3.300
2.700
0.300
-1.200

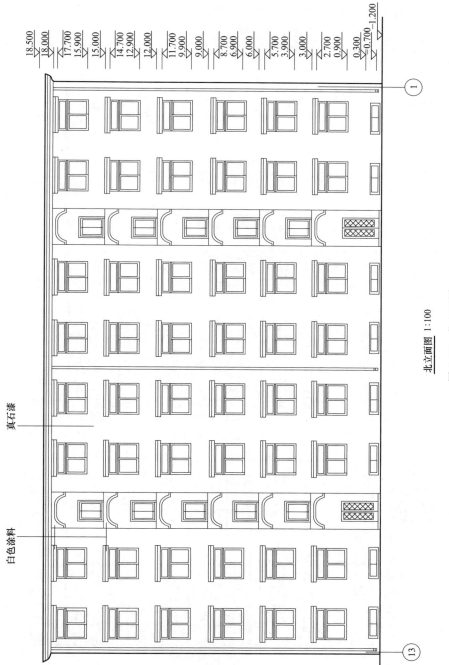

北立面图 1:100

图 8-20　北立面图

第三步：画墙面细部，如阳台、窗台、楣线、门窗细部分格、壁柱、室外台阶、花池等，如图 8-21b 所示。

第四步：检查无误后，按立面图的线型要求进行图线加深。

第五步：标注标高、首尾轴线、书写墙面装修文字，图名、比例等，说明文字一般用 5 号字，图名用 10~14 号文字，如图 8-21c 所示。

a) 画室外地坪线，外墙轮廓线，屋面线

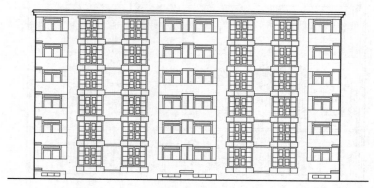

b) 定门窗位置、画细部

南立面图 1:100

c) 加深图线，标注门窗洞口标高，完成立面图

图 8-21　立面图的绘制方法

第六节　建筑剖面图

一、建筑剖面图的形成和用途

用一个或一个以上且相互平行的铅垂剖切平面剖切建筑物，得到的剖面图称为建筑剖面图，简称剖面图。建筑剖面图用以表示建筑内部的结构构造、垂直方向的分层情况、各层楼地面、屋顶的构造及相关尺寸、标高等。

剖面图的剖切部位，应根据图纸的用途或设计深度，在平面图上选择能反映全貌、构造特征以及有代表性的部位剖切，如楼梯间等，并应尽量使剖切平面通过门窗洞口。剖面图的图名应与建筑首层平面图的剖切符号一致，剖切符号可用阿拉伯数字、罗马数字或拉丁字母编号。

二、建筑剖面图的图示内容及规定画法

1. 剖面图的图示内容

1）表示被剖切到的墙、梁及其定位轴线。

2）表示室内首层地面，各层楼面、屋顶、门窗、楼梯、阳台、雨篷、防潮层、踢脚板、室外地面、散水、明沟及室内外装修等剖切到和可见的内容。

3）标注尺寸和标高。剖面图中应标注相应的标高与尺寸。

① 标高。宜标注室内外地坪、楼地面、地下层地面、阳台、平台、檐口、层脊、女儿墙、雨篷、门、窗、台阶等处的标高。

② 尺寸。应标注门窗洞口高度、层间高度和建筑总高三道尺寸，楼地面、地下层地面、阳台、平台、檐口、屋脊、女儿墙、台阶等处应注写完成面标高及高度方向的尺寸，其余部分应注写毛面尺寸及标高。在标注各部位的定位尺寸时，应注写其所在层次内的尺寸。

4）表示楼地面、屋顶各层的构造。一般用引出线说明楼地面、屋顶的构造做法。如果另画详图或已有说明，则在剖面图中用索引符号引出说明。

2. 剖面图的规定画法

1）各种剖面图应按正投影法绘制，其比例应与平面图、立面图的比例一致。

2）剖面图中，其抹灰层、楼地面、材料图例的省略画法与平面图的规定一致。

剖面图中被剖切平面剖切到的墙、梁、板等轮廓线用粗实线表示，没有被剖切到但可见的部分用细实线表示，被剖切断的钢筋混凝土梁、板涂黑。

3）相邻的立面图或剖面图，宜绘制在同一水平线上，图内相互有关的尺寸及标高，宜标注在同一竖线上。

4）画室内立面时，相应部位的墙体、楼地面的剖切面宜绘出。必要时，占空间较大的设备管线、灯具等的剖切面，亦应在图纸上绘出。

三、建筑剖面图的识读举例

如图 8-22 所示，为该住宅楼的 2—2 剖面图，现以图 8-22 为例说明剖面图的识读方法。

1）先了解剖面图的剖切位置与编号，从首层平面图（图 8-14）上可以看到 2—2 剖面图的剖切位置在 ⑤~⑥ 轴线之间，断开位置从客厅、餐厅到厨房，切断了客厅的飘窗和厨房的外窗。

2）了解被剖切到的墙体、楼板和屋顶，从图 8-22 中看到，被剖切到的墙体有 Ⓐ 轴线墙

体、①轴线墙体和⑥轴线的墙体及其上的窗洞。屋面排水坡度为 2%，以及挑檐的形状。

3）了解可见的部分，2—2 剖面图中可见部分主要是入户门，门高 2100mm，门宽在平面图上表示，为 900mm。

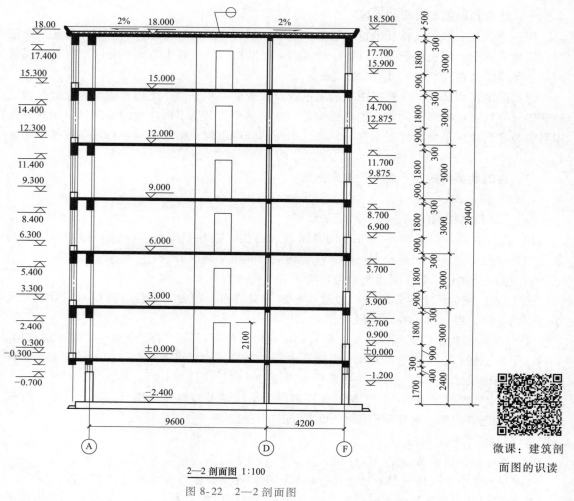

2—2 剖面图 1:100

图 8-22 2—2 剖面图

微课：建筑剖面图的识读

4）了解剖面图上的尺寸标注。从左侧的标高可知飘窗的高度，从右侧的标高可知厨房外窗的高度。建筑物的层高为 3000mm，从地下室到屋顶的高度为 20.4m。

四、建筑剖面图的绘图步骤

画剖面图时应根据首层剖面图上的剖切位置确定剖面图的图示内容，做到心中有数。比例、图幅的选择与建筑平面图、立面图相同，剖面图的绘制方法和步骤如下：

第一步：画定位轴线、室内外地坪线、楼面线、女儿墙等，如图 8-23a 所示。

第二步：画出内外墙身厚度，楼板、屋顶构造厚度，再画出门窗洞高度、过梁、圈梁、防潮层、檐口宽度等，如图 8-23b 所示。

第三步：画未剖切到的可见轮廓，如墙垛、梁、阳台、雨篷、门窗等。

第四步：按建筑剖面图的图示方法加深图线，标注标高与尺寸，注写定位轴线编号、书写图名和比例，如图 8-23c 所示。

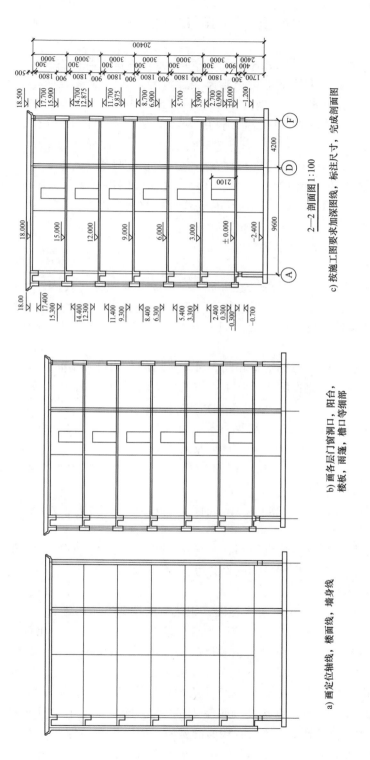

c) 按施工图要求加深图线、标注尺寸、完成剖面图

2—2 剖面图 1:100

b) 画各层门窗洞口、阳台、楼板、雨蓬、檐口等细部

a) 画定位轴线、楼面线、墙身线

图 8-23　剖面图的绘制方法

第七节 建筑详图

建筑平面图、立面图、剖面图表达建筑的平面布置、外部形状和主要尺寸，但因反映的内容范围大，比例小，对建筑的细部构造难以表达清楚。在工程制图中对物体的细部或构件、配件用较大的比例将其形状、大小、材料和做法详细表示出来的图样称为建筑详图，又称"大样图"。详图的特点是比例大，反映的内容详尽，常用的比例有 1∶50、1∶20、1∶10、1∶5、1∶2、1∶1 等，建筑详图一般有构造详图，如楼梯详图、墙身详图等；零配件详图，如门窗详图。构造详图与零配件详图，宜按直接正投影法绘制。

《建筑制图标准》（GB/T 50104—2010）规定，建筑详图中楼地面、地下层地面、阳台、平台、檐口、屋脊、女儿墙、台阶等处应注写完成面标高及高度方向的尺寸，其余部分应注写毛面尺寸及标高。

下面介绍建筑施工图中常见的详图。

一、外墙身详图

外墙身详图也叫外墙大样图，是建筑外墙剖面图的放大图样，表达外墙与地面、楼面、屋面的构造连接情况以及檐口、门窗顶、窗台、踢脚、防潮层、散水、明沟的尺寸、材料、做法等构造情况，是砌墙、室内外装修、门窗安装、编制施工预算以及材料估算等的重要依据。

在多层房屋中，各层构造情况基本相同，可只画墙脚、檐口和中间部分三个节点。门窗一般采用标准图集，为了简化作图，通常采用省略方法画，即门窗在洞口处断开。

1. 外墙身详图的内容

（1）墙脚 外墙墙脚主要是指一层窗台及以下部分，包括散水（或明沟）、防潮层、踢脚、一层地面、勒脚等部分的形状、大小材料及其构造情况。

（2）中间部分 主要包括楼板层、门窗过梁、圈梁的形状、大小材料及其构造情况。还应表示出楼板与外墙的关系。

（3）檐口 应表示出屋顶、檐口、女儿墙、屋顶圈梁的形状、大小、材料及其构造情况。

墙身大样图一般用 1∶20 的比例绘制，由于比例较大，各部分的构造如结构层、面层的构造均应详细表达出来，并画出相应的图例符号。

2. 外墙身详图的识读

如图 8-24 所示，为某住宅的墙身大样图，识读时应按如下顺序进行。

（1）了解墙身详图的图名和比例 该图为住宅楼Ⓕ轴线的大样图，比例 1∶20。

（2）了解墙脚构造 从图中看到，该楼墙脚防潮层采用 20mm 厚 1∶2.5 水泥砂浆（质量比，余同），内掺 3% 防水粉。地下室地面与外墙相交处留 10mm 宽缝，灌防水油膏。外墙外表面的防潮做法是：先抹 20mm 厚 1∶2.5 水泥砂浆，水泥砂浆外刷 1.0mm 厚聚氨酯防水涂膜，在涂膜固化前粘结粗砂，再抹 20mm 厚 1∶3 水泥砂浆。地下室顶板贴聚苯保温板。由于目前通用标准图集中有散水、地面、楼面的做法，因而，在墙身大样图中一般不再表示散水、楼面、地面的做法，而是将这部分做法放在工程做法表中具体反映。

（3）了解中间节点 可知窗台高 900mm；120mm 宽的暖气槽做法见 98J3（一）标准图集

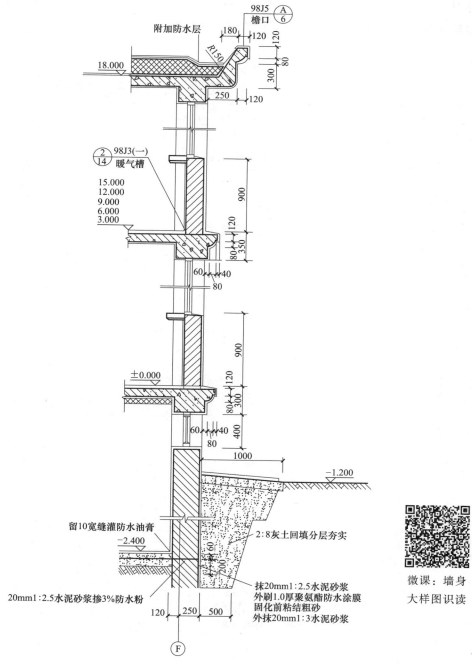

图 8-24　墙身大样图（一）

的 14 页 2 详图；楼板与过梁浇注成整体，楼板标高 3.000m、6.000m、9.000m、12.000m、15.000m 表示该节点适应于二～六层的相同部位。

（4）了解檐口部位　从图中可知檐口的具体形状及尺寸，檐沟是由保温层形成，檐沟处附加一层防水层，檐口顶部做法见 98J5 标准图集第六页 A 图。

如图 8-25 所示，表示飘窗处墙体的详细做法。从图中可以看到，墙身大样图（二）与墙身大样图（一）基本相同，如檐口的做法、墙脚防潮层、散水、墙体防潮做法等，而该详图主要表示客厅飘窗的做法1，窗内护窗栏杆的做法。

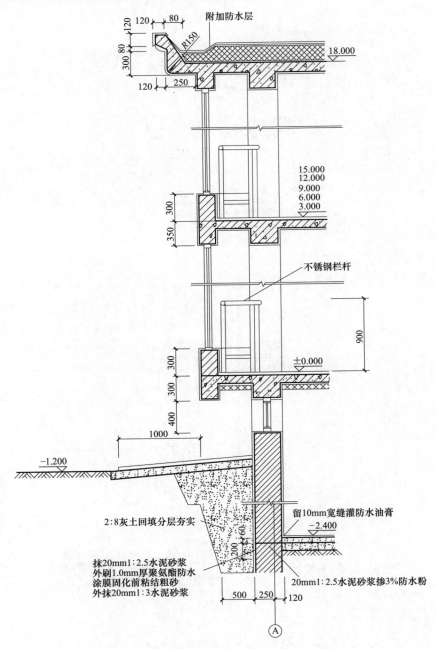

图 8-25　墙身大样图（二）

墙身大样图的图线选择可参照图 8-26 建筑详图图线宽度选用示例。

二、楼梯详图

楼梯是建筑中上下层之间的主要垂直交通工具，目前最常用的楼梯是钢筋混凝土材料浇制的。楼梯一般由四大部分组成：楼梯段、休息平台、栏杆和扶手，另外还有楼梯梁、预埋件等。楼梯按形式分有单跑楼梯、双跑楼梯、三跑楼梯、转折楼梯、弧形楼梯、螺旋楼梯等。由于双跑楼梯具有构造简单、施工方便、节省空间等特点，因而目前应用最广。双跑楼梯是指每层楼有两个梯段连接。楼梯按传力途径分有板式楼梯和梁板式楼梯，板式楼梯的传力途径是荷载由板传至平台梁，由平台梁传至墙或梁，再传给基础或柱梁板式楼梯的荷载由梯段传至支撑梯段的斜梁，再由斜梁传至平台梁。板式楼梯和梁板式楼梯如图 8-27 所示。

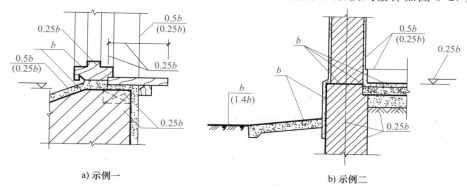

a) 示例一　　　　　　　　　　　　b) 示例二

图 8-26　建筑详图图线宽度选用示例

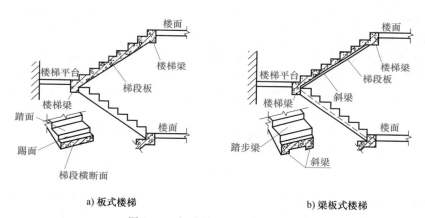

a) 板式楼梯　　　　　　　　　　　　b) 梁板式楼梯

图 8-27　板式楼梯与梁板式楼梯

　　由于楼梯构造复杂，建筑平面图、立面图和剖面图的比例比较小，楼梯中的许多构造无法反映清楚，因此，建筑施工图中一般均应绘制楼梯详图。

　　楼梯详图是由楼梯平面图、楼梯剖面图和楼梯节点详图三部分构成。

　　1. 楼梯平面图

　　楼梯平面图就是将建筑平面图中的楼梯间比例放大后画出的图样，比例通常为 1∶50。楼梯平面图包含楼梯底层平面图、楼梯标准层平面图和楼梯顶层平面图等。底层平面图是从第一个平台下方剖切的，将第一跑楼梯段断开（用倾斜 30°、45°的折断线表示），因此只画半跑楼梯，用箭头表示上或下的方向，以及一层和二层之间的踏步数量，如上 20，表示一层至二层有 20 个踏步。楼梯标准层平面图是从中间层房间窗台上方剖切的，既应画出被剖切的上行部分梯段，还要画出由该层下行的部分梯段，以及休息平台。楼梯顶层平面图是从顶层房间窗台上剖切的，没有剖切到楼梯段（出屋顶楼梯间除外），因此平面图中应画出完整的两跑楼梯段，及中间休息平台，并在梯口处注"下"及箭头。

（1）楼梯平面图表达的内容

1）楼梯间的位置，用定位轴线表示。

2）楼梯间的开间、进深、墙体的厚度。

3）梯段的长度、宽度以及楼梯段上踏步的宽度和数量。通常把梯段长度尺寸和每个踏步宽度尺寸合并写在一起，如 10×300mm = 3000mm，表示该梯段上有 10 个踏面，每个踏面的宽度为 300mm，整跑梯段的水平投影长度为 3000mm。

4）休息平台的形状和位置。

5）楼梯井的宽度。

6）各层楼梯段的起步尺寸。

7）各楼层的标高、各平台的标高。

8）在底层平面图中还应标注出楼梯剖面图的剖切符号。

（2）楼梯平面图的识读　现以图 8-28 所示某住宅楼楼梯平面图为例说明其识读方法。

1）了解楼梯间在建筑物中的位置。从图 10-14 中可知该楼有两部楼梯，分别位于Ⓒ～Ⓔ轴线和③～⑤轴线与⑨～⑪轴线的范围内。

2）了解楼梯间的开间、进深、墙体的厚度、门窗的位置。从图 8-28 中可知，该楼梯间开间为 2700mm，进深为 6600mm，墙体的厚度：外墙为 370mm，内墙为 240mm，门窗居外墙中，洞宽都为 1500mm。

3）了解楼梯段、楼梯井和休息平台的平面形式、位置、踏步的宽度和数量。该楼梯为双跑式，梯段的宽度为（2700/2 - 120 - 60）mm = 1170mm，每楼梯段有 9 个踏步，踏步宽 300mm，整段楼梯水平投影长度为 2700mm，梯井的宽度为 120mm，平台的宽度为（1500 - 120）mm = 1380mm。

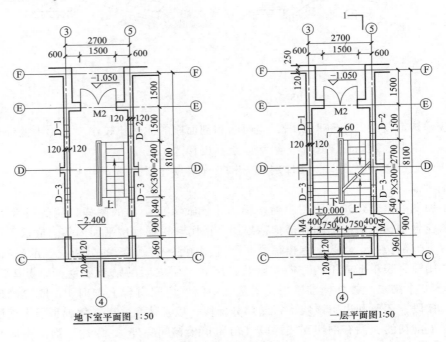

地下室平面图 1:50　　　　　一层平面图 1:50

图 8-28　楼梯平面图

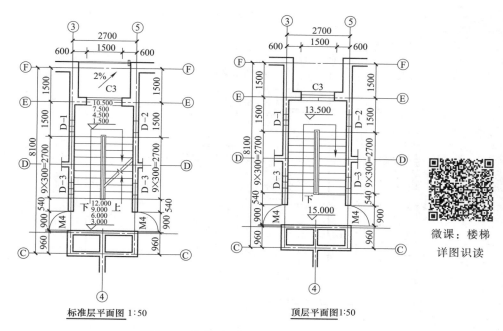

标准层平面图 1:50 顶层平面图1:50

微课：楼梯
详图识读

图 8-28　楼梯平面图（续）

4）了解楼梯的走向以及上下行的起步位置，该楼梯走向如图中箭头所示，两面平台的起步尺寸分别为：地下室 840mm，其他层 540mm。

5）了解楼梯段各层平台的标高，图中入口处地面标高为-1.050m，其余平台标高分别为 1.5m、4.5m、7.5m、10.5m、13.5m。

6）在底层平面图中了解楼梯剖面图的剖切位置及剖视方向。

2. 楼梯剖面图

楼梯剖面图是用假想的铅垂剖切平面通过各层的一个梯段和门窗洞口将楼梯垂直剖切，向另一未剖到的梯段方向投影，所作的剖面图。楼梯剖面图主要表达楼梯踏步、平台的构造、栏杆的形状以及相关尺寸。比例一般为 1∶50、1∶30 或 1∶40，习惯上如果各层楼梯构造相同，且踏步尺寸和数量相同，楼梯剖面图可只画底层、中间层和顶层剖面图，其余部分用折断线将其省略。

楼梯剖面图应注明各楼楼层面、平台面、楼梯间窗洞的标高、踢面的高度、踏步的数量以及栏杆的高度。

下面以图 8-29 所示的某住宅楼楼梯剖面图为例，说明楼梯剖面图的识读方法。

1）了解楼梯的构造形式，从图中可知该楼梯的结构形式为板式楼梯，双跑。

2）了解楼梯在竖向和进深方向的有关尺寸，从楼层标高和定位轴线间的距离可知该楼层高 3000mm，进深 6600mm。

3）了解楼梯段、平台、栏杆、扶手等的构造和用料说明。

4）被剖切梯段的踏步级数，从图中 7×150mm＝1050mm 表示从楼门入口处至一层地面需上 7 个踏步，从 10×150mm＝1500mm 得知每个梯段的踢面高 150mm，整跑楼梯段的垂直高度为 1500mm。以上各梯段的构造与此梯段相同。

5）了解图中的索引符号，从而知道楼梯细部做法。

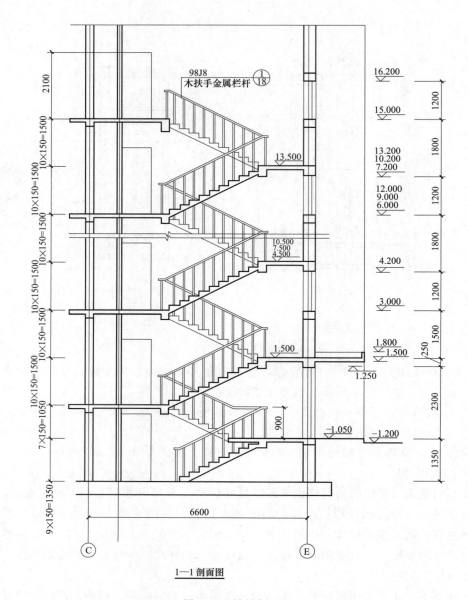

1—1 剖面图

图 8-29 楼梯剖面图

3. 楼梯节点详图

楼梯节点详图主要表达楼梯栏杆、踏步、扶手的做法，如采用标准图集，则直接引注标准图集代号，如采用的形式特殊，则用 1：10、1：5、1：2 或 1：1 的比例详细表示其形状、大小、所采用材料以及具体做法。如图 8-30 所示，为该楼梯的两个节点详图。该详图主要表示踏步防滑条的做法，即防滑条的具体位置和采用的材料。

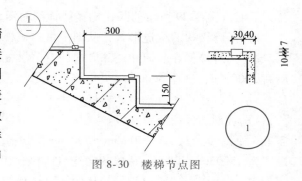

图 8-30 楼梯节点图

4．楼梯详图的画法

（1）楼梯平面图的画法

1）画出楼梯间的定位轴线，确定楼梯段的长度、宽度及其起止线，平台的宽度。注意楼梯段上踏面的数量为踏步数量减 1。

2）画出楼梯间的墙身，并在梯段起止线内等分梯段，画出踏步和折断线。

3）画出细部和图例、尺寸、符号，以及图名、横线等。

4）检查无误后，按要求加深图线，进行尺寸标注，完成楼梯平面图，如图 8-31 所示。

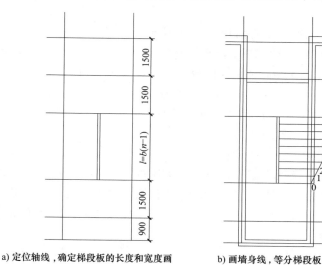

a) 定位轴线，确定梯段板的长度和宽度画   b) 画墙身线，等分梯段板

c) 按要求加深图线，进行尺寸标注，完成楼梯平面图

图 8-31　楼梯平面图的画法

（2）楼梯剖面图的画法

1）根据剖面图的剖切位置画出与楼梯平面图相对应的定位轴线和墙厚，确定各层楼面、休息平台、室外地面等高度位置。确定楼面板厚、楼梯梁的位置、休息平台宽、平台板厚、平台梁的位置、大小等，如图 8-32a 所示。

2）确定梯段的起步点，在梯段长度内画出踏步形状。其方法有两种：一种是网格法，一种是辅助线法。

网格法：在水平方向等分梯段的踏面数和竖直方向等分梯段的踏步数后，形成网格状，沿网格图线画出踏步形状。

辅助线法：把梯段的第一个踢面作出，并用细实线与最后一个踢面（即平台板边线或楼面板边线）相连，然后用踏面数等分所作的辅助线，过辅助线上的等分点向下作垂线和向右（左）作水平线，得到踢面和踏面的投影，形成踏步。

3）画楼梯板厚度，栏杆、扶手等轮廓，如图 8-32c 所示。

4）加深图线，画材料图例；标注标高和各部分尺寸；写图名、比例、索引符号、有关说明等，完成楼梯剖面图，如图 8-32d 所示。

三、单元平面图

由于建筑平面图的比例通常都比较小，对于建筑内部的细部表达不清楚，如房间内电器预留洞、暖气槽的具体位置、卫生间、厨房内设备的位置等。通常对建筑平面图的局部进行放大。住宅楼典型的局部放大详图除墙身大样图和楼梯详图外，就是单元平面图。单元平面图的比例常用 1∶50 或 1∶30。

1. 单元平面图表达的内容

1）该单元在建筑平面图中的位置。

2）门窗的详细位置。

3）卫生间、厨房内设备的详细位置。

4）房间内家具的摆放。

5）墙上预留孔洞等的详细位置，如电器预留洞、暖气槽等。

2. 单元平面图的识读

下面以图 8-33 为例，说明单元平面图的识读方法。

（1）了解图名、比例　与相应的建筑平面图对照，了解其在建筑中的准确位置。从图中可知该图为底层单元平面图。从轴线编号上可知为左面单元。

（2）了解墙体的厚度　图中看到外墙为 370mm，内墙卫生间隔墙 120mm，其余 240mm。

（3）了解房间的功能、位置、相互关系　从图中看到，该单元为一梯两户式，户内客厅和主卧室在阳面，开间和进深分别为 4950mm、3600mm，5100mm。次卧室、厨房和楼梯间在阴面，次卧室和厨房的开间和进深分别为 3600mm 和 4200mm，楼梯间的开间为 2700mm，进深 6600mm，其中，管道井进深为 900mm。卫生间位于主次卧室之间，开间为 2400mm，进深为 3900mm。

（4）了解每一房间内家具、设备的位置以及预留洞的大小和位置　在图中，客厅：有一套沙发，茶几，电视柜及电视机，两盆花卉。在管道井内侧有两个电器预留洞，分别是 D-4、D-5，D-4 的大小是 360mm×400mm×180mm，距地 500mm，D-5 的大小是 210mm×160mm×120mm，距地 500mm，外窗为宽 2800mm 的飘窗，内设护窗栏杆，做法

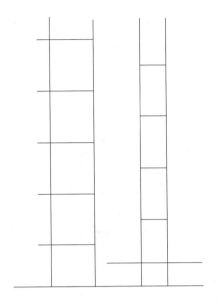

a) 画定位轴线，确定平台的高度和宽度

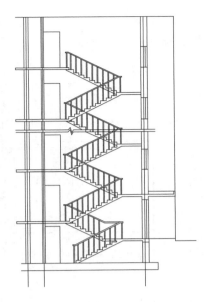

c) 画墙身线，并画所有的梯段，确定门窗的位置，画栏杆扶手

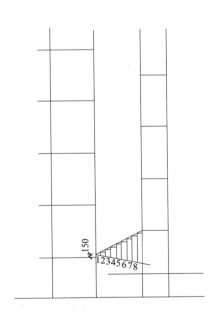

b) 用平行线等分梯段

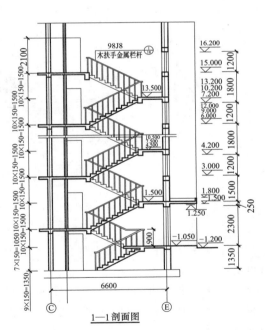

d) 按要求加深图线，进行尺寸标注，完成楼梯剖面图

图 8-32　楼梯剖面图的画法

见第 8 张施工图 1 详图。主卧室：有双人床及床头柜、书桌、椅子和衣柜。次卧室：有单人床、书桌、椅子、衣柜和书柜。厨房：有煤气灶台、案台、洗菜池、冰箱和碗柜。卫生间：有浴盆、坐便器、洗面池及台子、洗衣机、地漏等。餐厅：放有餐桌和四把椅子。楼梯间：在距 Ⓔ 轴线和户门边 1000mm 处分别有 D-1、D-2 和 D-3，D-1 为 700mm×750mm×100mm 距地 1050mm，D-2 大小为 850mm×750mm×100mm 距地 1050mm，D-3 的

大小为 600mm×280mm×160mm 距地 1600mm。管道门洞 600mm×600mm 距地 1200mm。Ⓐ轴线墙外侧装有空调机的搁板，尺寸为 750mm×600mm，做法见 98 标准图集第 6 册 64 页B 图。

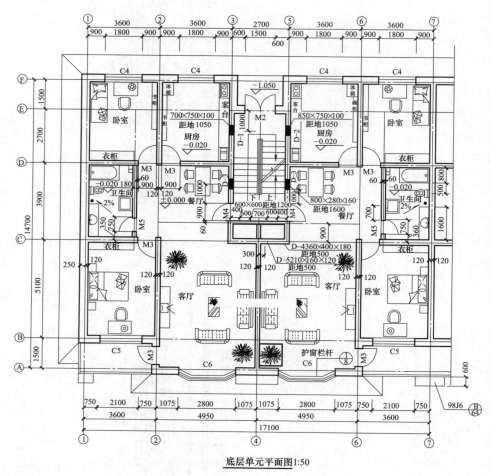

底层单元平面图1:50

图 8-33　单元平面图

（5）了解各房间门窗洞的准确位置　图中不同类型的门窗洞口都标有详细的尺寸，应仔细阅读。

（6）了解不同房间的标高　从图中可知该单元共有两种标高，客厅、卧室、餐厅的标高为 ±0.000，卫生间和厨房的标高为 -0.020，表示卫生间和厨房比其他房间低 20mm。

第八节　建筑室内装饰装修施工图

一、概述

室内装饰是指在房屋建筑室内空间中运用装饰材料、家具、陈设等物件对室内环境进行美化处理的工作。而对房屋建筑室内空间中的界面和固定设施的维护、修饰及美化处理的工作，则称为室内装修。建筑室内装饰装修图是用于表达建筑物室内装饰形状和施工要求的图样。它是以透视效果图（如图 8-34）为主要依据，采用正投影法绘制，反映建筑装饰结构、装饰造型、饰面处理，及其家具、陈设布置的图样。

图 8-34　室内装饰效果图

1. 室内装饰装修图的特点

室内装饰装修图与建筑施工图在图示方法、尺寸标注、图例符号上等有相近之处，其制图与表达方法，不但要遵守《房屋建筑制图统一标准》（GB/T 50001—2017）的有关规定外，还应遵守《房屋建筑室内装饰装修制图标准》（JGJ/T 244—2011）中的有关规定。室内装饰装修图是在建筑施工图的基础上，结合环境艺术要求，详细地表达了建筑空间的装饰做法及整体效果，与建筑施工图又有较大差异，主要表现在：

（1）室内装饰装修图涉及的面广　它不仅与建筑形状、功能有关，而且与室内水、暖、电等设备有关，还与建筑内的家具陈设、绿化以及室内配套产品有关。室内装饰装修图纸应按专业顺序编排，并应依次为图纸目录、房屋建筑室内装饰装修图、给水排水图、暖通空调图、电气图等。各专业的图纸应按图纸内容的主次关系、逻辑关系进行分类排序。

（2）室内装饰装修图的比例　装饰施工图不仅表示出建筑装饰的整体情况，而且还表示装饰的形式、结构与构造情况，图样的比例应根据图样用途与被绘对象的复杂程度选取，常用比例宜为 1∶1、1∶2、1∶5、1∶10、1∶15、1∶20、1∶25、1∶30、1∶40、1∶50、1∶75、1∶100、1∶150、1∶200。

（3）室内装饰装修图的图例　室内装饰装修图例画法应符合现行国家标准《房屋建筑制图统一标准》（GB/T 50001—2017）的规定，也可选用《房屋建筑室内装饰装修制图标准》（JGJ/T 244—2011）中推荐的图例。常用的建筑室内装饰装修图图例见表 8-6，表中图例没有注明的均为平面图例。

（4）标准定型化设计少　可采用的标准图集较少，大部分构配件需要画详图进行详细的说明。

表 8-6　室内常用平面图例

序号	名称		图例	说明
1	床	单人床		
		双人床		
2	沙发	单人沙发		1. 立面样式根据设计自定 2. 其他家具图例根据设计自定
		双人沙发		
		三人沙发		
3	椅	办公椅		
		休闲椅		
		躺椅		
4	办公桌			
5	橱柜	衣柜		1. 柜体的长度及立面样式根据设计自定 2. 其他家具图例根据设计自定
		低柜		
		高柜		
6	地毯			注明种类
7	电器	电视	TV	1. 立面样式根据设计自定 2. 其他电器图例根据设计自定

序号	名称		图例	说明
7	电器	冰箱	REF	1. 立面样式根据设计自定 2. 其他电器图例根据设计自定
		空调	A / C	
		洗衣机	W / M	
		饮水机	WD	
		电脑	PC	
		电话	TEL	
8	灶具	单头灶		1. 立面样式根据设计自定 2. 其他厨具图例根据设计自定
		双头灶		
9	水槽	单盆		
		双盆		
10	大便器	坐式		
		蹲式		
11	小便器			1. 立面样式根据设计自定 2. 其他洁具图例根据设计自定
12	台盆	立式		
		台式		
		挂式		
13	污水池			

（续）

序号	名称		图例	说明
14	浴缸	长方形		1. 立面样式根据设计自定 2. 其他洁具图例根据设计自定
		三角形		
		圆形		
15	淋浴房			
16	阔叶植物			
17	针叶植物			
18	盆景类	观花类		
		观叶类		
19	假山石			1. 立面样式根据设计自定 2. 其他景观配饰图例根据设计自定
20	草坪			
21	铺地	卵石类		
		条石类		
		碎石类		
22	艺术吊灯			
23	吸顶灯			
24	筒灯			
25	射灯			

（续）

序号	名称	图例	说明
26	格栅荧光灯	(正方形) (长方形)	
27	壁灯		
28	台灯		
29	落地灯		
30	踏步灯		
31	荧光灯		
32	聚光灯		
33	安全出口	EXIT	
34	防火卷帘	F	
35	消防自动喷淋头		
36	感温探测器		
37	感烟探测器	S	
38	室内消火栓	(单口) (双口)	
39	单相二极电源插座		插座立面图例
40	单相三级电源插座	Y	插座立面图例
41	电话、信息插座	(单孔) (双孔)	立面图例
42	电视插座	(单孔) (双孔)	立面图例
43	（电源）插座		

（续）

序号	名称	图例	说明
44	电接线箱	J	
45	直线电话插座		
46	网络插座	C	
47	有线电视插座	TV	
48	单联单控开关		
49	双联双控开关		
50	双极开关		
51	配电箱	AP	
52	玻璃砖		注明厚度
53	普通玻璃	（立面）	注明材质、厚度
54	磨砂玻璃	（立面）	1. 注明材质、厚度 2. 本图例采用较均匀的点
55	夹层（夹绢、夹纸）玻璃	（立面）	注明材质、厚度
56	镜面	（立面）	注明材质、厚度
57	窗帘	（立面）	箭头所示为开启方向

（5）室内装饰装修图比较细腻、生动　室内装饰装修图对细部的表示比建筑施工图笔力要集中、细腻。如在大理石板材上画石材肌理线，在玻璃或镜面上画反光等，使施工图的图像生动、形象，具有一定的装饰美感。

2. 室内装饰装修的图纸内容与编排顺序

室内装饰装修的图纸内容与编排，宜按设计（施工）说明、总平面图、顶棚总平面图、顶棚装饰灯具布置图、设备设施布置图、顶棚综合布点图、墙体定位图、地面铺装图、陈设、家具平面布置图、部品部件平面布置图、各空间平面布置图、各空间顶棚平面图、立面图、部品部件立面图、剖面图、详图、节点图、装饰装修材料表、配套标准图的顺序排列。规模较大的房屋建筑室内装饰装修图纸内容不应少于上述标准规定列出的项目，而规模较小的室内装饰装修，如住房室内装饰装修通常无需绘制完整的配套图纸。

各楼层的室内装饰装修图纸应按自下而上的顺序排列，同楼层各段（区）的室内装饰装修图纸应按主次区域和内容的逻辑关系排列。

顶棚综合布点图是在室内装饰装修中，为协调顶棚装饰装修造型与设备设施的位置关系，而将顶棚中所有明装和暗藏设备设施的位置、尺寸与顶棚造型的位置、尺寸综合表示在一起的图样。

二、室内装饰装修平面图

1. 室内装饰装修平面图的形成与图示方法

装饰装修平面图（简称平面图）是用一个假想的水平剖切平面，沿视平线以下适宜高度剖切后，移去上面的部分，向下所做的正投影图。根据表现内容的需要，可增加剖视高度和剖切平面。

装饰装修平面图主要用来表明建筑室内装饰装修的平面布置情况，应表达室内水平界面中正投影方向的物象，且需要时，还应表示剖切位置中正投影方向墙体的可视物象。

装饰装修平面图一般采用 1：200～1：100 的比例，被剖切的墙柱仍用粗实线表示。其他内容用细实线表示。其图示方法如下：

1）局部平面放大图的方向宜与楼层平面图的方向一致。

2）平面图中应注写房间的名称或编号，编号应注写在直径为 6mm 细实线绘制的圆圈内，其字体大小应大于图中索引用文字标注，并应在同张图纸上列出房间名称表。

3）平面图中的装饰装修物件，可注写名称或用相应的图例符号表示。

4）对于较大的室内装饰装修平面，可分区绘制平面图，且每张分区平面图均应以组合示意图表示所在位置。

5）在同一张平面图内，对于不在设计范围内的局部区域应用阴影线或填充色块的方式表示。

6）为表示室内立面在平面上的位置，应在平面图上表示出相应的索引符号。

7）对于平面图上未被剖切到的墙体立面的洞、龛等。在平面图中可用细虚线连接表明其位置。

2. 装饰装修平面图的图示内容

1）建筑平面图的基本内容　如墙柱及其定位轴线、房间布局与名称、门窗位置及编号、门的开启方向等。

2）室内楼（地）面标高。

3）室内家具、家用电器、厨具、洁具等的位置。

4）装饰陈设、绿化美化等位置及图例符号。

5）室内现场制作家具的定形、定位尺寸。

6）房屋外围尺寸及轴线编号等。

7）索引符号、图名及必要的文字说明等。

室内装饰装修图索引符号根据用途的不同，可分为立面索引符号、剖切索引符号、详图索引符号、设备索引符号、部品部件索引符号。

立面索引符号（内视符号）应由圆圈、水平直径组成。且圆圈及水平直径应以细实线绘制。根据图面比例，圆圈直径可选择 8~10mm。圆圈内应注明编号及索引图所在页码，如图 8-35a 所示。

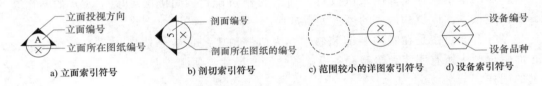

a) 立面索引符号   b) 剖切索引符号   c) 范围较小的详图索引符号   d) 设备索引符号

图 8-35　室内装饰装修图索引符号

剖切索引符号和详图索引符号的画法与立面索引符号一致。剖切索引符号应附三角形箭头。且三角形箭头方向应与圆圈中直径、数字及字母（垂直于直径）的方向保持一致，并应随投射方向而变，如图 8-35b 所示。

索引图样时，应以引出圈将被放大的图样范围完整圈出，并应由引出线连接引出圈和详图索引符号。图样范围较小的引出圈，应以圆形中粗虚线绘制，如图 8-35c 所示；范围较大的引出圈，宜以有弧角的矩形中粗虚线绘制，也可以云线绘制。

设备索引符号应由正六边形、水平内径线组成，正六边形、水平内径线应以细实线绘制。根据图面比例，正六边形长轴可选择 8~12mm。正六边形内应注明设备编号及设备品种代号，如图 8-35d 所示。

3. 装饰装修平面图的识读

如图 8-36 所示，为某招待所二层客房装饰平面布置图，从图中看到该招待所为框架结构，该部分有一楼梯间、两个标准客房、一个套间和小餐厅。楼梯间休息平台放有服务台，服务台上装有一部电话。标准间中布置两张单人床，一个床头柜（床头柜上放有一部电话），一张写字台，写字台上有台灯、电视，一直径为 700mm 的茶几和两把椅子，地面采用 500mm×500mm 灰绿色意特利地砖铺设，门后有衣柜。卫生间内装有坐便器、洗面池和一淋浴喷头。套间内客厅有牌桌、一套沙发、茶几、电视柜、冰柜和两盆鲜花。地面上铺着驼红色羊毛地毯。卧室有双人床一张、茶几和两把椅子、书桌、电视、台灯、凳子、衣柜等。卫生间内有浴盆、坐便器和洗面池等。并注明卫生间地面的标高为 -0.020。走廊的地面为橙黄色水磨石地面，用 5mm 宽的铜条分格并抛光打蜡。小餐厅内放有直径为 1400mm 的圆形餐桌和椅子，配有沙发茶几和电视。在每个房间内有墙面装饰的投影符号。

217

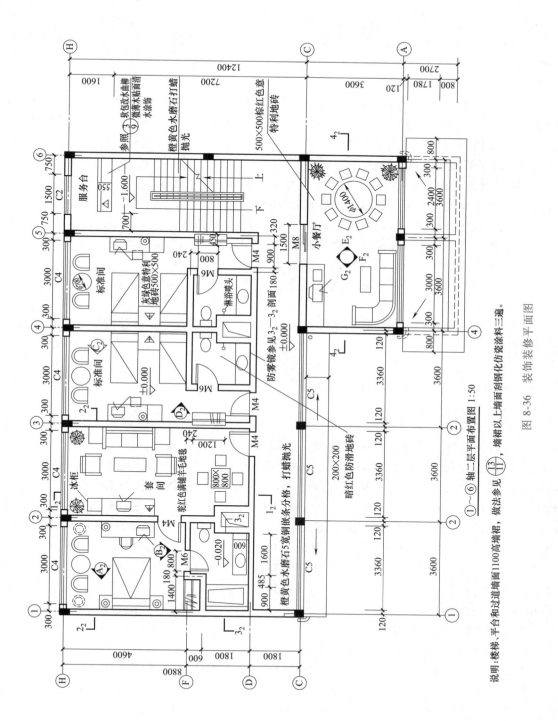

图 8-36 装饰装修平面图

说明：楼梯、平台和过道墙面1100高墙裙，做法参见 ⑬ ⑪，墙裙以上墙面刮钢化仿瓷涂料三遍。

①～⑥ 轴二层平面布置图 1:50

三、顶棚平面图

1. 顶棚平面图的形成

顶棚平面图是用镜像投影的方法得到的，假想用一个水平镜面沿顶棚下方门窗洞口处剖切建筑物，移去镜面下半部分，镜面上半部分的墙体、顶棚等所有物象在镜面上形成影像的正投影。顶棚平面图反映房间顶棚的形状、装饰做法及所属设备的位置、尺寸等内容。

顶棚平面图常用的比例为 1∶100～1∶50，其剖切到的墙柱用粗实线，其余用细实线。墙体立面的洞、龛等，可用细虚线连接表明其位置。顶棚平面图中应省去平面图中门的符号，并应用细实线连接门洞以表明位置。

2. 顶棚平面图的内容

顶棚平面图应表示出镜像投影后水平界面上的物象，主要包括：

1）建筑平面及门窗洞口，门画出门洞边线即可，不画门扇及开启线。

2）顶棚造型、尺寸、做法和说明，有时可画出顶棚的重合断面并标注标高。

3）顶棚灯具符号及具体位置（灯具的规格、型号、安装方法由电气施工图反映）。

4）顶棚完成面的相对标高（以每一层楼地面为基准±0.000）。

5）与顶棚相接的家具、设备的位置及尺寸。

6）窗帘及窗帘盒等。

7）空调送风口位置、消防自动报警系统及与吊顶有关的音视频设备的平面布置形式及安装位置。

8）图外标注开间、进深、总长、总宽等尺寸。

9）索引符号、说明文字、图名及比例等。

3. 顶棚平面图的识读

图 8-37 为某招待所客房的顶棚平面图，从图中了解到：该楼层顶棚除套间客厅顶棚外，其余均为轻钢龙骨纸面石膏板吊顶，刷宫粉色水性立邦漆。标准客房顶棚挂直径为120mm 不锈钢筒形吸顶灯，卫生间做 100mm 宽淡米色塑料条形扣板顶棚，挂与房间相同的吸顶灯，洗面池上做塑料镀铬光栅漱洗台顶。套间客厅顶棚分两个区，牌桌上做直径1500 mm 的石膏灯圈，内贴淡紫罗兰金属壁纸，中部装恒美 5321 花罩吸顶灯，顶棚底部标高是 2.55m。待客区顶部四周做吊顶，底部标高 2.75m，中间标高 3.000m，装450mm×450mm 车花方罩吸顶灯组合。卧室内顶棚阴角做 GX-07 石膏阴角线，中间装 11# 陶瓷杜鹃花吸顶灯。所有客房和走廊的窗帘都为海军蓝丝绒窗帘。小餐厅顶部做吊顶，中间做榉木板拼纹造型，刷清水硝基漆。吊恒美 5013 花罩吸顶灯。顶棚有两个标高，分别为2.600m 和 2.800m。

四、室内装饰装修立面图

1. 室内装饰立面图的形成与图示方法

将建筑物的内部墙面向与其平行的投影面作正投影所得到的投影图称为室内装饰立面图。它用于反映室内空间垂直方向的装饰设计形式、尺寸、做法、材料与色彩的选用等内容，是装饰工程施工图中的主要图样之一，是确定墙面做法的主要依据。室内装饰立面图的名称，应根据平面图中的立面索引符号的编号或字母标注图名，如⑤立面图、①立面图。有定位轴线的立面，也可根据两端定位轴线号编注立面图名称。

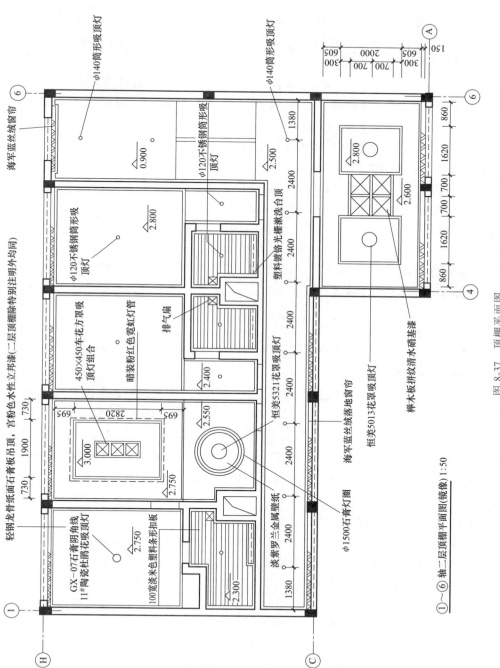

图 8-37 顶棚平面图

①～⑥轴二层顶棚平面图(镜像) 1:50

室内装饰立面的外轮廓用粗实线表示，墙面上的门窗及凹凸于墙面的造型用中实线表示，其他图示内容、尺寸标注、引出线等用细实线表示。立面图的两端宜标注房屋建筑平面定位轴线编号，立面图上一般不画虚线。

平面为圆形、弧形、曲折形、异形的室内立面，可用展开图表示，不同的转角面应用转角符号表示连接。对称式装饰装修面或物体等，在不影响物象表现的情况下，立面图可绘制一半，并应在对称轴线处画对称符号。

在室内装饰装修立面图上，相同的装饰装修构造样式可选择一个样式绘出完整图样，其余部分可只画图样轮廓线。圆形或弧线形的立面图应以细实线表示出该立面的弧度感。

室内装饰立面图常用比例为 1：100～1：10。

2. 室内装饰立面图的内容

1）室内装饰立面的轮廓线，有吊顶时要画出吊顶、跌级、灯槽等剖切轮廓线（粗实线表示），墙面与吊顶的收口形式，可见的灯具投影图形等。

2）墙面装饰造型及陈设（如壁挂、工艺品等），门窗造型及分格，墙面灯具、暖气罩等装饰内容。

3）装饰装修材料、尺寸标高、工艺要求。图外一般标注一至两道竖向及水平向尺寸，以及楼地面、顶棚等的装饰标高；主要装饰造型的定形、定位尺寸。引出线标注工艺要求。

4）室内固定家具及造型。

5）索引符号、说明文字、图名及比例等。

3. 室内装饰立面图的识读

图 8-38 是某招待所小餐厅墙面的立面图，其中④～⑥立面图是以剖面的形式表示的。图上这三个立面图表示出小餐厅三个墙面上用白桦板作的造型、大小、内部配置的钛金壁灯，该造型内贴淡西牙红织物壁纸，外贴迷尔壁涂料，顶棚采用轻钢龙骨挂 TK 板，刷宫粉色水性立邦漆，高低错落，下部标高 2.600m，上部标高 2.800m。F2 立面图上表达了装饰柱的材料——迷尔壁涂料 SGP-9，20mm 厚硬木窗台板，以及澄灰色落地窗帘。

五、室内装饰装修剖面图与详图

室内装饰装修剖面图，是假想用一剖切面（平面或曲面）剖开物体，移去观察者和剖切面之间的部分，剩余部分向投影面上投射得到的正投影图。是房屋建筑室内装饰装修设计中表达物体内部形态的图样。如图 8-38 中的 4_2-4_2 剖面图反映出顶棚的装饰做法。

室内装饰装修剖面图常用比例为 1：100～1：10。

详图又称"大样图"，是指在工程制图中对物体的细部或构件、配件用较大的比例将其形状、大小、材料和做法详细表示出来的图样，而在房屋建筑室内装饰装修设计中指表现细部形态的图样。

室内装饰装修详图常用比例为 1：10～1：1。

图 8-39 用剖面图和节点详图反映了装饰墙面的细部做法。

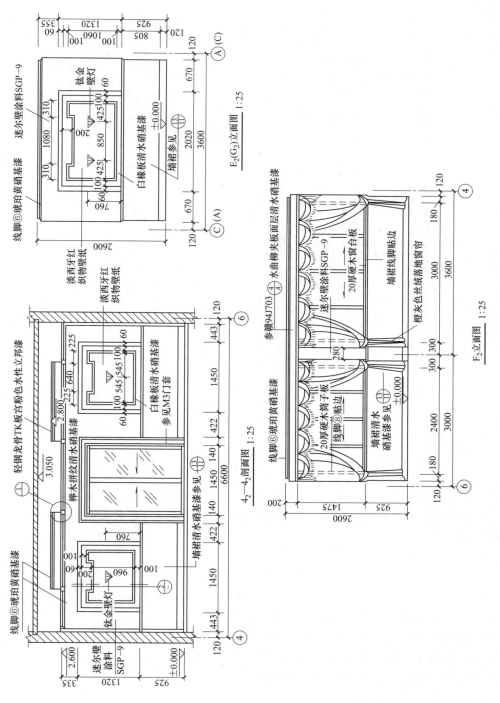

图 8-38　小餐厅装饰立面图

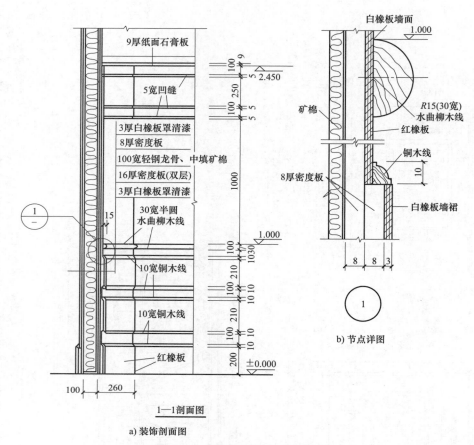

1—1剖面图

a) 装饰剖面图

图 8-39　装饰剖面图及节点详图

本 章 小 结

本章是全书的重点之一，着重介绍了建筑总平面图、建筑平面图、建筑立面图等各类建筑施工图的图示方法和有关规定，并结合工程实例介绍了建筑施工图的图示内容、用途、绘制方法和识读技巧。

思 考 题

1. 建筑施工图有什么作用？包括哪些内容？

2. 绘制常用建筑构造和构配件的图例。

3. 索引符号和详图符号是如何规定的？举例说明如何使用。

4. 定位轴线用什么图线表示？如何编注轴线编号？

5. 标高的符号是如何规定的？

6. 什么是绝对标高？什么是相对标高？各用在何处？

7. 什么是建筑标高？什么是结构标高？它们之间有何关系？

8. 对称线、指北针怎么表示?

9. 建筑总说明的作用是什么? 一般包括哪几部分?

10. 简述建筑总平面图的作用、内容和图示方法。

11. 绘制常用建筑总平面图的图例。

12. 简述建筑平面图的作用、内容和图示方法。

13. 建筑平面图的外部尺寸一般标注哪些?

14. 建筑平面图的绘制有哪几个步骤?

15. 建筑立面图的作用是什么? 主要表达哪些内容? 图示方法如何?

16. 建筑立面图有哪些命名方法?

17. 简述建筑剖面图的作用、内容和图示方法。

18. 简述建筑立面图、剖面图的绘制步骤。

19. 建筑详图的作用是什么? 主要表达哪些内容? 常用的建筑详图有哪些?

20. 楼梯详图一般包括哪些图样? 一般采用多大的比例?

第九章 结构施工图

【学习目标与能力要求】

通过本章的学习，学生了解结构施工图的分类、内容和一般规定；了解钢筋混凝土有关知识，掌握钢筋混凝土构件的图示方法和识读方法；掌握基础图、结构平面图、楼梯结构图的概念、图示方法、有关规定，以及绘制方法和步骤；了解钢筋混凝土构件的平面整体表示法。能识读单层工业厂房结构施工图和钢结构施工图。

第一节 概 述

建筑物的外部造型千姿百态，不论其造型如何，都得靠承重的部件组成的骨架体系将其支撑起来，这种承重骨架体系称为建筑结构，组成这种承重骨架体系的各个部件称为结构构件，如梁、板、柱、屋架、支撑、基础等。在建筑设计的基础上，对房屋各承重构件的布置、形状、大小、材料、构造及相互关系等进行设计，画出来的图样称为结构施工图（又称结构图），简称"结施"。

结构图是制作和安装构件、编制施工计划及其预算的重要依据。

微课：结构施工图的分类及内容

一、结构施工图的分类及内容

结构施工图一般包括：结构设计图纸目录、结构设计总说明、结构平面图和构件详图。

1. 结构设计图纸目录和设计总说明

结构图纸目录可以使我们了解图纸的总张数和每张图纸的内容，核对图纸的完整性，查找所需要的图纸。结构设计总说明以文字叙述为主，主要说明设计的依据，主要内容包括以下方面：

1）设计的主要依据（如设计规范、勘察报告等）。

2）结构安全等级和设计使用年限、混凝土结构所处的环境类别。

3）建筑抗震设防类别、建设场地抗震设防烈度、场地类别、设计基本地震加速度值、所属的设计地震分组以及混凝土结构的抗震等级。

4）基本风压值和地面粗糙度类别。

5）人防工程抗力等级。

6）活荷载取值，尤其是荷载规范中没有明确规定或与规范取值不同的活荷载标准值及其作用范围。

7）设计±0.000 标高所对应的绝对标高值。

8）所选用结构材料的品种、规格、型号、性能、强度等级，对水箱、地下室、屋面等有抗渗要求的混凝土的抗渗等级。

9）结构构造做法（如混凝土保护层厚度、受力钢筋锚固搭接长度等）。

10）地基基础的设计类型与设计等级，对地基基础施工、验收要求以及对不良地基的处理措施与技术要求。

2. 结构布置平面图

结构布置图是房屋承重结构的整体布置图，主要表示结构构件的位置、数量、型号及相互关系，与建筑平面图一样，属于全局性的图纸，通常包含基础布置平面图、楼层结构平面图、屋顶结构平面图、柱网平面图。

3. 结构构件详图

构件详图是表示单个构件形状、尺寸、材料、构造及工艺的图样，属于局部性的图纸。其主要内容有：基础详图，梁、板、柱等构件详图，楼梯结构详图，其他构件详图。

结构施工图按承重构件使用材料的不同还可分为：钢筋混凝土结构图、砌体结构图、钢结构图、木结构图等。

本章主要阐述钢筋混凝土结构图、砌体结构图和钢结构图。

二、结构施工图的有关规定

结构施工图应用正投影法绘制，绘制结构施工图时，应遵守《房屋建筑制图统一标准》（GB/T 50001—2017）和《建筑结构制图标准》（GB/T 50105—2010）的相关规定。

1. 图线

结构施工图的图线、线型、线宽应符合表 9-1 的规定。每个图样应根据复杂程度与比例大小，先选用适当基本线宽度 b，再选用相应的线宽比。根据表达内容的层次，基本线宽 b 和线宽比可适当的增加或减少。但在同一张图纸中，相同比例的各图样，应选用相同的线宽组。

表 9-1　结构施工图中的图线

名称		线型	线宽	一般用途
实线	粗	——————	b	螺栓、钢筋线、结构平面图中的单线结构构件线、钢木支撑及系杆线、图名下横线、剖切线
	中粗	————	$0.7b$	结构平面图及详图中剖到或可见的墙身轮廓线、基础轮廓线、钢、木结构轮廓线、钢筋线
	中	————	$0.5b$	结构平面图及详图中剖到或可见的墙身轮廓线、基础轮廓线、可见的钢筋混凝土构件轮廓线、钢筋线
	细	————	$0.25b$	标注引出线、标高符号线、索引符号线、尺寸线
虚线	粗	- - - - - -	b	不可见的钢筋线、螺栓线、结构平面图中不可见的单线结构构件线及钢、木支撑线
	中粗	- - - - -	$0.7b$	结构平面图中的不可见构件、墙身轮廓线及不可见钢、木结构构件线、不可见的钢筋线
	中	- - - - -	$0.5b$	结构平面图中的不可见构件、墙身轮廓线及不可见钢、木结构构件线、不可见的钢筋线
	细	- - - - -	$0.25b$	基础平面图中的管沟轮廓线、不可见的钢筋混凝土构件轮廓线
单点长画线	粗	—·—·—	b	柱间支撑、垂直支撑、设备基础轴线图中的中心线
	细	—·—·—	$0.25b$	定位轴线、对称线、中心线、重心线

(续)

名称		线型	线宽	一般用途
双点长画线	粗	—··—··—··	b	预应力钢筋线
	细	—··—··—··	$0.25b$	原有结构轮廓线
折断线		—⌐—	$0.25b$	断开界线
波浪线		∿∿∿	$0.25b$	断开界线

2. 比例

绘制结构图时，根据图样的用途和复杂程度，选用表 9-2 中的常用比例，特殊情况下，也可选用可用比例。当结构的纵横向断面尺寸相差悬殊时，也可在同一详图中选用不同比例。

表 9-2　结构图所用比例

图　名	常用比例	可用比例
结构平面图、基础平面图	1：50，1：100，1：150	1：60，1：200
圈梁平面图，总图中管沟、地下设施等	1：200，1：500	1：300
详　图	1：10，1：20，1：50	1：5，1：25，1：30

3. 构件代号

结构施工图中构件名称宜用代号表示，代号后应用阿拉伯数字标注该构件的型号或编号，也可为构件的顺序号。构件的顺序号采用不带角标的阿拉伯数字连续编排。常用的构件代号见表 9-3。

表 9-3　常用构件代号

序号	名　称	代号	序号	名　称	代号	序号	名　称	代号
1	板	B	19	圈梁	QL	37	承台	CT
2	屋面板	WB	20	过梁	GL	38	设备基础	SJ
3	空心板	KB	21	连系梁	LL	39	桩	ZH
4	槽形板	CB	22	基础梁	JL	40	挡土墙	DQ
5	折板	ZB	23	楼梯梁	TL	41	地沟	DG
6	密肋板	MB	24	框架梁	KL	42	柱间支撑	ZC
7	楼梯板	TB	25	框支梁	KZL	43	垂直支撑	CC
8	盖板或沟盖板	GB	26	屋面框架梁	WKL	44	水平支撑	SC
9	挡雨板或檐口板	YB	27	檩条	LT	45	梯	T
10	吊车安全走道板	DB	28	屋架	WJ	46	雨篷	YP
11	墙板	QB	29	托架	TJ	47	阳台	YT
12	天沟板	TGB	30	天窗架	CJ	48	梁垫	LD
13	梁	L	31	框架	KJ	49	预埋件	M—
14	屋面梁	WL	32	刚架	GJ	50	天窗端壁	TD
15	吊车梁	DL	33	支架	ZJ	51	钢筋网	W
16	单轨吊车梁	DDL	34	柱	Z	52	钢筋骨架	G
17	轨道连接	DGL	35	框架柱	KZ	53	基础	J
18	车挡	CD	36	构造柱	GZ	54	暗柱	AZ

预制混凝土构件、现浇混凝土构件、钢构件和木构件，一般可以采用上面表格中的构件代号。在绘图中，除混凝土构件可以不注明材料代号外，其他材料的构件可在构件代号前加注材料代号，并在图纸中加以说明。如预应力混凝土构件的代号，应在构件代号前加注"Y"，如 Y-DL，表示预应力混凝土吊车梁。

4. 标高与定位轴线

结构施工图上的定位轴线应与建筑平面图或总平面图一致，并标注结构标高。

5. 尺寸标注

结构施工图上的尺寸标注应与建筑施工图相符合，但结构图所注尺寸是结构的实际尺寸，即不包括结构表层粉刷或面层的厚度。在桁架式结构的单线图中，其几何尺寸可直接注写在杆件的一侧，而不需画尺寸界线，对称桁架可在左半边标注尺寸，右半边标注内力。

第二节　钢筋混凝土构件图

一、钢筋混凝土结构图基础知识

1. 钢筋混凝土与钢筋混凝土构件

混凝土是将水泥、砂、石子、水按一定比例拌和，经凝固养护制成的水泥石，它受压能力好，受拉能力差，易受拉断裂。而钢筋的抗拉、抗压能力都很高，如把钢筋放在构件的受拉区中使其受拉，混凝土只承受压力，这将大大地提高构件的承载能力，从而减小构件的断面尺寸，这种配有钢筋的混凝土称为钢筋混凝土。

由钢筋混凝土制成的构件称为钢筋混凝土构件。

钢筋混凝土构件可分为现浇钢筋混凝土构件和预制钢筋混凝土构件。现浇构件是在施工现场支模板、绑扎钢筋、浇筑混凝土而形成的构件。预制构件是在工厂成批生产，运到现场安装的构件。另外还有预应力混凝土构件，即在构件制作过程中通过张拉钢筋对混凝土预加一定的压力，以提高构件的抗拉和抗裂能力。以上情况均应在钢筋混凝土结构构件图中反映出来。

2. 混凝土的等级和钢筋的种类与代号

混凝土强度等级应按立方体抗压强度标准值确定。立方体抗压强度标准值是指按照标准方法制作、养护的边长为 150mm 的立方体试件，在 28d 或设计规定龄期以标准试验方法测得的具有 95% 保证率的抗压强度值。根据强度大小，将混凝土划分为 C15、C20、C25、C30、C35、C40、C45、C50、C55、C60、C65、C70、C75、C80 14 个强度等级，等级越高，混凝土抗压强度也越高。

素混凝土结构的混凝土强度等级不应低于 C15 钢筋混凝土结构的混凝土强度，等级不应低于 C20；当采用强度等级 400MPa 及以上钢筋时，混凝土强度等级不宜低于 C25。

预应力混凝土结构的混凝土强度等级不宜低于 C40，且不应低于 C30。承受重复荷载的钢筋混凝土构件，混凝土强度等级不应低于 C30。

常用钢筋的种类与代号见表 9-4（依据《混凝土结构设计规范》GB 50010—2010　2015年局部修定编写）。

表 9-4　常用钢筋的种类及代号

钢筋种类		公称直径 d/mm	符号
普通钢筋	HPB300	6~14	Φ
	HPB335	6~14	Φ
	HPB400	6~50	Φ
	HPBF400		Φ F
	RRB400		Φ R
	HPB500	6~50	Φ
	HPBF500		Φ F
中强度预应力钢丝	光面	5、7、9	Φ^{PM}
	螺旋肋		Φ^{HM}
预应力螺纹钢筋	螺纹	18、25、32、40、50	Φ^{T}
消除应力钢丝	光面	5、7、9	Φ^{P}
	螺旋肋		Φ^{H}
钢绞线	1×3(三股)	8.6、10.8、12.9	Φ^{S}
	1×7(七股)	9.5、12.7、15.2、17.8、21.6	

钢筋混凝土及预应力混凝土结构中的钢筋，应按下列规定选用：

1）纵向受力普通钢筋可采用 HRB400、HRB500、HRBF400、HRBF500、HPB300、HRB335、RRB400 钢筋；梁、柱和斜撑构件的纵向受力普通钢筋宜采用 HRB400、HRB500、HRBF400、HRBF500 钢筋。

2）箍筋宜采用 HRB400、HRBF400、HRB335、HPB300、HRB500、HRBF500 钢筋。

3）预应力钢筋宜采用预应力钢丝、钢绞线和预应力螺纹钢筋。

3. 钢筋的分类与作用

如图 9-1 所示，按钢筋在构件中的作用不同，构件中的钢筋可分为：

（1）受力筋——承受拉力或压力（其中在近梁端斜向弯起的弯起筋也承受剪力），钢筋面积根据受力大小由计算决定，并且满足构造要求。梁、柱的受力筋亦称纵向受力筋。

（2）箍筋——用以固定受力筋位置，并承担部分剪力和扭矩。多用于梁和柱中。构件配筋图中箍筋的长度尺寸，应指箍筋的里皮尺寸。弯起钢筋的高度尺寸应指钢筋的外皮尺寸，如图 9-2 所示。

（3）架立筋——一般设置在梁的受压区，与纵向受力筋平行，用于固定梁内箍筋位置，构成梁内的钢筋骨架。

（4）分布筋——多配置于单向板、剪力墙中。单向板中的分布筋与板的受力筋垂直布置，将承受的荷载均匀地传给受力筋并固定受力筋，同时承担抵抗各种原因引起的混凝土开裂的任务。剪力墙中布置的水平和竖向分布筋，除上述作用外，还可参与承受外荷载。

（5）其他——因构造要求或施工安装需要而配置的构造筋，如腰筋、预埋锚固筋、吊环等。

4. 钢筋的保护层和弯钩

为了保护钢筋，防蚀、防火及加强钢筋与混凝土粘结力，在构件中的钢筋，外面要留有保护层（图 9-1）。各种构件的混凝土保护层应按表 9-5 采用。

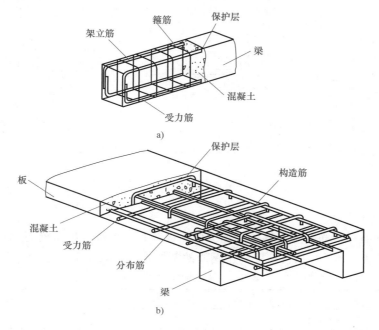

图 9-1　混凝土构件的内部结构

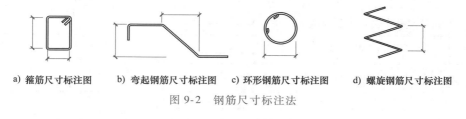

a) 箍筋尺寸标注图　　b) 弯起钢筋尺寸标注图　　c) 环形钢筋尺寸标注图　　d) 螺旋钢筋尺寸标注图

图 9-2　钢筋尺寸标注法

表 9-5　混凝土保护层的最小厚度

环境类别	环境条件	设计使用年限为 50 年的混凝土结构			
		混凝土强度等级≤C25		混凝土强度等级>C25	
		板、墙、壳	梁、柱、杆	板、墙、壳	梁、柱、杆
一	室内干燥环境	20	25	15	20
二 a	室内潮湿环境	25	30	20	25
二 b	干湿交替环境	30	40	25	35
三 a	严寒和寒冷地区	35	45	30	40
三 b	盐渍土环境	45	55	40	50

　　构件中受力钢筋的保护层厚度不应小于钢筋的公称直径 d，钢筋混凝土基础宜设置混凝土垫层，基础中钢筋的混凝土保护层厚度应从垫层顶面算起，且不应小于 40mm。

　　设计使用年限为 100 年的混凝土结构，最外层钢筋的保护层厚度不应小于表 9-5 中数值的 1.4 倍。

如果受力筋用光圆钢筋，则两端须加弯钩，以加强钢筋与混凝土的粘结力，带肋钢筋与混凝土的粘结力强，两端不必加弯钩。光圆钢筋常见的几种弯钩形式如图9-3所示。

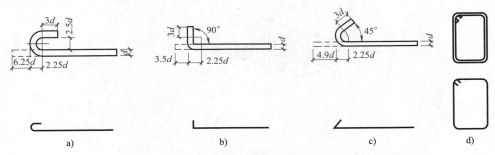

图9-3　光圆钢筋常见的钢筋弯钩形式

5. 钢筋的表示方法

为了突出钢筋，配筋图中的钢筋用比构件轮廓线粗的单线画出，钢筋横断面用黑圆点表示，具体使用见表9-6。在结构施工图中钢筋的常规画法见表9-7。

表9-6　普通钢筋常用图例

序　号	名　称	图　例	说　明
1	钢筋横断面	●	
2	无弯钩的钢筋端部		下图表示长、短钢筋投影重叠时，短钢筋的端部用45°斜划线表示
3	带半圆形弯钩的钢筋端部		
4	带直钩的钢筋端部		
5	带螺纹的钢筋端部		
6	无弯钩的钢筋搭接		
7	带半圆弯钩的钢筋搭接		
8	带直钩的钢筋搭接		
9	花篮螺钉　钢筋接头		

表9-7　钢筋的常规画法

序　号	说　明	图　例
1	在结构平面图中配置双层钢筋时，底层钢筋的弯钩应向上或向左，顶层钢筋的弯钩则向下或向右	底层　顶层
2	钢筋混凝土墙体配双层钢筋，在配筋立面图中，远面钢筋的弯钩应向上或向左，而近面钢筋则向下或向右（JM 近面，YM 远面）	JM YM

（续）

序　号	说　明	图　例
3	若在断面图中不能表示清楚的钢筋布置,应在断面图外面增加钢筋大样图(如钢筋混凝土墙、楼梯等)	
4	图中所表示的箍筋、环筋等,若布置复杂时,可加画钢筋大样及说明	
5	每组相同的钢筋、箍筋或环筋,可用一根粗实线表示,同时用一两端带斜短画线的横穿细线,表示其余钢筋及起止范围	

　　钢筋、钢丝束的说明应给出钢筋的代号、直径、数量、间距、编号及所在位置,其说明应沿钢筋的长度标注或标注在相关钢筋的引出线上。

　　钢筋的编号应采用阿拉伯数字按顺序编写,写在引出线端头的直径为 5 ~ 6mm 的细实线圆中。

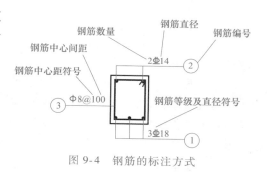

图 9-4　钢筋的标注方式

　　例如,2 Φ 14-②表示 2 号钢筋是两根直径为14mm 的 Ⅱ 级钢筋。又如φ8@ 100-③表示 3 号钢筋是 Ⅰ 级钢筋直径为 8mm,每 100mm 放置一根(个)(@ 为等间距符号),如图 9-4 所示。

6. 预埋件、预留孔洞的表示方法

1）在混凝土构件上设置预埋件时,可按图 9-5 的规定在平面图或立面图上表示。引出线指向预埋件,并标注预埋件的代号。

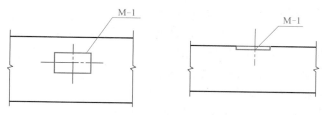

图 9-5　预埋件的表示方法

2）在混凝土构件的正、反面同一位置均设置相同的预埋件时,可按图 9-6a 所示进行标注。引出线为一条实线和一条虚线并指向预埋件,同时在引出横线上标注预埋件的数量及代号。当同一位置设置编号不同的预埋件时,可按图 9-6b 所示进行标注,引出横线上标注正面预埋件代号，引出横线下标注反面预埋件代号。

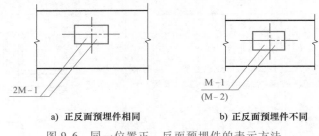

a) 正反面预埋件相同   b) 正反面预埋件不同

图 9-6   同一位置正、反面预埋件的表示方法

3）在构件上设置预留孔、洞或预埋套管时，可按图 9-7 的规定在平面或断面图中表示。引出线指向预留（埋）位置，引出横线上方标注预留孔、洞的尺寸，预埋套管的外径。横线下方标注孔、洞（套管）的中心标高或底标高。

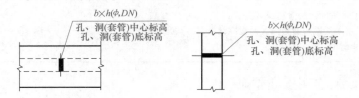

图 9-7   预留孔、洞及预埋套管的表示方法

二、钢筋混凝土构件图的图示方法

钢筋混凝土构件图是加工制作钢筋混凝土构件的依据。加工制作一个钢筋混凝土构件，不仅要知道构件的形状、大小，还要知道钢筋及其在混凝土中的情况，包括钢筋的品种、直径、形状、位置、长度、数量及间距等。为了达到这种要求，设计人员在绘制钢筋混凝土结构图时，假想混凝土是透明体，包含在混凝土当中的钢筋保持不变，成为"可见体"。

钢筋混凝土构件图主要包括模板图、配筋图、钢筋表和文字说明四部分。

（1）模板图   模板图是为浇筑构件的混凝土而绘制的，主要表达构件的外形尺寸、预埋件的位置、预留孔洞的大小和位置。对于外形简单的构件，一般不必单独绘制模板图，只需在配筋图中把构件的尺寸标注清楚即可。对于外形较复杂或预埋件较多的构件，一般要单独画出模板图。

模板图的图示方法就是按构件的外形绘制的视图。外形轮廓线用中粗实线绘制，如图 9-8 所示。

（2）配筋图   配筋图就是钢筋混凝土内部钢筋配置的投影图，主要表示构件内部所配置钢筋的形状、大小、数量、级别和排放位置。

（3）钢筋明细表   为了便于编造施工预算、统计用料，在配筋图中还应列出钢筋表，表内应注明构件代号、构件数量、钢筋编号、钢筋简图、直径、长度、数量、总数量、总长和重量等。对于比较简单的构件，可不画钢筋详图，只列钢筋表即可，如表 9-8 所示。

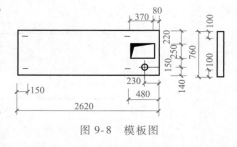

图 9-8   模板图

表 9-8　梁钢筋表

编号	钢筋简图	规格	长度	根数	重量
①	3790	Φ 20	3790	2	
②	3950	φ 12	4700	2	
③	190　350	φ 6	1180	23	
总重					

三、常用钢筋混凝土构件图识读举例

1. 钢筋混凝土梁结构详图

钢筋混凝土梁结构详图主要包括立面图、断面图，为便于下料还可以把各号钢筋抽出来绘成钢筋详图，列钢筋表。读图时先看图名，再看立面图和断面图。如图 9-9 是某现浇钢筋混凝土单跨主梁的结构详图。立面图比例是 1：25，从立面图上看出梁位于 ⑧ 轴和 ⑥ 轴之间，梁长 8480mm，中间虚线部分表示板和两个次梁的外轮廓，两个次梁距 ⑧ 轴柱边距离分别是 2630mm、5370mm。②号弯起钢筋，弯起点距柱边 50mm；④号为梁两端上部附加钢筋，长度为 2240mm；⑤号箍筋采用的是简画法，只画出其中几个，实际在中间部位箍筋中心距是 200mm，两端靠近 ⑧⑥ 轴处其中心距为 100mm，次梁两端加密箍筋各 3 道，一般为间距 50mm。断面图比例是 1：10，从 1—1，2—2 断面图中可看出梁高 700mm，宽 250mm，梁上部配③号筋（2 根直径 16 的 Ⅲ 级钢筋）；梁两端各附加 2 根④号筋（直径 16 的 Ⅲ 级钢筋）；下部第一排配①号受力钢筋（4 根直径 25 的 Ⅲ 级钢筋），第二排配②号弯起钢筋（2 根直径 22 的 Ⅲ 级钢筋），1—1 断面图还表示梁端部②号钢筋弯起后的位置及④号附加钢筋的放置位置。从钢筋详图和钢筋表中可看出钢筋的实际长度、形状和数量。

如图 9-10 是钢筋混凝土连续主梁配筋图，立面图的比例为 1：30，梁高 750mm，梁宽 250mm，主梁是一根三跨连续梁，两端支撑在 ⑧ 轴墙和 ⑩ 轴墙上，中间支承在钢筋混凝土柱子上，由于连续梁左右对称，详图中只画了一半多，另一半省略，并用对称符号表示。在立面图上用虚线表示板厚（80mm）和次梁高和宽（高 400mm、宽 200mm）。再将立面图与断面图对照可知：架立钢筋是 2 根直径为 12mm 的 Ⅲ 级钢筋，为更好地与混凝土粘结，钢筋两端作半圆形弯钩，编号为⑥，受力筋伸入支座为两根直径为 25mm 的 Ⅲ 级钢筋，编号为①；弯起筋是直径为 25mm 的 Ⅲ 级钢筋，一根编号为②，一根编号为③，弯起钢筋②、③距支座外边分别为 50mm、650mm 处起弯，弯起钢筋与梁的纵向轴线夹角为 45°。编号为④的钢筋是直径为 20mm 的 Ⅲ 级钢筋，两端不作弯钩，④号钢筋主要是因为 ⑧ 轴支座处梁上部受拉而加的受力钢筋，从距 ⑧ 轴柱左侧 2340mm 处加上；编号为⑤的钢筋是直径为 20mm 的 Ⅲ 级钢筋，作用与④相同，从距 ⑧ 柱左侧 1560mm 处加上，④、⑤号钢筋还起了架立筋的作用。⑦号钢筋为受力钢筋即 3 根直径为 20mm 的 Ⅲ 级钢筋。⑧号钢筋是箍筋，在立面图中箍筋没有全部绘出，在 2—2 剖切线附近只绘出 5 根，直径为 8mm 的 Ⅰ 级钢筋、间距为 200mm，次梁左右剪力大，故各附加了 3 根间距为 50mm 的箍筋。

2. 钢筋混凝土柱结构详图

钢筋混凝土柱结构详图主要包括立面图和断面图。如果柱的外形变化复杂或有预埋件，则还应增画模板图，模板图即构件的外形图，一般用细实线绘制。

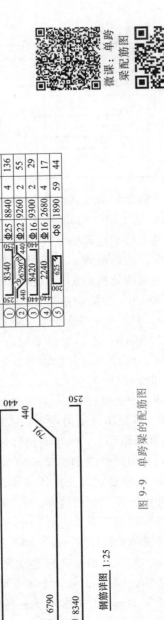

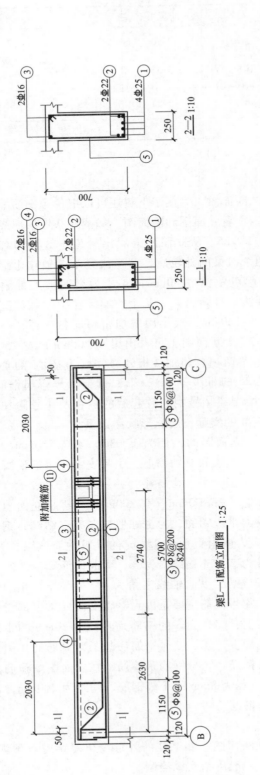

梁L—1配筋立面图 1:25

钢筋详图 1:25

图 9-9 单跨梁的配筋图

梁L—1钢筋表

编号	钢筋简图	规格	长度	根数	重量
①	8340	Φ25	8840	4	136
②	2679	Φ22	9260	2	55
③	8420	Φ16	9300	2	29
④	2240	Φ16	2680	4	17
⑤	625	Φ8	1890	59	44

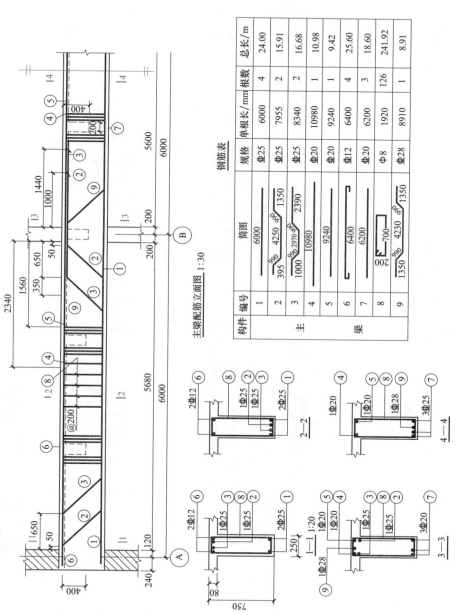

主梁配筋立面图 1:30

钢筋表

构件	编号	简图	规格	单根长/mm	根数	总长/m
主梁	1		Φ25	6000	4	24.00
	2		Φ25	7955	2	15.91
	3		Φ25	8340	2	16.68
	4		Φ20	10980	1	10.98
	5		Φ20	9240	1	9.42
	6		Φ12	6400	4	25.60
	7		Φ20	6200	3	18.60
	8		Φ8	1920	126	241.92
	9		Φ28	8910	1	8.91

图 9-10 多跨连续梁的配筋图

图 9-11 是一现浇钢筋混凝土柱（Z1）的结构详图。该柱从标高为 -0.03m 起直通顶层标高为 11.10m 处。柱为长方形断面，长 300mm、宽 250mm，由 1—1 断面可知受力筋是 4 根直径 25mm 的Ⅲ级钢筋，由 2—2 断面可知受力筋是 4 根直径 20mm 的Ⅲ级钢筋，3—3 断面处是 4 根直径 16mm 的Ⅲ级钢筋，越向上断面所需受力筋面积越小。箍筋用直径为 8mm 的Ⅰ级钢筋，柱 Z1 上不同位置，箍筋的疏密程度不同，可在 Z1 边上画出一条箍筋分布线明确表示箍筋的分布情况，其中 @200 表示箍筋间距为 200mm，@100 表示箍筋加密间距为 100mm。

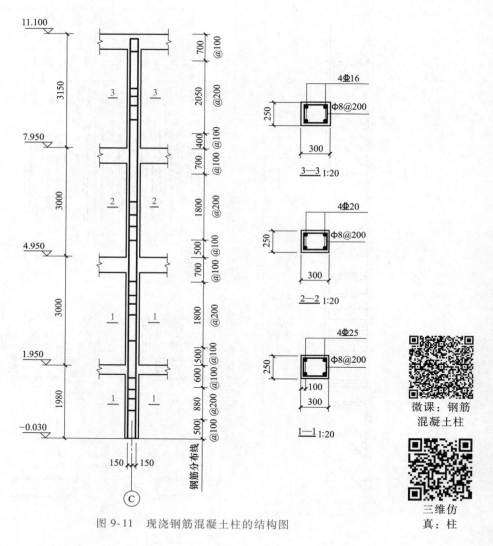

图 9-11　现浇钢筋混凝土柱的结构图

图 9-12 是一张单层工业厂房预制钢筋混凝土柱的结构详图。本例中用一模板立面图，并和配筋断面图 1—1、2—2、3—3 中的外轮廓线所形成的三个断面图共同确定该柱的外形尺寸，以及预埋件、吊装点、翻身点（该柱为预制柱，在制作、运输、安装中需翻身、起吊）的位置，由图中可看出，牛腿以上部分为 400mm×400mm 正方形截面，牛腿以下部分为 600mm×400mm 的工字形截面，牛腿部分尺寸是变化的。配筋情况通过配筋断面图来反映，

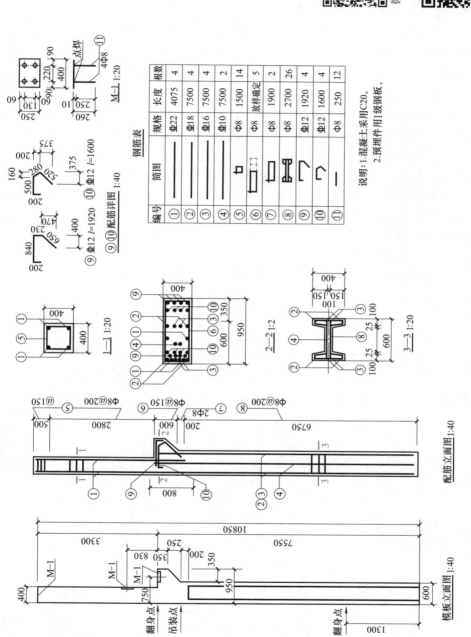

图 9-12 预制钢筋混凝土柱的结构图

较复杂的钢筋如⑨⑩号钢筋，必须抽出来单独表示。箍筋布置在牛腿的上、中、下部，分别采用⑤⑥⑦⑧号箍筋，其直径和中心距各不相同。此外这张图上还画出了预埋件的详图（为了制作方便）和钢筋表、文字说明等。

3. **钢筋混凝土板结构详图**

钢筋混凝土现浇板的结构详图包括配筋平面图和断面图。通常板的配筋用平面图来表示即可，必要时也可加画断面图。每种规格的钢筋只需画一根并标出其规格、间距。断面图反映板的配筋形式、钢筋位置及板厚。板的配筋有分离式和弯起式两种：如果板的上下钢筋分别单独配置称为分离式；如果支座附近的上部钢筋是由下部钢筋弯起得到就称为弯起式。图 9-13 中的配筋即为分离式配筋。

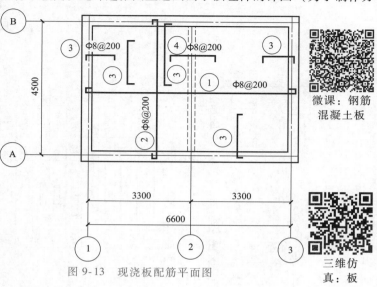

微课：钢筋
混凝土板

三维仿
真：板

图 9-13 现浇板配筋平面图

第三节 基 础 图

建在地基（支撑建筑物的土层称为地基）以上至房屋首层室内地坪（±0.000）以下的承重部分称为基础。基础的形式、大小与上部结构系统、荷载大小及地基的承载力有关，一般有条形基础、独立基础、桩基础、筏形基础、箱形基础等形式，如图 9-14 所示。

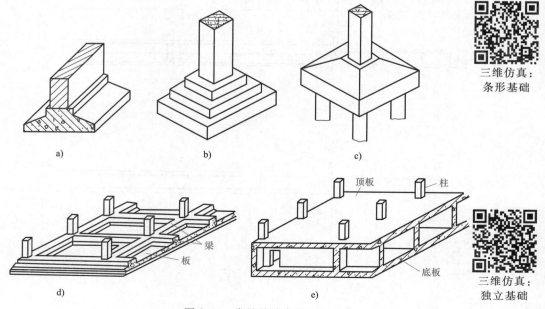

三维仿真：
条形基础

三维仿真：
独立基础

图 9-14 常见基础类型

基础图是表达基础结构布置及详细构造的图样，包括基础平面图和基础详图。

一、基础平面图

1. 基础平面图的形成及图示方法

为了把基础表达得更清楚，假想用贴近首层地面并与之平行的剖切平面把整个建筑物切开，移走上半部分和基础周围的回填土，剩余部分做水平投影所得到的投影图称为基础平面图。

在基础平面图中，只要画出基础墙、柱以及它们基础底面的轮廓线，至于基础的细部轮廓线都可以省略不画。这些细部的形状，将具体反映在基础详图中。基础墙和柱是剖切到的构件，其轮廓线应画成粗实线，未被剖到的基础底部用细实线表示。基础内留有孔、洞的位置用虚线表示。基础平面图常采用 1∶100 的比例绘制，因而材料图例的表示方法与建筑平面图相同，即剖到的基础墙可不画砖墙图例（也可在透明描图纸的背面涂成红色）、钢筋混凝土柱涂成黑色。

当房屋底层平面中开有较大门洞时，为了防止在地基反力作用下导致门洞处室内地面的开裂，通常在门洞处的条形基础中设置基础梁，并用粗点画线表示基础梁的中心位置。

2. 基础平面图的识读

1）看图名、比例、说明。

2）看基础的平面布置，即基础墙、柱以及基础底面的形状、大小及其与轴线的关系。将此图的定位轴线及其编号与建筑平面图相对照，看看两者是否一致；看基础平面图中的轴线尺寸、基础定形尺寸和定位尺寸。

3）看基础梁的位置和代号。主要了解基础哪些部位有梁，根据代号可以统计梁的种类、数量和查阅梁的详图。

4）看地沟与孔洞。

5）看基础平面图中剖切符号及其编号。根据基础平面图中的剖切平面位置和编号去查阅相应的基础详图，以了解各部分基础断面形状。

图 9-15 所示为某钢筋混凝土条形基础平面图。条形基础用两条平行的粗实线表示剖切到的墙厚，基础墙两侧的中实线表示基础外形轮廓，基础断面位置用 ○——表示。绘图比例为 1∶100，横向轴线由①~⑬，纵向轴线由Ⓐ~Ⓕ。图中构造柱涂黑。

二、基础详图

假想用剖切平面垂直剖切基础，用较大比例画出的断面图称为基础详图，又称为基础断面图。基础详图主要表达基础的形状、尺寸、材料、构造及基础的埋置深度等。

各种基础的图示方法有所不同，图 9-16 举出了常见的条形基础和独立基础的基础详图。图 9-16a 为某基础详图 JC1，此基础为钢筋混凝土条形基础，它包括基础、基础圈梁和基础墙三部分。从地下室室内地坪 -2.400 到 -3.500 为基础墙体，它是 370mm 厚的砖墙（-3.500 以上 120mm 高墙厚 490mm）。在距室内地坪 -2.400 以下 60mm，有一道粗实线表示防潮层。从 -3.500 到 -4.000 为基础大放脚，高度为 500mm，宽度为 2400mm，在基础底板配有一层 Φ12@100 的受力钢筋和一层 Φ8@200 的分布筋。基础圈梁 JQL 与基础大放脚浇筑在一起，顶面标高为 -3.500，其截面尺寸为：宽 450mm，高 500mm，配筋为上下各 4Φ14 钢筋，箍筋为 Φ8@250 的四肢箍。基础下有 100mm 厚的 C15 素混凝土垫层。

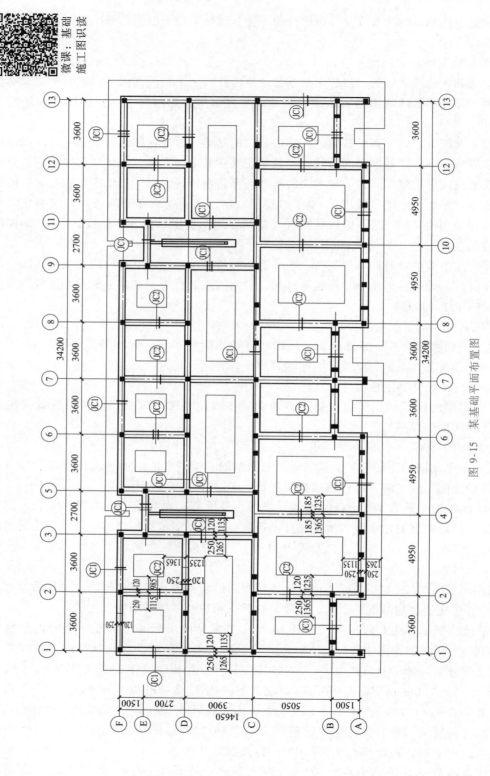

图 9-15　某基础平面布置图

图 9-16b 为一锥形的独立基础。它除了画出垂直剖视图外还画出了平面图。垂直剖视图清晰地反映了基础柱、基础及垫层三部分。基础底部为 2000mm×2200mm 的矩形，基础为高 600mm 的四棱台形，基础底部配置了 Φ8@150、Φ8@100 的双向钢筋。基础下面是 C15 素混凝土垫层，高 100mm。基础柱尺寸为 400mm×350mm，预留插筋 8Φ16，钢筋下端直接插入基础内部，上端与柱中的钢筋搭接。

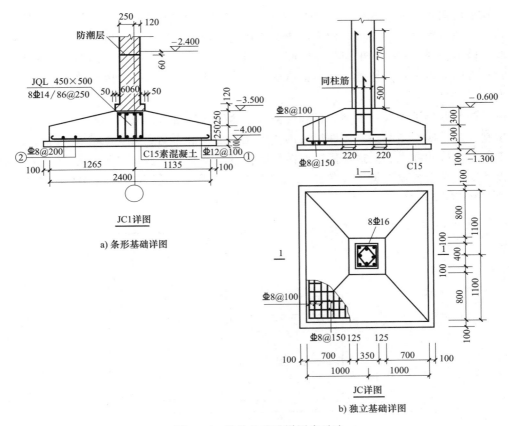

图 9-16　常见的基础详图表示法

第四节　结构平面图

结构平面图包括基础平面图、楼层结构平面图和屋顶结构平面图三部分内容，基础平面图在基础图中已作了介绍，楼层结构平面图与屋顶结构平面图的表达方法完全相同，这里着重介绍楼层结构平面图。

一、楼层结构平面图的形成和用途

假想用一个水平剖切平面，沿楼层楼板的上表面将建筑物剖切，移走上半部分，剩余部分的水平投影图，称为楼层结构平面图，也称为楼层结构平面布置图。它是用来表示各楼层结构构件（如墙、梁、板、柱等）的平面布置情况，以及现浇混凝土构件构造尺寸与配筋情况的图纸，是建筑结构施工时构件布置、安装的重要依据。

二、楼层结构平面图的图示方法

结构平面图中，应绘制出构件的轮廓线，并用构件代号进行标注，当构件能用单线表示清楚时，也可用单线表示。定位轴线应与建筑平面图或总平面图一致，并标注结构标高。

在结构平面图中，当若干部分相同时，可只绘制一部分，并用大写的拉丁字母（A、B、C……）外加细实线圆圈表示相同部分的分类符号。分类符号圆圈直径为 8mm 或 10mm。其他相同部分仅标注分类符号。

结构平面图中，外轮廓线用中粗实线表示，被楼板遮挡的墙、柱、梁等，用细虚线表示，其他用细实线表示。楼层结构平面图的比例应与建筑平面图的比例相同。

在结构平面图中索引的剖视详图、断面详图应采用索引符号表示，其编号顺序为：外墙按顺时针方向从左下角开始编号；内横墙从左至右，从上至下编号；内纵墙从上至下，从左至右编号。

由于钢筋混凝土楼板有预制楼板和现浇楼板两种，其图示方法亦不同。

预制装配式楼层是由预制构件组成的，施工速度快、节省劳动力和建筑材料、造价低，便于工业化生产和施工。但这种楼层整体性不如现浇楼板好。预制装配式楼层结构平面图，主要表示支撑楼板的墙、梁、柱等结构构件的位置，预制楼板直接在结构平面图中进行标注，如图 9-17 所示。

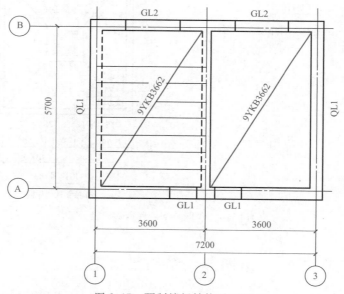

图 9-17　预制楼板结构平面图

预制楼板主要有平板、槽型板和空心板。预制楼板结构平面图中，用粗实线表示楼层平面轮廓，细实线表示预制板的铺设，并注写板的数量和型号，也可只画一对角线并沿对角线方向注明预制板数量和型号。预制板铺设方式相同的单元，可用大写的拉丁字母分类编号表示，不需要全部画出。图 9-17 中沿对角线方向标注的 9YKB3662 其含义如下：9 表示构件的数量为 9 块，Y 表示预应力，KB 表示空心楼板，YKB 表示预应力空心板；36 表示板的长度为 3600mm；6 表示板的宽度为 600mm；2 表示板的荷载等级为 2 级。

如果楼板为现浇钢筋混凝土楼板，则可在结构平面布置图中直接进行配筋，如图 9-18

所示。

三、楼层结构平面图的识读

下面以图 9-18 某住宅二层结构平面布置图（局部）为例，了解结构平面布置图的识读方法与步骤。

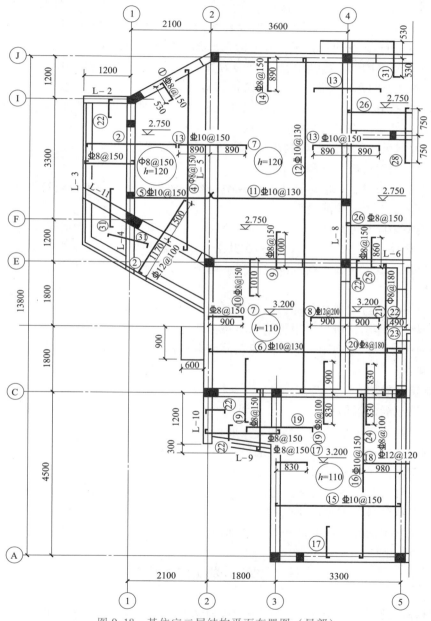

图 9-18　某住宅二层结构平面布置图（局部）

1）了解图名与比例。楼层结构平面布置图的比例一般与建筑平面图、基础平面布置图的比例一致。

2）与建筑平面图对照，了解楼层结构平面布置图的定位轴线。在本图中只表示出①~

⑤轴线的结构平面布置图。

3）通过结构构件代号了解该楼层中结构构件的位置与类型。如图中的 L-1、L-2 等，表示梁的编号。

4）了解现浇板的配筋情况及其板的厚度。在楼层结构图中，将所有的现浇板进行编号，板的形状、大小、配筋相同的楼板，编号相同，只在每种楼板的一块楼板中进行配筋，为了突出钢筋的位置和规格，钢筋用粗实线表示。在②～④轴线的房间中，前面的房间，现浇板的厚度为 110mm，双向板，两个方向的钢筋都是Φ6@130，在后面房间板中配置的钢筋为横向箍筋为⑪号钢筋Φ10@130，纵向钢筋为⑫钢筋，同样是Φ10@130。

5）了解各部位的标高情况，并与建筑标高对照，了解装修层的厚度。一般情况下用建筑标高减去本层的结构标高，即为楼板层装修的厚度。本图中，板顶的标高为 2.75m，与建筑施工图比较，可知，将来的装饰面层厚度为 50mm。

6）如有预制板，了解预制板的规格、数量等级和布置情况。

四、结构平面图绘制方法和步骤

绘制结构平面图时，一般应选用与建筑平面图一致的比例，画出与建筑平面图完全一致的轴线；采用表 9-1 中相应的线型。

在现浇板中相同编号的不同方向或位置的钢筋，如果其间距相同时可只标一处（钢筋类型、编号、直径、间距），其他钢筋只在其上注写钢筋号即可。预制板的排列可只在一个范围内画出板轮廓线，并在排列范围内从左下角至右上角画出一条对角线，在对角线上注出板的类型、数量。

楼面梁、圈梁、过梁用代号标出（图形复杂时也可不标号）。

楼梯间因另有详图，所以可用折线标出楼梯间范围即可。

应标注的尺寸是：轴间距、墙厚、板顶面的结构标高。

绘图步骤：

1）绘制定位轴线；

2）绘制墙或梁的投影图；

3）按顺序绘制每块板的受力筋和分布筋；

4）绘制构造钢筋；

5）标注钢筋的尺寸和配置；

6）标注构件代号和图形外部尺寸；

7）标注轴线编号、图名和比例；

8）按照结构平面布置图的图线要求，加深图样。

第五节　楼梯结构图

楼梯结构施工图包括楼梯结构平面图、楼梯结构剖面图和楼梯构件详图。

1. 楼梯结构平面图

楼梯结构平面图主要表示楼梯类型、尺寸、结构及梯段在水平投影的位置、编号、休息平台板配筋和标高等。

图 9-19 所示为楼梯结构平面图，从图中看出楼梯位于ⓒ～ⓔ与③～⑤轴线间，从地下室

上到第一休息平台（标高-1.070m）共有 9 级踏步，每步宽 300mm；TB1、TB2 分别是踏步板 1、踏步板 2 的编号，从图 9-13c 中看到 TB1、TB2 的长为 2400mm，宽均为 1170mm，其中 TB1 只在中间 670mm 范围内有踏步，两边为斜平板。TL-1 表示支撑楼梯平台板的平台梁。XB1、XB2 表示两个休息平台板，其标高分别为-1.070m、-0.020m，板厚h = 80mm。在图 9-19b 中画出了平台板 XB1、XB2 的配筋情况。

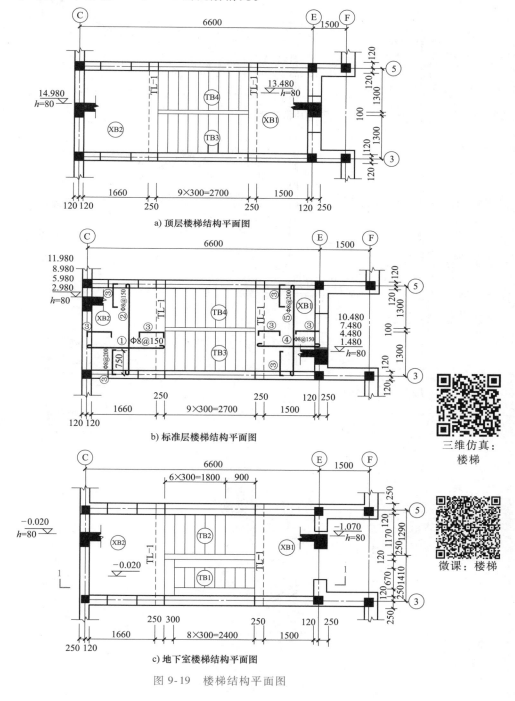

a) 顶层楼梯结构平面图

b) 标准层楼梯结构平面图

三维仿真：
楼梯

微课：楼梯

c) 地下室楼梯结构平面图

图 9-19　楼梯结构平面图

2. 楼梯结构剖面图

楼梯结构剖面图主要表示各楼梯段、休息平台板的立面投影位置、标高、楼梯板配筋详图。

图 9-20a 所示是 1—1 楼梯剖面，主要表示了 TB、TL、XB 在竖向的位置、标高、结构

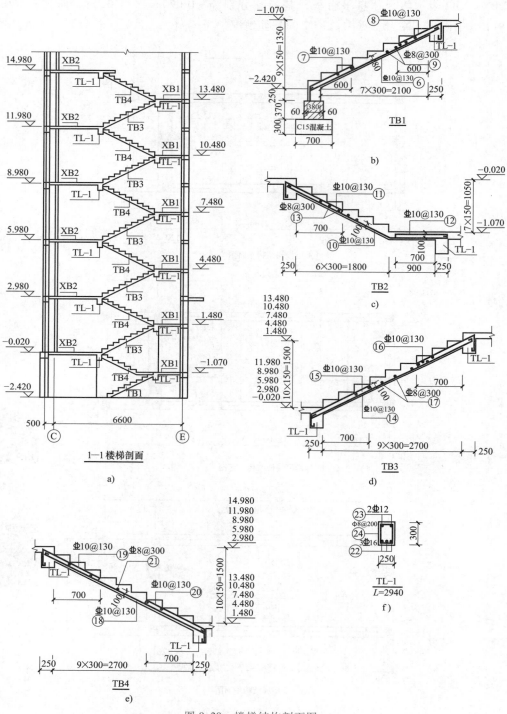

图 9-20 楼梯结构剖面图

情况。由图中看出 TB1、TB2 各一块，TB3、TB4 各 5 块。TL-1 12 根，各构件在空间的位置一目了然。图 9-20b 、图 9-20c、图 9-20d 、图 9-20e 分别为 TB1、TB2、TB3、TB4 的剖面图；图 9-20f 为平台梁 TL-1 的剖面图。从图 9-20b 可以看出，从地下室－2.420m 到－1.070m 共有 9 步，每步高 150mm。

3. 楼梯构件详图

在楼梯结构剖面图中，由于比例较小，构件连接处钢筋重影，无法详细表示各构件配筋时，可用较大的比例画出每个构件的配筋图，即楼梯构件详图。

图 9-20b、c、d、e、f 为楼梯构件详图，也就是楼梯配筋详图。从图中可知，TB1 踏步板厚 80mm 并与平台梁 TL-1 直接相连，梯板中的配筋⑥ Φ 10@ 130 为纵向受力筋，布置在板底；⑨号分布筋横向布在受力筋上面，⑦⑧号为构造筋，布置在板两端的上方，两端深入平台梁内。TB2、TB3、TB4 的构造形式与 TB1 基本相同，不同之处是踏步板厚改为 100mm，TB2 为折板。图 9-20f 为平台梁 TL-1 断面图，梁宽 250mm，梁高 300mm，长 2940mm，左右两侧分别与踏步板、平台梁相连，它的标高见 1—1 楼梯剖面图，梁中受力筋㉒ 为 3 Φ 16，架力筋㉓为 2 Φ 12，箍筋 Φ 8@ 200。

第六节　钢筋混凝土构件的平面整体表示法

为了提高设计效率、简化绘图、缩减图样量，并且使施工看图和查找方便，我国推出了国家标准图集《混凝土结构施工图平面整体表示方法制图规则和构造详图》。该标准中介绍的平面整体表示法，改革了传统表示法的逐个构件表达方式。

建筑结构施工图平面整体表示法的表达形式是把结构构件的尺寸和配筋等，按照施工顺序和平面整体表示法制图规则，整体地直接表达在各类构件的结构平面布置图上，再与标准构造详图相配合，即构成一套新型完整的结构施工图。它改变了传统的将构件从结构平面布置图中索引出来，再逐个绘制配筋详图的繁琐方法，从而使结构设计方便、表达全面、准确，易随机修正，大大简化了绘图过程。

该图集包括两大部分内容：平面整体表示法制图规则和标准构造详图。该方法主要用于绘制现浇钢筋混凝土结构的梁、板、柱、剪力墙等构件的配筋图。

因为用板的平面配筋图表示板的配筋画法，与传统方法一致，所以下面仅对常用的梁、板、柱平面表示法进行介绍。

一、梁平法施工图制图规则

梁平法施工图是在梁平面布置图上，采用平面注写方式或截面注写方式表达。

1. 平面注写方式（标注法）

平面注写方式是在梁平面布置图上，分别在不同编号的梁中各选一根梁，在其上注写截面尺寸和配筋具体数值的方式表达梁平法施工图。当某跨断面尺寸或箍筋与基本值不同时，则将其特殊值从所在跨中引出另注。

平面注写包括集中标注和原位标注，集中标注表达梁的通用数值，原位标注表达梁的特殊数值。当集中标注中某项数值不适用于梁的某部位时，则将该数值原位标注，施工时，原位标注取值优先，如图 9-21 所示。

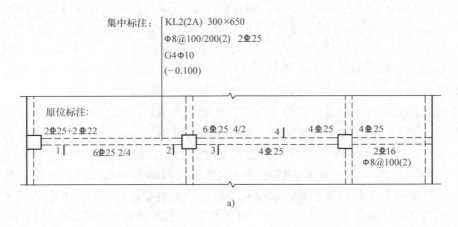

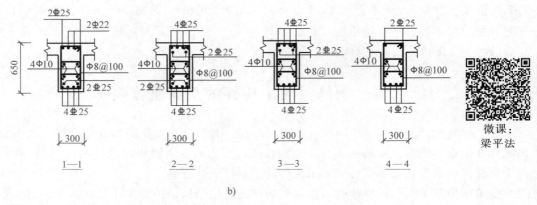

图 9-21 梁平面注写示例

（1）梁集中标注的内容　梁集中标注的内容为五项必注值和一项选注值，下面介绍的前五项为必注值，第六项为选注值。

1）梁编号。由梁类型代号、序号、跨数及有无悬挑代号几项组成，如图 9-21a 中的集中标注值 KL2（2A）；梁类型、代号及编号方法见表 9-9。

表 9-9　梁类型、代号及编号方法

梁 类 型	代 号	序 号	跨数及是否带有悬挑
楼层框架梁	KL	××	（××）、（××A）或（××B）
楼层框架扁梁	KBL	××	（××）、（××A）或（××B）
屋面框架梁	WKL	××	（××）、（××A）或（××B）
框支梁	KZL	××	（××）、（××A）或（××B）
托柱转换梁	TZL	××	（××）、（××A）或（××B）
非框架梁	L	××	（××）、（××A）或（××B）
悬挑梁	XL	××	（××）、（××A）或（××B）
井字梁	JZL	××	（××）、（××A）或（××B）

注：（××A）为一端悬挑，（××B）为两端有悬挑，悬挑不计入跨数

2）梁截面尺寸。当梁的截面为等截面时，用 $b \times h$ 表示，当为竖向加腋梁时，用 $b \times h$ $Yc_1 \times c_2$ 表示，其中 c_1 为腋长，c_2 为腔高，如图 9-22a 所示；当为水平加腋梁时，用 $b \times h$

$PYc_1 \times c_2$ 表示，其中 c_1 为腋长，c_2 为腋宽，如图 9-22b 所示；当有悬挑梁且根部和端部的高度不相同时，用斜线分隔根部与端部的高度值，即为 $b \times h_1 / h_2$ 表示，如图 9-23 所示。

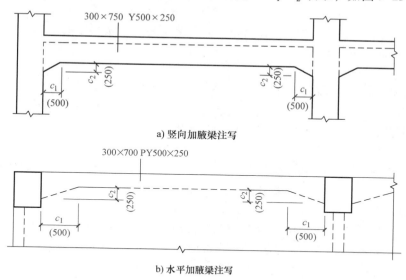

a) 竖向加腋梁注写

b) 水平加腋梁注写

图 9-22　加腋梁截面尺寸注写示意

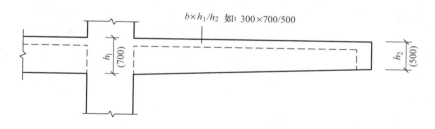

图 9-23　悬挑梁不等高截面尺寸注写示意

3）梁箍筋。包括箍筋级别、直径、加密区与非加密区间距及肢数。箍筋加密区与非密区的不同间距及肢数需用"/"分隔，箍筋支数应写在括号内，如 $\phi 8@ 100/200$（2）。

4）梁上部通长筋或架立筋。当同排纵筋中既有通长筋又有架立筋时，应用"+"将通长筋和架立筋相连。注写时须将角部纵筋写在加号的前面，架立筋写在加号后面的括号内，以表示不同直径及与通长筋的区别，当全部采用架立筋时，则将其写入括号内。如 2 Φ 22+（4 Φ 12）表示梁中有 2 Φ 22 的通长筋，4 Φ 12 的架立筋。当梁的上部纵筋和下部纵筋均为全跨相同，且多数跨配筋相同时，此项可加注下部纵筋的配筋值，用"；"将上部与下部的配筋值分隔开，如"3 Φ 22；3 Φ 20"表示梁上部配置 3 Φ 22 的通长筋，下部配置 3 Φ 20 的通长筋。

5）梁侧面纵向构造筋或受扭筋。当梁腹板高度 $h_w \geqslant 450$mm 时，须配置纵向构造钢筋，以大写字母 G 打头，当梁侧面需配置受扭纵向钢筋时，用大写字母"N"打头。

6）梁顶面标高高差。此项为选注值，梁顶面标高高差是指梁顶面标高相对于结构层楼面标高的高差值。有高差时，将高差写入括号内，无高差时不注。当梁的顶面标高高于所在结构层的楼面标高时，其标高高差为正值，反之为负值。

如图 9-21 所示，用引出线集中标注了梁的配筋情况。KL2（2A）300×650 表示：2 号框架梁，有两跨，一端有悬挑、梁断面 300mm×650mm；Φ8@100/200（2）表示此梁箍筋是Ⅰ级钢筋，直径 8mm，间距 200mm，加密区间距 100mm，双肢筋；2 ⊈ 25 表示在梁上部贯通直径为 25mm 的Ⅲ级钢筋 2 根；（-0.100）表示梁顶相对于楼层标高低 0.100m。

（2）梁原位标注的内容

1）梁支座上部纵筋。

① 当上部纵筋多于一排时，用"/"将各排纵筋自上而下分开；如图 9-21 所示，梁支座上部纵筋注写为 6 ⊈ 25 4/2，表示上排纵筋为 4 ⊈ 25，下排纵筋为 2 ⊈ 25。

② 当同排纵筋有两种直径时，用"+"将两种直径的纵筋相连，注写时将角部纵筋写在前面。

③ 当梁中间支座两边的上部纵筋不同时，需在支座两边分别标注；当梁中间支座两边的上部纵筋相同时，可仅在支座的一边标注配筋值。

2）梁下部纵筋。

① 当下部纵筋多于一排时，用"/"将各排纵筋自上而下分开。

② 当同排纵筋有两种直径时，用"+"将两种直径的纵筋相连，注写时将角筋纵筋写在前面。

③ 当梁下部纵筋不全部伸入支座时，将梁支座下部纵筋减少的数量写在括号内。例如梁下部纵筋注写为 6 ⊈ 25 2(-2)/4，则表示上排纵筋为 2 ⊈ 25，且不伸入支座；下排纵筋为 4 ⊈ 25，全部伸入支座。当梁的下部纵筋注写为 2 ⊈ 25+3 ⊈ 22(-3)/5 ⊈ 25，表示上排纵筋为 2 ⊈ 25 和 3 ⊈ 22，其中 3 ⊈ 22 不伸入支座；下排纵筋为 5 ⊈ 25，全部伸入支座。

3）附加箍筋和吊筋，将直接画在平面图中的主梁上，用线引注纵配筋值，附加箍筋的肢数注写在括号内，如图 9-24 所示。

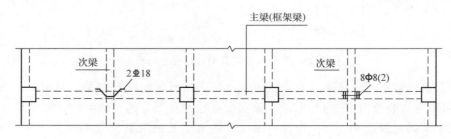

图 9-24　附加箍筋和吊筋的画法示意

如图 9-21 所示，第一跨梁上部 2 ⊈ 25+2 ⊈ 22，表示梁支座上部有 2 ⊈ 25 角筋和 2 ⊈ 22 纵筋，梁下部标注 6 ⊈ 25 2/4 表示梁下部有两排纵筋，上排为 2 ⊈ 25，下排为 4 ⊈ 25。在第二跨中两端支座的上部配筋不同，左面 6 ⊈ 25 4/2 表示梁上部有六根纵筋，两排，上排为 4 ⊈ 25，下排为 2 ⊈ 25，而右侧上部配筋为 4 ⊈ 25；梁下部纵筋为 4 ⊈ 25。右侧为悬挑部分，梁上部配筋 4 ⊈ 25，下部配筋 2 ⊈ 16，箍筋为 ⊈ 8@100。

梁支座上部纵筋的长度根据梁的不同类型，按标准中的相关规定执行。

2. 截面注写方式（断面法）

截面注写方式是在分标准层绘制的梁平面布置图上，分别在不同编号的梁中各选择一根梁，用剖面号引出配筋图，并在其上注写截面尺寸和配筋具体数值的方式表达梁平法施工图，如图 9-25 所示。

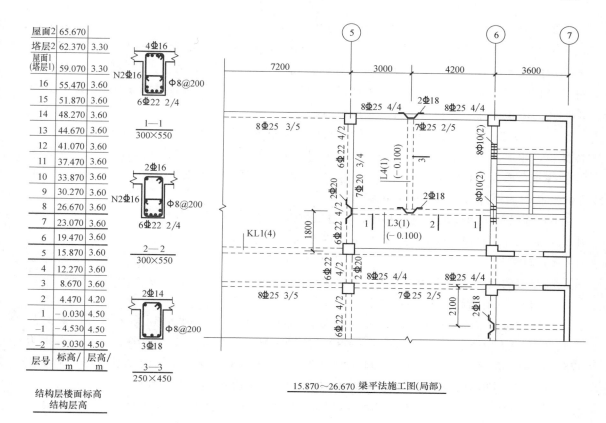

图 9-25　梁平法施工图

在截面配筋图上注写截面尺寸 $b×h$、上部筋、下部筋、侧面构造筋和受扭筋以及箍筋的具体数值时，其表达方式与平面注写方法相同。

如图 9-25 所示梁 L3 的配筋用截面表示在平面图的下方，1—1 截面表示梁下部配双排筋，下面是 4⏀22，上面是 2⏀22，在梁上面配 4⏀16。2—2 截面与 1—1 截面相比较，上部少了 2 根纵筋，3—3 截面为 L4 的配筋情况，只在梁的下部配了 3⏀18，上部配了 2⏀14 的纵筋，整个梁的箍筋配置相同，全部为⏀8@ 200。

二、柱平法施工图制图规则

柱平法施工图是在柱平面布置图上采用列表注写方式或截面注写方式表达。

1. 列表注写方式

列表注写方式是在柱平面布置图上分别在同一编号的柱中选择一个截面标注几何参数代号；在柱表中注写柱号、柱段起止标高、几何尺寸与配筋的具体数值，并配以各种柱截面形状及其箍筋类型图的方式表达柱平法施工图。

列表注写的内容如下：

1）柱编号。柱编号由柱的类型代号和序号组成，柱的类型及代号见表 9-10。

表 9-10　柱的类型及代号

柱 类 型	代 号	序 号	柱 类 型	代 号	序 号
框架柱	KZ		梁上柱	LZ	
转换柱	ZHZ	××	剪力墙上柱	QZ	××
芯柱	XZ				

2）各段柱的起止标高。自柱根部往上以变截面位置或截面未变但配筋改变处为界分段注写。框架柱和转换柱的根部标高是指基础顶面标高；芯柱的根部标高是指根据结构实际需要而定的起始位置标高；梁上柱的根部标高是指梁顶面标高；剪力墙上柱的根部标高分两种：当柱纵筋锚固在墙顶部时，其根部标高为墙顶面标高；当柱与剪力墙重叠一层时，其根部标高为墙顶面往下一层的结构层楼面标高。

3）对于矩形柱，注写截面尺寸 $b \times h$ 及轴线关系的几何参数代号 b_1、b_2 和 h_1、h_2 的具体数值，须对应与各段柱分别注写。其中 $b = b_1 + b_2$，$h = h_1 + h_2$，当截面的某一面收缩变化至与轴线重合或偏到轴线另一侧时，b_1、b_2、h_1、h_2 中的某项为零或为负数。对于圆柱，表中 $b \times h$ 一栏改为圆柱直径数字前加 d 表示。

4）柱纵筋。当柱纵筋直径相同，各边根数也相同时，将纵筋注写在"全部纵筋"一栏中，除此之外，柱纵筋分角筋、截面 b 边中部筋和 h 边中部筋三项分别注写。

5）箍筋类型号和箍筋肢数，具体工程设计的各种箍筋类型图以及箍筋复合的具体方式，画在表的上部或图中适当位置，并在表中注写与表中相对应的 b、h 和编上类型号。

如图 9-26 所示为柱平法施工图列表注写方式示例。

从图中可知代号为 KZ1 的柱子，根据配筋的截面的变化情况分为 4 部分：标高从 -4.530 至 -0.030 处，柱截面尺寸为 750×700，箍筋配筋类型为 1 型（6×6），b_1、b_2 分别为 375，h_1 是 150，h_2 为 550，箍筋为 $\Phi 10@ 100/200$，28 根直径为 25mm 的 III 级纵筋；标高从 -0.030 至 19.470 处，柱截面尺寸为 750×700，箍筋配筋类型为 1 型（5×4），b_1、b_2 分别为 375，h_1 是 150，h_2 为 550，箍筋为 $\Phi 10@ 100/200$，24 根直径为 25mm 的 III 级纵筋；标高从 19.470 至 37.470 处，柱截面尺寸为 650×600，箍筋配筋类型为 1 型（4×4），b_1、b_2 分别为 325，h_1 是 150，h_2 为 450，箍筋为 $\Phi 10@ 100/200$，4 根直径为 22mm 的 III 级角筋，b 边一侧中部筋为 5 根直径为 22mm 的 III 级钢筋，h 边一侧中部筋为 4 根直径为 20mm 的 III 级钢筋；标高从 37.470 至 59.070 处，柱截面尺寸为 550×500，箍筋配筋类型为 1 型（4×4），b_1、b_2 分别为 275，h_1 是 150，h_2 为 350，箍筋为 $\Phi 8@ 100/200$，纵筋的配置与标高从 19.470 至 37.470 处相同。

2. 截面注写方式

柱平法施工图截面注写方式是在分标准层绘制的柱平面布置图的柱截面上，分别在同一编号的柱中选择一个截面，以直接注写截面尺寸和配筋具体数值的方式表达柱平法施工图。

表达方法是除芯柱之外的所有柱截面从相同编号的柱中选择一个截面，按另一种比例原位放大绘制柱截面配筋图，并在各配筋图上继其编号后再注写截面尺寸 $b \times h$、角筋和全部纵筋、箍筋的具体数值以及在柱截面配筋图上标注柱截面与轴线关系 b_1、b_2、h_1、h_2 的具体数值。

如图 9-27 所示为柱平法施工图截面注写方式示例。

在图中每种类型柱子取一个为代表，将截面按比例放大，直接在上面注写其截面尺寸，配筋数值，如 KZ2，截面尺寸 650×600，纵筋为 22 根直径 22mm 的 III 级钢筋，箍筋 $\Phi 10@ 100/200$，其他柱的读法相同。

微课：柱平法

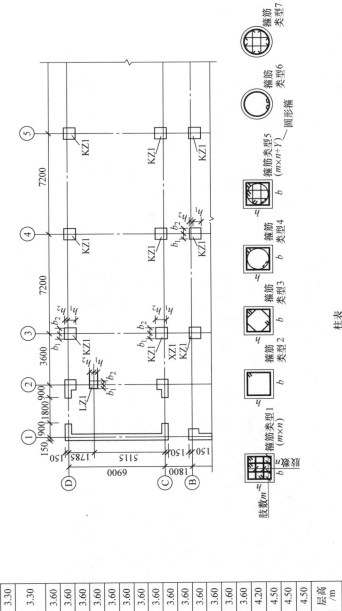

层高表

层号	标高/m	层高/m
屋面2	65.675	
塔层2	62.370	3.30
屋面1（塔层1）	59.070	3.30
16	55.470	3.60
15	51.870	3.60
14	48.270	3.60
13	44.670	3.60
12	41.070	3.60
11	37.470	3.60
10	33.870	3.60
9	30.270	3.60
8	26.670	3.60
7	23.070	3.60
6	19.470	3.60
5	15.870	3.60
4	12.270	3.60
3	8.670	3.60
2	4.470	4.20
1	-0.030	4.50
-1	-4.530	4.50
-2	-9.030	4.50

柱表

柱号	标高	b×h（圆柱直径D）	b_1	b_2	h_1	h_2	全部纵筋	角筋	b边一侧中部筋	h边一侧中部筋	箍筋类型号	箍筋	备注
KZ1	-4.530～-0.030	750×700	375	375	150	550	28Φ25				1(6×6)	Φ10@100/200	
	-0.030～19.470	750×700	375	375	150	550	24Φ25				1(5×4)	Φ10@100/200	—
	19.470～37.470	650×600	325	325	150	450		4Φ22	5Φ22	4Φ20	1(4×4)	Φ10@100/200	
	37.470～59.070	550×500	275	275	150	350		4Φ22	5Φ22	4Φ20	1(4×4)	Φ8@100/200	
XZ1	-4.530～8.670						8Φ25				按标准构造详图	Φ10@100	③×Ⓑ轴KZ1中设置

-4.530～59.070柱平法施工图（局部）

图 9-26　柱平法施工图列表注写方式

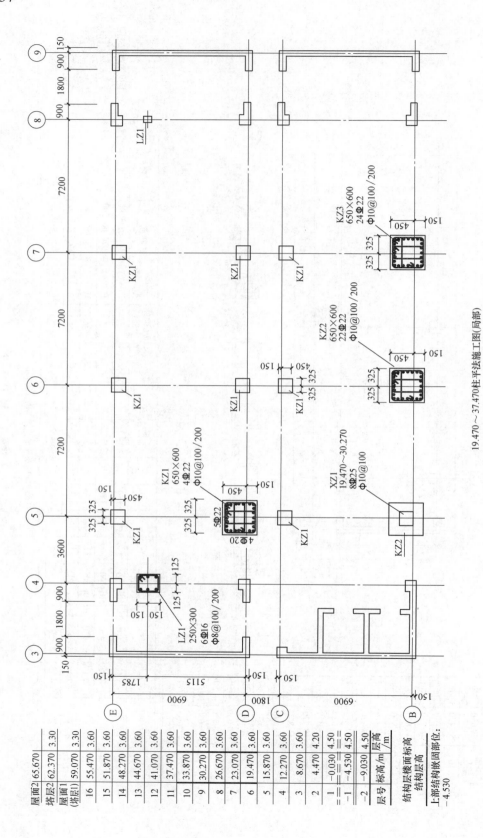

图 9-27 柱平法施工图截面注写方式

三、剪力墙平法施工图制图规则

剪力墙平法施工图是在剪力墙平面布置图上采用列表注写方式和截面注写方式表达。

1. 列表注写方式

列表注写方式是在剪力墙柱表、剪力墙身表和剪力墙梁表中，对应于剪力墙平面布置图上的编号，用绘制截面配筋图并注写几何尺寸与配筋具体数值的方式，表达剪力墙平法施工图。

微课：
剪力墙

（1）各类构件的编号

1）墙柱编号。由墙柱类型代号和序号组成，见表 9-11。

表 9-11 墙柱编号

柱类型	代号	序号
约束边缘构件	YBZ	××
构造边缘构件	GBZ	××
非边缘暗柱	AZ	××
扶壁柱	FBZ	××

2）墙身编号。由墙身代号、序号以及墙身所配置的水平与竖向分布钢筋的排数组成，其中，排数注写在括号内，如 Q××（×排）。

3）墙梁编号。由墙梁类型代号和序号组成，见表 9-12。

表 9-12 墙梁编号

墙梁类型	代号	序号
连梁	LL	××
连梁（对角暗撑配筋）	LL（JC）	××
连梁（交叉斜筋配筋）	LL（JX）	××
连梁（集中对角斜筋配筋）	LL（DX）	××
连梁（跨高比不小于5）	LLK	××
暗梁	AL	××
边框梁	BKL	××

（2）列表注写方式中的内容

1）在剪力墙柱表中表达的内容。

① 墙柱编号和截面配筋图。

② 各段墙柱的起止标高，自墙柱根部往上以变截面位置或截面未变但配筋改变处为界分段注写。墙柱根部标高是指基础顶面标高（框支剪力墙结构则为框支梁顶面标高）。

③ 各段墙柱的纵向钢筋和箍筋。

2）在剪力墙身表中表达的内容。

① 墙身编号（含水平与竖向分布钢筋的排数）。

② 各段墙身起止标高，自墙身根部往上以变截面位置或截面未变但配筋改变处为界分段注写。墙身根部标高是指基础顶面标高（框支剪力墙结构则为框支梁顶面标高）。

③ 水平分布钢筋、竖向分布钢筋和拉筋的具体数值。

3) 剪力墙梁表中表达的内容。

① 墙梁编号。

② 墙梁所在楼层号。

③ 墙梁顶面标高高差是指相对于墙梁所在结构层楼面标高的高差值，高于者为正值，低于者为负值，无高差时不注。

④ 墙梁截面尺寸、上部纵筋、下部纵筋和箍筋的具体数值。

⑤ 当连梁设有斜向交叉暗撑时，注写一根暗撑的全部纵筋，以及箍筋的具体数值。

⑥ 当连梁设有交叉斜筋时，注写连梁一侧对角斜筋的配筋值，并标注×2 表明对称设置；注写对角斜筋在连梁端部设置的拉筋根数、强度级别及直径，并标注×4 表示四个角都设置；注写连梁一侧折线筋配筋值，并标注×2 表明对称设置。

⑦ 当连梁设有集中对角斜筋时，注写一条对角线上的对角斜筋，并标注×2 表明对称设置。

如图 9-28 所示，为剪力墙列表注写方式示例，其对应的剪力墙梁表见表 9-13、剪力墙身表见表 9-14、剪力墙柱表见表 9-15。

表 9-13　剪力墙梁表

编号	所在楼层号	梁顶相对标高高差/m	梁截面 $b \times h$/mm×mm	上部纵筋	下部纵筋	箍筋
LL1	2~9	0.800	300×2000	4Φ25	4Φ25	Φ10@100（2）
	10~16	0.800	250×2000	4Φ22	4Φ22	Φ10@100（2）
	屋面1		250×1200	4Φ20	4Φ20	Φ10@100（2）
LL2	3	−1.200	300×2520	4Φ25	4Φ25	Φ10@150（2）
	4	−0.900	300×2070	4Φ25	4Φ25	Φ10@150（2）
	5~9	−0.900	300×1770	4Φ25	4Φ25	Φ10@150（2）
	10~屋面1	−0.900	250×1770	4Φ22	4Φ22	Φ10@150（2）
LL3	2		300×2070	4Φ25	4Φ25	Φ10@100（2）
	3		300×1770	4Φ25	4Φ25	Φ10@100（2）
	4~9		300×1170	4Φ25	4Φ25	Φ10@100（2）
	10~屋面1		250×1170	4Φ22	4Φ22	Φ10@100（2）
LL4	2		250×2070	4Φ20	4Φ20	Φ10@120（2）
	3		250×1770	4Φ20	4Φ20	Φ10@120（2）
	4~屋面1		250×1170	4Φ20	4Φ20	Φ10@120（2）
AL1	2~9		300×600	3Φ20	3Φ20	Φ8@150（2）
	10~16		250×500	3Φ18	3Φ18	Φ8@150（2）
BKL1	屋面1		500×750	4Φ22	4Φ22	Φ10@150（2）

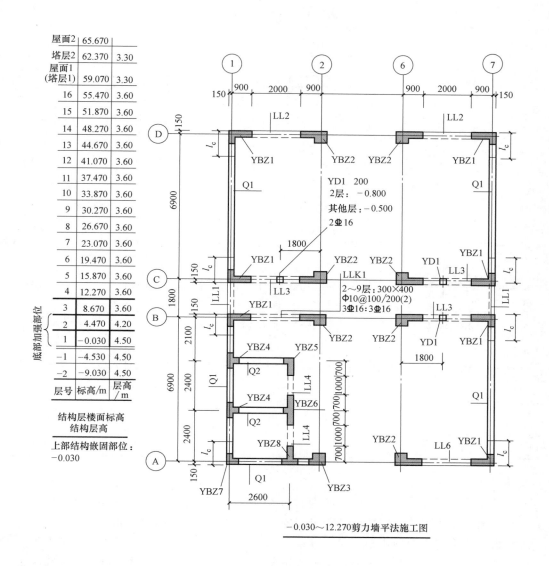

屋面2	65.670	
塔层2	62.370	3.30
屋面1 (塔层1)	59.070	3.30
16	55.470	3.60
15	51.870	3.60
14	48.270	3.60
13	44.670	3.60
12	41.070	3.60
11	37.470	3.60
10	33.870	3.60
9	30.270	3.60
8	26.670	3.60
7	23.070	3.60
6	19.470	3.60
5	15.870	3.60
4	12.270	3.60
3	8.670	3.60
2	4.470	4.20
1	-0.030	4.50
-1	-4.530	4.50
-2	-9.030	4.50
层号	标高/m	层高/m

底部加强部位 {1, 2, 3}

结构层楼面标高
结构层高

上部结构嵌固部位：
-0.030

−0.030~12.270剪力墙平法施工图

图 9-28 剪力墙列表注写方式

表 9-14 剪力墙身表

编　　号	标　　高/m	墙厚/m	水平分布筋	垂直分布筋	拉筋（矩形）
Q1	-0.030~30.270	300	Φ12@200	Φ12@200	φ6@600
	30.270~59.070	250	Φ10@200	Φ10@200	φ6@600
Q2	-0.030~30.270	250	Φ10@200	Φ10@200	φ6@600
	30.270~59.070	200	Φ10@200	Φ10@200	φ6@600

表 9-15　剪力墙柱表

截面	(图)	(图)	(图)	(图)
编号	YBZ1	YBZ2	YBZ3	YBZ4
标高/m	−0.030~12.270	−0.030~12.270	−0.030~12.270	−0.030~12.270
纵筋	24 ⚇ 20	22 ⚇ 20	18 ⚇ 22	20 ⚇ 20
箍筋	Φ 10@ 100	Φ 10@ 100	Φ 10@ 100	Φ 10@ 100

截面	(图)	(图)	(图)
编号	YBZ5	YBZ6	YBZ7
标高/m	−0.030~12.270	−0.030~12.270	−0.030~12.270
纵筋	20 ⚇ 20	28 ⚇ 20	16 ⚇ 20
箍筋	Φ 10@ 100	Φ 10@ 100	Φ 10@ 100

2. 截面注写方式

剪力墙截面注写方式是在分标准层绘制的剪力墙平面布置图上，直接在墙柱、墙身、墙梁上注写截面尺寸和配筋具体数值，它采用的是原位注写方式，如图 9-29 所示。

四、板平法施工图制图规则

现浇钢筋混凝土楼面与屋面板，根据板下有无支座梁可分为有梁楼盖板和无梁楼盖板。以梁为支座的楼面与屋面板为有梁楼盖板，否则为无梁楼盖板。

（一）有梁楼盖板平法施工图表达方式

有梁楼盖板平法施工图是在楼面板和屋面板布置图上，采用平面注写的方式来表达，主要包括板块集中标注和板支座原位标注两种表达方式。

为便于设计和施工，规定结构平面的坐标方向为：当两向轴网正交布置时，图面从左至右为 X 向，从下至上为 Y 向；当轴网向心布置时，切线为 X 向，径向为 Y 向。

1. 板块集中标注

对于普通楼面，两向均以一跨为一板块；对于密肋楼盖，两向主梁（框架梁）均以一跨为一板块（非主梁密肋不计）。

板块集中标注的内容如下：

（1）板块编号　由板类型代号和序号组成。板块编号按表 9-16 规定执行。

微课：
板平法

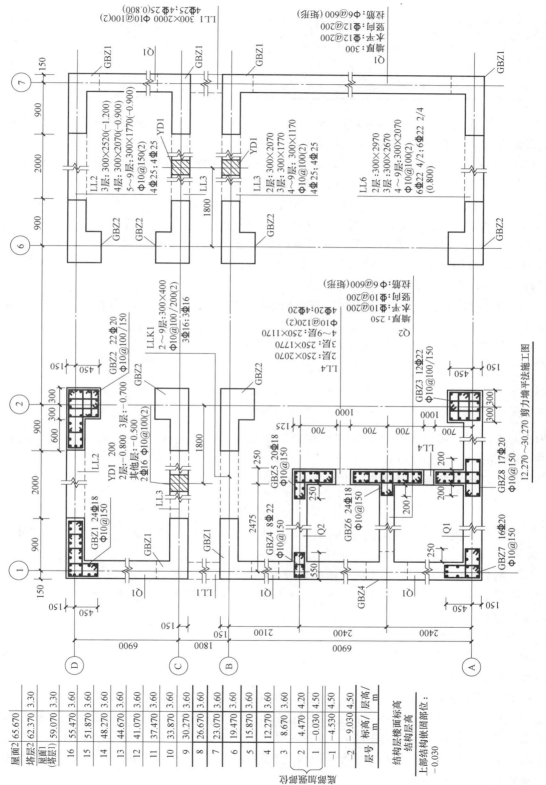

图 9-29 剪力墙截面注写方式

12.270~30.270 剪力墙平法施工图

LL1 300×2000 Φ10@100(2)
4Φ25;4Φ25(0.800)

Q1
墙厚：300
水平：Φ12@200
竖向：Φ12@200
拉筋：Φ6@600（梅花）

LL2
3层：300×2520(-1.200)
4层：300×2070(-0.900)
5~9层：300×1770(-0.900)
Φ10@150(2)
4Φ25;4Φ25

LL3
YD1

LL3
YD1

LL3
2层：300×2070
3层：300×1770
4~9层：300×1170
Φ10@100(2)
4Φ25；4Φ25

LL6
2层：300×2970
3层：300×2670
4~9层：300×2070
6Φ22 4/2；6Φ22 2/4
(0.800)
Φ10@100(2)

Q1
墙厚：300
水平：Φ12@200
竖向：Φ12@200
拉筋：Φ6@600（梅花）

GBZ2 22Φ20
Φ10@100/150

LLK1
2~9层：300×400
Φ10@100/200(2)
3层16；3Φ16

YD1 200
2层：-0.800 3层：-0.700
2层：-0.800 3层：-0.500
其他层：-0.500
2Φ16 Φ10@100(2)

Q2
墙厚：250
水平：Φ10@200
竖向：Φ10@200
拉筋：Φ6@600（梅花）
2层：250×2070
3层：250×1770
4~9层：250×1170
Φ10@120(2)
4Φ20；4Φ20

LL4

GBZ3 12Φ22
Φ10@100/150

GBZ1 24Φ18
Φ10@150

GBZ5 20Φ18
Φ10@150

GBZ4 8Φ22
Φ10@150

GBZ6 24Φ18
Φ10@150

GBZ8 17Φ18
Φ10@150

GBZ7 16Φ20
Φ10@150

LL4

Q2

Q1

LL2

LL1

结构层楼面标高
结构层高
上部结构嵌固部位：
-0.030

层号	标高/m	层高/m
屋面2（塔层2）	65.670	3.30
塔层2	62.370	3.30
屋面1（塔层1）	59.070	3.60
16	55.470	3.60
15	51.870	3.60
14	48.270	3.60
13	44.670	3.60
12	41.070	3.60
11	37.470	3.60
10	33.870	3.60
9	30.270	3.60
8	26.670	3.60
7	23.070	3.60
6	19.470	3.60
5	15.870	3.60
4	12.270	3.60
3	8.670	3.60
2	4.470	4.20
1	-0.030	4.50
-1	-4.530	4.50
-2	-9.030	4.50

表 9-16　板块编号

板类型	代号	序号	板类型	代号	序号
楼面板	LB	××	悬挑板	XB	××
屋面板	WB	××			

　　所有板块应逐一编号，相同编号的板块可选择其一做集中标注，其他板块仅注写板编号并置于圆圈内，以及当板面标高不同时的标高高差，如图 9-30 所示。

　　（2）板厚　板厚是指垂直于板面的厚度，注写为 $h = ×××$；当悬挑板的端部改变截面厚度时，用"/"分开；当设计已在图注中统一注明板厚时，此项可不注。

　　（3）贯通纵筋　按板块下部和上部分别注写，并以 B 代表下部，T 代表上部，B&T 代表下部与上部；X 向贯通纵筋以 X 打头，Y 向贯通纵筋以 Y 打头，两向贯通纵筋配置相同时则以 $X\&Y$ 打头。当为单向板时，另一向贯通的分布筋不必注写，而在图中统一注明。当在某些板内配置有构造筋时，则 X 向以 Xc、Y 向以 Yc 打头注写。当 Y 向采用放射配筋时，应注明配筋间距的度量位置。

　　（4）板面标高高差　指相对于结构层楼面标高的高差，应将其注写括号内，无高差时不注。

　　如图 9-30 所示，定位轴线③④~ⒶⒷ板块注写为：

LB5　$h = 150$

B：X　φ10@135

Y　φ10@110

表示 5 号楼面板，板厚 150mm，板下部配置的贯通纵筋 X 向为 φ10@135，Y 向为 φ10@110；板上部未配置贯通纵筋。

　　设有一延伸悬挑板注写为：YXB2　$h = 150/100$

B：$Xc\&Yc$　φ8@200

表示 2 号延伸悬挑板，板根部厚 150mm，端部厚 100mm，板下部配置构造筋双向均为 φ8@200。

　　同一编号板的类型、板厚和贯通纵筋均应相同，但板面标高、跨度、平面形状以及板支座上部非贯通纵筋可以不同，施工预算时应根据其实际平面形状，分别计算各个块板的混凝土与钢材用量。

　　2. 板支座原位标注

　　（1）板支座原位标注的内容　板支座原位标注的内容为：板支座上部非贯通纵筋和纯悬挑板上部受力钢筋。

　　板支座原位标注的钢筋，应在配置相同跨的第一跨表达。在配置相同跨的第一跨垂直于板支座（梁或墙）绘制一段适宜长度的中粗实线（当该筋通常设置在悬挑板或短跨板上部时，实线段应画至对边或贯通短跨），以该线段代表支座上部非贯通纵筋；并在线段上方注写钢筋编号、配筋值、横向连续布置的跨数（注写在括号内，只有一跨时可不注写），以及是否横向布置到梁的悬挑端。

261

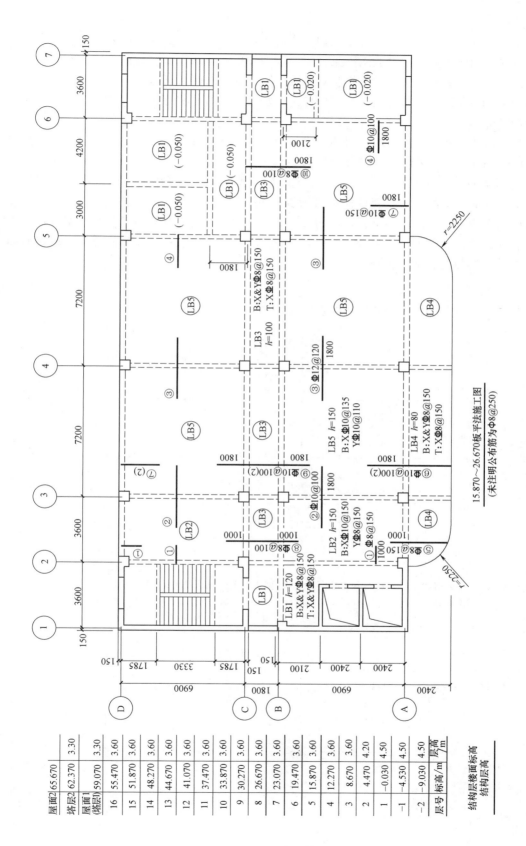

图 9-30　板平法施工图平面注写

板支座上部非贯通纵筋自支座中线向跨内的延伸长度，注写在线段的下方位置。当中间支座上部非贯通纵筋向支座两侧对称延伸时，仅在支座一侧线段下方标注延伸长度，另一侧不注，如图 9-31a 所示；向支座两侧非对称延伸时，应分别在支座两侧线段下方注写延伸长度，如图 9-31b 所示。对于贯通全跨或延伸至全悬挑一侧的非贯通筋长度值不注写，只注明另一侧的延伸长度值，如图 9-32 所示。

当板支座为弧形，支座上部非贯通纵筋呈放射状分布，在图中应注明配筋间距的度量位置并加注"放射分布"四字，如图 9-33 所示。

（2）板支座原位标注的其他规定　当板的上部已配置有贯通纵筋，但需增加板支座上部非贯通纵筋时，应结合已配置的同向贯通纵筋的直径与间距采取"隔一布一"的方式配置。此时两者间距应相同，两者组合后的实际间距为各自标注间距的 1/2，当设定贯通纵筋为纵筋总截面面积 50%时，两种钢筋的直径应相同；当设定贯通纵筋大于或小于总截面面积 50%时，两种钢筋则取不同的直径。

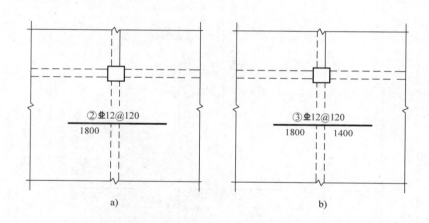

图 9-31　板支座上部非贯通纵筋注写示意图

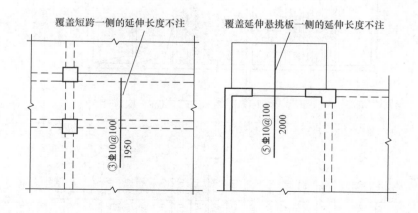

图 9-32　贯通全跨或贯通全悬挑非贯通纵筋长度注写方式

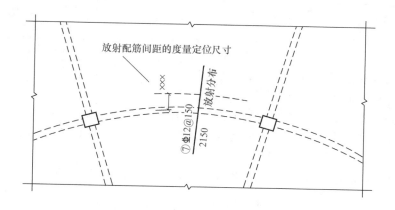

图 9-33　板支座为弧形的上部非贯通纵筋注写示意图

【**例 9-1**】　板上部已配置贯通纵筋Φ 12@ 250，该跨同向配置的上部支座非贯通纵筋为 ⑤Φ 12@ 250时，表示在该支座上部设置的纵筋实际为Φ 12@ 125，其中 1/2 为贯通纵筋，1/2 为⑤ 非贯通纵筋。

【**例 9-2**】　板上部已配置贯通纵筋Φ 10@ 250，该跨配置的上部同向支座非贯通纵筋为 ③Φ 12@ 250时，表示该跨实际设置的上部纵筋为（1Φ 10+Φ 12）/250，实际间距为 125mm，其 中 41%为贯通纵筋，59%为③号非贯通纵筋。

当支座一侧设置了上部贯通纵筋，而在支座另一侧仅设置了上部非贯通纵筋时，如 果支座两侧设置的纵筋直径、间距相同，应将二者连通，避免各自在支座上部分别 锚固。

有梁楼盖板的平法制图规则同样适用于梁板式转换层、剪力墙结构、砌体结构以及有梁 地下室的楼板平法施工图设计。不过，设计时应注意遵守规范对不同结构的相应规定；施工 时应注意采用相应结构的标注构造。

（二）无梁楼盖板平法施工图表达方式

无梁楼盖板平法施工图是在楼面板和屋面板布置图上，采用平面注写的表达方式，包括 板带集中标注和板带支座原位标注。

1. 板带集中标注

集中标注应在板带贯通纵筋配置相同跨的第一跨（*X* 向为左端跨，*Y* 向为下端跨） 注写。相同编号的板带可选择其一做集中标注，其他仅注写板带编号，并注写在圆 圈内。

板带集中标注的内容如下：

（1）板带编号　按表 9-17 规定进行注写。跨数按柱网轴线计算，两相邻柱轴线之间为 一跨；（××A）为一端有悬挑，（××B）为两端有悬挑，悬挑不计入跨数。

表 9-17　板带编号

板 类 型	代 号	序 号	跨数及有无悬挑
柱上板带	ZSB	××	(××)、(××A)或(××B)
跨中板带	KZB	××	(××)、(××A)或(××B)

（2）板带厚度及板带宽度　板带厚度注写为 $h=×××$，板带宽度注写为 $b=×××$。当无梁楼盖整体厚度和板带宽度已在图中注明时，此项可不注。

（3）贯通纵筋　贯通纵筋按板带下部和板带上部分别注写，并以 B 代表下部，用 T 代表上部，B&T 代表下部和上部。当采用放射配筋时，应注明筋间度量位置，必要时补绘配筋平面图。

【例 9-3】　设有一板带注写为：ZSB7（5A）　$h=300$，$b=3000$

B Φ 18@ 100，　　T Φ 18@ 200

表示 7 号柱上板带，有 5 跨且有一端悬挑，板带厚 300mm，宽 3000mm，板带下部配置的贯通纵筋直径为 18mm 的Ⅲ级钢筋，间距 100mm；板带上部配置贯通纵筋直径为 18mm 的Ⅲ级钢筋，间距 200mm。

【例 9-4】　设有一板带注写为：ZSB3（5A）　$h=300$，$b=2500$

15 Φ 10@ 100（10）／Φ 10@ 200（10）

B Φ 16@ 100，　　T Φ 18@ 200

表示 3 号柱上板带，有 5 跨且一端有悬挑；板带厚 300mm，宽 2500mm；板带配置暗梁箍筋近柱端为 Φ 10@ 100 共 15 道，跨中为 Φ 10@ 200，均为 10 肢箍；贯通纵筋下部为 Φ 16@ 100，上部为 Φ 18@ 200。

2. 板带支座原位标注

板带支座原位标注主要是标注板带支座上部非贯通纵筋。

标注方法是以一段与板带同向的中粗实线段代表板带支座上部非贯通纵筋；对柱上板带，实线段贯穿柱上区域绘制；对跨中板带，实线段横穿柱网轴线绘制。在线段上方注写钢筋编号、配筋值及在线段下方注写自支座中线向两侧跨内的延伸长度。其他标注方法与板带集中标注相同，如图 9-34 所示。

不同部位的板带支座上部非贯通纵筋相同者，可仅在一个部位注写，其余则在代表非贯通纵筋的线段上注写编号。

【例 9-5】　有一板平面布置图的某部位，在横跨板带支座绘制的对称线段上注有 ③Φ 16@ 250，在线段一侧下方注有 1500，表示支座上部 3 号非贯通纵筋为 Φ 16@ 250，自支座中线向两侧跨内的延伸长度均为 1500mm。

【例 9-6】　设有一板带上部已配置贯通纵筋 Φ 18@ 250，板带支座上部非贯通纵筋为 ④Φ 18@ 250，则板带在该位置实际配置的上部纵筋为 Φ 18@ 125，其中 1/2 为贯通纵筋，1/2 为④号非贯通纵筋。

【例 9-7】　若一板带上部已配置贯通纵筋 Φ 18@ 240，板带支座上部非贯通纵筋为 ③Φ 20@ 240，则板带在该位置实际配置的上部纵筋为 Φ 18 和 Φ 20，间隔布置，实际间距为 120mm（伸出长度略）。

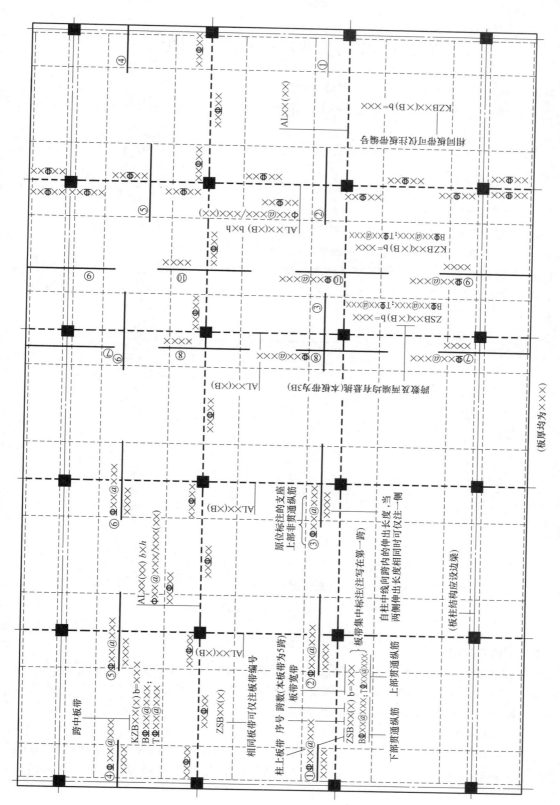

图 9-34 无梁楼盖柱上板带与跨中板带标注方式

第七节　单层工业厂房结构施工图

单层工业厂房大多是通过安装预制构件形成厂房的骨架，墙体仅起围护作用。厂房的主要构件中很多构件详图都可通过标准图集来选用，所以它的图样数量一般不大。

单层工业厂房结构施工图主要包括基础结构图、结构布置图、屋面结构图和节点构件详图等。

一、基础结构图

基础结构图包括基础平面图、基础详图。

基础平面图反映基础的平面布局、基础和基础梁的布置、编号和尺寸等。基础详图表示基础的形状、全部尺寸、配筋情况及基础之间或基础与其他构件的连接情况。

图 9-35 所示为某单层厂房的基础平面布置图，在图中由Ⓐ、Ⓑ轴上两排柱子构成生产车间，基础形式为杯形基础，编号为 J1、J2 两种（图 9-36）。JL-1、JL-2 是基础梁，把柱子横向连接，增加厂房的整体性。

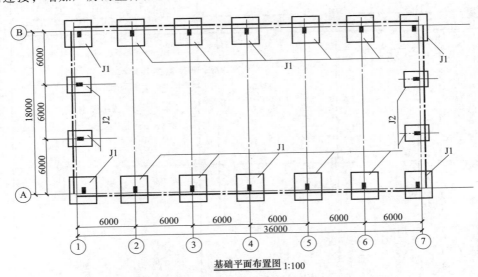

基础平面布置图 1:100

图 9-35　某单层厂房基础平面布置图

二、结构布置图

图 9-37 是某厂房结构布置图，分别表示了平面结构布置和立面结构布置情况。DL-1、DL-2 表示吊车梁；ZC-1、ZC-2 表示柱间支撑；LL-1、LL-2 表示连系梁（两层标高分别为 4.5m、7.8m）。图 9-38 是某厂房立面结构布置图。

三、屋面结构图

屋面结构图主要表明屋架、屋盖支撑系统、屋面板、天窗结构构件等的平面布置情况。一般屋架用粗单点长画线表示。各种构件都要在其上注明代号和编号。图 9-39 为屋面结构布置图。

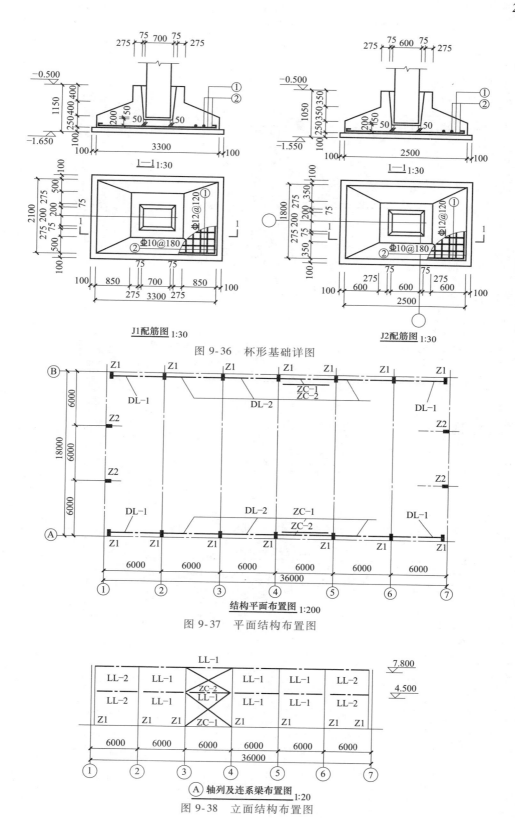

图 9-36 杯形基础详图

结构平面布置图 1:200

图 9-37 平面结构布置图

A 轴列及连系梁布置图 1:20

图 9-38 立面结构布置图

268

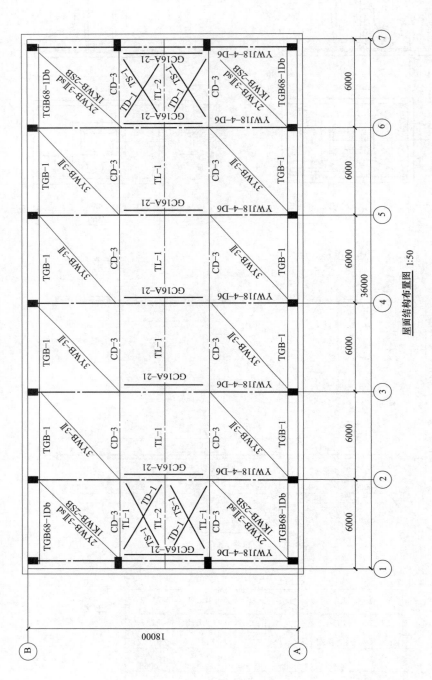

屋面结构布置图 1:50

图 9-39　屋面结构布置图

第八节 钢 结 构 图

钢结构图是用钢板、热轧型钢或冷加工成形的薄壁型钢制造的结构，钢结构构件较小质量较轻，便于运输和安装，具有强度高、耐高温、易锈蚀等特点，主要用于大跨度结构、重型厂房结构和高层建筑等。

一、型钢及其连接

常用型钢的标注方法见表 9-18。

表 9-18 常用型钢的标注方法

名 称	截 面	标 注	说 明
等边角钢	L	$L\, b \times t$	b 为肢宽、t 为肢厚
不等边角钢	L	$L\, B \times b \times t$	B 为长肢宽，b 为短肢宽，t 为肢厚
工字钢	I	$I\, N$　$Q\, I\, N$	N 为工字钢的型号 轻型工字钢加注 Q 字
槽钢	⊏	$\sqsubset\, N$　$Q\,\sqsubset\, N$	N 为槽钢的型号 轻型槽钢加注 Q 字
方钢	▨	$\square\, b$	
扁钢	—	$-\, b \times t$	
钢板	—	$-\dfrac{b \times t}{l}$	$\dfrac{宽 \times 厚}{板长}$
圆钢	⊘	ϕd	
钢管	○	$\phi d \times t$	d 为外径 t 为壁厚
薄壁等肢角钢	L	$B\, L\, b \times t$	
薄壁等肢卷边角钢	⌐	$B\, L\, b \times a \times t$	
薄壁槽钢	⊏	$B\,\sqsubset\, h \times b \times t$	
薄壁卷边槽钢	⊏	$B\,\sqsubset\, h \times b \times a \times t$	t 为壁厚 薄壁型钢加注 B 字
薄壁卷边 Z 型槽钢	Ƶ	$B\,\lrcorner\, h \times b \times a \times t$	

（续）

名　称	截　面	标　注	说　明
T 型钢	T	TW ×× TM ×× TN ××	TW 为宽翼缘 T 型钢 TM 为中翼缘 T 型钢 TN 为窄翼缘 T 型钢
H 型钢	H	HW ×× HM ×× HN ××	HW 为宽翼缘 H 型钢 HM 为中翼缘 H 型钢 HN 为窄翼缘 H 型钢
起重机钢轨		⊥ QU××	×× 为起重机钢轨型号
轻轨和钢轨		⊥ ××kg/m 钢轨	×× 为轻轨和钢轨型号

二、常用焊缝的表示方法

1. 焊接及焊缝代号

钢结构中的构件常用焊接、螺栓连接和铆接，而焊接是目前钢结构最主要的连接方式。在焊接钢结构图中，必须把焊缝的位置、形式和尺寸标注清楚。焊缝按规定采用"焊缝代号"来标注。焊缝代号主要由带箭头的引出线、图形符号、焊缝尺寸和辅助符号组成，如图 9-40 所示。

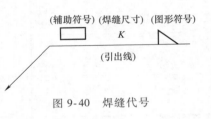

图 9-40　焊缝代号

2. 常用焊缝标注的方法

常用焊缝的图形符号和符号尺寸见表 9-18。

表 9-19　建筑钢结构常用焊缝符号及符号尺寸

焊缝名称	形　式	标注法	符号尺寸/mm
V 形焊缝			1~2 / 4
单边 V 形焊缝		注：箭头指向剖口	45° / 4
带钝边单边 V 形焊缝			45° / 1.3
带垫板带钝边单边 V 形焊缝		注：箭头指向剖口	3 / 7

焊缝名称	形　式	标注法	符号尺寸/mm
带垫板 V 形焊缝			
Y 形焊缝			
带垫板 Y 形焊缝			—
双单边 V 形焊缝			—
双 V 形焊缝			—
带钝边 U 形焊缝			
带钝边双 U 形焊缝			—
带钝边 J 形焊缝			

（续）

焊缝名称	形 式	标注法	符号尺寸/mm
带钝边 双 J 形焊缝	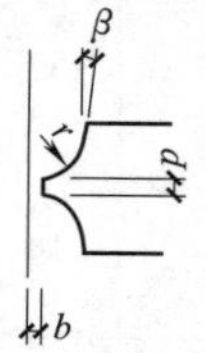	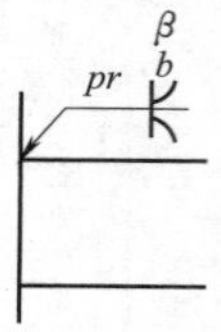	—
角焊缝	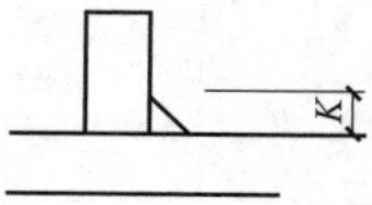	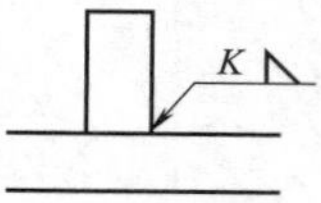	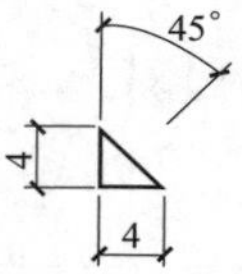
双面角焊缝	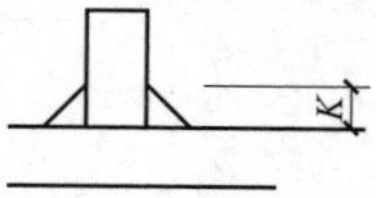	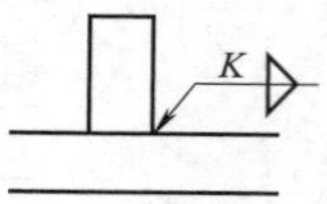	—
剖口角焊缝	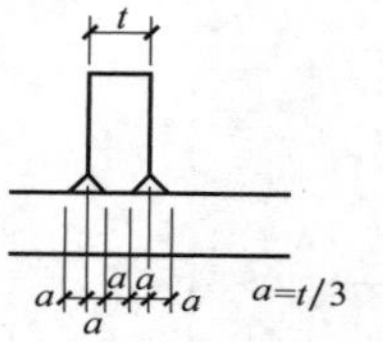	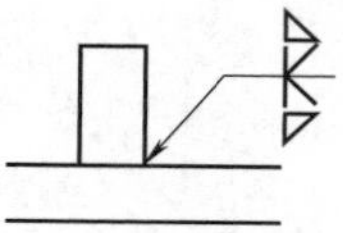	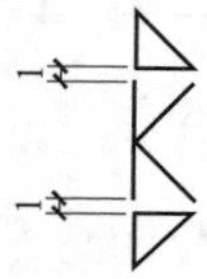
喇叭形焊缝	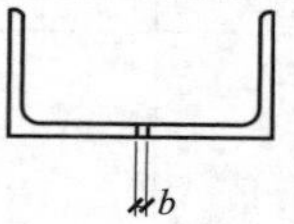	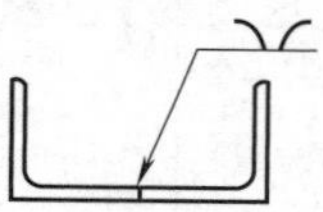	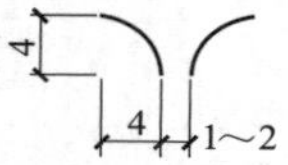
双面半 喇叭形焊缝	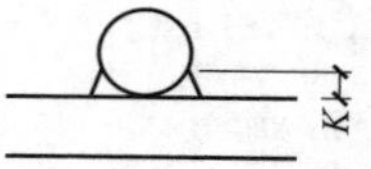	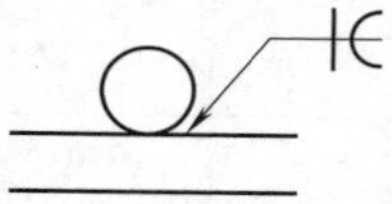	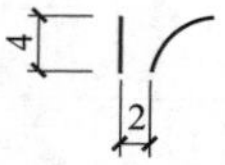
塞焊	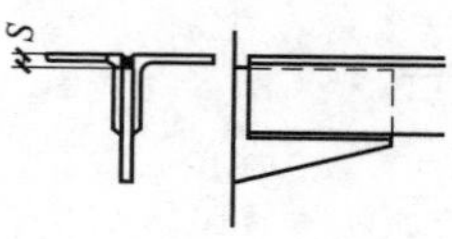	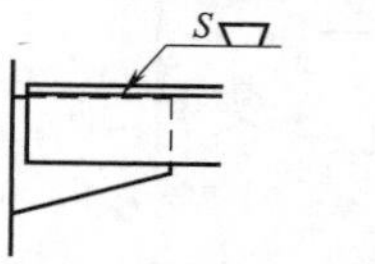	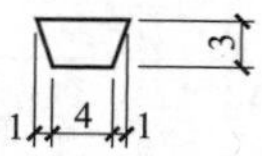

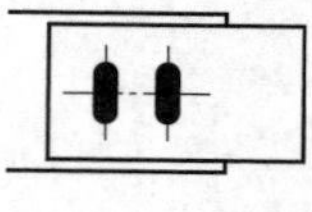

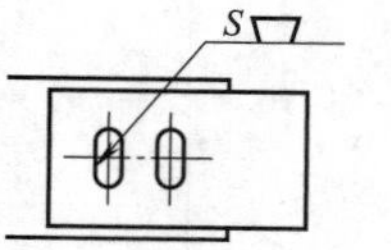

焊接钢构件的焊缝应符合下列规定：

1）单面焊缝当箭头指向焊缝所在的一面时，应将图形符号和尺寸标注在横线的上方（图 9-41a）；当箭头指向焊缝所在另一面（相对应的那面）时，应将图形符号和尺寸标注在横线的下方（图 9-41b）。表示环绕工作件周围的焊缝时，其围焊缝符号为圆圈，绘在引出线的转折处，并标注焊角尺寸 K（图 9-41c）。

2）双面焊缝的标注，应在横线上、下都标注符号和尺寸。上方表示箭头一面的符号和尺寸，下方表示另一面的符号和尺寸（图9-42a）；当两面的焊缝尺寸相同时，只需在横线上方标注焊缝的符号和尺寸（图9-42b、c、d）。

3）3个和3个以上的焊件相互焊接的焊缝，不得作为双面焊缝标注。其焊缝符号和尺寸应分别标注（图

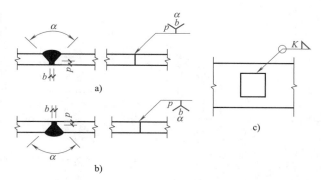

图 9-41　单面焊缝的标注方法

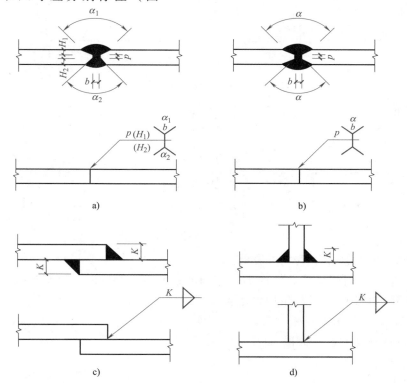

图 9-42　双面焊缝的标注方法

9-43）。

4）相互焊接的2个焊件中，当只有1个焊件带坡口（如单面V形），引出线箭头必须指向带坡口的焊件（图9-44）。

5）相互焊接的2个焊件，当为单面带双边不对称坡口焊缝时，引出线箭头必须指向较大坡口的焊件（图9-45）。

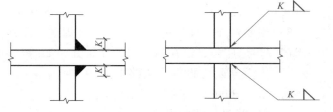

图 9-43　3个以上焊件的焊缝标注方法

6）当焊缝分布不规则时，在标注焊缝代号的同时，宜在焊缝处加中实线（表示可见焊

274

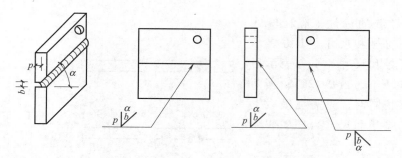

图 9-44 1个焊件带坡口的焊缝标注方法

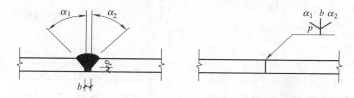

图 9-45 不对称坡口焊缝的标注方法

缝），或加细栅线（表示不可见焊缝），如图 9-46 所示。

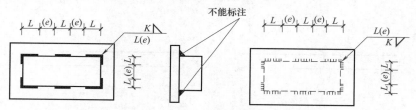

图 9-46 不规则焊缝的标注方法

7）相同焊缝符号应按下列方法表示：

在同一图形上，当焊缝形式、断面尺寸和辅助要求均相同时，可只选择一处标注焊缝代号，并加注"相同焊缝符号"，相同焊缝符号为 3/4 圆弧，绘在引出线的转折处，如图 9-47a 所示。

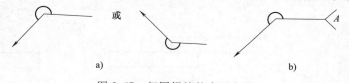

图 9-47 相同焊缝的表示方法

在同一图形上，当有数种相同焊缝时，可将焊缝分类编号标注，在同一类焊缝中可选择一处标注焊缝符号和尺寸，分类编号采用大写的拉丁字母 A、B、C……，如图 9-47b 所示。

8）需要在施工现场进行焊接的焊件焊缝，应标注"现场焊缝"符号。现场焊缝符号为涂黑的三角形旗号，绘在引出线的转折处，如图 9-48 所示。

9）当需要标注的焊缝能够用文字表述清楚时，也可采用文字表达形式。

3. 焊缝代号标注示例

图 9-49 是一钢梁构件图，该梁由钢板焊接而成。图中带圆圈的指引符号是钢板的编号。由于比例很小断面

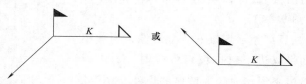

图 9-48 现场焊缝的表示方法

图内没有画金属的材料图例。该图仅表示焊缝的标注方法。

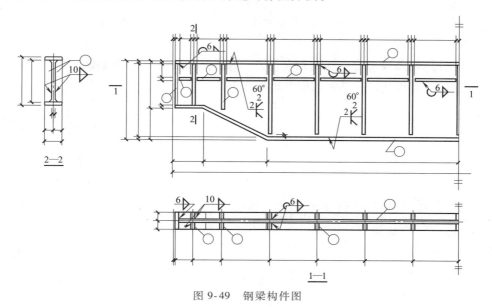

图 9-49　钢梁构件图

4. 螺栓、孔、电焊铆钉的表示方法

钢结构构件图中的螺栓、孔、电焊铆钉，应按表 9-20 的规定画出。

表 9-20　螺栓、孔、电焊铆钉的表示方法

序　号	名　称	图　例	说　明
1	永久螺栓		
2	高强螺栓		
3	安装螺栓		1. 细"+"线表示定位线 2. M 表示螺栓型号 3. φ 表示螺栓孔直径
4	膨胀螺栓		4. d 表示膨胀螺栓、电焊铆钉直径 5. 采用引出线标注螺栓时，横线上标注螺栓规格，横线下标注螺栓孔直径
5	圆形螺栓孔		
6	长圆形螺栓孔		
7	电焊铆钉		

三、尺寸标注

钢结构构件的尺寸标注除按一般的规定标注外，还应遵照《建筑结构制图标准》（GB/T 50105—2010）的规定：

1）两构件的两条很近的重心线，应在交汇处将其各自向外错开（图 9-50）。

2）弯曲构件的尺寸应沿其弧度的曲线标注弧的轴线长度（图 9-51）。

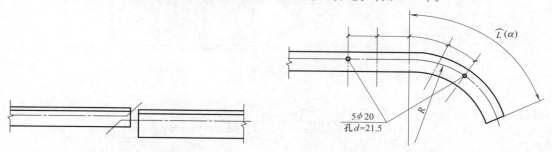

图 9-50 两构件重心不重合的表示方法　　　　图 9-51 弯曲构件尺寸的标注方法

3）切割的板材，应标注各线段的长度及位置（图 9-52）。

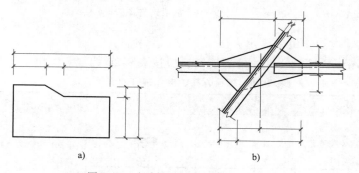

a)　　　　　　　b)

图 9-52 切割板材尺寸的标注方法

4）不等边角钢的构件，必须标注出角钢各的尺寸（图 9-53）。

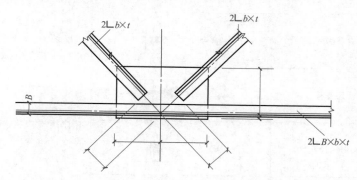

图 9-53 节点尺寸及不等边角钢的标注方法

5）节点尺寸，应注明节点板的尺寸和各杆件螺栓孔中心或中心距，以及杆件端部至几何中心线交点的距离（图 9-53、图 9-54）。

6）双型钢组合截面的构件，应注明缀板的数量及尺寸（图 9-55）。引出横线上方标注缀板的数量及缀板的宽度、厚度，引出横线下方标注缀板的长度尺寸。

7）非焊接的节点板，应注明节点板的尺寸和螺栓孔中心与几何中心线交点的距离（图 9-56）。

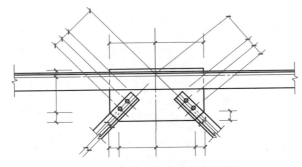

图 9-54　节点尺寸的标注方法

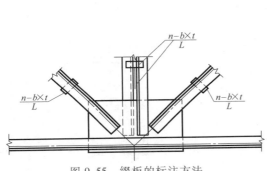

图 9-55　缀板的标注方法

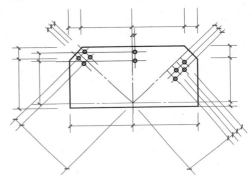

图 9-56　非焊接节点板尺寸的标注方法

四、钢屋架结构详图

钢屋架结构图常用的有钢屋架结构简图和钢屋架结构详图两种类型。

1. 钢屋架结构简图

把整个屋架的轴线用单线画在图纸的左上角，用以表达屋架的结构形式及各杆件的计算长度作为放样的一种依据，如图 9-57 所示。

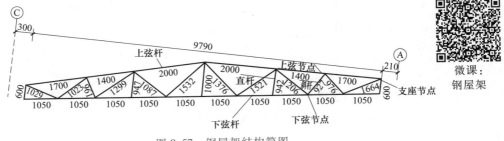

图 9-57　钢屋架结构简图

2. 钢屋架结构详图

钢屋架结构详图是表示钢屋架的形式、大小、型钢的规格、杆件的组合和连接情况的图样，是制作钢屋架的依据。图 9-58、图 9-59 为钢屋架立面图和支座节点详图示例。

3. 绘制钢屋架结构详图应包括的内容和要求

1）钢屋架详图部分，应绘制屋架立面图及上、下弦杆的平面图，及必要数量的杆件详

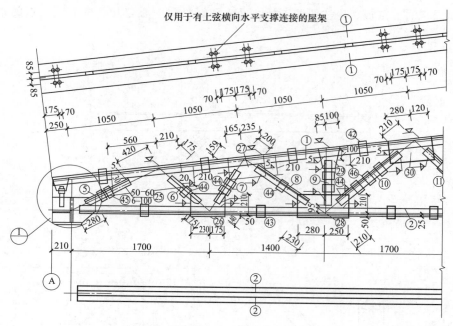

图 9-58 钢屋架立面图

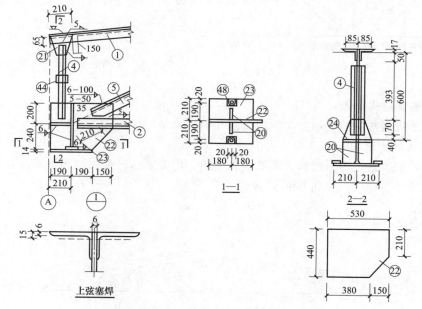

图 9-59 钢屋架支座节点详图

图、连接板详图。

2）钢屋架结构详图通常用两种比例绘制。杆件和零件的尺寸一般要采用 1：10、1：15 的比例，才能将屋架的节点细节表示清楚，但如果屋架的轴线长度也用这个比例，则图面太大，所以轴线长度常用较小的比例，一般用 1：20、1：30。

3）在钢屋架结构详图中，应特别注意把所有杆件和零件的定位尺寸注全。腹杆应注出杆端至节点中心的距离，节点板应注出上、下两边至弦杆轴线的距离以及左右两边至通过节点中心垂线的距离等。

4）为更清楚地表达，应列出材料表。把所有杆件和零件的编号、规格尺寸、数量（区别正、反）、重量依次填入表中，并算出整个屋架的总重量。

5）图中的说明部分包括：所选用的钢号，焊条型号和质量要求，加工精度，有无热处理和施工时要求，以及图中未注明的焊缝和螺孔尺寸、油漆、运输要求和其他内容等。

本 章 小 结

结构施工图是建筑工程上所运用的一种能十分准确表达建筑物外形轮廓、尺寸、结构构造和材料做法的图样。建筑物的实体建造离不开结构施工图。

通过本章的学习，了解了结构施工图的内容和看图方法、绘图步骤。通过举例具体学习钢筋混凝土构件、基础图、结构平面图、楼梯结构图和钢结构图的识读方法。特别针对目前结构施工图普遍采用的平法标注形式做了重点说明。

思 考 题

1. 结构图包括几个部分内容？各部分主要内容是什么？

2. 绘制结构图主要遵循哪些规范和标准？

3. 基础图、楼梯结构图分别包括什么内容？

4. 在梁平面布置图中找出一个梁来，画出此梁构件的配筋图（立面图、断面图、钢筋表）。

第十章　给水排水施工图

【学习目标与能力要求】

通过本章的学习，掌握给水排水工程图的内容和表示方法，了解给水排水工程的表达对象，识读室内、室外给水排水工程的施工图。绘制室内给水排水平面图、系统轴测图。

熟悉管道施工图中的单线图的表达。记住管道及构件的符号及表达。能够熟练地识读室内给水排水施工图。并且能够根据系统图绘制室内给水排水平面图。

房屋建筑为了满足生产、生活的需求，提供卫生舒适的生活和工作环境，要求在建筑物内设置给水、排水、供暖、通风、空调、电气照明、消防报警、电话通信、有线电视等设备系统，设备施工图就是表达这些设备系统的组成、安装等内容的图纸。从本章开始重点介绍建筑给水排水、供暖和通风以及建筑电气施工图的内容和特点，并分别讲述给水排水、暖通、电气、综合布线等设备施工图的识读和绘制。

第一节　概　　述

微课：给水排水工程图介绍

一、管道施工图的基本知识

管道施工图从图形上可分成单线图和双线图，在图形中仅用两根线条表示管子和管件形状的图样称为双线图；在图形中用单根粗实线来表示管子和管件的图样，称为单线图。工程图中应用最多的是单线图。

1. 管道及管件的画法

管道及管件的画法见表 10-1 和表 10-2。直管在施工图中分为立管和水平管。在表 10-1 中可以看出管子的投影图与双线图、单线图之间的关系，表的中间一列是管子的双线图表示法。立管双线图的平面图，其积聚水平投影是一个小圆。表的右侧一列是立管子的单线图，单线的平面投影积聚成一个小圆点，但为了便于识别，我们在小圆点外加画了一个小圆，表示直管的水平积聚投影，有的施工图仅画成一个小圆，小圆的圆心并不加点。其他两面投影为单线。

表 10-1　管子的单线图与双线图

	投　影　图	双　线　图	单　线　图
直管	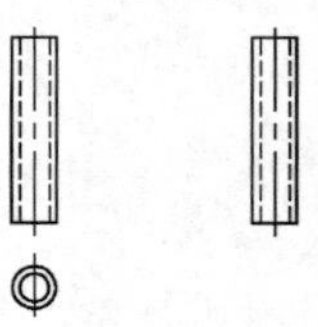	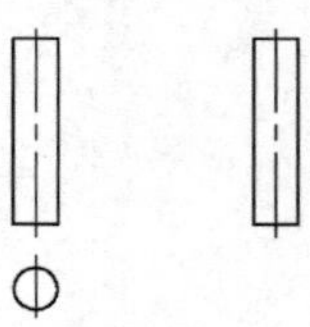	

（续）

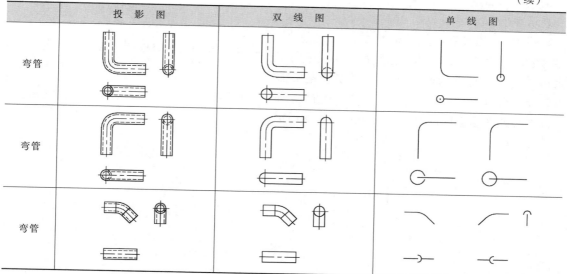

表 10-2　管件的单线图与双线图

	投　影　图	双　线　图	单　线　图
三通			
四通			
斜三通			
直通			

2. 管线重叠的表示方法

当投影中两路管子重叠时，假想上（前）面一路管子已经截去一段（用折断符号表示），这样便显露出下（后）面一根管子，用这样的方法把两路或多路重叠管线显示清楚的方法，称为折断显露法。

图 10-1 是两根重叠管线的平面图，表示断开的管线高于中间显露的管线；如果此图是

立面图，那么断开的管线表示在前，中间显露的管
线表示在后。

图 10-1　两根重叠直管的表示方法

图 10-2 是弯管和直管两根重叠管线的平面图，
当弯管高于直管时，它的平面图如图 10-2a 所示；如
果是立面图，则表示弯管在前面，直管在后面。当
直管高于弯管时，一般是用折断符号将直管折断，显露出弯管，它的平面图如图 10-2b 所
示；如果此图是立面图时，那么表示直管在前面，弯管在后面。

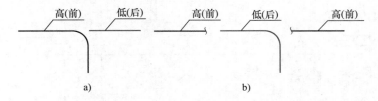

图 10-2　直管和弯管的重叠表示方法

图 10-3a 是四路平行排列的管线，其折断显露法的表示方法如图 10-3b 所示。

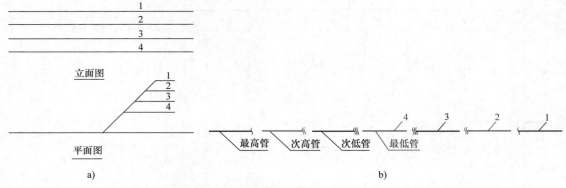

图 10-3　多路管线的重叠表示方法

3. 交叉管道的表示方法

如果平面图上两路管线投影交叉重叠，高的管线不论是用双线，还是单线表示，它都显
示完整；低的管线在单线图中却要断开表示，在双线图中则应用虚线表示清楚，如图
10-4a、b所示。

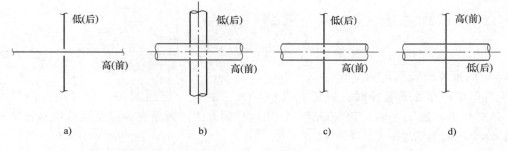

图 10-4　两路管线的交叉

在单、双线图同时存在的平面图中，如果大管（双线）高于小管（单线），那么小管的投影在与大管投影相交的部分用虚线表示，如图10-4c所示；如果小管高于大管时，则不存在虚线，如图10-4d所示。

图10-5是由 a、b、c、d 四路管线投影相交所组成的平面图。从图中可看出 a 管高于 d 管；d 管高于 b 管和 c 管；c 管既低于 a 管，又低于 d 管，但高于 b 管；也就是说，a 管为最高管，d 管为次高管，c 管为次低管，b 管为最低管。

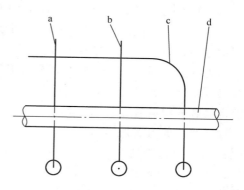

图 10-5　多路管线的交叉

二、建筑给水排水工程简介

建筑给水排水是建筑物有机组成部分，它的完善程度是建筑标准等级的重要标志。按目前的情况看，建筑给水排水工程包括建筑内部给水排水、建筑消防给水、建筑室外给水排水、建筑水处理、特殊建筑给水排水五个部分。建筑室内给水排水分为室内给水工程和室内排水工程两部分，它是建筑给水排水的主体与基础。建筑内部给水排水与建筑小区给水排水的界限划分，给水一般是以建筑物的给水引入管的阀门为界，排水则是以排出建筑物的第一个排水检查井为界。对于有一定防火要求的建筑物，可能还要设置室内消防给水系统。比较简单的消防给水系统一般与室内给水系统连接在一起，复杂的消防给水系统要单独设置。建筑室外给水排水系统用来连接室内给水排水系统和城市给水排水管网，也是建筑给水排水工程的一部分。

三、建筑给水排水施工图的组成

给水排水施工图按内容大致可分为：室内给水排水施工图；室外给水排水施工图；水处理设备构筑物工艺图。下面将分别阐述。

1. 室内给水、排水施工图的组成

1）室内给水排水平面图是在建筑平面图的基础上，进一步表明给水、排水管道和用水、排水设备平面布置情况的图纸。为了清楚表明室内给水、排水系统的情况，给水排水平面图应分层绘制，如果几个楼层的布置情况相同，则可用一张标准平面图来代替。

2）室内给水排水系统图（轴测图）是表明室内给水、排水管道和设备的空间联系，以及管道、设备与房屋建筑的相对位置、尺寸等情况的图纸。

3）节点详图。给水排水施工详图是详细表明给水排水工程中，某部分的管道节点或设备、器材施工安装用的大样图。常用的卫生设备安装详图，是套用《全国通用给水排水标准图集90S342卫生设备安装》中的图样，不必另行绘制，只要在施工说明中写明所套用的图集名称及其中的详图图号即可。对不能套用的，则需另行绘制。

2. 室外给水排水施工图

表示建筑物以外的给水、排水管道的平面布置和相互连接的工程图样。它由室外给水排水平面图、管道纵断面图及附属设备（如泵站、检察井、闸门）等施工图组成。

3. 水处理设备构筑物工艺图

主要表示水厂、污水处理厂等各种水处理设备构筑物（如澄清池、过滤池、蓄水池等）

的全套施工图，是由平面布置图、流程图、工艺设计图和详图等组成。

四、给水排水施工图的一般规定

1. 标高注法

《建筑给水排水制图标准》（GB/T 50106—2010）规定：

建筑室内工程应标注相对标高；室外工程宜标注绝对标高，当无绝对标高资料时，可标注相对标高，但应与总图专业一致。

压力管道应标注管中心标高；重力流管道和沟渠宜标注管（沟）内底标高。标高单位为米（m）时，可注写到小数点后第二位。

沟渠和重力流管道应标注起讫点、转角点、连接点、变径（尺寸）点、变坡点、相交点、穿外墙及剪力墙处的标高。压力流管道中的标高控制点应包括：管道穿外墙、剪力墙和构筑物的壁及底板等处；不同水位线处；建（构）筑物中土建部分的相关标高。

图样中标高的标注方法如下：

1）平面图中，管道与沟渠标高的标注方法如图 10-6 所示。

2）剖面图中，管道及水位的标高标注方法如图 10-7 所示。

3）轴测图中，管道标高标注方法如图 10-8 所示。

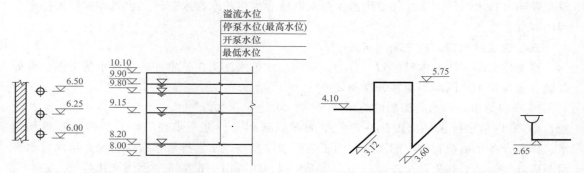

图 10-7　剖面图中管道及水位标高标注的方法　　　图 10-8　轴测图中管道标高标注的方法

2. 管径注法

管径应以毫米（mm）单位，其表达方法为：

1）水煤气输送钢管（镀锌或非镀锌）、铸铁管等管材，管径宜以公称直径 DN 表示；

2）无缝钢管、焊接钢管（直缝或螺旋缝）等管材，管径宜以外径 $D \times$ 壁厚表示（如 $D108 \times 4$）；

3）铜管、薄壁不锈钢管等管材，管径宜以公称外径 $D\omega$ 表示；

4）建筑给水排水塑料管材，管径宜以公称外径 dn 表示；

5）钢筋混凝土（或混凝土）管，管径宜以内径 d 表示；

6）复合管、结构壁塑料管等管材，管径应按产品标准的方法表示；

7）当设计中均采用公称直径 DN 表示管径时，应有公称直径 DN 与相应产品规格对照表。

单根管道的管径标注如图 10-9 所示；多根管道的管径标注如图 10-10 所示。

图 10-9 单管管径表示法

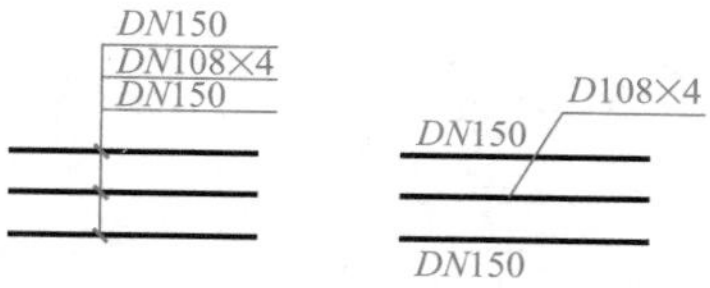

图 10-10 多管管径表示法

3. 编号方法

当建筑物的给水引入管或排水排出管的数量超过一根时，应按系统进行编号，标注方法如图 10-11 所示。

建筑物内穿越楼层的立管，其数量超过一根时，应进行阿拉伯数字进行编号，标注方法如图 10-12 所示。图中 W 代表污水；L 代表立管。

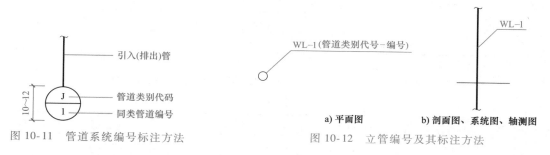

图 10-11 管道系统编号标注方法

图 10-12 立管编号及其标注方法

在总平面图中，当同种给水排水附属构筑物（阀门井、检查井、水表井、化粪池等）的数量超过一个时，应进行编号，编号用构筑物代号后加阿拉伯数字表示，构筑物的代号应采用汉语拼音的首字母表示。给水构筑物的编号顺序宜为从水源到干管，再从干管到支管最后到用户，按给水方向依次编排。排水构筑物的编号顺序宜为从上游到下游，先支管后干管，按排水方向依次编排。

当给水排水工程的机电设备数量超过一台时，宜进行编号，并应有设备编号与设备名称对照表。

4. 图例

表 10-3～表 10-8 中摘录了《建筑给水排水制图标准》中规定的一部分图例，应用时可查阅该标准。在该标准中还未列入的，可自设图例，且应在图纸上画出自设的图例，并加以说明。

表 10-3 管道图例

名　称	图　例	备　注	名　称	图　例	备　注
生活给水管	—— J ——		压力污水管	—— YW ——	
热水给水管	—— RJ ——		雨水管	—— Y ——	
热水回水管	—— RH ——		压力雨水管	—— YY ——	
中水给水管	—— ZJ ——		膨胀管	—— PZ ——	

（续）

名　称	图　例	备　注	名　称	图　例	备　注
循环给水管	——XJ——		保温管		
循环回水管	——XH——		多孔管		
热媒给水管	——RM——		地沟管		
热媒回水管	——RMH——		防护套管		
蒸汽管	—— Z ——		管道立管	XL-1　XL-1 平面　系统	X:管道类别 L:立管 1:编号
凝结水管	—— N ——		伴热管		
废水管	—— F ——	可与中水 原水管合用	空调凝 结水管	——KN——	
压力废水管	——YF——		排水明沟		
通气管	—— T ——		排水暗沟		
污水管	—— W ——				

注：1. 分区管道用加注角标方式表示；

　　2. 原有管线可用比同类型的新设管线细一级的线型表示，并加斜线，拆除管线则加叉线。

表 10-4　管道附件与管件

名　称	图　例	备　注	名　称	图　例	备　注
管道伸缩器			排水漏斗	平面　系统	
方形伸缩器			圆形地漏	平面　系统	通用。如无水封， 地漏应加存水弯
管道固定支架			方形地漏	平面　系统	
立管检查口			毛发聚集器	平面　系统	
清扫口	平面　系统		倒流防止器		
通气帽	成品　蘑菇形		吸气阀		
雨水斗	YD-　YD- 平面　系统		防虫网罩		

（续）

名　称	图　例	备　注	名　称	图　例	备　注
金属软管			90°弯头		
s形存水弯			正三通		
P形存水弯			正四通		

表 10-5　阀门与给水配件

名　称	图　例	备　注	名　称	图　例	备　注
闸阀			水嘴	平面　系统	
三通阀			脚踏开关水嘴	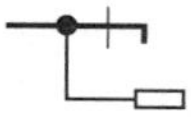	
四通阀	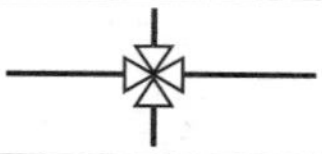		混合水嘴		
截止阀			旋转水嘴		
球阀			浴盆带喷头混合水嘴		
自动排气阀	 平面　系统		蹲便器脚踏开关		

表 10-6　管道连接件

名　称	图　例	备　注	名　称	图　例	备　注
法兰连接	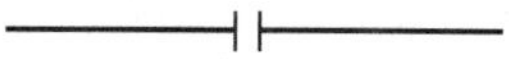		盲板		
承插连接			弯折管	 高　低　低　高	
活接头	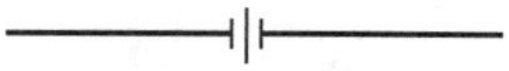		管道丁字上接	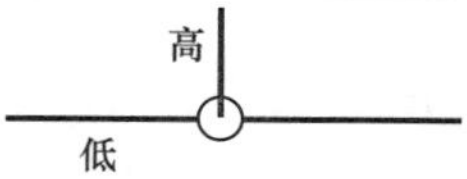 高　低	
管堵			管道丁字下接	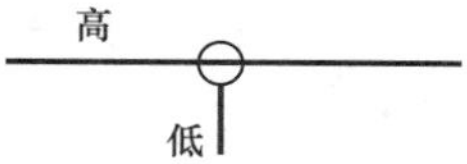 高　低	
法兰堵盖			管道交叉	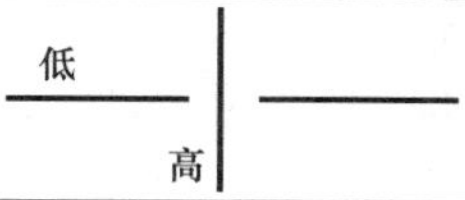 低　高	在下方和后面的管道应断开

表 10-7　消防设施

名　称	图　例	备　注	名　称	图　例	备　注
消火栓给水管	——XH——		自动喷洒头（闭式）	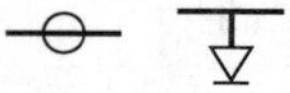 平面　系统	下喷
				 平面　系统	上喷
自动喷水灭火给水管	——ZP——		侧墙式自动喷洒头	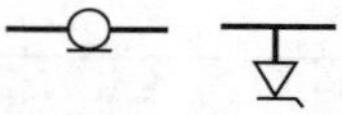 平面　系统	
雨淋灭火给水管	——YL——		水喷雾喷头	 平面　系统	
室外消火栓			末端试水装置	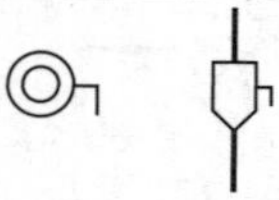 平面　系统	
室内消火栓（单口）	平面　系统	白色为开启面	水流指示器	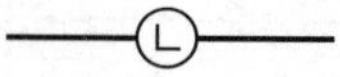 ——Ⓛ——	
室内消火栓（双口）	 平面　系统		手提式灭火器	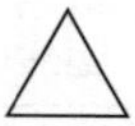	
自动喷洒头（开式）	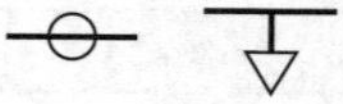 平面　系统		推车式灭火器	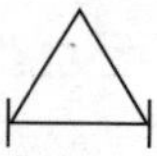	

表 10-8　给水排水设备及其他图例

名　称	图　例	备　注	名　称	图　例	备　注
卧式水泵	 平面　系统（或）		管道泵		
立式水泵	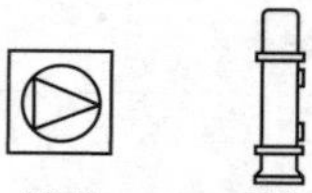 平面　系统		立式容积热交换器	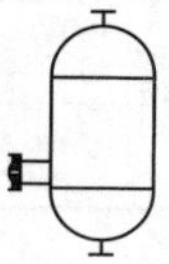	

（续）

名　称	图　例	备　注	名　称	图　例	备　注
开水器			雨水口（单箅）		
除垢器			雨水口（双箅）		
压力表			阀门井及检查井	J-×× W-×× Y-××　　J-×× W-×× Y-××	以代号区别管道
水表			水封井		
矩形化粪池		HC 为化粪池	跌水井		
沉淀池		CC 为沉淀池代号	水表井		
隔油池		YC 为隔油池代号			

第二节　室内给水排水施工图

微课：建筑给水
排水工程图的识
读步骤与内容

　　室内给水排水施工图包括给水或排水平面布置图、给水或排水系统轴测图、设备及构件详图、施工图说明等。

　　一、室内给水施工图

　　1. 室内给水系统概述

　　室内给水排水系统实际上由室内给水系统和室内排水系统两部分组成。自建筑物的给水引入管至室内各配水点段，称为室内给水系统，如图 10-13 所示。其任务是将水自室外给水管引入室内，并在满足用户对水质、水量、水压要求的前提下将水送至各个配水点（如配水龙头、消防用水设备等）。

　　（1）室内给水系统的基本组成　一般情况下，室内给水系统由以下几个基本部分组成：

　　1）引入管。它是穿越建筑物承重墙和基础，自室外给水管将水引入室内给水管网的水平管段。引入管一般采用埋地暗敷方式引入。

　　2）水表节点。它是在引入管上安装的水表、阀门、放水口等计量及控制附件，构成水

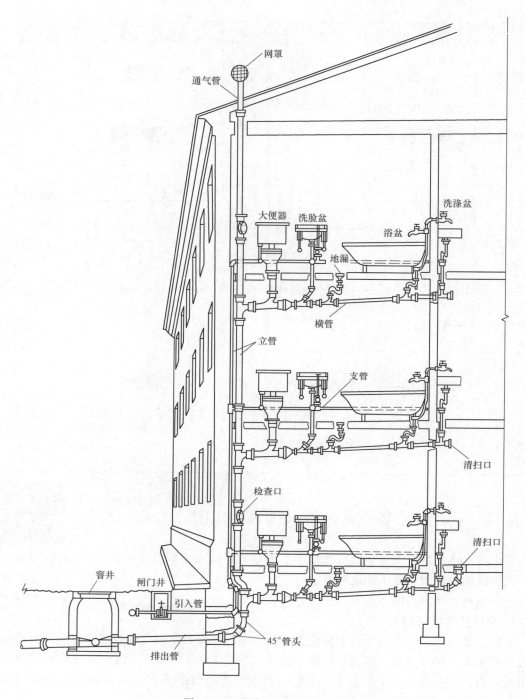

网罩

通气管

大便器　洗脸盆　　　　　　　浴盆　　　　洗涤盆

地漏

横管

立管

支管

检查口

清扫口

窨井　　闸门井

引入管

45°管头

排出管

清扫口

图 10-13　室内给排水系统组成

表节点，其作用是对整支管道的用水进行总计量或总控制。水表节点一般设置在易于观察的室内或室外水表井内。

3）给水管网。它是由水平干管、立管和支管等组成的管道系统。

4）用水和配水设备。它是建筑物中的供水终点。水通过给水系统送到用水和配水设备后，供人使用或提供给用水设备，完成供水过程。

5）给水附件。它是给水管路上的各种闸门、止回阀和水龙头等。

6）其他设备。它包括用于增加管网水压的增压设备（例如泵站）、用于贮存水或增加水压的贮水设备（例如水池、水塔）等。

（2）室内给水系统的给水方式　综合考虑室外给水系统的供应情况，以及室内给水系统对水压和水量的要求。常用的给水方式有：

1）直接给水方式。室内给水系统与外部给水管网直接连接，利用外部管网水压供水。

2）设有水箱的给水方式。室内给水系统与外部给水管网直接连接或通过屋顶水箱连接。通常利用外部管网水压供水，当外部管网不能满足供水要求时，利用屋顶水箱间接供水。

3）设有水泵的给水方式。当室外管网压力经常低于室内给水所需压力，且室内用水量大并且均匀时，在外部管网和室内给水系统之间接入水泵进行供水。

4）设有水箱、水泵的给水方式。当室外管网水压经常或间断不足时，在室外管网和室内给水系统之间连接水泵和水箱供水。

5）高层建筑的分区给水方式。在高层建筑中，将室内给水系统分为上下两个独立的给水系统，下部由室外管网直接供水，上部由高位水箱供水。

6）设有水池、水泵和水箱的给水方式。在室外管网和室内给水系统之间既有水池又有水泵和水箱的一种给水方式。

7）气压给水方式。在室外管网和室内给水系统之间，接入气压水罐进行供水的一种给水方式。

当室外给水系统的水压和水量在任何时候都能满足室内的用水要求时采用直接给水方式。只有当室外给水系统的水压和水量不能满足室内的用水要求时才采用具有增压和调节流量装置的后几种给水方式。

（3）室内给水系统的布置方式　按照水平干管在室内给水系统中敷设的位置分为：

1）下行上给式。干管铺设在地下室或底层地面下，通过水压直接向立管供水的一种方式，适用于管网水压能满足使用要求的建筑，如住宅、公共建筑等。

2）上行下给式。将水通过引水管先引入顶层蓄水箱，然后再由水箱向各立管分流供水的一种布置形式，适用于多层民用建筑、公共建筑（澡堂、洗衣房）或生产流程不允许在底层以下敷设管道、或地下水位高，敷设管道有困难的地方。在水压不稳定有短时停水时，也可采用这种方式。

此外，还有环状给水布置方式和枝状给水布置方式。

图 10-14 和图 10-15 为常见的两种典型的给水方式。

2. 室内给水平面图

（1）室内给水管网平面布置图画法

1）比例：采用 1∶50 或 1∶25 的比例将用水房间局部放大表达。对于用水房间分散且需要全面表达时，可采用与建筑平面图相同的比例表达。

2）线型：用中实线或细实线绘制局部或全部建筑平面图。

3）画出卫生设备或用水设备的平面位置：卫生设备或用水设备是配合管网表达的内

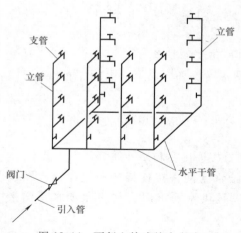

图 10-14　下行上给式给水方式

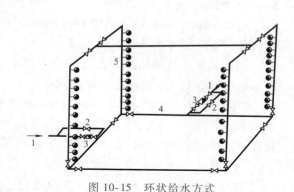

图 10-15　环状给水方式

1—引入管　2—阀　3—水表节点　4—水平干管　5—消防立管

容，并且常配有详图或标准详图，在管网平面布置图中，用中实线或细实线按照图例绘制其轮廓。如图 10-16 中的大便器、小便器、盥洗池等，只按比例画出卫生设备的主要轮廓以表达其位置。

4）画管道：在给水管道的平面布置图中，管道是室内管网平面布置的主要内容，采用单条中粗实线（0.75b）中间加管道类别符号（用汉语拼音字母）表示水平管。并且按其中心位置绘制。垂直管用中粗线圆圈表示；水龙头、球阀等按标准图例符号表示，参见图 10-16。底层平面布置图应画出引入管。

5）标注管网的编号：管道编号包括立管编号、进水管编号、立管和水平管的管径，水平管的标高等。

立管的编号：由立管的轮廓引出指引线（0.25b 的细实线），在水平线上面标注立管编号，例如 JL—3。在水平线下面标注管径，如图 10-19 所示。

进水管编号：如果给水系统的进水管多于一个时，应对进水管进行编号。标注方法是由进水管端引出指引线，在另一端绘制直径 12mm 的细实线圆，在圆内绘制水平线。水平线上面标注管道类型，如给水管用 J 表示（净水）。在水平线下面标注进水管编号，如图 10-19 所示。

水平管的管径：直接标注在表示该水平管的轮廓线上，例如在图 10-19 中的水平干管旁标注 DN32。

当管道为暗装时，采用中粗虚线（0.75b）表示，若安装在墙内，则应画在墙体截面内。无论是明装还是暗装，管道线仅表示其安装位置，并不表示其与墙面的具体平面位置尺寸。其与墙面的距离尺寸一般按施工规范去做。

（2）室内给水管网系统轴测图　为了清楚地表示给水管网的空间布置情况，室内给水管网需要配以立体图，通常画成正面斜轴测图（正面斜等测），称为给水系统轴测图。如图 10-20，室内给水管网系统轴测图的表示内容如下：

1）给水管网与附件的表示方法。室内给水系统图中干管、立管和支管等管路采用中粗线表示，管网中的阀门、水箱、水龙头等给水设备和附件采用表中的图例来表示。

2）给水管网管道的管径表示。对于给水管网系统图中的干管、立管和支管的管径，标注在各管路的一侧。例如 *DN*20 表示管路的公称直径为 20mm。

3）给水管网的有关部位标高和管路坡度表示。在给水管网系统图中，一般需标注建筑物各层的地面或楼面标高，给水干管、给水横支管和立管与横支管连接部位等的标高。有特殊要求时，管路的坡度可在给水管网系统图中标注出来，一般可不标注。

4）给水管网系统图中交叉管路的表示。在给水系统轴测图中交叉重叠的管线应区分可见性，不可见的管线被遮挡的部分应断开，以强调其不相交。

二、室内排水施工图

1. 室内排水系统的组成与分类

一般情况下，室内排水系统由以下几个基本部分组成：

（1）卫生器具与生产设备受水器 室内排水系统的起点，接纳各种污水后排入管网系统，一般都带有器具排水管并且大部分设有水封（如 P 式或 S 式存水弯）。

（2）横支管 连接器具排水管和排水立管之间的水平管段，将由各卫生器具等流来的污水排至排水立管，起承上启下的作用。横支管应有一定的坡度，坡向排水立管。

（3）排水立管 主要排水管道，接受各横支管流来的污水，再排至建筑物底层的排出管。

（4）排水干管 连接两根或两根以上的排水立管的总横支管。一般埋地敷设。

（5）排出管 将立管或干管流来的污水排至室外的检查井、化粪池的水平管段。通常为埋地敷设并有一定坡度，坡向室外。

（6）通气管 与排水立管相连，上口一般伸出屋面或室外并开敞，作用是排放排水管网中的有害气体和平衡管道内气压。

（7）清通设备 用于排水管道的清理疏通，如检查口、清扫口、检查井等。

（8）特殊设备 如气水混合器、气水分离器、旋流连接配件、旋流排水弯头等。

（9）其他设备 包括污水抽升设备、局部污水处理设备等。

室内排水系统根据所排出的污水性质可以分为生产污水管道、生活污水管道和雨水管道三类。根据排水制度可以分为分流制和合流制两类。所谓分流制是指生产污水、生活污水和雨水分别通过不同的管道排放，合流制就是指以上三种污水全部或者部分合流从同一管道排出。

2. 室内排水管网平面图

室内排水管网平面图与室内给水管网平面图的表示方法基本相同。往往将两种平面图画在一张图纸上，但图中的给水管网和排水管网要采用不同的线型来表示。如给水管网管路用中粗实线表示，排水管路用中粗虚线表示。当给水排水系统比较复杂时，也可分开绘制。

3. 室内排水管网系统图

室内排水管网系统轴测图绘图参数及表达方法同给水管网，常采用正面斜等轴测图。图中的管网采用粗实线表示，其他构配件采用图例符号表示，图中应注明立管和排出管的编号。

三、室内给水排水施工图识图

1. 室内给水排水平面图的识读

某住宅楼给水排水平面图，如图 10-16a、b 所示。从图上可以看出，该住宅楼共有 6 层，各层卫生器具的布置均相同；各层管道的布置，除底层设有一条引入管和一条排出管外，其余各层的管道布置也都相同。

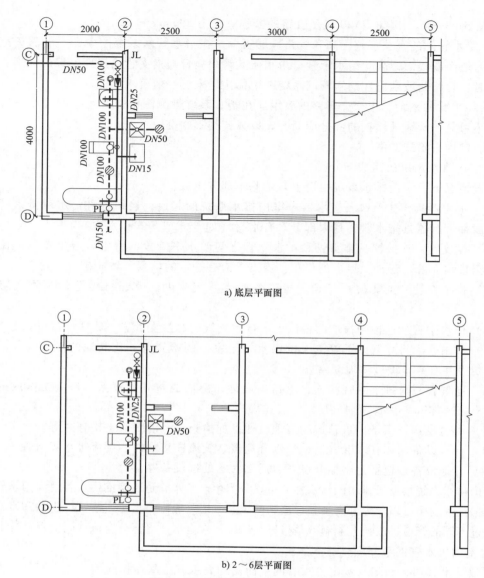

a) 底层平面图

b) 2～6层平面图

图 10-16　某住宅楼给水排水平面图

（1）卫生器具的布置　在①至②轴线之间的卫生间内，沿②轴线设有叶轮式水表、洗脸盆，蹲式大便器、地漏和浴盆等。在②至③轴线间的厨房内，沿②轴线设有污水池、贮水池和地漏等。

（2）给水管道的布置　在底层，沿Ⓒ轴线设有一条给水引入管，管径为 $DN50$，由室外引入室内至墙角处的给水立管（JL）止；然后由该立管接出给水干管。沿②轴线经内螺纹截止阀、叶轮式水表，向洗脸盆、蹲式大便器、贮水池和浴盆供水。管径由 $DN25$ 变为 $DN15$。

（3）排水管道的布置　在底层卫生间的东南角，设有 1 根 $DN150$ 的排水立管（PL）。沿②轴线设有 $DN100$ 的排水干管和 1 条 $DN150$ 的排出管。卫生间内洗脸盆、蹲式大便器、浴盆和地坪的污水，经排水干管、排水立管和排出管排至室外（检查井）。厨房内污水池和地坪的污水，经排水支管、排水干管、排水立管和排出管排至室外（检查井）。

2. 室内给水系统图的识读

某住宅楼给水系统图，如图 10-17 所示。从图中可以看出，$DN50$ 的引入管标高为 $-1.200m$，由西向东至立管（JL）下端的 90°弯头止；然后 $DN50$ 的立管（JL）垂直向上，穿出底层地坪 ± 0.000，在标高 $0.500m$ 处安装 $DN50$ 的内螺纹截止阀 1 个；继续垂直向上至标高为 $16.000m$ 的 90°弯头止。

在立管（JL）上共接出 6 条水平干管，每条水平干管始端的管径为 $DN25$，末端的管径为 $DN15$。第 1 条水平干管位于底层楼，标高为 $1.000m$。位于第 2 至 6 层楼，各条水平干管的标高分别为 $4.000m$、$7.000m$、$10.000m$、$13.000m$ 和 $16.000m$。

每条水平干管上，从右至左依次接有：$DN25$ 的内螺纹截止阀 1 个；$DN25$ 的叶轮式水表 1 组；$DN25 \times 25 \times 15$ 异径三通 1 个及 $DN15$ 水龙头 1 个；$DN25 \times 25 \times 25$ 等径三通 1 个及 $DN25$ 专用冲洗阀 1 个；$DN25 \times 15 \times 15$ 异径三通 1 个及 $DN15$ 的水龙头 1 个；$DN15$ 的弯头 1 个，$DN15$ 的水龙头 1 个。

3. 室内排水系统图的识读

某住宅楼排水系统图，如图 10-18 所示。从图中可以看出，$DN150$ 的排出管，标高为

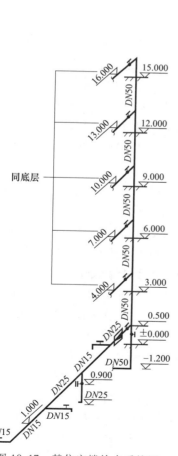

图 10-17　某住宅楼给水系统图

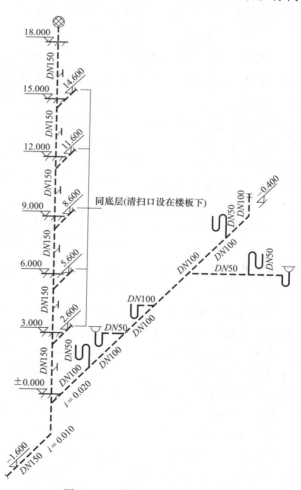

图 10-18　某住宅楼排水系统图

－1.600m，坡度 $i=0.010$，由室内排水立管（PL）底至室外（检查井）止；DN150 的排水立管（PL），由标高－1.600m 至标高为 14.600m 的 DN150×150×100 异径斜三通止；DN150 的通气管，由标高 14.600m 至屋面以上镀锌铁丝球止。同时还可以看出，在排水立管（PL）上设有 6 个立管检查口（每层 1 个）；并有 6 条排水横支管与排水立管（PL）相接；每条排水横支管的管径为 DN100，坡度 $i=0.020$。第 1 条排水横支管，位于底层楼地坪以下，标高为－0.400m。第 2 至 6 层楼的排水横支管分别位于各自楼板下，标高分别为 2.600m、5.600m、8.600m、11.600m、14.600m。

每条排水干管上从右至左依次接有：DN100 的清扫口 1 个；DN100 的 45°弯头 2 个（2 至 6 层无）；DN100×100×50 异径斜三通 1 个及 DN50 S 形存水弯 1 个；DN100×100×50 异径斜三通 1 个及排水支管上 DN50×50×50 等径斜三通 1 个，DN50 的 S 形、P 形存水弯各 1 个；DN100×100×100 等径斜三通 1 个及 DN100 的 P 形存水弯 1 个；DN100×100×50 异径斜三通 1 个及 DN50 的 P 形存水弯 1 个；DN100×100×50 异径斜三通 1 个及 DN50 的 S 形存水弯 1 个；DN150×150×100 异径斜三通 1 个。

4. 室内给水排水施工图平面图和系统图综合识图

图 10-19、图 10-20、图 10-21 是某三层集体宿舍内给水排水工程施工图的平面图、给水系统图、排水系统图，识读方法如下。

首先看平面图，由底层给水排水平面图可知，该楼只有一根给水引入管（$\frac{J}{1}$），经水表井平行于Ⓐ轴，且距Ⓐ轴线 4250mm，自西向东进入该楼；该楼有两条排水排出管（$\frac{P}{1}$）和（$\frac{P}{2}$），两管均平行于①轴线，并分别离①轴和②轴线偏东各 300mm，自北向南离开该楼。底层用水房间有盥洗室、男厕所及男浴室。盥洗室内有一个污水池、清扫口以及配有 2 个水龙头的盥洗槽。男厕所内设有 4 套蹲式大便器，无水箱、自闭式冲洗，在大便器对面有小便槽、污水池和地漏各 1 个。男浴室内有 4 个淋浴器、2 个水龙头的盥洗槽及一个地漏。男浴室、盥洗室和男厕所的地面标高均为－0.03m。二、三层用水房间的平面布置与底层有所不同，请读者自行学习。

下面对照平面图分别识读给水系统图和排水系统图。

给水系统图，对照底层给水排水平面图，找到编号为（$\frac{J}{1}$）的 DN50 的给水引入管，其上有一水表井，标高－0.700m，平行于Ⓐ轴，穿过①轴墙后进入盥洗室，再过②轴墙后进入男浴室，并且在盥洗室和男厕之间分别与①、②轴相交的墙角附近引出 JL—1（DN32）和 JL—2（DN32）两立管，然后于 JL—2 上标高为－0.300m 处，顺②轴墙面引水平干管至Ⓑ与②轴相交的墙角处引出 JL—3（DN50）立管。立管 JL—1 主要给盥洗室和男厕中的大便器供水。在 JL—1 上每层高出地（楼）面 1.000m 都有沿墙角 DN15 的水平支管，其上装有 1 个 DN15 的截止阀和 3 个 DN15 的给水龙头（其中污水池上方 1 个，盥洗槽上方 2 个），并且在高出每层地（楼）面 1.200m 处引出沿①轴内墙面 DN25 的水平支管，穿隔墙进入男厕所。在该支管上装有截止阀，并在与各大便器相应位置接 4 根 DN25 冲洗水管，每根冲洗管上离地（楼）面 0.800m 处各装一个延时自闭冲洗阀。立管 JL—2 主要供男浴室或女厕所和男厕所中小便槽、污水池的用水。底层距地面 1.000m 处沿②轴东侧墙面有 DN25 的水平支管，其上装有 1 个截止阀、4 个淋浴器，并在与隔壁污水池对应位置的附近接平行于Ⓐ轴的短管，穿②轴墙至男厕所。然后沿②轴西侧墙面引支管，该支管上装一个 DN15 截止阀、污水

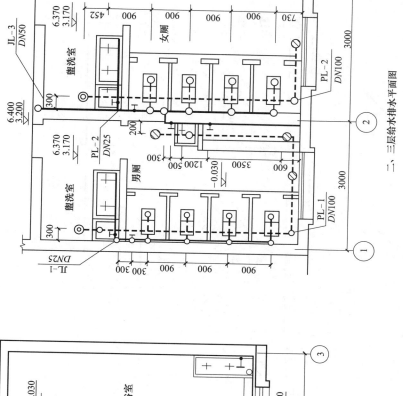

二、三层给水排水平面图

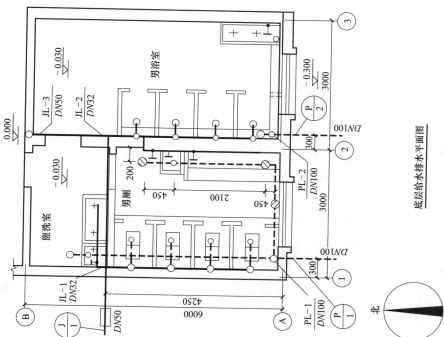

底层给水排水平面图

图 10-19 某集体宿舍给水排水平面图

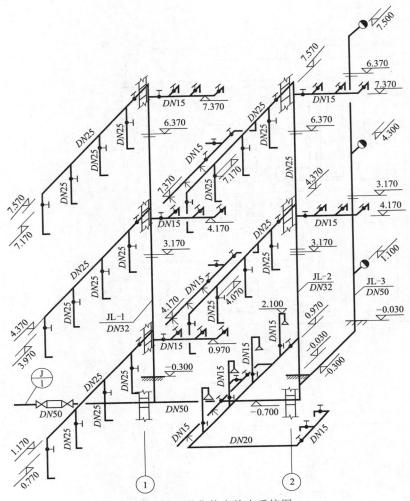

图 10-20　某集体宿给水系统图

池的 1 个水龙头及小便槽上的多孔管（包括多孔管前的截止阀）。与底层相比，二、三层无浴室，改设女厕所，所以立管 JL—2 在二、三层上的管道布置与底层有所不同，请读者对照阅读。再看立管 JL-3，供消防用水，在每层高出内走道地（楼）面 1.100m 处接 1 个室内消火栓，内走道地面标高为±0.000m，楼板面标高分别为 3.200m 和 6.400m。

　　排水系统图，在底层给水排水平面图上找出 $\frac{P}{1}$ 和 $\frac{P}{2}$ 的排水排出管，再在排水轴测图上找到相同编号，然后分别阅读排水系统的 $\frac{P}{1}$ 和 $\frac{P}{2}$ 组。先读 $\frac{P}{1}$ 组，由平面图可知，与①～②轴间 3 个楼层的平面布置相同，均设有布局完全相同的盥洗室和男厕所，对照平面图和排水系统图可知 $\frac{P}{1}$ 在①轴与④轴相交的墙角处连接排水立管 PL—1。每层与 PL—1 连接的有 2 根横支管，它们均居地（楼）面之下。盥洗室内，污水经 DN50 的一个地上 S 形存水弯排入端部设有一个清扫口且沿①轴内墙面的水平支管内，此横支管穿越隔墙进男厕所内，接纳由 4 个 DN100 的地（楼）面下 S（P）形存水弯排来的大便器冲洗水。底层的横支管起点标高 -0.280m、坡度 2%、DN100；与 PL—1 相接的另一横支管始于男厕所内，该横支管平行于

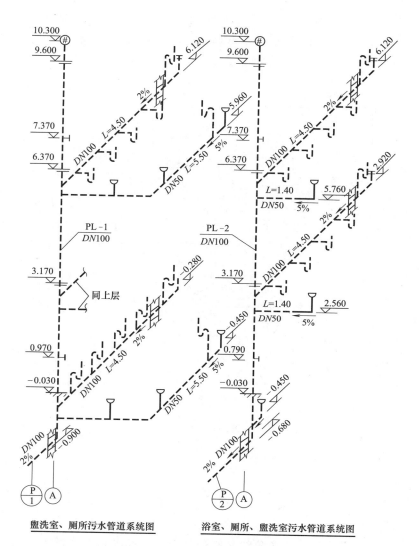

盥洗室、厕所污水管道系统图　　　浴室、厕所、盥洗室污水管道系统图

图 10-21　某集体宿舍排水系统图

②轴线，依次接纳地（楼）面上方的 S 形存水弯和小便槽内的圆形地漏排来的地面污水后，与 PL—1 相接。立管 PL—1（DN100）的上端穿出楼顶层面，顶端标高为 10.300m，装甲型通气帽。在 PL—1 中间标高分别为 0.970m 和 7.370m 处各设一个检查口。立管 PL—1 下端连排水管⊕。⊕的起点标高为−0.900m，DN100，坡度 2%，此管中心离①轴内侧 300mm，平行于①轴并穿过Ⓐ轴到室外。对于⊕，请读者按上述方法，自行识读。

　　四、室内给水排水施工详图

　　室内给水排水系统图除了平面图、系统图以外，有些细部构造和安装尺寸，需要局部放大详细具体地进行表示，这种放大比例的图样称作详图。这些详图通常可以引用有关的标准图集上的详图，如有特殊要求，由设计人员在图纸上自行绘制。

　　详图通常主要包括各类卫生器具的安装详图和管道的连接、穿墙和保温防腐等的详图。

卫生器具安装详图通常需绘制正面图、侧面图和平面图、图例、安装说明、主要材料表以及一些局部的详图等，图中需清楚地表达其安装位置、管道连接方式、固定方法等，如图10-22为一低位水箱坐式大便器的安装详图。

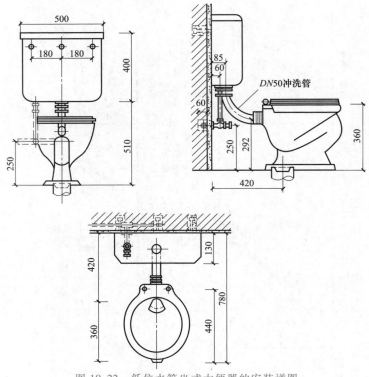

图 10-22　低位水箱坐式大便器的安装详图

第三节　室外给水排水施工图

室外给水排水系统通常有广义和狭义两种含义：一种是指整个城市的给水排水管网系统，它属于市政工程。一般包括取水系统、净水系统、输配水系统、泵站、排水管网系统、污水处理系统等部分。一种是指庭院（小区）给水排水系统，它的任务是将室外给水系统提供的水送至室内给水系统中，并将室内排水系统产生的污水排泄到城市排水系统中。庭院（小区）给水系统主要包括室外供水管道、计量控制设备（如水表、阀门）、贮水和加压设备（如水塔、水池）等几部分。另外，根据消防供水要求，还要设置消防水泵接合器、室外消火栓等。庭院（小区）排水系统主要包括排水管网、排水口、检查井、污水提升设备等。本节内容主要介绍与房屋建筑关系最密切的庭院（小区）给水排水系统。

室外给水排水施工图，主要是表明新建的房屋建筑室外的给水、排水管道的布置，与室内管道的引入管、排出管之间的连接，以及管道敷设的坡度、埋深和交接等情况。室外给水排水施工图一般包括：室外给水排水管道总平面图、管道纵断图和附属设备的施工图等。

一、室外给水排水系统平面图

建筑物室外管道平面图也分为给水管道平面布置图和排水管道平面布置图。一般应分别画出，如果图面简单，也可画在一张图纸上。如图 10-23 所示的某区域给水排水平面布置图。

室外给水排水平面图的图示内容和表达方法如下：

1. 比例

通常采用与建筑总平面图相同的比例，常用 1：200、1：500 等；对于范围较大的厂区或小区，可用 1：1000、1：2000。

2. 建筑物周围的建筑群、道路交通等设施

室外给水排水平面图是以建筑总平面图的主要内容为基础，重点突出与房屋建筑有关的室外给水排水管道和设施。因此在平面图中，房屋、道路等附属设施，均按建筑总平面图的图例绘制，用细实线画出轮廓线，新建建筑物则用中实线画出其轮廓线。

3. 管道及附属设施

在室外给水排水平面图中，建筑物的给水管、排水管、排水出口、雨水管、水表、检查井、化粪池等的位置、规格、数量、坡度、流向等，都应画出。给水管用粗实线表示，雨水管用粗虚线表示，污水管用粗单点长画线表示。给水管一般采用铸铁管，以公称直径 DN 表示；雨水管、污水管一般采用混凝土管，以内径 d 表示。

给水管道是压力管，往往沿地面敷设。如图 10-23 所示，某区域的供水管接市政给水

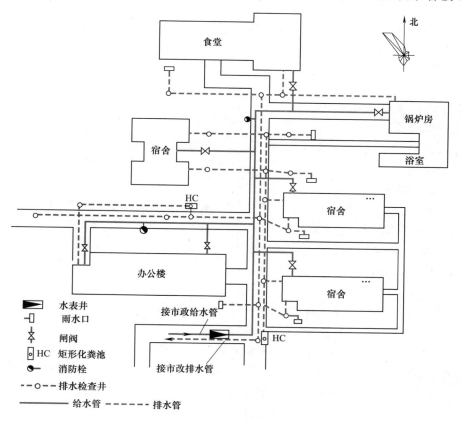

图 10-23　某区域给排水平面布置图

管，接一水表井后，向北给该区域的东西两侧建筑物供水，在每一房屋引入管处还连接了一个闸阀。一个居住区还必须有消防栓，在该区域里的办公楼，给水管除有两根支管接入大楼外，还有一根支管连接办公楼的消防栓，以供应该区域的消防用水。同时在锅炉房和食堂之间，也设置了一个消防栓。

排水管道由于要经常疏通，所以在排水管的起点、两管的相交点、交叉点、转折点、变坡点处均要设置检查井，在图上用 2~3mm 的小圆圈表示。两检查井之间应是直线，不能是折线或曲线。如图 10-23 所示，该区域的排水管包括雨水管和污水管，用粗虚线表示。在该区域还设置了六个雨水口，分别用排水管将其排至检查井中，再排至化粪池中，最后与市政排水管连接。

4. 图例和施工说明

如图 10-23 所示，在室外给水排水平面图中，应画出指北针，标明图例，书写必要的说明，以便于读图和按图施工。

二、室外给水排水管道纵断面图

室外给水排水管道纵断面图，主要表明室外给水排水管道在纵向（即长度方向）自然地面的高低起伏、管道与管井等设施的连接和埋深情况的图纸。管道纵断面图一般仅用于复杂的和大型的工程。如图 10-24 所示的某一街道给水排水平面图和污水管道纵断面图。

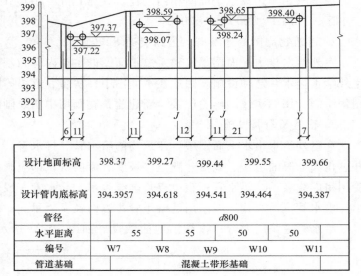

设计地面标高	398.37	399.27	399.44	399.55	399.66
设计管内底标高	394.3957	394.618	394.541	394.464	394.387
管径	*d*800				
水平距离	55	55	50	50	
编号	W7	W8	W9	W10	W11
管道基础	混凝土带形基础				

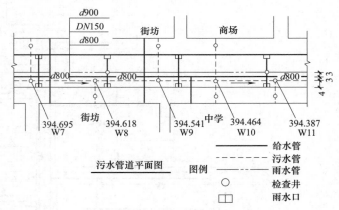

污水管道平面图　　图例

——	给水管	
- - - -	污水管	
— · — · —	雨水管	
○	检查井	
▭	雨水口	

图 10-24　某街道给排水平面图、污水管道纵断面图

第四节　消防给水系统

根据房屋消防规范的规定，在有防火要求的房屋建筑中，需要配备消防给水系统。消防给水系统可分为室内消防给水系统和室外消防给水系统。室内消防给水系统用于在室内利用消防设备扑灭室内火灾；室外消防给水系统用于扑灭室外火灾或从室外扑灭室内火灾以及向室内供应消防用水。

消防设施施工图同样采用平面布置图和系统轴侧图以及详图来表达。平面布置图可以放在给水排水系统平面布置图中一起表达。例如图 10-19 中，消防系统与给水系统引入管出自一条干管，适合于放在同一张平面图上表达。而系统轴侧图可以单独绘制，如图 10-15 为一单独的消防给水系统图。

本 章 小 结

在给水排水施工工程中，室内给水排水工程是一个重要部分，常用的表达方法是使用单线图的表达方法。在室内给水排水施工图中，通常是通过平面图、剖面图、详图和系统轴测图相结合的表达方法。本章从管道表达出发，介绍管道的双线图和单线图的表达方法，主要是学习平面图和系统轴测图的表达和识读。

思 考 题

1. 什么是单线图？它的特点是什么？它可以应用在什么投影中？
2. 什么是双线图？试说明它应用在什么施工工程中？
3. 室内给水排水平面图的内容？它和建筑施工图之间的关系如何？
4. 给水排水平面图需要标注尺寸吗？
5. 如何确定室内给水排水管道的长度？

第十一章　暖通空调施工图

【学习目标与能力要求】

通过本章的学习，了解暖通空调系统的组成。掌握空调系统的表达方法。熟悉空调系统构配件的符号的绘制方法，识读空调系统或供暖系统工程施工图。

掌握室内、室外供暖系统的表达方法。绘制或阅读供暖系统平面图、剖面图、系统轴测图。掌握供暖系统构配件的符号的画法。能够识读供暖系统施工图。

掌握空调系统的表达方法。绘制或阅读空调系统平面图、剖面图、系统轴测图。掌握空调系统构配件的符号的画法。能够识读空调系统施工图。

第一节　概　　述

微课：暖通空调施工图概述

建筑供暖与空调系统包括供暖、通风、空气调节三个方面。供暖是由于冬季室外温度低于室内温度，室内的热量不断散发到室外，为了保持室内所需的温度，而向室内供给热量。通风就是将室内被污染的空气直接或经过净化后排出，同时将新鲜空气补充进来，从而保持室内空气环境能够满足一定生活条件和生产工艺的要求。空气调节，简称空调，就是用人工方法调节室内空气的温度、相对湿度、洁净度和气流速度等指标，从而满足一定生活、生产要求。

一、供暖系统

1. 供暖系统的分类

供暖系统又称采暖系统，是由热源、输热管网、散热设备组成。目前供暖系统的分类方法很多，常见的有以下几种分类方法。

1）按供暖范围来分，可分为局部供暖系统、集中供暖系统、区域供暖系统三种。热源、输热管网和散热设备联成整体，供暖分散在各个房间的供暖方式，称为局部供暖系统；由热源通过管网向一个或多个热用户供应热能的系统称为集中供暖系统；以集中供热的热网作为热源，通过热网向一个建筑群或一个区域供应热能的供暖系统，称区域供暖系统。

2）按供暖热媒来分，供暖系统所用的热媒有热水、蒸汽、热空气、烟气等，因而供暖系统按热媒的不同，可分为热水供暖系统、蒸汽供暖系统、热风供暖系统、烟气供暖系统四种。

2. 供暖系统的基本图式

机械循环热水供暖系统应用最广，因此以下仅以热水供暖系统的基本图式为例作简单介绍。

（1）上供下回式　热水供暖系统一般由锅炉、供水总管、供水干管、供水立管、散热器支管、散热器、回水立管、回水干管、回水总管、水泵及膨胀水箱等组成。

所谓上供下回式，是指供水干管敷设于最高层散热器上部，与供水立管顶端相接，而回水干管敷设于最低层散热器下部与回水立管底端相连。其形式有上供下回双管系统和上供下回单管垂直串联系统、上供下回单管垂直跨越式、上供下回同程式系统。图 11-1 为一种上供下回式供暖系统。

（2）下供上回式　与上供下回式相反，又称倒流式。

（3）下供下回式　顶层天棚下难以布置管路而不能采用上供式时常用此式。图 11-2 为一种下供下回式供暖系统。

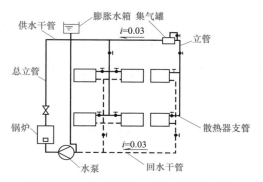

图 11-1　上供下回式双管热水供暖系统

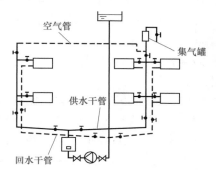

图 11-2　下供下回式双管热水供暖系统

（4）中供式　当建筑顶层大梁底标高过低，以致采用上供下回式有困难时采用此式。

（5）水平式　水平式有水平串联式和水平跨越式两种。

（6）分区（层）式　在高层建筑中，常采用上下分区设置独立的供暖系统，下层常与室外热网直接连接，上层系统则通过热交换器进行供热。

3. 散热器

（1）铸铁散热器　铸铁散热器包括柱形散热器和翼形散热器。柱形散热器由铸铁制成，有四柱、五柱及二柱三种形式。这种柱形散热器金属热强度高、传热系数大、易于清灰、易于组成所需的散热面积，应用较广泛，在施工图中只注其片数。翼形散热器分圆翼形和长翼形两种。圆翼形散热器在施工图中注明其根数与排数，即根数×排数（如 3×2，3 表示每排根数，2 表示排数）；长翼形散热器，在施工图标注时只注其片数。

（2）钢制散热器　钢制散热器主要有闭式钢串片对流散热器、板式散热器、扁管散热器、钢柱形散热器四种。钢制散热器耐压强度高、金属耗量少、外形美观、便于布置，但易被腐蚀，寿命短。散热器为钢串片式时，应注其长度与排数，如 1.0×3，其中前面数字"1.0"表示钢串片散热器长度，后面数字"3"表示钢串片散热器的排数。

二、通风系统

通风是把空气作为介质，使之在室内的空气环境中流通，用来消除环境中危害气体的一种措施，主要包括送风、排风、除尘、排毒。通风按其作用范围可分为局部通风和全面通风两种。局部通风是对房间某一局部地点进行通风换气；而全面通风是对整个房间进行通风换气。按工作动力可分为自然通风和机械通风两种。自然通风又可分为组织自然通风、管道式自然通风和渗透通风。机械通风又分为局部机械通风（包括局部送风和局部排风）和全面机械通风（包括全面送风和全面排风）。

对于机械通风系统主要的设备和构件有室内送风口或室内排风口、通风管道、风机、室外进风口或室外排风口以及空气的净化处理装置等。

三、空调系统

空调系统按空气处理设备的集中程度可分为集中式系统，半集中式系统和局部式系统。按处理房间冷、热负荷所用的介质不同，可分为全空气式系统、全水式系统和空-水式系统及制冷剂式系统。

集中式空调系统是由空调房间、空气处理设备、空气输送设备、空气分配设备四个基本部分组成；半集中式空调系统，除有集中的空调机房外，尚有分散在各空调房间内的二次处理设备（或称末端装置），其中多半设有冷、热交换器；局部式空调系统又称分散式空调系统，是利用空调机直接在空调房间内或其临近地点就地处理空气的一种局部空调的方式。空调机组是将冷源、热源、空气处理和自动控制等设备组装在一个或两个箱体内的定型设备。

四、暖通空调施工图常用图例

《暖通空调制图标准》（GB/T 50114—2010）规定了暖通空调施工图常用的图例。

对于供暖系统中的水、汽管道，可用线型区分，也可用代号区分；风道宜用代号进行标注。常用的水、汽管道以及风道代号见表 11-1。

表 11-1　常用水、汽管道和风道的代号

代号	名称	备　注
RG	供暖热水供水管	可附加 1、2、3 等表示一个代号、不同参数的多种管道
RH	供暖热水回水管	可通过实线、虚线表示供、回关系省略字母 C、H
LH	空调冷水回水管	
LQG	冷却水供水管	
LQH	冷却水回水管	
n	空调冷凝水管	
BS	补水管	
X	循环管	
ZG	过热蒸汽管	
ZB	饱和蒸汽管	可附加 1、2、3 等表示一个代号、不同参数的多种管道
N	凝结水管	
J	给水管	
GG	锅炉进水管	
SF	送风管	
HF	回风管	一、二次回风可附加 1、2 区别
PF	排风管	
XF	新风管	
PY	消防排烟风管	

暖通空调施工图常用图例见表 11-2。

表 11-2　暖通空调施工图常用图例

名称	图例	备注	名称	图例	备注
截止阀			散热器及 手动放气阀	15　15　15	左为平面图画法,中为剖面图画法,右为系统图(Y轴测)画法
阀			散热器及 温控阀	15　15	
球阀			吊顶式 排气扇		
止回阀			水泵		
定流量阀			加湿器		
自动排气阀			电加热器		
集气罐、 放气阀			分体空调器	室内机　室外机	
法兰封头 或管封			烟感器	S	
漏斗			吸顶式温度 感应器	T	
上出三通			压力表		
下出三通			流量计	F.M	
变径管			矩形风管	***×***	宽×高(mm)
活接头或 法兰连接			圆形风管	φ***	Φ 直径(mm)
保护套管			软风管		
介质流向	→ 或 ⇨	在管道断开处时,流向符号宜标注在管道中心线上,其余可同管径标注位置	消声器		
坡度及坡向	i=0.003 或 i=0.003	坡度数值不宜与管道起止点标高同时标注,标注位置同管径标注位置	消声弯头		
固定支架			止回风阀		

第二节　室内供暖施工图

供暖系统施工图分室内和室外两部分。室外部分，表示一个区域的供暖管网，包括供暖平面图，管沟剖面图及详图。室内部分，表示一栋建筑的供暖系统，包括供暖平面图，系统轴测图和详图。此外均有设计施工说明。图中常采用单线表示管路，用符号（即图例）表示散热器及其他设备。

一、室内供暖平面图

1. 室内供暖平面图的内容

室内供暖平面图视水平主管敷设位置的不同有各层平面图和地沟平面图。平面图主要表明建筑物各层供暖管道和设备的平面布置情况。主要内容有：

1）散热器平面位置、规格、数量及安装方式（明装或暗装）。

2）供暖管道系统的干管、立管、支管的平面位置、走向、立管编号和管道安装方式（明装或暗装）。

3）供暖干管上的阀门、固定支架、补偿器等的平面位置。

4）与供暖系统有关的设备，如膨胀水箱、集气罐（热水供暖）、疏水器的平面位置、规格、型号以及设备连接管的平面布置。

5）热媒入口及入口地沟情况，热媒来源、流向及与室外热网的连接。

6）管道及设备安装所需的留洞、预埋件、管沟等方面与土建施工的关系和要求。

2. 室内供暖平面图的绘制和识读

室内供暖平面图应按假想除去上层楼板后俯视规则来绘制。除方案设计、初步设计及精装修设计外，平面图、剖面图中的水、汽管道可用单线绘制，风管不宜用单线绘制。平面图上应标注设备、管道定位（中心、外轮廓）线与建筑定位（轴线、墙边、柱边、柱中）线间的关系。

1）平面图的数量。多层房屋的管道平面图原则上应分层绘制，管道系统布置相同的楼层平面可绘制一个平面图。

2）本专业所需要的建筑部分，仅需抄绘房屋的墙身、柱、门窗洞、楼梯、台阶等主要构配件，至于房屋细部和门窗代号等均可略去。同时，房屋平面图的图线也一律简化为用细线（0.25b）绘制。底层平面图要画全轴线，楼层平面图可只画边界轴线。

3）散热器等主要设备及部件均为工业产品，不必详细画出，可按所列图例表示，采用中（0.5b）、细线（0.25b）绘制。

散热器的规格及数量标注如下：

① 柱式散热器只标注数量；

② 圆翼形散热器应注根数、排数，如：

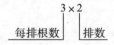

③ 光管散热器应注管径、长度、排数，如：

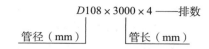

④ 串片式散热器应注长度、排数。如：

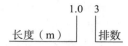

⑤ 散热器的规格、数量标注在本组散热器所靠外墙的外侧，远离外墙布置的散热器直接标注在散热器的上侧（横向放置）或右侧（竖向放置）。

4）管道系统的平面图是在管道系统之上水平剖切后的水平投影。按管道类型以规定线型和图例绘制。管道系统一律用单线绘制。

5）尺寸标注：房屋的平面尺寸一般只需在底层平面图中注出轴线间尺寸，另外要标注室外地面的整平标高和各层地面标高。管道及设备一般都是沿墙设置的，不必标注定位尺寸。必要时，以墙面和柱面为基准标出。供暖入口定位尺寸应由管中心至所邻墙面或轴线的距离。管道的管径、坡度和标高都标注在管道系统图中，平面图中不必标注。管道的长度在安装时以实测尺寸为依据，故图中不予标注。

室内供暖平面图识读时，主要应注意下列几个方面：

1）热媒入口在建筑平面上的位置、管道直径、热媒来源、流向、参数、设备仪表布置及其做法等。

2）建筑物内散热设备（散热器、辐射板、暖风机）的平面布置、种类、数量（片数）以及散热器的安装方式（即明装、半暗装、暗装）。

3）供水干管的布置方式、干管上阀件附件的布置位置及型号以及干管的直径。补偿器与固定支架的平面位置及其种类、形式。

4）按立管编号，立管的平面位置及其数量。

5）对蒸汽供暖系统，应在平面图上查出疏水装置的平面位置及其规格尺寸。

6）对热水供暖系统，应在平面图上查明膨胀水箱、集气罐等设备的平面位置、规格尺寸。

二、室内供暖系统图

1. 室内供暖系统图的内容

室内供暖系统图是根据各层供暖平面中管道及设备的平面位置和竖向标高，用正面斜轴测或正等测投影法以单线绘制而成的。它表明供暖入口至出口的室内供暖管网系统、散热设备、主要附件的空间位置和相互关系。该图注有管径、标高、坡度、立管编号、系统编号以及各种设备、部件在管道系统中的位置。把系统图与平面图对照阅读，可以了解整个室内供暖系统的全貌。

2. 室内供暖系统图的绘制与识读

1）室内供暖系统图的绘制要求如下：

供暖系统图宜用正面斜轴测或正等轴测投影法绘制。

系统图一般采用与相对应的平面图相同的比例绘制。当管道系统复杂时，亦可放大比例。

供暖系统图中管道系统的编号应与底层供暖平面图中的系统索引符号的编号一致。供暖系统宜按管道系统分别绘制，这样可避免过多的管道重叠和交叉。供暖管道用粗实线，回水管道用粗虚线，设备及部件均用图例表示（以中、细线绘制）。具有坡度的水平横管无需按比例画出其坡度，而仍以水平线画出，但应注出其坡度或另加说明。

对尺寸标注的要求：管道系统中所有管段均需标注管径，当连续几段的管径都相同时，可仅注其两端管段的管径。凡横管均需注出（或说明）其坡度。系统图中的标高是以底层室内地面±0.000m为基准的相对标高。除注明管道及设备的标高外，尚需标明室内、外地面，各层楼面的标高。对散热器规格、数量的标注，柱式、圆翼形散热器的数量，注在散热器内；光管式、串片式散热器的规格、数量，应注在散热器的上方。

2）室内供暖系统图识读时，主要应注意下列几个方面：

按热媒的流向，供暖管道系统的形式及其连接情况，各管段的管径、坡度、坡向，水平管道和设备的标高以及立管编号等。

散热器的规格及数量，当采用柱形或翼形散热器时，要弄清散热器的规格与片数（以及带脚片数）。当为光滑管散热器时，要弄清其型号、管径、排数及长度。当采用其他供暖设备时，应弄清设备的构造和标高（底部或顶部）。

注意查清其他附件与设备在管道系统中的位置、规格及尺寸，并与平面图和材料表等加以核对。

查明供暖入口的设备、附件、仪表之间的关系，热媒来源、流向、坡向、标高、管径等。如有节点详图，则要查明详图编号，以便查阅。

三、室内供暖详图

对供暖施工图，一般只绘平面图、系统图和通用标准图中所缺的局部节点图。平面图和系统图对局部位置只能示意性地给出。如供水干管与立管的连接，实际是通过乙字弯或弯头连接的。散热器与支管的连接也是通过乙字弯或两个90°弯头来连接的。要了解这些局部构造尺寸，必须查阅详图。如图11-3、图11-4所示详图。

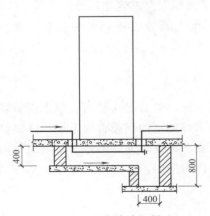

图 11-3　回水管跨门做法

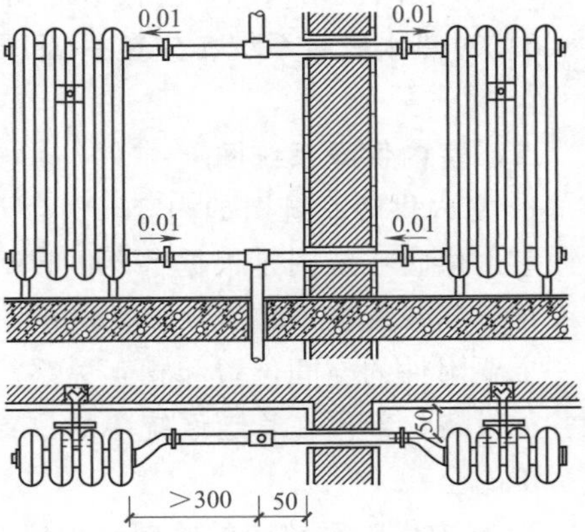

图 11-4　散热器安装详图

四、室内供暖施工图的识读

如图11-5、图11-6、图11-7、图11-8为某科研所办公楼供暖工程施工图，它包括平面图（首层、二层和三层）和系统图。该工程的热媒为热水（95~70℃），由锅炉房通过室外

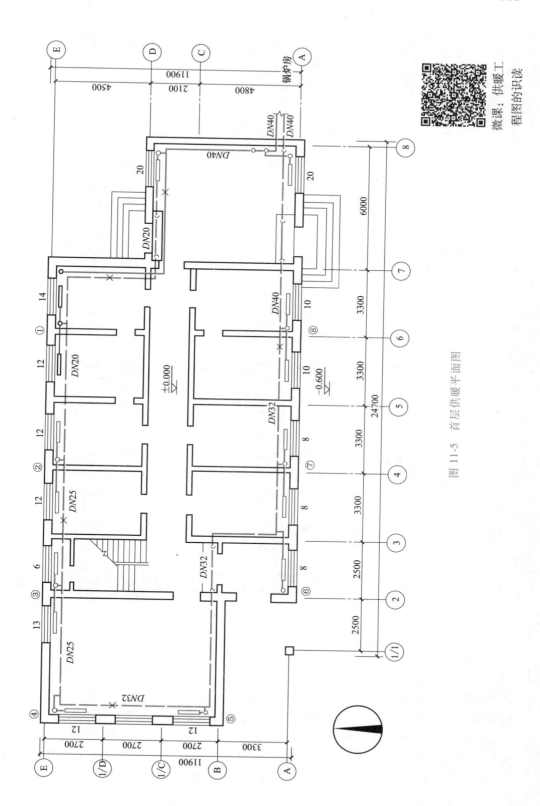

图 11-5　首层供暖平面图

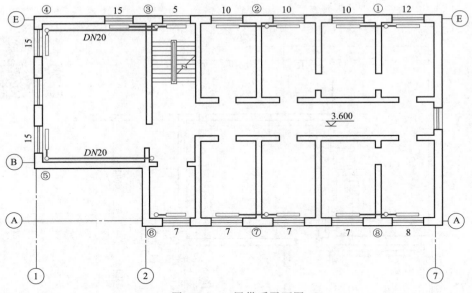

图 11-6　二层供暖平面图

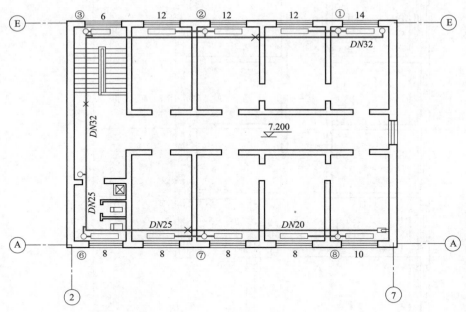

图 11-7　三层供暖平面图

架空管道集中供热。管道系统的布置方式采用上供下回同程式系统。供热干管敷设在顶层顶棚下，回水干管敷设在底层地面之上（跨门部分敷设在地下管沟内）。散热器采用四柱 813 型，均明装在窗台之下。供热干管从办公楼东南角标高 3.000m 处架空进入室内，然后向北通过控制阀门沿墙布置至轴线⑦和Ｅ的墙角处抬头，穿越楼层直通顶层顶棚下标高 10.20m 处，由竖直而折向水平，向西环绕外墙内侧布置，后折向南再折向东形成上行水平干管，然后通过各立管将热水供给各层房间的散热器。所有立管均设在各房间的

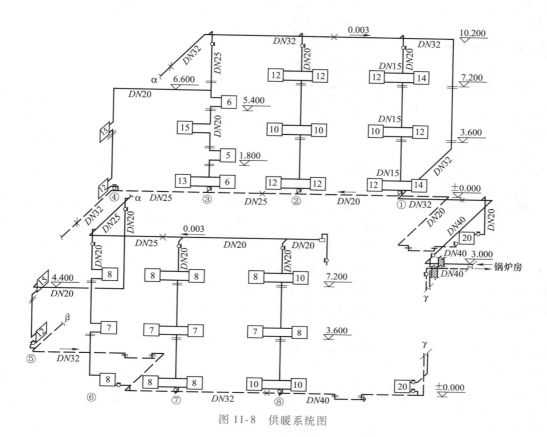

图 11-8　供暖系统图

外墙角处，通过支管与散热器相连通，经散热器散热后的回水，由敷设在地面之上沿外墙布置的回水干管自办公楼底层东南角处排出室外，通过室外架空管道送回锅炉房。供暖平面图表达了首层、二层和三层散热器的布置状况及各组散热器的片数。三层平面图表示出供热干管与各立管的连接关系；二层平面图只画出立管、散热器以及它们之间的连接支管，说明并无干管通过；底层平面图表示了供热干管及回水干管的进出口位置、回水干管的布置及其与各立管的连接。从供暖系统图可清晰地看到整个供暖系统的形式和管道连接的全貌，而且表达了管道系统各管段的直径，每段立管两端均设有控制阀门，立管与散热器为双侧连接，散热器连接支管一律采用 DN15（图中未注）管子。供热干管和回水干管在进出口处各设有总控制阀门，供热干管末端设有集气罐，集气罐的排气管下端设一阀门，供热干管采用 0.003 的坡度抬头走，回水干管采用 0.003 坡度低头走，跨门部分的沟内管道做法另见详图。

第三节　室外供暖施工图

一、室外供暖平面图

室外供暖平面图，是表明一个区域供暖管网的平面布置情况。其表达方法和表达的内容与室外给水排水平面布置图（或总平面图）相类似。室外供暖平面图一般用 1∶500 的或 1∶1000 的比例画出。其内容包括：

1）该区域的建筑平面坐标方格网。方格网的坐标值以米（m）为单位，一般每50m或100m划分一个方格。

2）各建筑物的平面轮廓以及道路、围墙等。

3）自锅炉房至各供暖建筑的供暖和回水管路。在管路图中，用图例符号画出阀门、伸缩器、固定支架，标明检查井位置并进行编号。各段管路还需要标明管径大小，如DN100。

4）图中只标注一些主要尺寸，长度以米（m）为单位。

室外供暖平面图中，为突出表明供暖和回水管网，供暖管路用粗实线画出，建筑物的平面轮廓用中粗实线画出，坐标方格网、道路、围墙等用细实线画出。

二、管沟剖面图

管沟剖面图是沿管沟所作的纵向剖面图，主要表明管沟的高度、坡度、地形的高低起伏变化，以及检查井的位置、标高及伸缩器的位置等。管沟剖面图与给水排水管道纵剖面图类似。图中上部绘出的是管沟剖面，中部绘出的是管沟平面图，下部为资料表，标出各段管沟长度、坡度、地面标高、沟底标高、沟底净深等。由于管沟的深度与长度相差很多，为了清楚地表达管沟剖面情况，剖面图中高度和长度用不同比例画出，一般选用的比例相差10倍，即管沟高度所采用的比例比管沟长度所采用的比例大10倍。

第四节　通风空调施工图

在一些工厂、商场、写字楼等公共场所需要保持室内空气的温度、湿度和洁净度，通常在建筑物内设置通风和空调系统。表达整个空气调节系统的图样称为通风空调施工图。通风空调施工图包括：通风系统平面图、剖面图、系统轴测图、详图及文字说明等。

一、通风空调施工图的组成

平面图有各层各系统平面图、空调机房平面图、制冷机房平面图等，这里主要介绍前二者。

1. 通风空调系统的平面图

（1）通风空调系统平面图　系统平面图主要表明通风空调设备和系统风道的平面布置。一般包括下列内容：

1）以双线绘出的风道、异径管、弯头、静压箱、检查口、测定孔、调节阀、防火阀、送排风口等位置。

2）空气处理设备（室）的外形尺寸、各种设备定位尺寸、设备基础主要尺寸。

3）注明系统编号，送、回风口的空气流动方向。

4）注明风道及风口尺寸（圆管注管径、矩形管注宽×高）。

5）注明各设备、部件的名称、规格、型号等。

6）注明弯头的曲率半径R值，注明通用图，标准图索引符号等。

7）对恒温恒湿的空调房间，应注明各房间的基准温湿度和精度要求。

（2）空调机房平面图　空调机房平面图一般包括下列内容：

1）表明按标准图或产品样本要求所采用的空调器组合段代号，左、右式，喷雾级别和排数，喷嘴孔径，加热器，表冷器的类别、型号、台数，并注出这些设备的定位尺寸。

2）以双线表明一、二次回风管道、新风管及这些管道的定位尺寸。

3）以单线表明冷热媒管道以及它们的定位尺寸。

4）注明消声设备、柔性短管等位置尺寸。

5）注明各部分管径、管长尺寸。

6）当采用中心型空调机组时，空调机房可以与冷冻机房合并绘出。

2. 空调和空调机房剖面图

（1）空调系统剖面图　空调系统剖面图一般包括下列内容：

1）用双线表示的对应于平面图的风道、设备、零部件（其编号应与平面图一致）的位置尺寸和有关工艺设备的位置尺寸。

2）注明风道直径（或截面尺寸）；风管标高（圆管标中心，矩形管标管底边）；送、排风口的形式、尺寸、标高和空气流向；设备中心标高；风管穿出屋面的高度，风帽标高；穿出屋面超过 1.5m 时，立风管的拉索固定高度尺寸。

（2）空调机房剖面图　空调机房剖面图一般包括以下内容：

1）表明对应于平面图的通风机、电动机、过滤器、加热器、表冷器或喷水室、消声器、百叶窗、回风口及各种阀门部件的竖向位置尺寸。

2）注明设备中心标高、基础表面标高。

3）注明风管、冷热媒管道的标高。

3. 通风空调系统的系统图

主要表明风道在空间的曲折和交叉，以及管件的相对位置和走向，其内容（不包括空调制冷冷热媒管道系统图）一般包括：

1）注明主要设备、部件的编号（编号应与平面图一致）。

2）注明风管管径（或截面尺寸）、标高、坡度、坡向等。

3）标注出风口、调节阀、检查口、测量孔、风帽及各异形部件的位置尺寸。

4）标注各设备的名称及型号规格。

5）标注风帽的型号与标高。

4. 通风空调系统的原理图

通风空调原理图是表明整个系统的原理与流程。其主要内容包括空调房间的设计参数、冷（热）源、空气处理、输送方式、控制系统之间的相互关系以及设备、管道、仪表、部件等。

5. 通风空调系统的详图

通风空调工程的详图较多，如空调器、过滤器、除尘器、通风机等设备的安装详图；各种阀门、测定孔、检查门、消声器等设备部件的加工制作详图；风管与设备保温详图等。各种详图大多有标准图供选用。

二、通风空调施工图的识读方法

通风空调施工图的读图顺序一般按照空气的流向进行。

通风空调施工图一般有平面图、剖面图、系统图、详图。看剖面图与系统图时，应与平面图对照进行。看平面图以了解设备、管道的平面布置位置及定位尺寸；看剖面图以了解设备、管道在高度方向上的位置情况、标高尺寸及管道在高度方向上的走向；看系统图以了解整个系统在空间上的概貌；看详图以了解设备、部件的具体构造、制作安装尺寸与要求等。识读时应注意以下内容和事项：

1. 平面图

1）查明系统的编号与数量。

为清楚起见，通风空调系统一般均用汉语拼音字头加阿拉伯数字进行编号。如图中标注有 S-1、S-2；P-1、P-2；PC-1；K-1、K-2，则分别表明送风系统 1、2；排风系统 1、2；排尘系统 1；空调系统 1、2。通过系统编号，可知该图中表示有几个系统（有时平面图中，系统编号未注全，而在剖面图、系统图上标注了）。

2）查明末端装置的种类、型号规格与平面布置位置。

末端装置包括风机盘管机组，诱导器，变风量装置及各类送、回（排）风口，局部通风系统的各类风罩等。如图中反映有吸气罩、吸尘罩，则说明该通风系统分别为局部排风系统、局部排尘系统；若图中反映有旋转吹风口，则说明该通风系统为局部送风系统；若图中反映有房间风机盘管空调器，则说明该房间空调系统为以水承担空调房间热湿负荷的无新风（或有新风）的风机盘管系统；如图中反映风管进入空调房间后仅有送风口（如散流器），则说明该空调系统为全空气集中式系统。

风口形式有多种，通风系统中，常用圆形风管插板式送风口、旋转式吹风口、单面或双面送吸风口、矩形空气分布器、塑料插板式侧面送风口等；空调系统中常用百叶送风口（单、双、三层等）、圆形或方形直片散流器、直片形送吸式散流器、流线型散流器、送风孔板及网式回风口等。送风口的形式和布置是根据空调房间高度、长度、面积大小以及房间气流组织方式确定。识图时应认真领会查清。

3）查明水系统水管、风系统风管等的平面布置，以及与建筑物墙面的距离。

水管一般沿墙、柱敷设，风管一般沿顶棚内敷设。一般为明装，有美观要求时为暗装。必须弄清敷设位置与方式。

4）查明风管的材料、形状及规格尺寸。

风管材料有多种，应结合图纸说明及主要设备材料表，弄清该系统所选用的风管材料。一般情况下，风管材料选用普通钢板或镀锌钢板；有美观要求的风管，可选用铝及铝合金板；输送腐蚀性介质的风管，可选用不锈钢板或硬聚氯乙烯塑料板（如在蓄电池、贮酸室的排风系统中常用此种塑料风管），输送潮湿气体的风管、有防火要求的风管、在纺织印染行业中排除有腐蚀性气体的风管，常采用玻璃钢材料。

风管有圆形和矩形两种。通风系统一般采用圆形风管，空调系统一般采用矩形风管，因为矩形风管易于布置，弯头、三通尺寸均比圆形风管小，可明装或暗装于吊顶内。

图中所注风管尺寸，一般为标准风管尺寸。圆形风管标注管外径，矩形风管标注该风管视图投影面的尺寸×该风管在平行视图投射线一侧的尺寸。圆形风管和矩形风管的标准规格尺寸请参考其他有关资料。

5）查明空调器、通风机、消声器等设备的平面布置及型号规格。

6）查明冷水或空气-水的半集中空调系统中膨胀水箱、集气罐的位置、型号及其配管平面布置尺寸。

2. 剖面图

根据平面图给定的剖切线编号与位置，查阅相应的剖面图。剖切线位置一般选在需要将管道系统表达较清楚的部位。

1）查明水系统水平水管、风系统水平风管、设备、部件在垂直方向的布置尺寸与标高、管道的坡度与坡向，以及该建筑房屋地面和楼面的标高，设备、管道距该层楼地面的尺寸。

2）查明设备的型号规格及其与水管、风管之间在高度方向上的连接情况。

3）查水管、风管及末端装置的型号规格，核对与平面图表示有否矛盾。

3. 系统图

识读系统图注意：平、剖面图中的风管是用双线表示的。而系统图中的风管一般是按单线绘制的。识读时应查明系统编号，各设备型号规格及相对位置，查明各管段标高及规格尺寸、坡度、坡向。

三、通风空调施工图的识读举例

【例 11-1】 图 11-9、图 11-10 和图 11-11 为某车间的通风平面图、剖面图和轴测图，试进行通风系统施工图的识读。

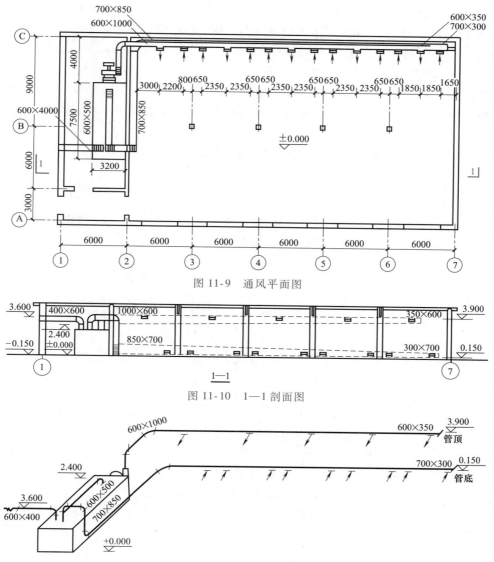

图 11-9 通风平面图

图 11-10 1—1 剖面图

图 11-11 通风系统轴测图

　　从图中可以看出，该车间有一个通风系统。平面图表明风管、风口、机械设备等在平面中的位置和尺寸；剖面图表示风管设备等在垂直方向的布置和标高；系统轴测图中可清楚地看出管道的空间曲折变化。

　　该系统由设在车间外墙上端的进风口吸入室外空气，经新风管从上方送入空气处理室，依要求的温度、湿度和洁净度进行处理，经处理后的空气从处理室箱体后部由通风机送出。送风管经两次转弯后进入车间，在顶棚下沿车间长度方向暗装于隔断墙内，其上均匀分布五个送风口（500mm×250mm），装设在隔断墙上露出墙面，由此向车间送出处理过的达到室内要求的空气。送风管截面高度是变化的，从处理室接出时是 600mm×1000mm，向末端逐步减小到 600mm×350mm，管顶上表面保持水平，安装在标高 3.900m 处，管底下表面倾斜，送风口与风管顶部取齐。回风管在平行车间长度方向暗装于隔断墙内的地面之上 0.15m 处。其上均匀分布着九个回风口（500mm×200mm）露出于隔断墙面，由此将车间的污浊空气汇集于回风管，经三次转弯，由上部进入空调机房，然后转弯向下进入空气处理室。回风管截面高度尺寸是变化的，从始端的 700mm×300mm 逐步增加为 700mm×850mm，管底保持水平，顶部倾斜，回风口与风管底部取齐。当回风进入空气处理室时，回风分两部分循环使用，一部分与室外新风混合在处理室内进行处理；另一部分通过跨越连通管与处理室后部喷水后的空气混合，然后再送入室内。跨越连通管的设置便于依回风质量和新风质量调节送风参数。

　　【例 11-2】　识读空调机房风管轴测图，如图 11-12 所示。

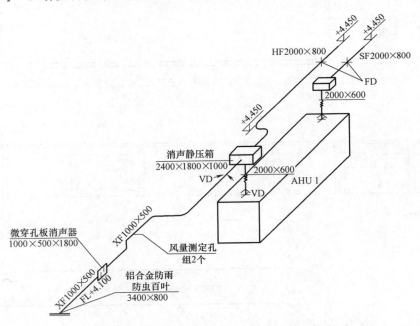

注：图中标高为相对于生产区地面+0.000 标高。

AHU—空调机组　　XF—新风管

VD—风量调节阀　　HF—回风管

FD—防火阀　　SF—送风管

图 11-12　空调机房风管轴测图

1）通过文字说明，我们了解到图中一些字母组合代表的含义，如 AHU 代表空调机组，XF 表示的是新风管。图中表示的是一台空调机组及与其相连的风管，是一个空调系统图。

2）图中只有一个空调机组 AHU1。

3）与空调机组连接的风管有两个：进风管（新风 XF 与回风 HF 的混合风）和送风管（SF）。

下面来识读每根风管：

1）新风管（XF）：新风管取风口规格为 3400mm×800mm，进口装有铝合金防雨防虫百叶。新风管规格为 1000mm×500mm，管底标高为距室内地坪 4.100m，此段管上装有一台微穿孔板消声器，其规格为 1000mm×500mm×1800mm。此后，新风管在竖直方向上走了一个乙字弯，标高上升到 4.450m 处，乙字弯后的直管段上，预留了风量测定孔，随后风管在水平方向上又走了一个乙字弯，在乙字弯后的直管段上安装了一个风量调节阀，最后新风管接入了消声静压箱的一侧。

2）回风管（HF）：回风管规格为 2000mm×800mm，管底标高 4.450m，直管段上装有 2000mm×800mm 的防火阀，随后经过水平方向上的乙字弯，接入消声静压箱的另一侧。

3）新风管+回风管：新风管和回风管从两侧进入规格为 2400mm×1800mm×1000mm 的消声静压箱，在此充分地混合后，从消声静压箱的下部，通过 2000mm×600mm 的风管及风量调节阀进入空调机组。

4）送风管（SF）：经空调机组处理后的新风管+回风管，从上部出了空调机组，经过 2000mm×600mm 的调节风阀后垂直上行，经过 2400mm×1000mm×1000mm 的消声静压箱后，送风管转为标高为 4.450m 的水平风管，经过 2000mm×800mm 的防火阀送出空调机房。

本 章 小 结

建筑工程的暖通设计常常根据建筑物的用途、所处的地区不同，采用不同的供暖方式和中央空调的设计。本章主要介绍了单纯供暖系统的表达方法与工程图的识读，同时也介绍了集中送风式的空调系统的表达。目前在空调系统常采用风机盘管送风方式，由于是送空调水到各房间，管道系统与供暖系统相同，往往是水管与风管的结合应用，表达方法分别按单线图和双线图处理。

思 考 题

1. 供暖系统的一般组成是什么？室内供暖系统通常采用哪些表达方法？

2. 空调系统的构成方式是什么？

3. 供暖系统与集中送风式空调系统的表达方法，在管道表达上有什么不同？

第十二章　建筑电气施工图

【学习目标与能力要求】

通过本章的学习，明确建筑电气照明系统图与平面图表达的内容和表达方法。记住建筑电气照明系统图与平面图中常用的符号的绘制和代号的意义。

能够阅读建筑电气照明系统图与平面图。通过阅读了解相应建筑各层平面的电气照明系统的安装与布置。

现代房屋建筑中，都要安装许多电气设施，如照明灯具、电源插座、电视、电话、消防、控制装置、各种工业与民用的动力装置，控制设备及避雷装置等。每一项电气工程或设施，都需要经过专门的设计表达在图纸上，这些有关的图样就是电气施工图。电气施工图按"电施"编号。本章将重点学习照明电气施工图。

第一节　概　　述

一、电气施工图的分类

电气施工图是一类应用十分广泛的电气图，用它来阐述电气工程的构成和功能，描述电气装置的工作原理，提供装接和维护使用信息，由于一项电气工程的规模不同，反映该项工程的电气图的种类和数量也是不同的。一般而言，一项工程的电气图通常由以下几部分组成：

微课：建筑电气施工图定义及主要内容

1）目录和前言。图纸目录包括序号、图纸名称、编号和张数等；前言包括设计说明、图例、设备材料明细表，工程经费概算等。

2）电气系统图和简图。电气系统图是概略地表达一个项目的全面特性的简图，又称概略图。项目是指在设计、工艺、建筑、运行、维修和报废过程中所面对的实体。简图主要是通过以图形符号表示项目及它们之间关系的图示形式来表达信息。

3）电路图。电路图主要是表达项目电路组成和物理连接信息的简图。

4）接线图（表）。表达项目组件或单元之间物理连接信息的简图（表）。又可具体分为单元接线图、互连接线图、端子接线图、电线电缆配置图等。

5）电气平面图。电气平面图是采用图形文字符号将电气设备及电气设备之间电气通路的连接线缆、路由、敷设方式等信息绘制在一个以建筑专业平面图为基础的图内，并表达其相对或绝对位置信息的图样。

电气总平面图是采用图形和文字符号将电气设备及电气设备之间电气通路的连接线缆、路由、敷设方式、电力电缆井、人（手）孔等信息绘制在一个以总平面图为基础的图内，并表达其相对或绝对位置信息的图样。

6）设备布置图。设备布置图主要表示各种电气设备和装置的布置形式，安装方式和相互间的尺寸关系，通常由平面图、立面图、断面图、剖面图等组成。

7）电气大样图。电气大样图一般指用1∶20至1∶10比例绘制出的电气设备或电气设备及其连接线缆等与周边建筑构、配件联系的详细图样，清楚地表达细部形状、尺寸、材料和做法。

电气详图一般是指用1∶20至1∶50比例绘制出的详细电气平面图或局部电气平面图。

8）产品使用说明书用电气图。电气工程中选用的设备和装置，其生产厂家往往随产品使用说明书附上电气图，这些图也是电气工程图的组成部分。

9）设备元件和材料表。设备元件和材料表是指将某一电气工程所需要主要设备、元件、材料和有关的数据列成表格，表示其名称、符号、型号、规格、数量，这种表格也是电气图的重要组成部分。

10）其他电气图。

二、动力及照明电气施工图

动力及照明电气工程是现代建筑工程中最基本的用电装置。动力工程主要是指以电动机为动力的设备、装置、启动器、控制箱和电气线路等的安装和敷设；照明工程包括灯具、开关、插座等电气设备和配电线路的安装与敷设。

动力及照明工程图是建筑电气工程图中最基本、最常用的图纸之一，它是表示工矿企业及建筑物内外的各种动力、照明装置及其他用电设备以及为这些设备供电的配电线路、开关等设备的平面布置、安装和接线的图纸，是动力及照明工程施工中不可缺少的图纸。一般包括动力及照明系统图、平面布置图、配电箱的安装接线图及电路原理图等，后面我们要着重介绍其中的照明平面布置图和系统图。

三、电气施工图的有关规定

1. 导线的表示方法

电气施工图中导线用线条来表示，按电路的表示方法可以分为多线表示法和单线表示法。多线表示法是指并行一起的两根或两根以上的导线，如图12-1a所示。单线表示法是指用一根线条表示多条走向相同的线路的方法，如图12-1b、c所示，图12-1b中斜短线数量表示一组导线的数量，图12-1c中数字表示一组导线的数量。单线图中当导线为两根时通常可省略不注。

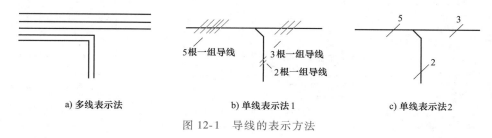

| a) 多线表示法 | b) 单线表示法1 | c) 单线表示法2 |

图12-1 导线的表示方法

2. 指引线

电气施工图中，为了用简短的文字说明某些内容，需要用指引线进行指引，指引线一般用细实线绘制，指向被注释的部位。当指引线指向轮廓线内，加一个圆点，如12-2a所示；指向轮廓线上，加一个箭头，如图12-2b所示；指向导线时，加一短斜线，如图12-2c所示。

3. 电气图形符号

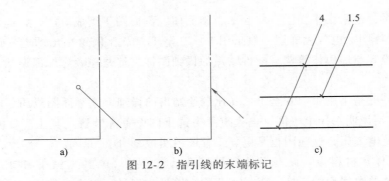

图 12-2 指引线的末端标记

在建筑电气施工图中，各种电气设备、元器件、装置等都是用统一的图形符号表示的。应该尽量按照国家标准规定的符号绘制，一般不允许随意进行修改。对于标准中没有的符号可以在标准的基础上派生出新的符号，但要在图中明确加注说明。图形符号可放大或缩小，根据图面布置的需要可按 90o 的倍数旋转或成镜像放置，但文字和指向不能倒置。室内电气照明系统中常用的文字符号及其含义见表 12-1。

表 12-1 电气照明施工图中常用图形符号

符号	表示意义	符号	表示意义
Ⓥ	电压表	⊗	灯
Wh	电度表（瓦时计）	→	应急疏散指示标志灯（向右）
	规划的发电站	⊗	自带电源的应急照明灯
•	接闪杆		荧光灯，一般符号
—○—	架空线路		多管荧光灯
—□—	电力电缆井/人孔		三管格栅灯
	向上配线或布线	◯	风扇
	向下配线或布线	TP	电话插座
	垂直通过配线或布线	•	感温火灾探测器（点型）
⊙	接线盒、连接盒	S	感烟火灾探测器（点型）
	一般符号电源插座	TV TV	电视插座
	带保护极的电源插座	TP TP	电话插座
⋏³ ⋔	三个电源插座		隔离器
	开关		断路器（一般符号）

（续）

符号	表示意义	符号	表示意义
	双极开关		熔断器（一般符号）
	带指示灯的开关		熔断器式隔离器
	单极限时开关		熔断器式隔离开关
	单极声光控开关		避雷器
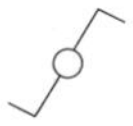	双控单极开关		中性线
	单极拉线开关	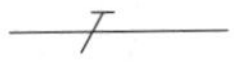	保护线

4. 电气文字符号

建筑电气施工图中还常用文字代号注明电气设备、元器件、装置等的名称、性能、状态、位置和安装方式。电气文字代号分基本代号、数字代号、附加代号四部分。基本代号用拉丁字母表示名称，如"G"表示电源，"GB"表示蓄电池。辅助符号也用拉丁字母表示，如"AUT"表示自动，"PE"表示保护接地。电气文字符号及其含义见表 12-2。

表 12-2 电气照明施工图中常用文字符号

文字符号	含义	文字符号	含义	文字符号	含义
电光源种类					
IN	白炽灯	LED	发光二极管灯	Na	钠气灯
FL	荧光灯	UV	紫外线灯	Hg	汞灯
线路敷设方式					
SC	穿焊接钢管敷设	PC	穿硬塑料导管敷设	PR	塑料槽盒敷设
MT	穿普通碳素钢电线套管敷设	CT	电缆托盘敷设	DB	直埋敷设
CP	穿可绕金属电线保护套管敷设	MR	金属线槽敷设	C	暗敷
线路敷设部位					
AB	沿或跨梁(屋架)敷设	WS	沿墙面敷设	CLC	暗敷设在柱内
AC	沿或跨柱敷设	CC	暗敷设在顶板内	WC	暗敷设在墙内
SCE	吊顶内敷设	BC	暗敷设在梁内	FC	暗敷设在地板或地面下
灯具安装方式					
SW	线吊式	C	吸顶式	WR	墙壁内安装
CS	链吊式	R	嵌入式	CL	柱上安装
W	壁装式	CR	吊顶内安装	S	支架上安装

（续）

文字符号	含义	文字符号	含义	文字符号	含义
导线型号					
BLVV	铝芯塑料护套线	BV（BLV）	铜（铝）芯聚氯乙烯绝缘线	XLV	铝芯橡皮绝缘电缆
BVV	铜芯塑料护套线	BVR	铜芯聚氯乙烯绝缘软线	RFS	铜芯丁腈聚氯乙烯复合物绝缘软线
设备型号					
XRM	嵌入式照明配电箱	KA	瞬时接地继电器	QF	断路器
XXM	悬挂式照明配电箱	FU	熔断器	QS	隔离开关
其他辅助文字符号					
A	电流	PE	保护线	N	中性线
AC	交流	PEN	保护线与中性线的公用线	EX	防爆

5. 线路、照明灯具的标注方式

在室内电气照明施工图中，设备、元件和线路除采用图形符号绘制外，还必须在图形符号旁加文字标注，用以说明其功能和特点，如型号、规格、数量、安装方式、安装位置等。不同的设备和线路有不同的标注方式。

（1）照明配电箱文字标注　照明配电箱是照明工程中的主要设备之一，是由各种开关电器、仪表、保护电器、引入引出线等，按照一定方式组合而成的成套电器装置，用于电能的分配和控制。

配电箱的文字标注格式一般为 a/b/c 或 a-b-c。当需要标注引入线的规格时，则应标注为：

$$a \frac{b-c}{d(e \times f)-g}$$

式中　a——设备编号；

　　　b——设备型号；

　　　c——设备容量（kW）；

　　　d——导线型号；

　　　e——导线根数；

　　　f——导线截面（mm²）；

　　　g——导线敷设方式及部位。

例如：配电箱旁标注 $2\dfrac{XMR201-08-12}{BV-4 \times 16+E16-SC40-WC}$ 则表示 2 号照明配电箱，型号为 XMR201-08，容量为 12kW，配电箱进线采用 4 根截面为 16mm² 的聚氯乙烯绝缘铜芯线，穿线管管径为 40mm 的钢管，另有一根截面为 16mm² 的保护接地线，沿墙暗设。

（2）常用照明灯具的文字标注　照明灯具的文字标注格式一般为：

$$a-b \frac{c \times d \times l}{e} f$$

灯具吸顶安装时为：

$$a-b\frac{c×d×l}{--}f$$

式中　a——同类照明灯具的个数；

　　　b——灯具的型号或编号；

　　　c——照明灯具的灯泡数；

　　　d——灯泡或灯管的功率（W）；

　　　e——灯具的安装高度（m）；

　　　f——灯具安装方式；

　　　l——电光源的种类（一般不标注）。

例如：$6-S\dfrac{1×60}{2.5}cs$ 表示有 6 盏搪瓷伞罩灯，每个灯内装有 1 个 60W 的白炽灯，链吊式安装，高度为 2.5m。

（3）开关、熔断器及配电设备的文字标注方式

一般为：$a\dfrac{b}{c/i}$或 a-b-c/i；

当需要标注引入线时，文字标注方式为：

$$a\frac{b-c/i}{d(e×f)-g-h}$$

式中　a——设备编号；

　　　b——设备型号；

　　　c——额定电流（A）或设备功率（kW），对于开关，熔断器标注额定电流，对于配电设备标注功率；

　　　i——整定电流（A），配电设备不需要标注；

　　　e——导线根数；

　　　f——导线截面面积（mm²）；

　　　g——配线方式和穿线管径（mm）；

　　　h——导线敷设方式及部位。

例如：$2\dfrac{HH_3-100/3-100/80}{BX(3×3.5)-SC40-FC}$，表示 2 号设备是型号为 $HH_3-100/3$ 的三极封闭式开关熔断器组，额定电流为 100A，开关内熔断器的额定电流为 80A，开关的进线是 3 根截面面积为 3.5mm² 铜芯橡胶绝缘导线（BX），穿管径为 40mm 的钢管（SC40），埋地暗敷（FC）。

（4）线路的文字标注格式　在平面图上用图线表示动力及照明线路时在图线旁还应标一定的文字符号，以说明线路的编号、导线型号、规格、根数、线路敷设方式及部位等，其标注的一般格式为：

$$a-b-(e×f)-g-h$$

式中　a——线路编号或线路功能的符号；

　　　b——导线型号；

　　　e——导线根数；

　　　f——导线截面面积 mm²（不同的截面积应分别表示）；

g——导线敷设方式或穿管管径；

h——导线敷设部位。

例如：2LFG-BLX-3×6-SC20-WC 表示 2 号动力分干线，导线型号为铝芯橡胶绝缘线，由 3 根截面积各为 6mm² 的导线，穿管径为 20mm 的钢管沿墙暗敷。

四、电力照明工程的基本知识

1. 室内电力照明工程的任务

将电力从室外电网引入室内，经过配电装置，然后用导线与各个用电器具和设备相连，构成一个完整的、可靠的、安全的供电系统，使照明装置、用电设备正常运行，并进行有效控制。

2. 供电方式

室内电气照明除特殊要求外，通常采用 380/220 V 三相四线制低压供电。从变压器低压端引出三根相线（俗称火线，分别用 L1、L2、L3 表示）和一根中性线（俗称零线，用 0 表示）。相线与相线间的电压为 380V，称为线电压，相线与中性线间的电压为 220V，称为相电压。

根据整个建筑物内用电量的大小，室内供电方式可采用单相二线制（负荷电流小于 30A），或采用三相四线制（负荷电流大于 30A）。

3. 室内电力照明工程的组成

（1）室外接户线　室外接户线是从室外低压架空线（或地下低压电缆）接至进户横担的一段线。

（2）进户线　进户线是从横担至室内总配电盘（箱）的一段导线。

（3）配电装置　配电装置是对室内的供电系统进行控制、保护、计量和分配的成套装置，通常称为配电盘（箱）。一般包括熔断器、电度表和电路开关等。

（4）供电线路　供电线路一般包括供电干线（从总配电箱敷设到房屋的各个用电地段，与分配电箱相连接）、供电支线（从分配电箱连通到各用户的电表箱）、配线（从用户电表箱连接至照明灯具、开关、插座等，组成配电回路）。

（5）用电器具和设备　民用建筑内主要安装有各种照明灯具、开关和插座。普通照明灯有白炽灯、荧光灯等，与之相配的控制开关一般为单极开关，结构形式上有明装式、暗装式、拉线式、定时式、双控式等。各种家用电器如电视机、电冰箱、电风扇、空调器、电热器等，它们的位置是不固定的（吊扇除外），所以室内应设置电源插座，电源插座分明装和暗装两类，常用的有单相两孔和单相三孔。电源插座应使用方便，安全可靠。

4. 线路敷设方式

室内电力照明线路的敷设方式可分为明敷和暗敷两种，明敷目前使用较少。

线路暗敷时常用焊接钢管、电线管、塑料管配线，先将管道预埋入墙内、地坪内、顶棚内或预制板缝内，在管内事先穿好铁丝，然后将导线引入，有时也可利用空心楼板的圆孔来布设暗线。

5. 照明灯具的开关控制线路

照明灯具开关控制的基本线路如图 12-3 所示，图 12-3a 所示为一只单联开关控制一盏灯，图 12-3b 为一只单联开关控制一盏灯以及连接一只单相双眼插座。如果有接地线，还需要分别再加一根导线。线路图分别用多线表示法和单线表示法绘制，以便于对照阅读。由于与灯具和插座相连接的导线至少需要两根才能形成回路，故单线图中当导线为两根时通常可省略不注。

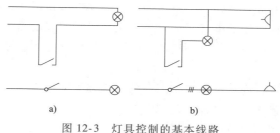

图 12-3 灯具控制的基本线路

第二节 室内电气照明施工图

一、室内电气照明施工图的内容

室内电气照明施工图是以建筑施工图为基础，并结合电气接线原理而绘制的，主要表明建筑物室内相应配套电气照明设施的技术要求，一般由下列内容组成。

1. 图纸目录及设计说明

图纸目录表明电气照明施工图的编制顺序及每张图的图名，便于查阅。

设计说明中主要说明电源来路、线路材料及敷设方法、材料及设备规格、数量、技术参数、施工中的有关技术要求等。

2. 室内电气照明施工平面图

室内电气照明施工平面图是在建筑平面图（此时用细线绘制）的基础上绘制而成的，其主要内容包括：

1）电源进户线的位置、导线规格、型号、根数、引入方法（架空引入时注明架空高度，从地下敷设引入时注明穿管材料、名称、管径等）。

2）配电箱的位置（包括主配电箱、分配电箱等）。

3）各用电器材、设备的平面位置、安装高度、安装方法、用电功率。

4）线路的敷设方法，穿线器材的名称、管径，导线名称、规格、根数。

5）从各配电箱引出回路的编号。

6）屋顶防雷平面图及室外接地平面图，还反映避雷带布置平面，选用材料、名称、规格，防雷引下方法，接地极材料、规格、安装要求等。

3. 配电系统图

一般的房屋除了绘制电力照明平面图外，还需要画出配电系统图，来表示整个照明供电线路的全貌和连接关系。配电系统图表达的内容如下：

1）建筑物的供电方式和容量分配。

2）供电线路的布置形式，进户线和各干线、支线、配线的数量，规格和敷设方法。

3）配电箱及电度表、开关、熔断器等的数量和型号等。

4. 电气安装大样图

电气安装大样图是表明电气工程中某一部位的具体安装节点详图或安装要求的图样，通常参见现有的安装手册，除特殊情况外，图纸中一般不予画出。

二、室内电气照明施工图的识读

1. 电气施工图的识读方法与步骤

　　建筑电气施工图的专业性较强，要看懂图不仅需要投影知识，还应具备一定的电气专业基础知识，还要熟悉各种常用的电气图形符号、文字代号和规定画法。读图时，首先要阅读电气设计和施工说明，从中可以了解到有关的资料，如供电方式、照明标准、电力负荷、设备和导线的规格等情况。

　　阅读建筑电气施工图，在了解电气施工图的基础知识的基础上，还应该按照一定顺序进行，才能比较快速地读懂图纸，从而实现识图的目的。

　　一套建筑电气施工图所包括的内容较多，图纸往往有很多张，一般应按一定的顺序阅读，并应相互对照阅读。

　　（1）识读标题栏图纸目录　了解工程名称、项目名称、设计日期等。

　　（2）识读设计说明　了解工程总体概况及设计依据，了解图纸中未能表达清楚的有关事项。如供电电源、电压等级、线路敷设方式及敷设部位，设备安装高度及安装方式、防雷接地措施、等电位联结等，补充使用的非标准图形符号，施工时应注意的事项。有些分项所涉及的局部问题是在各分项工程的图纸上说明的，看分项工程图纸时，也要先看设计说明。

　　（3）识读材料表　了解该工程所使用的设备、材料的型号、规格及数量，以便编制购置主要设备、材料等；了解图例符号，以便识读平面图。

　　（4）识读系统图　各分项工程的图纸中一般均包含有系统图，如变配电工程的供电系统图，电力工程的电力系统图，电气照明工程的照明系统图、电话系统图以及电视电缆系统图等。识读系统图的目的是了解系统的基本组成，主要电气设备、元件等连接关系，以及它们的规格、型号、参数等，从而掌握该系统的基本情况。

　　（5）识读电路图和接线图　了解各系统中用电设备的电气自动控制原理，用来指导设备的安装和控制系统的调试工作。识读图纸时，应依据功能关系从上到下或从左到右一个回路一个回路地识读。在进行控制系统的配线和调校工作中，还可配合阅读接线图和端子图进行。

　　（6）识读平面布置图　平面布置图是建筑电气施工图的重要图纸之一。识读平面布置图时，了解设备安装位置、安装方式、安装容量，了解线路敷设部位、敷设方式，以及所用导线型号、规格、数量、管径等。

　　识读建筑电气施工图纸的顺序，没有统一的规定，可根据需要，自行掌握，并应有所侧重。有时一张图纸需对照并反复识读多遍。为了更好地利用图纸指导施工，使之安装质量符合要求，识读图纸时，还应配合识读有关施工及验收规范、质量评定标准以及全国通用电气装置标准图集，详细了解安装技术及具体安装方法。

　　2. 电气施工图的识读举例

　　以某住宅工程为例，说明建筑电气施工图识读方法。

　　（1）总配电系统图的识读　如图 12-4 所示为某住宅工程总配电系统图，为了识读总配电系统图，应先了解该工程的概况。该工程仅有一个单元，共有七层。地下室有储藏间、车库，一至六层为住户，一梯两户，共十二户。

　　从图 12-4 中可以看出：

　　1）该工程 $P_e = 102$kW 表示设备总容量为 102kW，$K_c = 0.5$ 表示需要系数为 0.5，$\cos\varphi = 0.7$ 表示功率因数为 0.7，$P_j = 51$kW 表示计算功率为 51kW，$I_j = 110.4$A 表示计算电流为 110.4A。

　　2）电源进线：VV22-1kV-4×70-SC70-FC，表示采用 VV22 型电力电缆，该电缆的额定

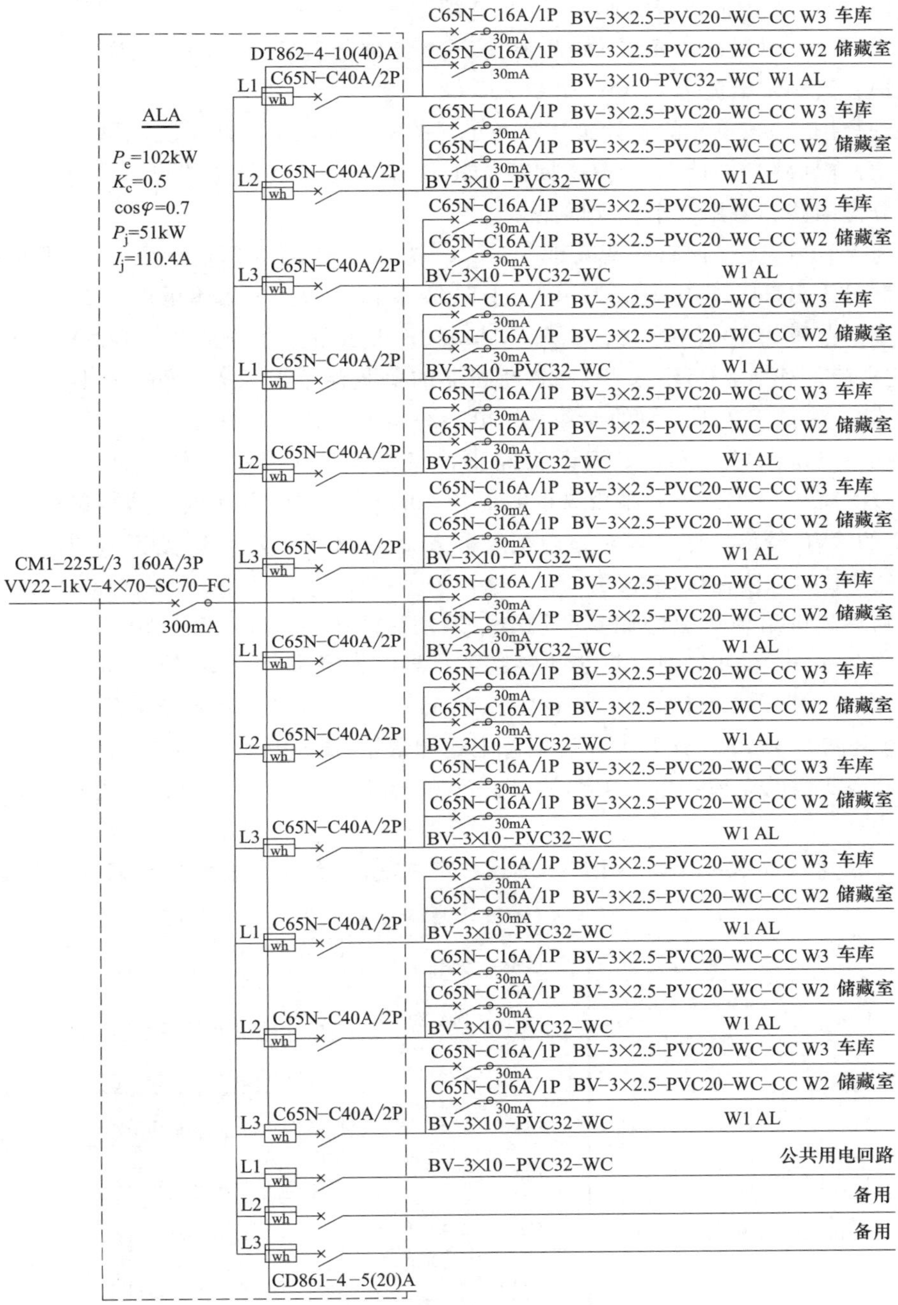

图 12-4　某住宅配电系统图

电压为 1kV，4 根（其中 3 根为相线，1 根为中性线 N）截面为 $70mm^2$ 的导线穿直径为 70mm 的钢管（SC），暗敷设在地板或地面下（FC）。

3）重复接地：$R \leqslant 1\Omega$，表示重复接地电阻不大于 1Ω。经过重复接地后，保护线 PE 与中性线 N 从进户处分开后，所有用电设备的金属外壳均与 PE 线连接。重复接地后，电源线变为 VV 22-1kV-4X70+1X35-SC70-FC WC，导线根数变为 5 根，增加了一根截面为 $35mm^2$

的导线作为 PE 保护地线，沿地板 （F） 或墙 （W） 暗敷。

4）总开关：CM1-225L/3 160A/3P 表示断路器的型号为 CM1，其额定电流为 225A；带漏电保护，其额定电流为 160A，极数为 3 极。

5）总计量：该单元的总计量装置在小区的中心配电房，此系统未设置。

6）分支回路：共计 15 个分支回路，其中 12 个住户，每个住户一个分支回路，公共用电一个分支回路，备用 2 个分支回路。

因为 WL1～WL12 回路的情况是一样的，现以 WL1 路为例进行说明。RT14-40A 表示熔断器的型号为 RTl4，额定电流为 40A；DT862-4-10-（40） A 表示电度表的型号为 DT862-4，计量电流的范围为 10 （40） A；C65N-C40A/2P 表示断路器的型号为 C65N 普通型、极数为 2、额定电流为 40A。C65N-C40A/2P 断路器的负载侧分出三条支路：一路 W1 供住户室内配电箱 AL，一路 W2 供一层的储藏室用电，一路 W3 供车库用电。

从配电系统图可以看出，三条支路中，支路 W1 供给住户室内配电箱 AL，采用导线 BV-3×10-PVC32-WC，表示采用 3 根截面为 10mm^2 的 BV 型 （铜芯塑料绝缘） 导线，穿直径为 32 的 PVC 管沿墙暗敷设至室内配电箱 AL，用虚线框表示配电箱 AL 中的元件，住户室内配电箱 AL 的识读在后面介绍。

支路 W2 供给地下室的储藏间用电，采用导线 BV-3X2.5-PVC20-WC-CC，表示采用 3 根截面为 2.5mm^2 的 BV 型 （铜芯塑料绝缘） 导线，穿直径为 20 的 PVC 管沿墙、顶棚暗敷设至储藏间，开关采用 C65N-C16A/1P （30 mA），表示普通型 C65N 开关，额定电流为 16 A，漏电电流为 30mA，该开关装设在总配电计量箱 ALA 中。

支路 W3 供给车库用电，识读类似于 W2，若没有车库的住户，此支路作为预留，暂不引出导线。

（2）配电系统图的识读　图 12-5 为住户室内配电系统图，其配电箱 AL 的识图分析如下；

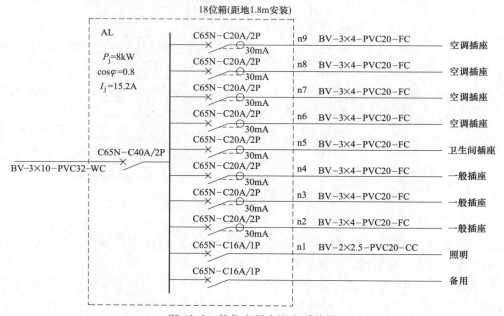

图 12-5　某住宅用户配电系统图

1）进线说明：供给住户室内配电箱 AL 的进线导线采用 BV-3×10-PVC32-WC，含义同前。

2）总开关说明：C65N-C40A/2P 表示断路器的型号为 C65N 普通型、极数为 2、额定电流为 40 A。

3）支路标注说明　线路 n1 为照明支路，C65N-C16A/1P 表示开关的型号为 C65N-C、极数为 1、额定电流为 16 A；BV-2×2.5-PVC20-CC 表示采用 2 根 BV 型（即聚氯乙烯铜芯绝缘导线）截面面积为 2.5mm² 的导线，穿管径为 20mm 阻燃型 PVC 管，沿顶棚暗敷。n2 表示支路编号为 n2，C65N-C20A/2P（30mA）表示开关的型号为 C65N-C、极数为 2、额定电流为 20A、漏电电流为 30mA，BV-3×4 表示采用 3 根 BV 型（即聚氯乙烯铜芯绝缘导线）截面面积为 4mm² 的导线，PVC20 表示穿管径为 20mm 阻燃型 PVC 管，F 表示敷设部位为地板，C 表示敷设方式为暗敷设；n3~n8 含义类似于 n2，仅是供电区域不同，在此不再赘述。

（3）电气照明平面图的识读　照明与插座布置图统一简称为配电平面图。阅读配电平面图纸时，可根据电流入户方向，即按进户点→配电箱→支路→支路上的用电设备的顺序进行阅读。

1）进户线。如图 12-6 所示，在一层照明平面的右上角，标有 VV22-1kV-4×70-SC70-FC

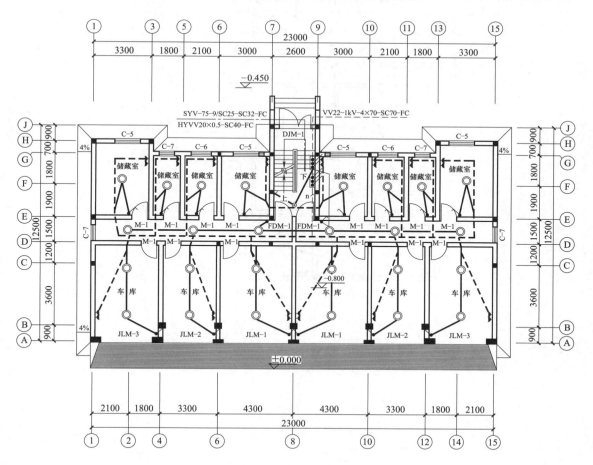

图 12-6　某住宅地下室配电平面图 1∶100

332

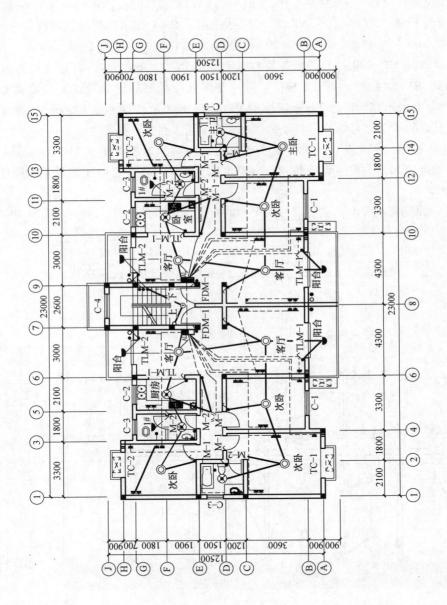

图 12-7 某住宅一~六层配电平面图 1:100

的地方表示电源进线，表示进线采用 4 根 VV22 型（即聚氯乙烯绝缘、聚氯乙烯护套裸细钢丝铠装电力电缆）截面面积 $70mm^2$ 的电力电缆，穿直径为 70mm 的钢管埋地暗敷设。

2）重复接地及总等电位联结。本工程的重复接地与防雷接地共用，并引至总等电位联结端子箱 MEB。

3）配电箱。配电箱的位置在地下室 E 轴与⑨轴相交处，配电箱的规格及内部元件见系统图说明，安装方式（暗装）及安装高度（底口距地 1.4 m）见电气设计说明。

4）支路。结合系统图和配电平面图，分清每条支路上的设备及线路的走向。可以根据支路的编号顺序来识读每条支路。根据系统图可知，每户从总配电计量箱 ALA 引出一路（或两路，此时没有车库）导线，分别至储藏间和车库、住户室内配电箱 AL，现以其中的某一住户（假设该户有车库，若没有，则不标示出此支路的导线）布置情况进行分析说明。W1 支路沿楼梯间引至住户室内配电箱 AL，W2 支路沿地下室顶棚引至储藏间，供电给灯具和插座，图中导线标注为数字 3，表示有 3 根导线，图中导线标注为数字 9，表示有 9 根导线。对于照明线路，未标注根数的为 2 根，对于插座回路，未标注根数的为 3 根。W3 支路沿地下室顶棚引至对应车库。

5）住户室内配电。如图 12-7 所示，以其中的某一住户的配电进行分析。根据 AL 的系统图可知，导线的型号、根数、截面、穿管管材管径、敷设部位、敷设方式等。根据平面图，可以看出导线的走向、照明支线的根数、设备的所在位置等。下面识读各个回路：N1 供给室内所有照明用电，识读时，从配电箱 AL 处开始沿导线的走向观察上面所连接的设备，以及灯具所对应的控制开关，并要分清导线的根数；N2 供给厨房插座，识读时，从配电箱 AL 处开始沿导线的走向观察上面所连接的设备（在图形绘制时，为了避免各支线相互交叉，并没有从配电箱 AL 处绘制所引出的 N2 回路上的全部导线，识读时应注意到这一点），根据系统图标注的敷设部位、敷设方式，并按尽可能短的线路布置导线的原则，确定导线的布置；其他回路参见 N2 说明。

6）设备。主要有灯具、开关、插座等，根据房间的功能，布置灯具和插座，选择灯具的款型；根据使用的方便性，布置开关的位置。如一层客厅的花灯，其标注为 1（6×25/-）S，表示有 1 盏、每盏灯有 6 只灯泡、每只灯泡的容量为 25W，安装高度为 0，安装方式为悬挂式，其控制开关布置在靠近沙发，便于操作。在识读灯具和开关时，搞清楚它们之间的对应关系。插座、开关均沿地板布置，其型号、规格见材料表，安装方式及安装高度见设计说明。

本 章 小 结

电气照明工程是建筑工程中最基本的电气工程。本章仅介绍电气照明工程图的表示方法和表达的内容。其他将在建筑电气课程讲述。

思 考 题

1. 建筑电气照明系统图与平面图的关系是什么？
2. 建筑电气照明平面图表达的内容是什么？
3. 建筑电气照明平面图中楼层平面如何表示？

第十三章 路桥工程施工图

【学习目标与能力要求】

本章介绍了公路、桥梁、涵洞工程图的图示方法和内容，通过学习应该达到如下要求：了解道路、桥梁、涵洞工程图的图示方法、图示内容及读图方法和基本读图要领。

第一节 路线工程图

微课：路线工程图的识读

道路路线工程图用于表示道路路线的平面位置、线型状况、沿线的地形和地物、纵断面标高与坡度、路基宽度和边坡、路面结构、土壤地质情况以及路线上的配套建筑物（如桥梁、涵洞、隧道、挡土墙等）的位置及其与路线的相互关系。

由于道路路线有竖向的高差和平面弯曲的变化，所以从整体来看，道路路线是一条空间曲线。根据这一特点，道路路线工程图的图示方法与一般的工程图样不完全相同，它主要由路线平面图、路线纵断面图和路线横断面图组成。

一、路线平面图

路线平面图是从上向下投影所得的水平投影图，也就是用标高投影的方法所绘制的道路沿线周围区域的地形地物图。路线平面图所表达的内容，包括路线的走向和平面状况（直线和左右弯道曲线）以及沿线两侧一定范围内的地形、地物等情况。

由于道路是修筑在大地表面一段狭长地带上的，其竖向起落和平面弯曲情况都与地形紧密相关，因此，路线平面图采用在地形图上设计绘制的表达方法。

图 13-1 是某公路的一段路线平面图，下面按地形、地物与路线两部分，来介绍路线平面图的表达内容及其画法特点。

1. 地形、地物

（1）比例 路线平面图所用的比例一般较小，通常在城镇区采用 1∶500 或 1∶1000，山岭区采用 1∶2000，丘陵区和平原区采用 1∶5000 或 1∶10000。图 13-1 采用 1∶1000。

（2）方位与走向 为了表示道路所在地区的方位和路线走向，在路线平面图上应画出指北针或测量坐标网，指北针和测量坐标网是拼接图样的主要依据。

（3）地形、地物 地形图表达了沿线的地形地物，即地面起伏情况和河流、房屋、桥梁、隧道、涵洞、铁路、农田等位置。表示地物常用的平面图示例见表 13-1。

2. 路线

（1）图线 一般情况下平面图的比例较小，路线宽度无法按实际尺寸绘出，所以设计路线是沿道路的路中心线，用加粗的粗实线（1.4~2.0b）来表示。由于道路的宽度相对于长度来说尺寸小得多，中央分割带边缘线用实线（0.25b）表示，路基边缘线用粗实线表示，导线、边坡线、引出线和原有道路边线用细实线表示，用地界线用中单点画线（0.50b）表示，规划红线用粗双点画线表示。

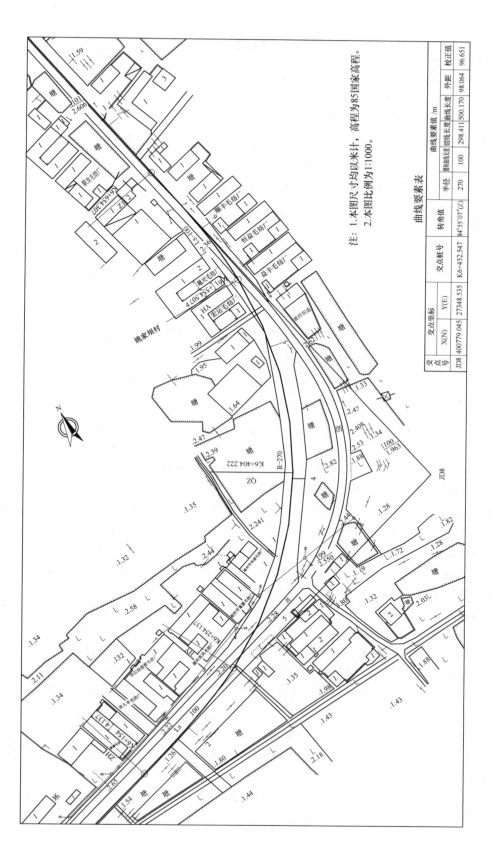

注：1.本图尺寸均以米计，高程为85国家高程。
　　2.本图比例为1:1000。

曲线要素表

交点号	交点坐标		交点桩号	转角值	曲线要素值/m					
	X(N)	Y(E)			半径	缓和曲线长	切线长	曲线长度	外距	校正值
JD8	400779.045	27348.535	K6+452.547	84°55′07″(Z)	270	100	298.411	500.170	98.064	96.651

图 13-1　路线平面图

表 13-1　平面图示例

名　称	符　号	名　称	符　号	名　称	符　号
房屋	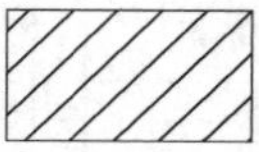	学校	 文	水稻田	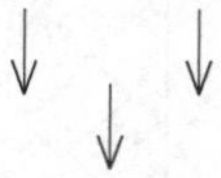
涵洞		水塘	 塘	草地	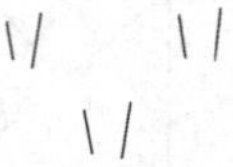
桥梁	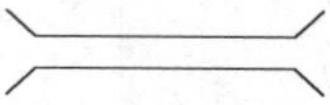	河流	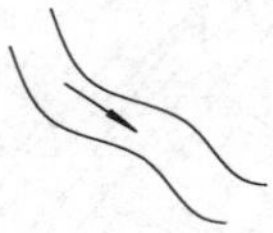	果地	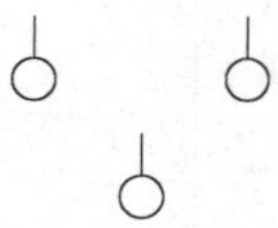
大车道	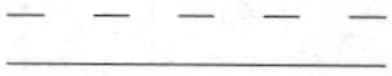	高压电力线	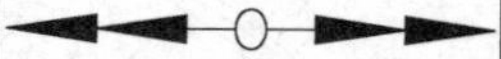	旱地	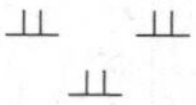
小路		低压电力线	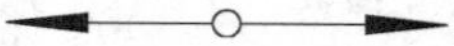	菜地	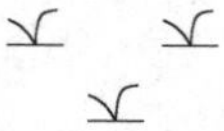
堤坝	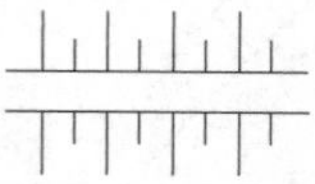	围墙	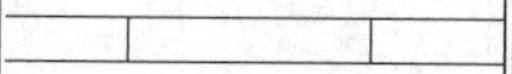	人工开挖	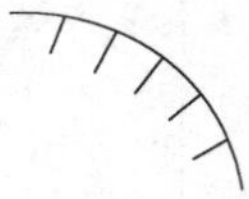

（2）里程桩　道路路线的总长度和各段之间的长度用里程桩号表示。里程桩号的标注应从路线的起点至终点，按从小到大、从左到右的顺序编号。里程桩有千米桩和百米桩两种，千米桩宜注在路线前进方向的左侧，用符号"◗"表示，千米数注写在符号的上方，如"K6"表示离起点 6km。百米桩宜标注在路线前进方向的右侧，用细短线垂直于路线和"1"至"9"数字表示，数字写在短线的端部，字头朝上。例如在 K6 千米桩前方的"4"，表示桩号为 K6+400，说明该点距路线起点为 6400m。

（3）平曲线　道路路线在平面上是由直线段和曲线段组成的，在路线的转折处应设平曲线。最常见的较简单的平曲线为圆弧，其基本的几何要素如图 13-2 所示：JD 为交角点，是路线的两直线段的理论交点；α 为转折角，表示路线前进时向左或向右偏转的角度；R 为圆曲线半径，是连接圆弧的半径长度；T 为切线长，是切点与交角点之间的长度；E 为外距，是曲线中点到交角点的距离；L 为曲线长，是圆曲线两切点之间的弧长。

在路线平面图中，转折处应注写交角点代号并依次编号，如 JD8 表示第 8 个交角点。还要注出曲线段的起点 ZY（直圆）、中点 QZ（曲中）、终点 YZ（圆直）的位置，为了将路线上各段平曲线的几何要素值表示清楚，一般还应在图中的适当位置列出平曲线要素表，如图 13-1 右下角的"曲线要素表"。

通过阅读图 13-1 可以知道，新设计的这段公路是从 K6 处开始，由西北方处引来，在交角点 JD8 处向左转折，$\alpha_z = 84°55'07''$，圆曲线半径 $R = 270m$，公路向东北延伸。

关于尺寸标注方面,《道路工程制图标准》(GB 50162)所规定的尺寸注法,与《房屋建筑制图统一标准》(GB/T 50001—2010)的规定基本相同,尺寸起止符号可以采用由尺寸界线顺时针转 45°的斜短线表示,半径、直径、角度、弧长的尺寸起止符号用箭头表示。但《道路工程制图标准》规定,尺寸起至符号可用单边箭头表示,右箭头在尺寸线边时,应标注在尺寸之上;反之,左箭头在尺寸线边时,应标注在尺寸线之下;半径、直

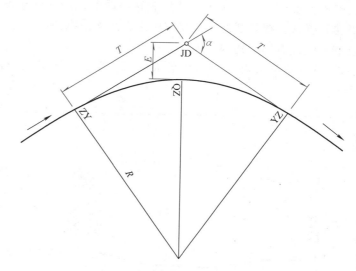

图 13-2　平曲线要素示意图

径、角度、弧长的尺寸起止符,也可用单边箭头表示,在半径直径的尺寸数字前,应标注 r 或 R、d 或 D。

道路工程图中的尺寸单位有如下规定:路线的里程桩号以 km 为单位;钢筋直径及钢结构尺寸以 mm 为单位;其余均以 cm 为单位。当不按以上规定时,应在图样中予以说明。

3. 路线平面图的拼接

由于道路路线较长,不可能将整个路线平面图画在同一张图样内,因此需要分段绘制在若干张图样上,使用时再将各张图样拼接起来。每张图样的右上角应画有角标,角标内应注明该张图样的序号和总张数。在最后一张图样的右下角绘制标题栏。

平面图中路线的分段宜在整数里程桩处断开,并垂直于路线画出细单点长画线作为接图线。相邻图样拼接时,路线中心对齐,接图线重合,并以正北方向为准,如图13-3所示。

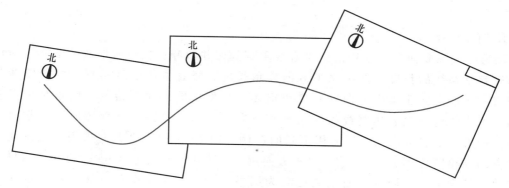

图 13-3　路线图拼接示意图

二、路线纵断面图

路线纵断面图是假想用铅垂面沿道路中心线剖切,然后展开成平行于投影面的平面,向投影面作正投影所获得的投影图。由于道路中心线由直线和曲线组成,所以剖切面既有平

面，又有曲面（柱面）。为了清楚地表达路线的纵断面的情况，需要将此纵断面顺次连续展开，再投影成路线纵断面图，其作用是表达路线纵向设计坡度、竖曲线形状以及地面起伏、地质和沿线设置构造物的情况。

图 13-4 是某公路 K2+800 至 K3+500 段的路线纵断面图，包括图样与资料表两部分内容。

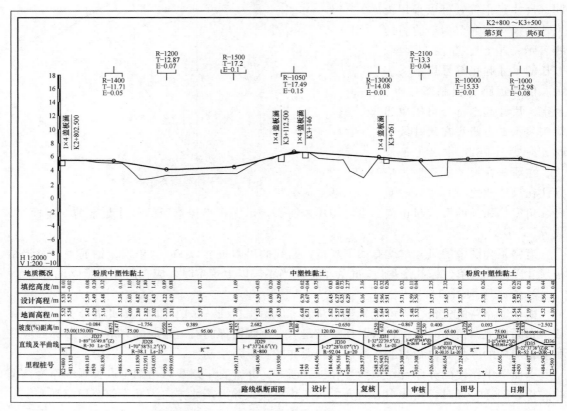

图 13-4　路线纵断面图

1. 图样部分

因为路线纵断面图是采用沿路中心线垂直剖切并展开后投影所形成的图样，所以它的长度就是路线的长度。图中水平方向表示长度，竖直方向表示高程。由于路线与地面竖直方向的高差比水平方向的长度小很多，如果用同一比例绘制，则很难把高差表示出来。为了清晰地表达路线与地面垂直方向的高差，绘制纵断面图时，通常对水平方向的长度与竖直方向的高程采用不同的比例。图 13-4 中竖直方向采用的绘图比例比水平方向的绘图比例放大 10 倍，水平方向用 1:2000，竖直方向用 1:200，这样画出来的路线坡度就比实际大，看上去也较为明显。为了便于画图和读图，一般还应在纵断面图的左侧按竖向比例画出高程标尺。每张图样的右上角也应画有角标，角标内应注明该张图样的序号和总张数。

（1）地面线　图中不规则的折线表示设计道路中心线处的地面线，由一系列中心桩的实测地面高程依次连接而成。地面线用细实线画出。

（2）设计路线　简称设计线，在纵断面图中道路的设计线用粗实线表示，设计线是根据地形起伏和公路等级，按相应的工程技术标准确定的，设计线上各点的标高通常是指路基边缘的设计高程。

（3）竖曲线　在设计线纵度变更处，应按规范的规定设置圆弧的竖曲线，以利汽车行驶。竖曲线分为凸形和凹形两种，如图 13-5 所示。其中，竖曲线的几何要素（半径 R、切线长 T、外距 E）的数值均应标注在水平细实线上方，竖曲线标注也可布置在测设数据表内，此时，变坡点的位置应在坡度、距离栏内示出，如图 13-4 所示。在本图中的变坡点 K3+100处设有凸形竖曲线（$R=1050\text{m}$，$T=17.49\text{m}$，$E=0.15\text{m}$），在变坡点 K3+310 处设有凹形竖曲线（$R=2100\text{m}$，$T=13.3\text{m}$，$E=0.04\text{m}$）。

图 13-5　竖曲线的标注方法

（4）道路沿线构筑物　道路沿线的工程构筑物如桥梁、涵洞等，应在设计线的上方或下方用竖直引出线标注，竖直引出线应对构筑物的中心位置，并注出构筑物的名称、规格和里程桩号。如图 13-4 所示，在涵洞中心位置用"┌┐"表示，并进行标注，表示在里程桩 K3+261 处设有一座盖板涵洞。

（5）水准点　沿线设置的测量水准点都应按所在里程的位置标出，并标出其编号、高程和路线的相对位置，本例采用坐标控制点高程，纵断面图上未示出。

2. 资料表部分

为了便于对照查阅，资料表与图样应上下竖直对正布置，一般列有地质概况、坡度与距离、挖填高度、设计高程、地面高程、里程桩号、直线及平曲线等。

（1）地质概况　根据实测数据，在图中注出沿线各段的地段情况，为设计、施工提供资料。

（2）坡度与距离　标注设计路线各段的纵向坡度和水平长度距离。表格中的对角线表示坡度方向，左下至右上表示上坡，左上至右下表示下坡；对角线上方的数字表示坡度，下方数字表示坡长，坡长以米为单位。如图 13-4 中一格的标注"2.682/85"，表示按路线前进方向是上坡，坡度为 2.682%，路线长度为 85m。

（3）高程　表中有设计高程和地面高程两栏，它们应和图样互相对应，分别表示设计线和地面线上各点（桩号）的高程。

（4）填挖高度　设计线在地面线下方时需要挖土，设计线在地面线上方时需要填土，挖或填的高度值应是各点（桩号）对应的设计高程与地面高程之差的绝对值。如图 13-4 中第一栏的设计高程为 5.53m，地面高程为 5.52m，其填土高度则为 0.01m。

（5）里程桩号　沿线各点的桩号是按测量的里程数值填入的，单位为米，桩号从左向右排列。在平曲线的起点、中点、终点和桥涵中心点等处可设置加桩。

(6) 直线及平曲线　为了表示该路段的平面线型，通常在表中画出平面线的示意图。直线段用水平线表示，道路左转弯用凹折线表示，如“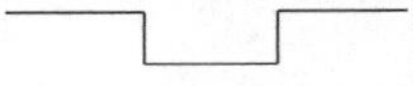”，右转弯用凸折线表示，如“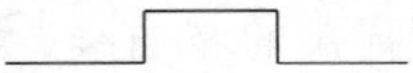”。当路线的转折角小于“规定值”时，可不设平曲线，但需画出转折方向，“∨”表示左转弯，“∧”表示右转弯。“规定值”是按公路等级而定，如四级公路的转折角≤5°时，不设平曲线。

路线纵断面图和路线平面图一般安排在两张图样上，由于高等级公路的平曲线半径较大，路线平面图与断面图长度相差不大，就可以放在一张图样上，便于阅读时互相对照。

三、路线横断面图

路线横断面图是用假想的剖切平面，垂直于路中心线剖切而得到的图形。其主要用于表达路线的横断面形状、填挖高度、边坡坡长，以及路线中心桩处横向地面的情况。通常在每一中心桩处，根据测量资料和设计要求，顺序画出每一个路线横断面图，作为计算公路的土石方量和路基施工的依据。

在路线横断面图中，路面线、路肩线、边坡线、护坡线均用粗实线表示，路面厚度用中粗实线表示，原有地面线用细实线表示，路中心线用细单点长画线表示。

横断面图的水平方向和高度方向宜采用相同比例，一般比例为 1∶200、1∶100 或 1∶50。路线横断面图一般以路基边缘的标高作为路中心的设计标高。路线(基)横断面图的基本形式有三种：

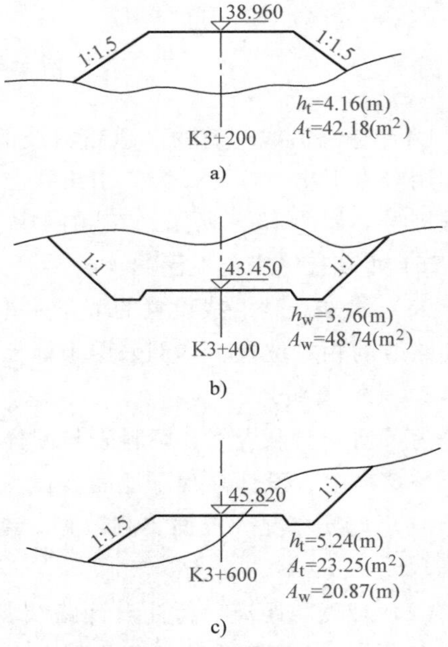

图 13-6　路基横断面的基本形式

(1) 填方路基(路堤式)　如图 13-6a 所示，整个路基全为填土区称为路堤。填土高度等于设计标高减去地面标高，填方边坡一段为1∶1.5。在图样下方标注里程桩号，图样右侧标注中心线处的填方高度 h_t(m) 以及该断面的填方面积 A_t (m^2)。

(2) 挖方路基(路堑式)　如图 13-6b 所示，整个路基全为挖土区称为路堑。挖土深度等于地面标高减去设计标高。挖方边坡一般为 1∶1。在图样下方标注里程桩号，图样右侧标注中心线处的挖土深度 h_w(m)以及该段面的挖土面积 A_w(m^2)。

(3) 半填土半挖路基　如图 3-6c 所示，路基地面一部分为填土区，一部分为挖土区。同样是在图样下方标注里程桩号，图样右侧标注中心线处的填(或挖)方高度以及该断面的填方面积和挖方面积。

在同一张图样内绘制的路基横断面图，应按里程桩号顺序排列，从图样的左下方开始，先由上而下、再自左向右排列，如图 13-7 所示。每张图样右上角应有角标，注明图样的序号和总张数。

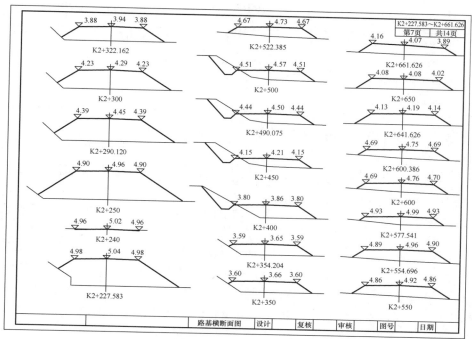

图 13-7 路基横断面图

第二节 桥梁工程图

一、桥梁的分类和组成

道路路线在跨越河流湖泊、山川或其他路线（道路或铁路）时，需要修建桥梁，因此桥梁是道路的重要组成部分。

桥梁按结构可分为梁式桥、拱式桥、悬吊桥三种基本体以及它们之间的各种组合，按其使用的材料又可分为钢桥、钢筋混凝土桥、石桥和木桥。

桥梁由上部结构（主梁或主拱圈和桥面系）、下部结构（桥台、桥墩和基础）及附属结构（栏杆、灯柱等）三部分组成。上部结构是线路遇到障碍物（如河流、山谷或其他路线等）中断时，跨越这类障碍的结构物，它的作用是供车辆和人群通行。下部结构是支承上部结构物的建筑物，通过它们把桥上全部荷载传到地基上去，其中桥台设在桥墩两端，桥墩则在两桥台之间，桥墩支承桥跨结构，而桥台除了支承桥跨结构的作用外，还要与路堤衔接，并防止路堤滑塌。

三维仿真：桥梁

二、桥梁工程图

表达一座桥梁需要的图样很多，一般包括桥位平面图、桥位地质断面图、桥梁总体布置图、构件结构图、大样图等，以上各图常用比例可参考表 13-2。

表 13-2 桥梁工程图常用比例

图　　名	常 用 比 例
桥位平面图	1：500～1：2000
桥位地质断面图	高度方向比例 1：100～1：500 水平方向比例 1：500～1：2000

（续）

图　　名	常用比例
桥梁总体布置图	1：50~1：500
构件结构图	1：10~1：50
大样图	1：3~1：10

下面以钢筋混凝土梁桥为例，说明桥梁工程图的图示方法。

1. 桥位平面图

桥位平面图是桥梁及其附近区域的水平投影图（图13-8），它主要表达下列内容：

1）桥位处地形、地物、水准点、钻孔位置。

2）不良工程地质现象的分布位置，如滑坡、断层等。

3）桥位与河流的平面关系。

4）桥位与公路路线的平面关系及桥梁的中心里程等。

微课：桥梁基础知识和桥梁工程图识读

如图13-8所示，桥位平面图中的地形、地物、水准点的表示方法与路线平面图相同。由于桥位平面图采用的比例比路线平面图大，因此可表示出路线的宽度，此时，道路中心线采用细单点长画线表示，路基边缘线采用粗实线表示。

由图13-8可知：桥梁的起、终点桩号为K0+076.48和K0+123.52，大致为东西走向；桥梁位于道路的直线段上，并与河道正交；桥台两侧均设锥坡与道路的路堤连接；桥位附近道路两侧有一村庄和大片鱼塘等。

2. 桥位地质断面图

桥位地质断面图是沿桥梁中心线作垂直剖切平面所得的断面图（图13-9），它主要表达下列内容：

1）钻孔桩号、钻孔深度、钻孔间距。

2）设计水位、常水位、低水位的水位标高。

3）桥位河床断面线。

4）河床地层各分层土（岩石）的类型和厚度。

桥位地质断面图可作为桥梁下部结构布孔、埋置深度以及桥面中心最低标高确定的依据。

为了清楚地表示河床断面及土层的深度变化状况，绘制桥位地质断面图时，竖向比例比水平向比例放大数倍绘出。

如图13-9所示，竖直方向的地形高度比例采用1：600，水平方向比例采用1：800。图中竖直粗实线表示钻孔的位置与深度。符号"◑"表示钻孔，Z1表示第一号钻孔；分数线上面内的数字3.10为孔口标高，下面的数字56.50为钻孔深度。同样也可读得2号钻孔的孔口标高为3.76m，钻孔深度为55.00m。钻孔深度范围内的土层分层用细折线表示。图的左侧附有标尺，各土层的深度变化可由标尺确定。地下水位及河水水位分别为2.10m和1.10m。

3. 桥梁总体布置图

桥梁总体布置图主要表明下面内容：

1）桥梁的形式、孔数、跨径、总长以及桥面标高、桥面宽度等。

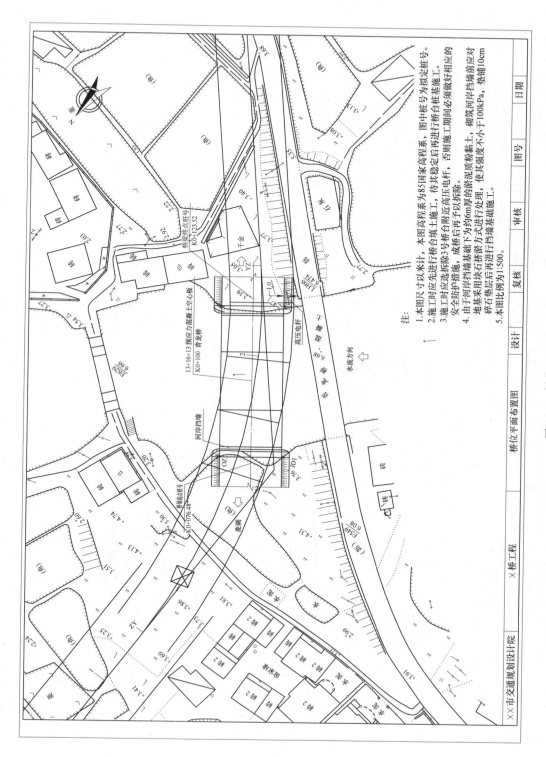

注:
1. 本图尺寸以米计，本图高程系为85国家高程系，图中桩号为拟定桩号。
2. 施工时应先进行桥台填土施工，待其稳定后再进行桥台基础施工。
3. 施工时应选拆除3号桥台附近高压电杆，否则施工期间必须做好相应的安全防护措施，成桥后再予以拆除。
4. 由于河岸挡墙基础下为约6m厚的淤泥质粉黏土，砌筑河岸挡墙前应对地基采用块石换方式进行处理，使其强度不小于100kPa，垫铺10cm碎石垫层后再进行挡墙基础施工。
5. 本图比例尺为1:500。

| XX市交通规划设计院 | X桥工程 | 桥位平面布置图 | 设计 | 复核 | 审核 | 图号 | 日期 |

图 13-8　桥位平面图

344

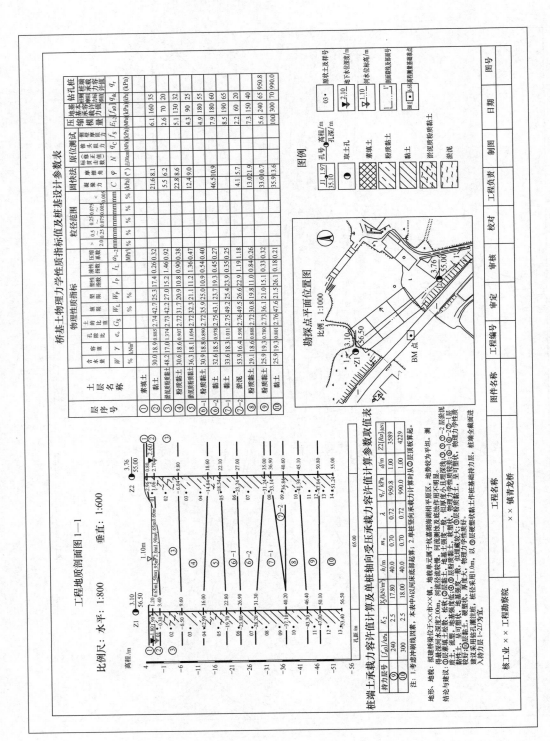

图 13-9 桥位地质断面图

2）各主要构件的构造形式、标高和相互位置。

3）总的技术说明等。

总体布置图可作为施工放样、确定墩台水平位置及各部分标高、构件预制、架设安装的依据。

如图 13-10 所示，预应力空心板桥的总体布置图包括立面图、平面图、横剖面图三个视图，比例为 1∶300。

（1）立面图　立面图采用正投影法绘制，反映桥梁的特征和桥型，从图中可知：桥梁的起点桩号为 K0+076.48，桥梁的终点桩号为 K0+123.52，桥梁的中心桩号为 K0+100；桥梁的总长为 47.04m，共 3 孔，中孔跨径 16m，两边跨径为 13m；上部结构为预制钢筋混凝土空心板，考虑温度变化，共设 2 道宽 4cm 的伸缩缝，下部结构为桩柱式深基础，它由桩、柱、盖梁和系梁组成；桥梁各部分的标高已在图中示出，可作为桥梁施工定位的依据。

（2）平面图　平面图采用半剖面图的画法表达。平面图的左半部分为桥梁护栏及桥面部分的半平面图；右半部分为桥墩和桥台平面图。对照横剖面图可知：桥面宽度 16m；墩台桩均为 3 根，其中心距 6m，盖梁宽为 17.6m；桥台的桩、柱直径均为 1m，未设置系梁。图中还表示出了伸缩缝以及连接道路和桥梁的 1/4 椭圆锥形护坡等。

（3）横剖面图　横剖面图有两个剖面图 Ⅰ—Ⅰ 和 Ⅱ—Ⅱ（剖切位置见立面图）。Ⅰ—Ⅰ 剖面图的剖切位置靠近桥台（观察方向从右到左），以便清楚地表示桥台的构造；Ⅱ—Ⅱ 剖面图的剖切位置在两桥之间（观察方向从左到右），以便清楚地表示桥墩的构造。由图可知：桥面双向排水，横坡为 1.5%，上部结构由 16 片空心板组成。

4. 构件结构图

桥梁的总体布置图只是表示桥梁各构件的布置、桥型、跨径、路面系、各处的高程等，各构件都没有全面详尽地表达清楚，因此，单凭总体布置图是不能施工的，还应该另画图样，采用较大的比例将各个构件的形状、构造、尺寸都完整地表达出来，这种图样称为构件结构图，或称为构件结构详图、构件大样图，简称构件图。构件图通常画出桥台图、桥墩图、主梁图或主板图、护栏图等，常用的比例是 1∶10 至 1∶50。

现以图 13-11 所示的 13m 预应力空心板一般构造图为例做简要说明。钢筋混凝土构件结构图通常有一般构造图和钢筋构造图，钢筋构造图应置于一般构造图之后，当结构外形简单时，两者可绘于同一视图中。从图 13-10 中的Ⅰ—Ⅰ剖面图可以看出：这座桥梁的上部结构，每跨有 16 片预应力钢筋混凝土空心板，中间的 14 片相同，称为中板，两边的各一片相同，称为边板，图 13-11 所示的就是图 13-10 中表达的桥梁 13m 边跨预应力空心板的一般构造图。

从图 13-11 所示的中板构造图可以看出：中板长 12.96m，宽 0.99m，高 0.55m；板的中间有近似椭圆形空腔，两端是 C20 混凝土封端；板中部的上方两侧设铰缝，安装时两板并列，在铰缝内设铰缝钢筋。立面图和平面图为了减少幅面，采用习惯画法，只画出左边一半，而且有时板很长时还在所画出的一半中，用两条折断线断开，以缩短图形所占图面的长度，但尺寸仍按实际长度标注。在立面图的右侧画出了板在跨中的断面图，为了使图形清晰，省略不画建筑材料图例。

图 13-11 中还表明了预应力钢筋混凝土空心板铰缝构造及铰缝钢筋的配置情况，画出了在两板之间铰缝处的局部构造图和钢筋配置明细表。在《道路工程制图标准》（GB 50162）中规定 的钢筋构造图上的钢筋编号有三种格式：除了图13-11中所示的编号标注在引出线右

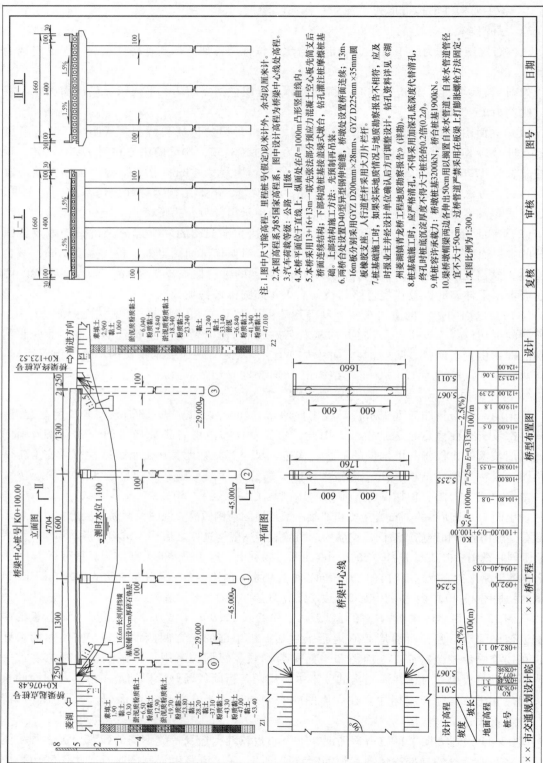

图 13-10 桥梁总体布置图

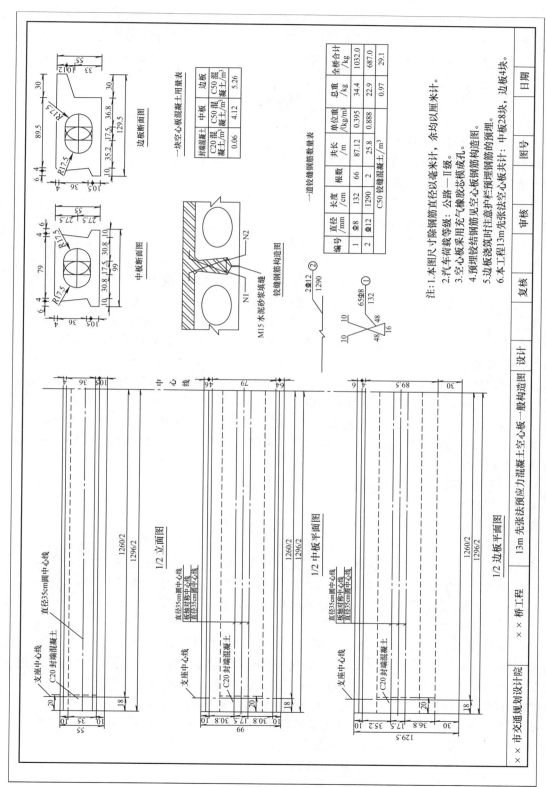

图 13-11 13m 预应力空心板一般构造图

侧直径为 4~8mm 的圆圈内，以及将冠以字母 N 的编号标注在钢筋的侧面（如需表明根数，根数应标注在字母 N 之前）以外，还可在构建的断面图旁边画出与钢筋断面图相对应的方格，将编号标注在对应的方格内，需用这种格式标注时，可查阅《道路工程制图标准》(GB 50162)。

第三节　涵洞工程图

一、涵洞的分类和组成

涵洞是埋设在路基下的建筑物，其轴线与线路方向正交或斜交，用来从道路一侧向另一侧排水或作为穿越道路的横向通道。

涵洞的种类很多，按建筑材料可分为砖涵、石涵、混凝土涵、钢筋混凝土涵等；按构造形式可分为圆管涵、盖板涵、拱涵、箱涵等；按断面形状可分为圆形涵、拱形涵、矩形涵等；按孔数可分为单孔、双孔和多孔等。

三维仿真：箱涵

涵洞是由洞口、洞身和基础三部分组成的。洞口包括端墙、翼墙或护坡、截水墙和缘石等部分，主要是保护涵洞基础或两侧路基免受冲刷，使水流顺畅，一般进水口和出水口常采用相同的形式。洞身是涵洞的主要组成部分，它的作用是承受活载压力和土压力等将其传递给地基，并保证设计流量通过的必要孔径。

二、涵洞工程图

由于涵洞是狭长的工程构造物，故以水流方向为纵向，并以纵剖面图代替立面图。为了使平面图表达清楚，画图时不考虑洞顶的覆土，如进、出水口形状不一时，则均要把进、出水口的侧面图画出。有时平面图和侧面图以半剖形式表达，水平剖面图一般沿基础顶面剖切，横剖面图则垂直于纵向剖切。除上述三种投影图外，还应画出必要的构造详图，如钢筋布置图、翼墙断面图等。

涵洞体积较桥梁小，故画图所选用的比例较桥梁图稍大，一般采用比例 1∶50、1∶100、1∶200 等。

现以常用的圆管涵、盖板涵为例，说明涵洞工程图的表示方法。

1. 圆管涵

图 13-12 所示为钢筋混凝土圆管涵洞，比例为 1∶100，洞口为端墙式，一侧用八字翼墙与路基边坡连接。涵管内径为 125cm，涵管长为800cm，再加上两边洞口铺砌长度得出涵洞的总长为 1069cm。采用纵剖面图、平面图和侧面图来表示。

三维仿真：圆管涵

（1）纵剖面图　纵剖面图中表示出涵洞各部分的相对位置和构造形状，如管壁厚 14cm，设计流水坡度 2%，涵身长 800cm，洞底设厚 28cm 的 C20 混凝土基础，截水墙的断面形式等，路基覆土厚度 117cm，路基宽度 550cm。各部分所用材料均在图中用图例表示出来，也可在"工程数量表"中查询所用材料的规格。

（2）平面图　图中表达了管径尺寸与管壁厚度，以及洞口基础、端墙、缘石和护坡的平面形状和尺寸，涵顶覆土作透明体处理，但路基边缘线应予画出，并以示坡线表示路基边坡。

（3）侧面图　侧面图要表示出圆管涵孔径和壁厚，洞口缘石和端墙的侧面形状及尺寸、护坡的坡度等，为了使图形清晰起见，把土壤作为透明体处理，并且某些虚线未予画出，如

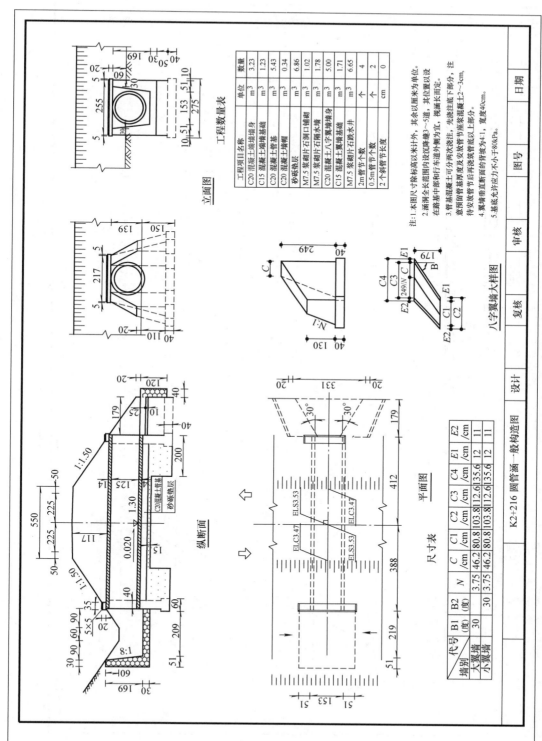

工程数量表

工程项目名称	单位	数量
C20混凝土端墙墙身	m³	3.23
C15混凝土端墙墙基础	m³	1.23
C20混凝土管基	m³	5.43
C20混凝土墙帽	m³	0.34
砂砾垫层	m³	6.86
M7.5浆砌片石洞口铺砌	m³	1.02
M7.5浆砌片石隔水墙	m³	1.78
C20混凝土八字翼墙墙身	m³	5.00
C15混凝土八字翼墙墙基础	m³	1.71
M7.5浆砌片石跌水井	m³	6.65
2m管节个数	个	4
0.5m管节个数	个	2
2个斜管节长度	cm	0

注:1.本图尺寸除标高以米计外,其余以厘米为单位。
2.涵洞全长范围内设沉降缝3～5道,其位置以设在路基中部和行车道外侧为宜,视涵长而定。
3.管基混凝土可分两次浇注,先浇注底下部分,注意预留管节接头槽及安放管节底座以上部分,待安放管节后再浇筑墙身以上部分。
4.翼墙垂直断面的背坡为4:1,宽度40cm。
5.基底允许应力不小于80kPa。

八字翼墙大样图

尺寸表

代号	B1	B2	N	C	C1	C2	C3	C4	E1	E2
墙别	(度)	(度)	(度)	/cm	/cm	/cm	/cm	/cm	/cm	/cm
大翼端	30		3.75	46.2	80.8	103.8	112.6	135.6	12	11
小翼端		30	3.75	46.2	80.8	103.8	112.6	135.6	12	11

K2+216 圆管涵一般构造图

图 13-12 圆管涵一般构造图

设计		复核		审核		日期
图号		复核		审核		日期

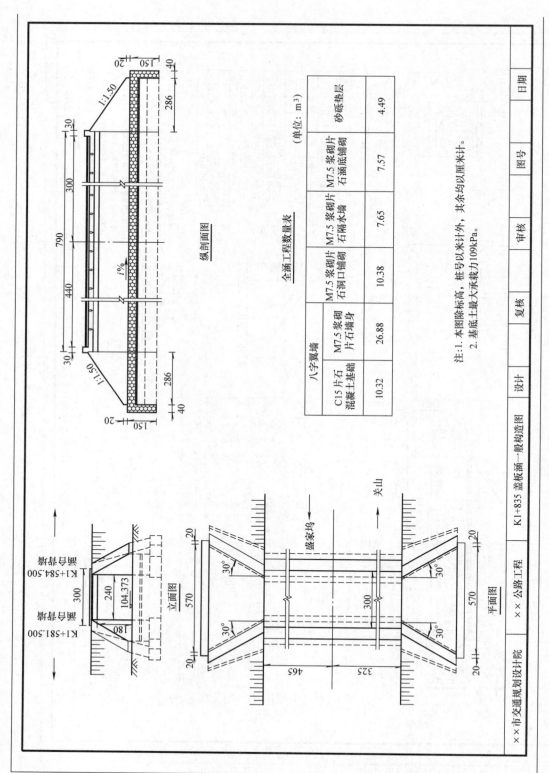

纵剖面图

全涵工程数量表

(单位：m³)

	八字翼墙			M7.5 浆砌片石洞口铺砌	M7.5 浆砌片石隔水墙	M7.5 浆砌片石涵底铺砌	砂砾垫层
	C15 片石混凝土基础	M7.5 浆砌片石墙身					
	10.32	26.88		10.38	7.65	7.57	4.49

注：1. 本图除标高、桩号以米计外，其余均以厘米计。
    2. 基底土最大承载力109kPa。

立面图

平面图

图 13-13　钢筋混凝土盖板涵一般构造图

××市交通规划设计院	××公路工程	K1+835 盖板涵一般构造图	设计	复核	审核	图号	日期

路基边坡与缘石背面交线的轮廓线等，图 13-12 中的侧面图，按习惯称为洞口立面图。

2. 钢筋混凝土盖板涵

图 13-13 所示为单孔钢筋混凝土盖板涵一般构造图，比例为 1∶100，洞口两侧为八字翼墙，洞高 1.80m，净跨 2.40m，总长 7.90m，采用平面图、纵剖面图、侧立面图等来表示。

三维仿真：盖板涵

（1）平面图　平面图表达了涵洞的墙身厚度、坝子翼墙和缘石的位置、涵洞的长度、洞口的平面形状和尺寸。被遮盖的结构都用虚线表示，可见轮廓线用实线表示。为了便于施工，另有八字翼墙大样图，详细表示该位置翼墙墙身和基础的尺寸，墙背坡度以及材料情况，本处略。

（2）纵剖面图　该图是涵洞从左向右以水流方向纵向剖切所得，表达了洞身、洞口、路基以及它们之间的相互关系。洞口两侧边坡 1∶1.5，洞口设八字翼墙，坡度与路基边坡相同。洞身全长 7.90m，设计流水坡度 1%，洞高 1.80m，盖板厚 0.40m。

（3）侧面图　洞口立面图实际上就是左侧立面图，反映了涵洞的基本形式，缘石、盖板、翼墙、截水墙、基础等的相互关系，宽度和高度尺寸反映各个构件的大小和相对位置。

本 章 小 结

本章重点介绍了路线工程图、桥梁工程图和涵洞工程图的形成、内容、图示方法及其特点等内容，着重培养学生对路桥工程施工图的识读能力。

道路是一种供人行车驶的带状工程构筑物。道路由路基、路面、桥梁、涵洞、隧道、防护工程和排水设施等基本组成。根据其组成和功能特点的不同，道路可分为公路和城市道路。桥梁和涵洞是修建道路时，保证车辆通过江河、山谷、低洼地带和宣泄流水的建筑物。绘制道路工程图时，应遵循《道路工程制图标准》（GB 50162—1992）和国家有关现行标准的规定。

思 考 题

1. 道路路线施工图与房屋建筑施工图的图示方法异同之处是什么？
2. 道路线路施工图与房屋建筑施工图中表达地理方位的方法有哪些？
3. 道路路线工程图样包括哪些图样？图样表达的内容是什么？
4. 里程桩分为哪两种？如何表示？
5. 路基横断面图的基本形式由哪几部分组成？
6. 桥梁工程图包括哪些？

参 考 文 献

［1］ 卢传贤. 土木工程制图［M］. 北京：中国建筑工业出版社，2002.

［2］ 王成刚，张佑林，赵奇平. 工程图学简明教程［M］. 武汉：武汉理工大学出版社，2002.

［3］ 唐人卫. 画法几何土木工程制图［M］. 南京：东南大学出版社，1999.

［4］ 何铭新，郎宝敏，陈星铭. 建筑工程制图［M］. 2 版. 北京：高等教育出版社，2001.

［5］ 侯爱民. 建筑工程制图及计算机绘图［M］. 北京：国防工业出版社，2001.

［6］ 刘志麟. 建筑制图［M］. 北京：机械工业出版社，2001.

［7］ 顾世权. 建筑装饰制图［M］. 北京：中国建筑工业出版社，2000.

［8］ 梁玉成. 建筑识图［M］. 3 版. 北京：中国环境科学出版社，2002.

［9］ 朱福熙，何斌. 建筑制图［M］. 3 版. 北京：高等教育出版社，1992.

［10］ 大连理工大学工程图学教研室. 画法几何［M］. 5 版. 北京：高等教育出版社，1992.

［11］ 高竞. 怎样阅读建筑工程图［M］. 北京：中国建筑工业出版社，1998.

［12］ 王子茹，黄红武. 房屋建筑结构识图［M］. 北京：中国建材工业出版社，2001.

［13］ 陆文华. 建筑电气识图教程［M］. 上海：上海科学技术出版社，1997.

［14］ 乐嘉龙. 学看暖通空调施工图［M］. 北京：中国电力出版社，2002.